수학의 기본은 계산력, 정확성과 계산 속도를 높히는
《계산의 신》 시리즈

중도에 포기하는 학생은 있어도
끝까지 풀었을 때 신의 경지에 오르지 않는 학생은 없습니다!

꼭 있어야 할 교재, 최고의 교재를 만드는 '꿈을담는틀'에서
신개념 초등 계산력 교재 《**계산의 신**》을 한층 업그레이드 했습니다.

초등 수학은 마구잡이 공부보다 체계적 학습이 중요합니다.
KAIST 출신 수학 선생님들이 집필한 특별한 교재로
하루 10분씩 꾸준히 공부해 보세요.
어느 순간 계산의 신(神)의 경지에 올라 있을 것입니다.

부모님이 자녀에게, 선생님이 제자에게
이 교재를 **선물**해 주세요.

__________가 __________에게

왜? 계산력 교재는 〈계산의 신〉이 가장 좋은가?

1

요즘엔 초등 계산법 책이 너무 많아서
어떤 책을 골라야 할지 모르겠어요!

기존의 계산력 문제집은 대부분 저자가 '연구회 공동 집필'로 표기되어 있습니다. 반면 꿈을담는틀의 《계산의 신》은 KAIST 출신의 수학 선생님이 공동 저자로, 아이들을 직접 가르쳤던 경험을 담아 만든 '엄마, 아빠표 문제집'입니다. 수학 교육 분야의 뛰어난 전문성과 교육 경험을 두루 갖추고 있어 믿을 수 있습니다.

2

영어는 해외 연수를 가면 된다지만,
수학 공부는 대체 어떻게 해야 하죠?

영어 실력을 키우려고 해외 연수 다니는 것을 본 게 어제오늘 일이 아니죠? 반면 수학은 어떨까요? 수학에는 왕도가 없어요. 가장 중요한 건 매일 조금씩 꾸준히 연마하는 것뿐입니다. 《계산의 신》에 나오는 A와 B, 두 가지 유형의 문제를 풀면서 자연스럽게 수학의 기초를 닦아 보세요. 초등 계산법 완성을 향한 즐거운 도전을 시작할 수 있습니다.

다양한 유형을
꾸준하게 반복 학습!

3 아이들이 스스로 공부할 수 있는 교재인가요?

《계산의 신》은 아이들이 스스로 생각하고 계산할 수 있도록 구성되어 있습니다. 핵심 포인트를 보며 유형을 파악하고, 문제를 푼 후에 스스로 자신의 풀이를 평가할 수 있습니다. 부담 없는 분량, 친절한 설명과 예시, 두 가지 유형 반복 학습과 실력 진단 평가는 아이들이 교사나 부모님에게 기대지 않고, 스스로 학습하는 힘을 길러 줄 것입니다.

4 정확하게 푸는 게 중요한가요, 빠르게 푸는 게 중요한가요?

물론 속도를 무시할 순 없습니다. 그러나 그에 앞서 선행되어야 하는 것이 바로 '정확성'입니다. 《계산의 신》은 예시와 함께 해당 연산의 핵심 포인트를 짚어 주며 문제를 정확하게 이해할 수 있도록 도와줍니다. '스스로 학습 관리표'는 문제 풀이 속도를 높이는 데에 동기부여가 될 것입니다. 《계산의 신》과 함께 정확성과 속도, 두 마리 토끼를 모두 잡아 보세요.

정확하게
이해하는 게 우선!

학교 성적에 도움이 될까요?
수학 교과서와 친해질 수 있나요?

재미와 속도, 정확성 모두 중요하지만 무엇보다 '학교 성적'에 얼마나 도움이 되느냐가 가장 중요하겠지요? 《계산의 신》은 최신 교육 과정을 100% 반영한 단계별 학습으로 구성되어 있습니다. 따라서 《계산의 신》을 꾸준히 학습하면 자연스럽게 '수학 교과서'와 친해져 학교 성적이 올라갈 것입니다.

문제를 다 풀어 놓고도
아이가 자꾸 기억이 안 난다고 해요.

《계산의 신》에는 두 가지 유형 반복 학습 외에도 세 단계마다 자신이 푼 문제를 복습하는 '세 단계 묶어 풀기'가 있고, 마지막에는 교재 전체 내용을 한 번 더 복습할 수 있는 '전체 묶어 풀기'가 있습니다. 풀었던 문제들을 다시 묶어서 풀며, 예전에 학습했던 계산 문제들을 완전히 자신의 것으로 만들 수 있습니다.

044 단계 실력 진단 평가 ❷회

(세 자리 수)−(세 자리 수) (2)

제한 시간	맞힌 개수	선생님 확인
20분	/20	

정답 22쪽

빼셈을 하세요.

❶ 700−156

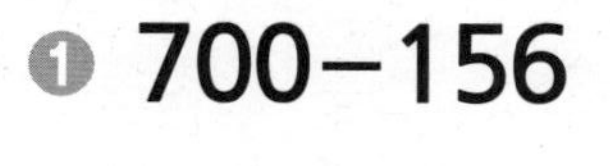
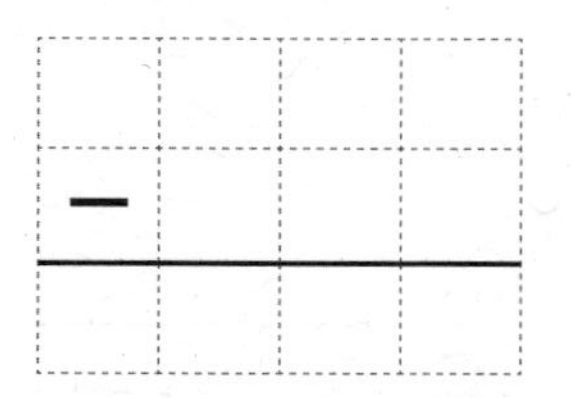

❷ 800−347

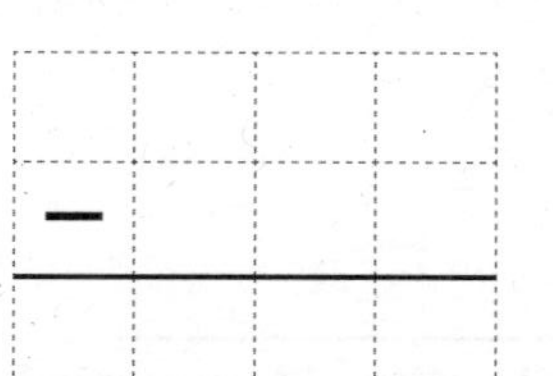

❸ 500−278

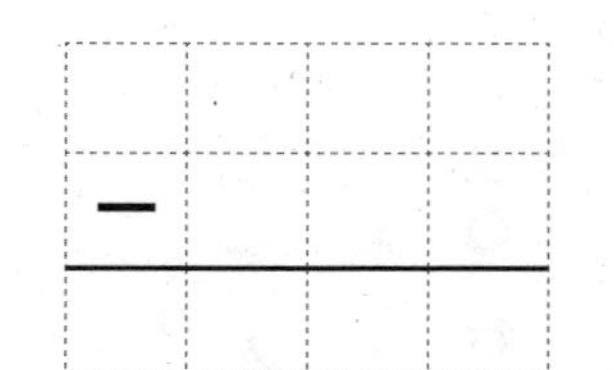

❹ 600−194

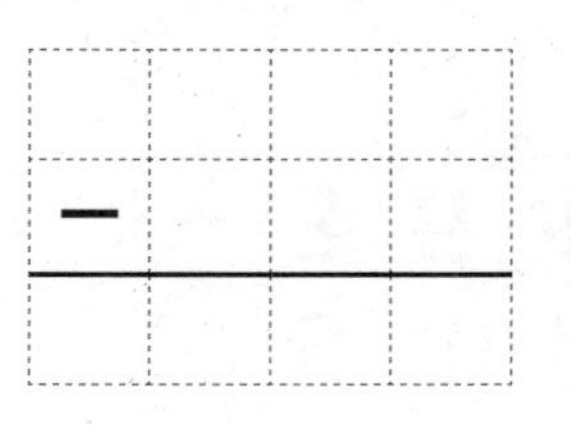

❺ 400−231

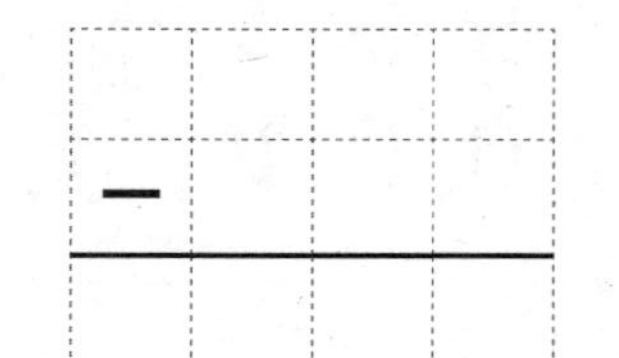

❻ 946−378

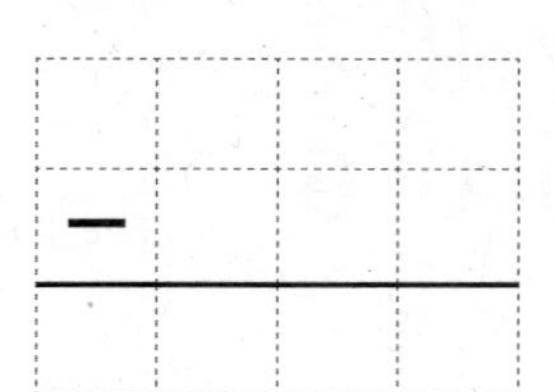

❼ 885−499

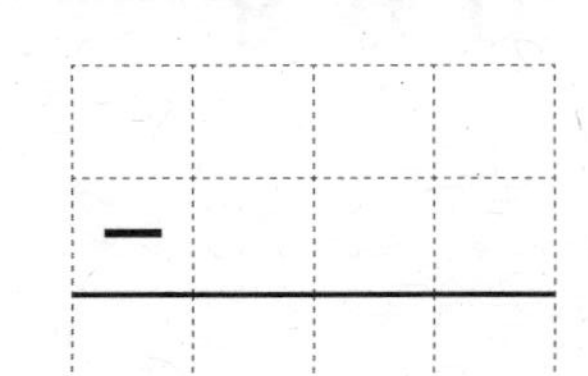

❽ 743−167

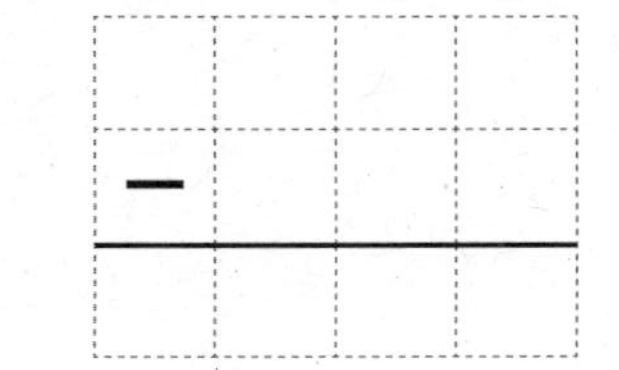

❾ 356−289

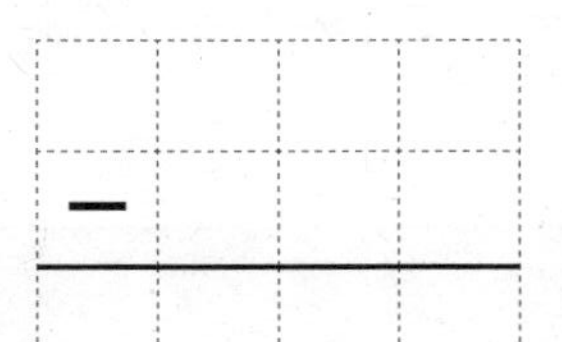

❿ 643−295

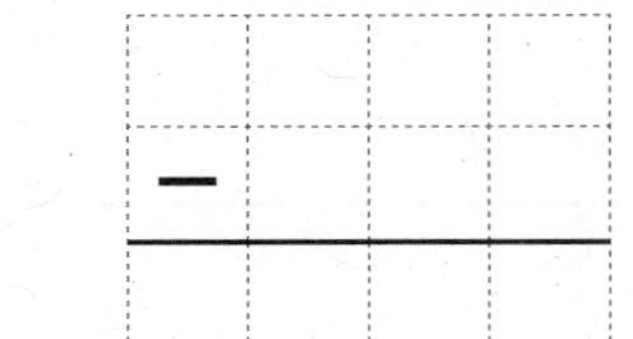

⓫ 562−378

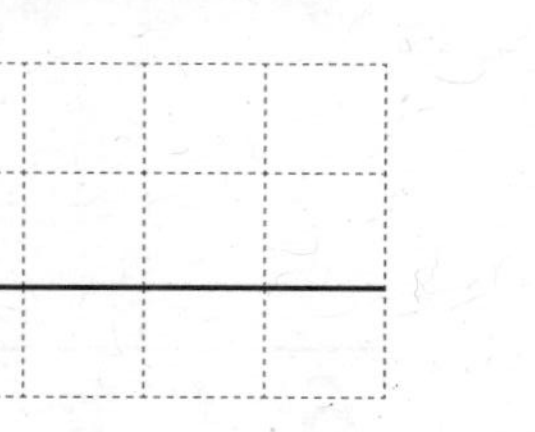
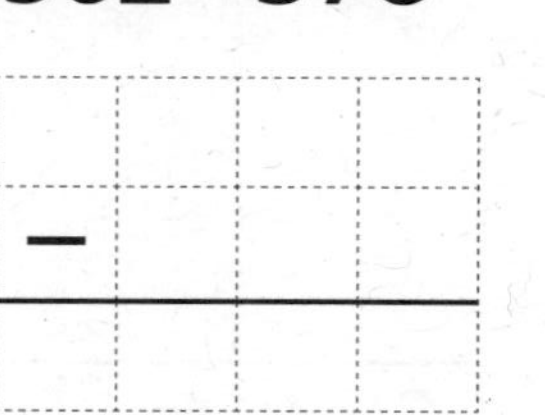
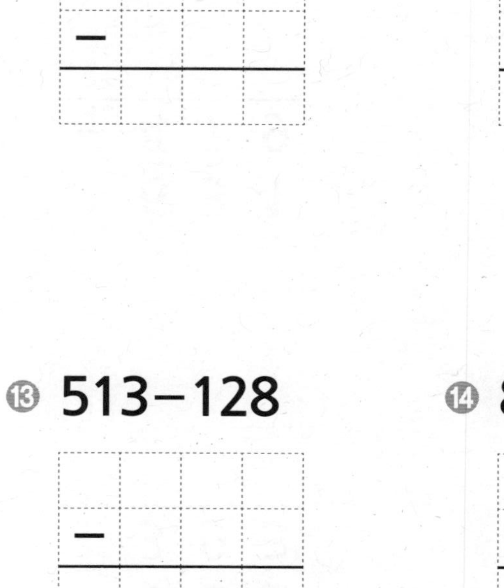

⓬ 753−279

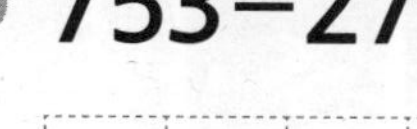

⓭ 513−128

⓮ 824−375

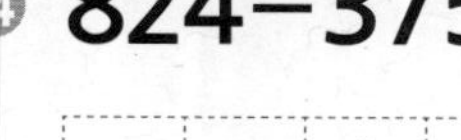
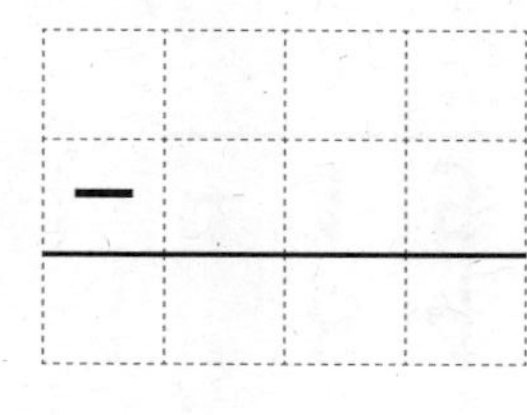

⓯ 426−357

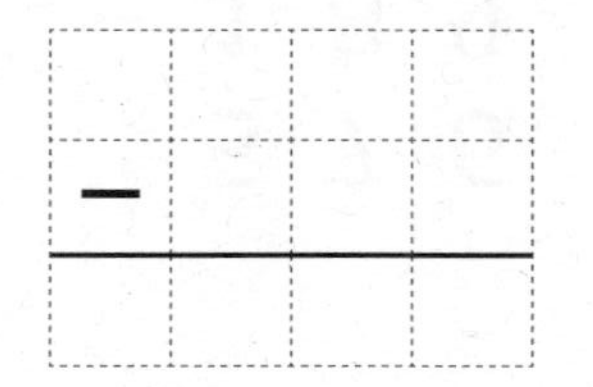

⓰ 907−679

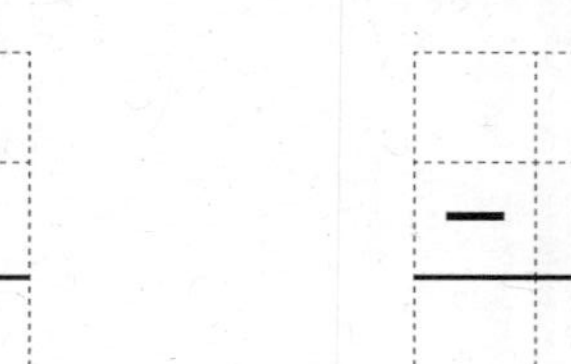

⓱ 565−278

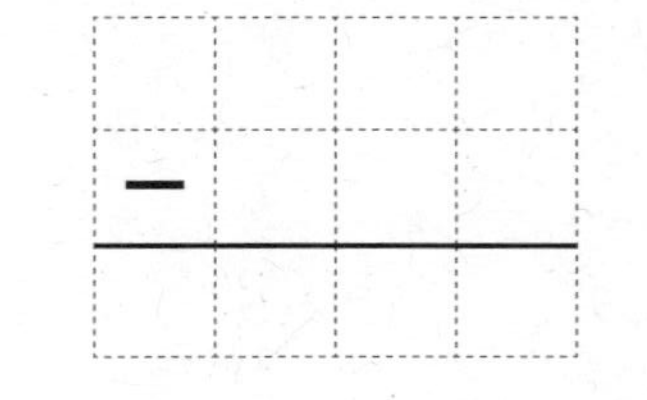

⓲ 743−377

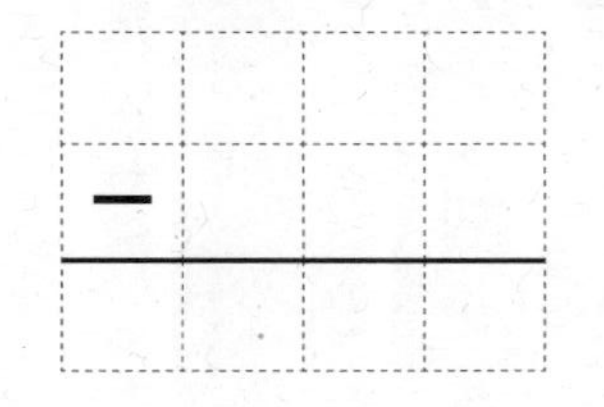

⓳ 823−198

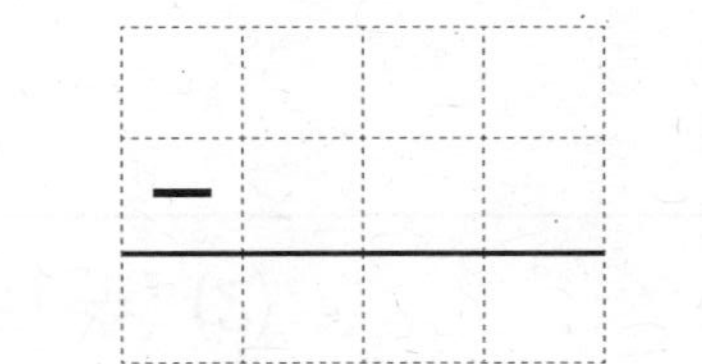

⓴ 636−457

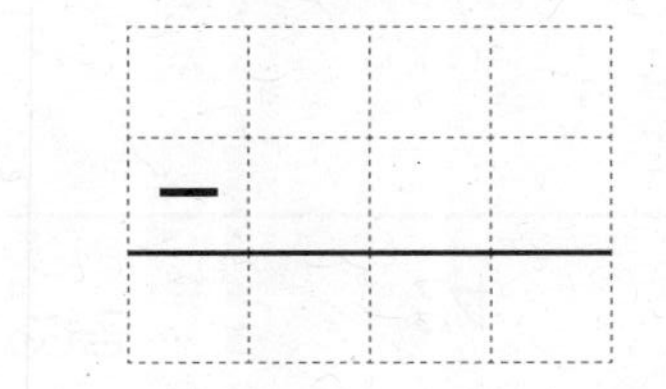

044 단계 실력 진단 평가 ❶회

(세 자리 수)−(세 자리 수) (2)

제한 시간	맞힌 개수	선생님 확인
20분	/24	

정답 22쪽

✎ 뺄셈을 하세요.

❶ $600 - 453$

❷ $500 - 376$

❸ $800 - 247$

❹ $700 - 629$

❺ $400 - 165$

❻ $900 - 284$

❼ $724 - 379$

❽ $641 - 364$

❾ $971 - 485$

❿ $853 - 289$

⓫ $624 - 158$

⓬ $717 - 568$

⓭ $356 - 277$

⓮ $815 - 376$

⓯ $421 - 236$

⓰ $642 - 296$

⓱ $576 - 189$

⓲ $753 - 265$

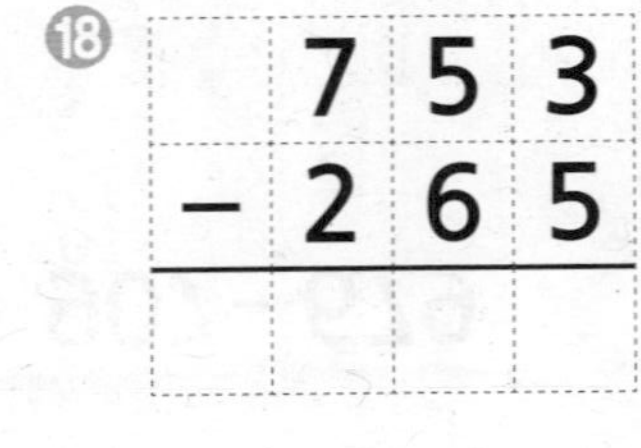

⓳ $962 - 393$

⓴ $847 - 159$

㉑ $631 - 479$

㉒ $422 - 357$

㉓ $823 - 399$

㉔ $965 - 698$

043 단계

실력 진단 평가 ❷회

(세 자리 수)−(세 자리 수) (1)

제한 시간	맞힌 개수	선생님 확인
20분	/20	

정답 21쪽

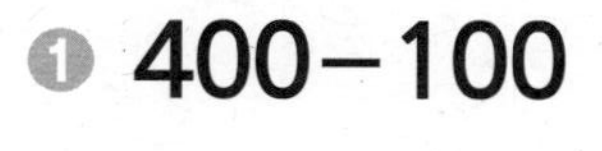

빼셈을 하세요.

❶ 400−100

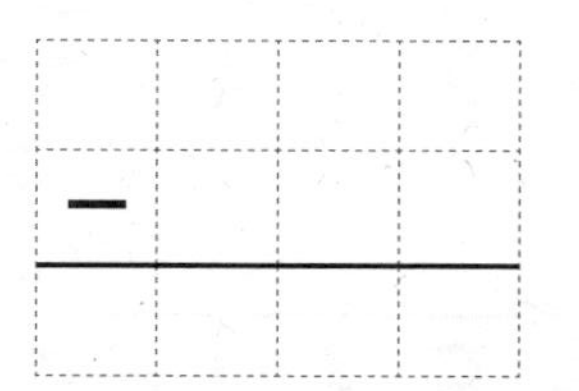

❷ 980−240

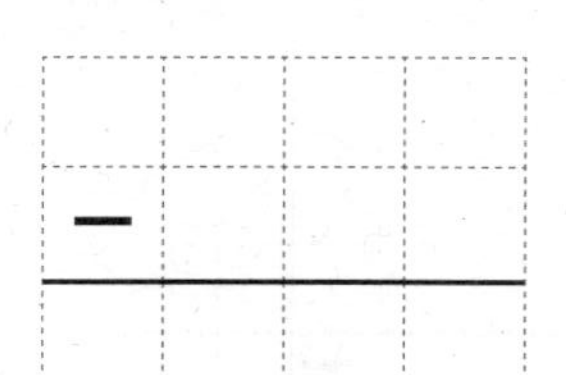

❸ 576−245

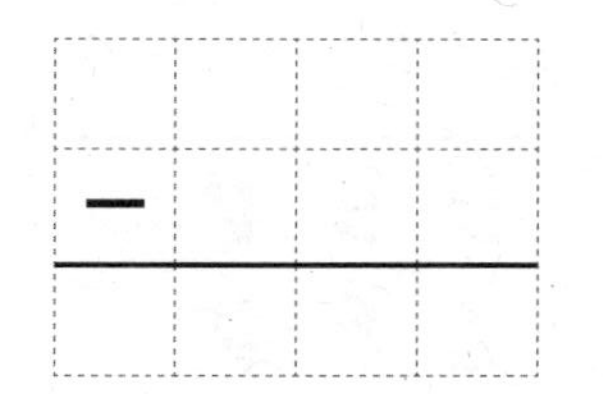

❹ 698−114

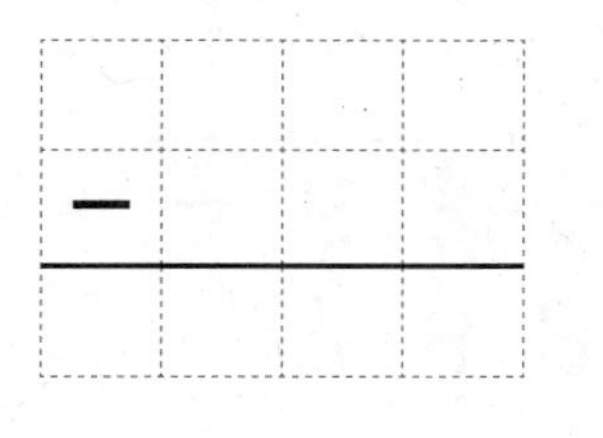

❺ 627−204

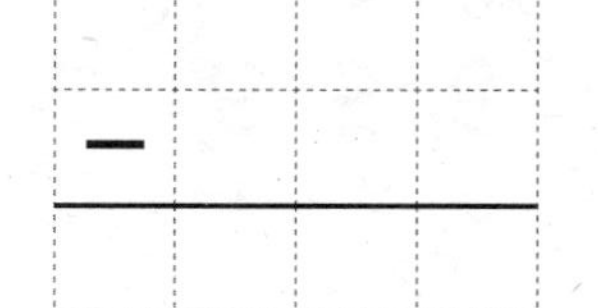

❻ 378−256

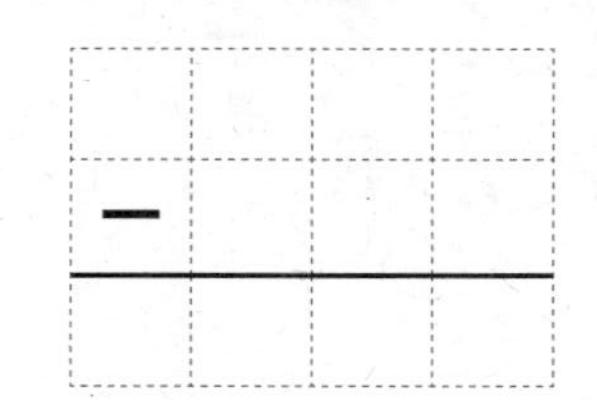

❼ 898−477

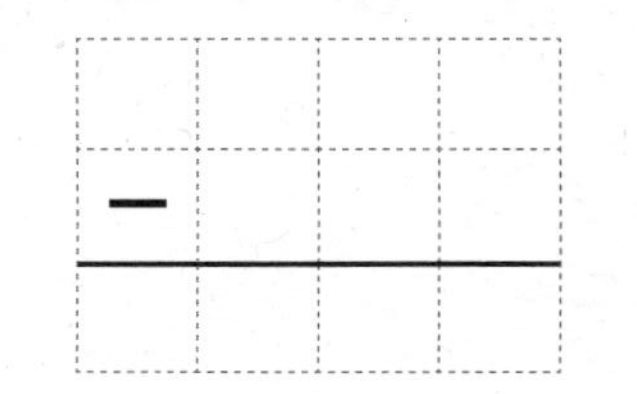

❽ 767−133

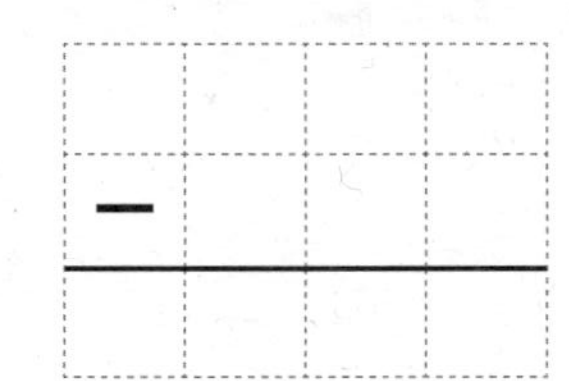

❾ 459−246

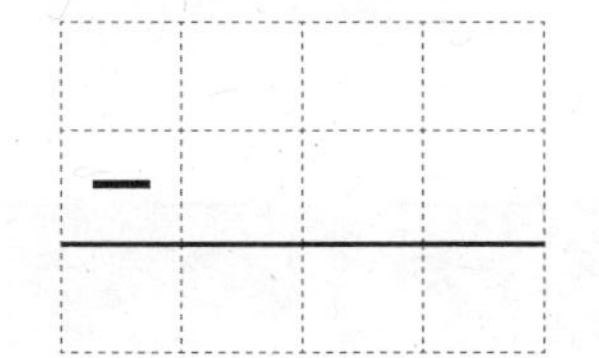

❿ 975−343

⓫ 572−468

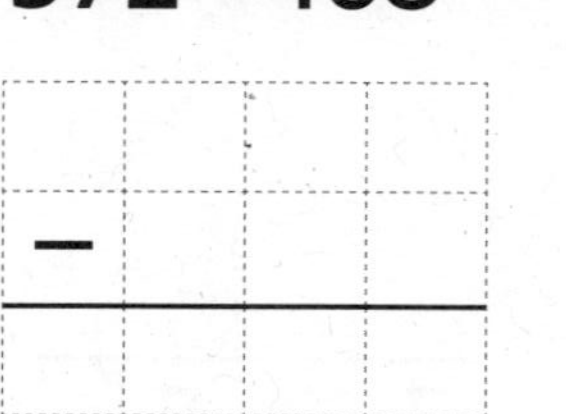

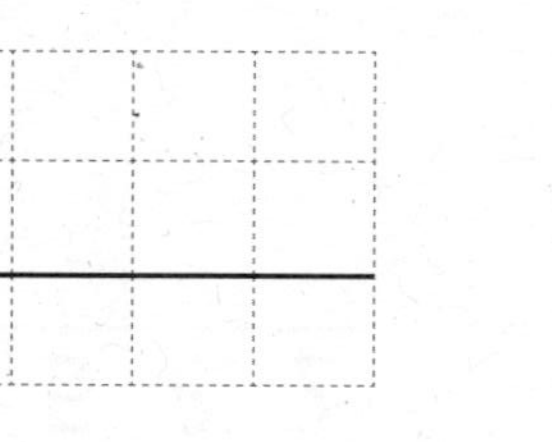

⓬ 783−549

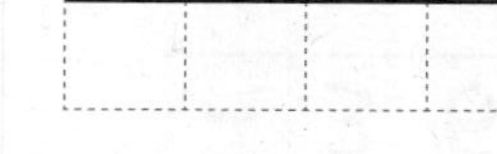

⓭ 693−317

⓮ 894−325

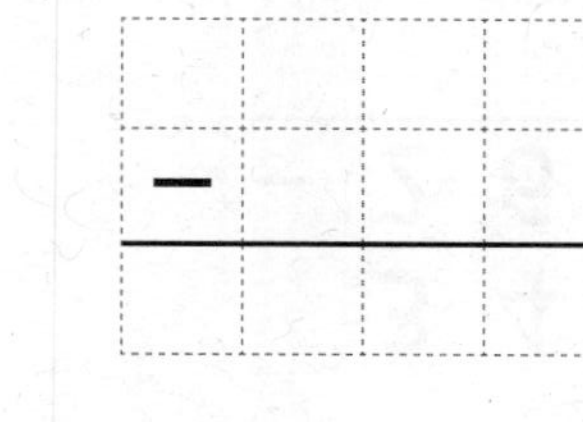

⓯ 474−457

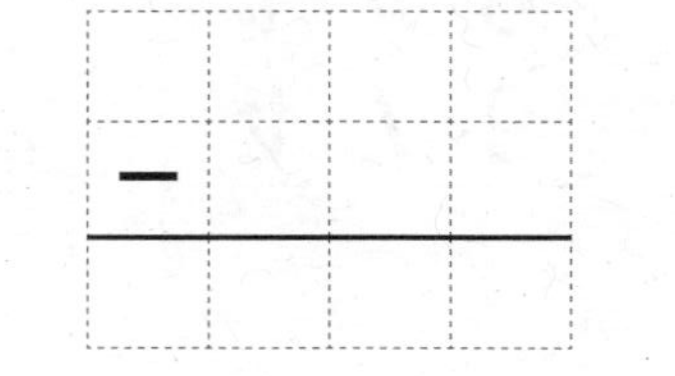

⓰ 906−674

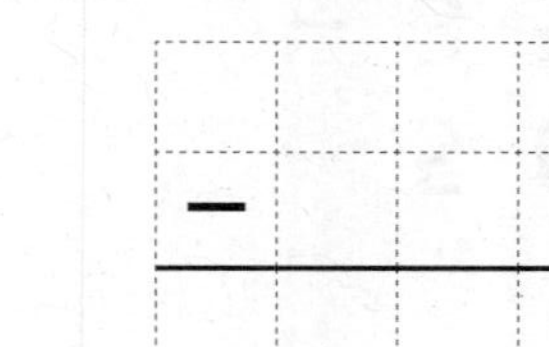

⓱ 567−475

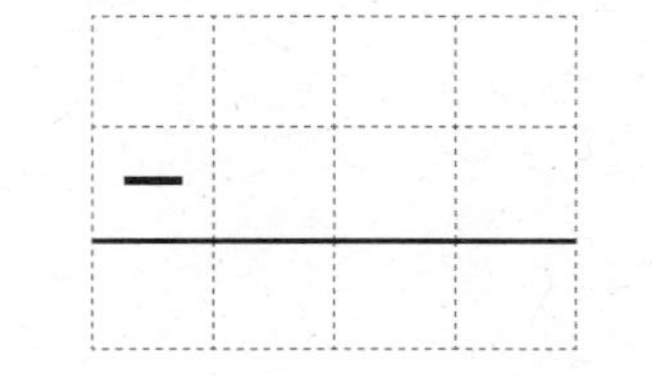

⓲ 747−366

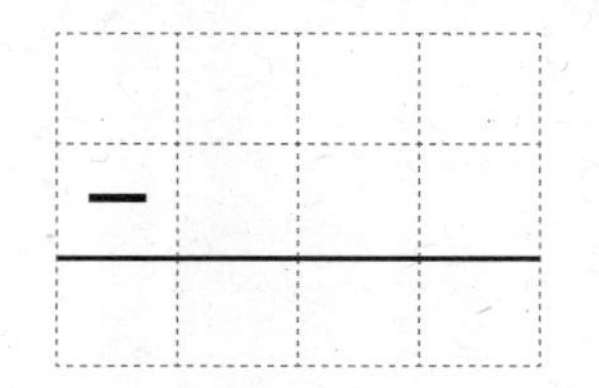

⓳ 848−291

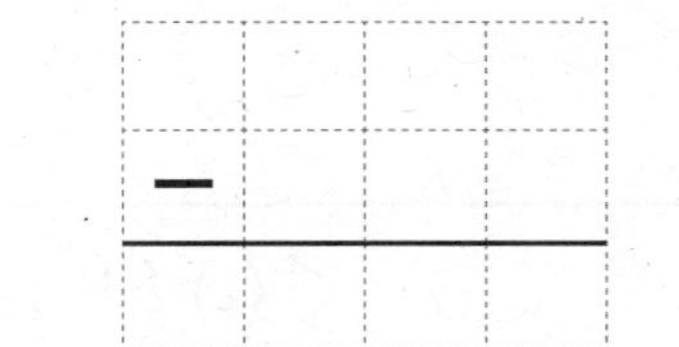

⓴ 646−175

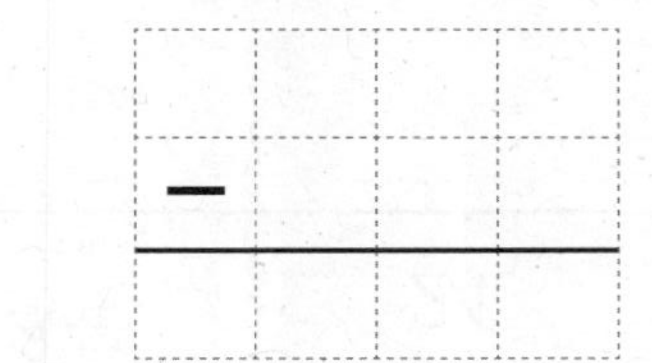

043 단계 실력 진단 평가 ❶회

(세 자리 수)−(세 자리 수) (1)

제한 시간	맞힌 개수	선생님 확인
20분	/24	

정답 21쪽

✎ 뺄셈을 하세요.

❶ $600 - 400$

❷ $560 - 210$

❸ $684 - 361$

❹ $779 - 324$

❺ $658 - 124$

❻ $874 - 212$

❼ $497 - 466$

❽ $758 - 631$

❾ $986 - 175$

❿ $696 - 223$

⓫ $857 - 612$

⓬ $968 - 417$

⓭ $754 - 435$

⓮ $875 - 317$

⓯ $981 - 234$

⓰ $642 - 226$

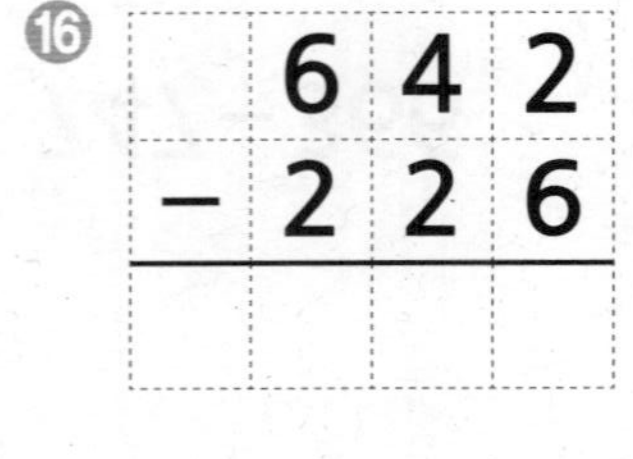

⓱ $476 - 149$

⓲ $563 - 355$

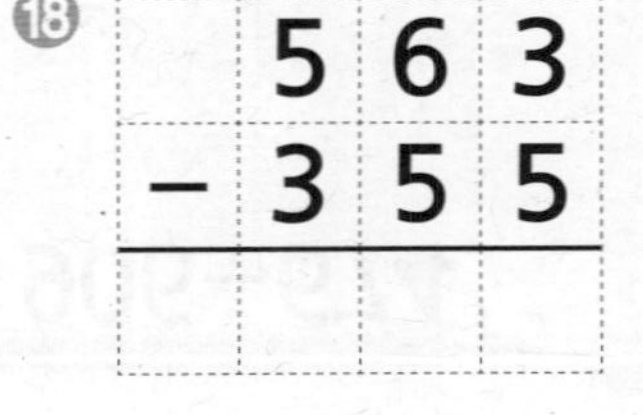

⓳ $663 - 192$

⓴ $348 - 263$

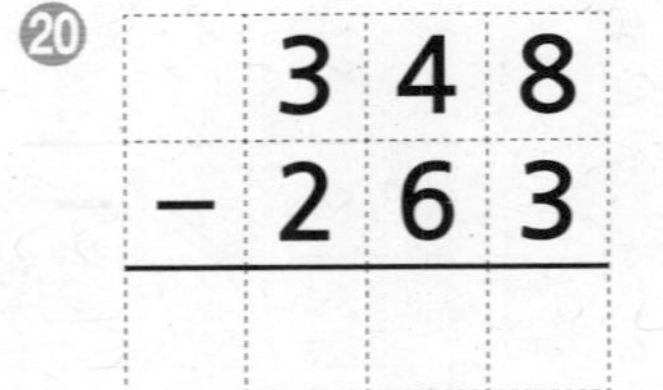

㉑ $779 - 582$

㉒ $648 - 361$

㉓ $825 - 393$

㉔ $936 - 182$

044 단계 실력 진단 평가 ❷회

(세 자리 수)−(세 자리 수) (2)

제한 시간	맞힌 개수	선생님 확인
20분	/20	

정답 22쪽

✎ 뺄셈을 하세요.

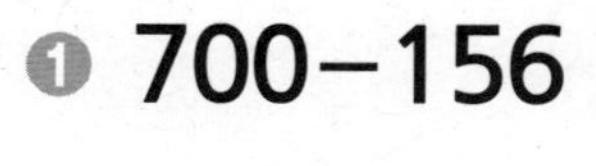

❶ 700−156

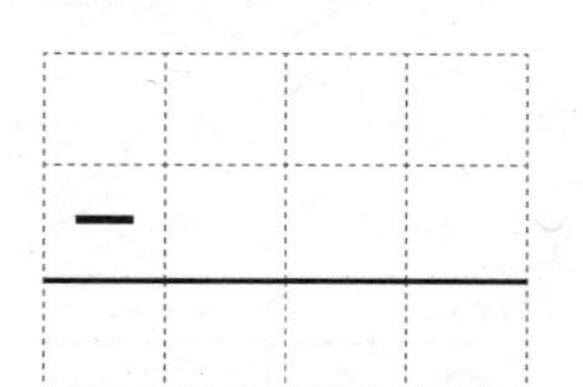

❷ 800−347

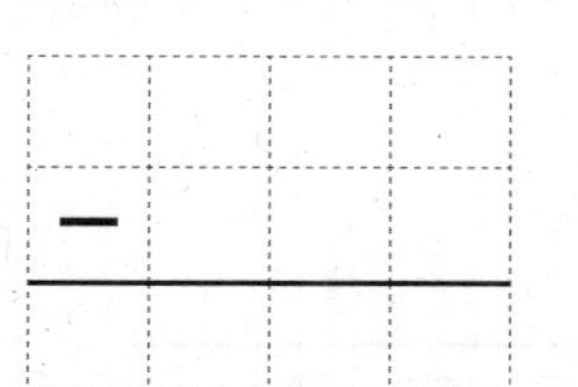

❸ 500−278

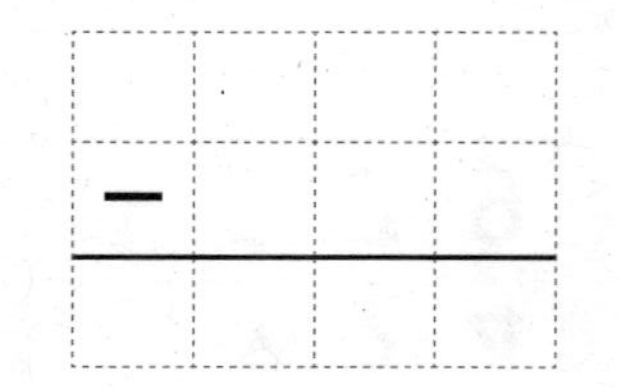

❹ 600−194

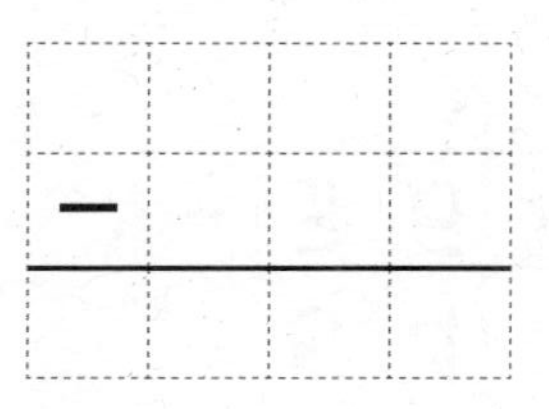

❺ 400−231

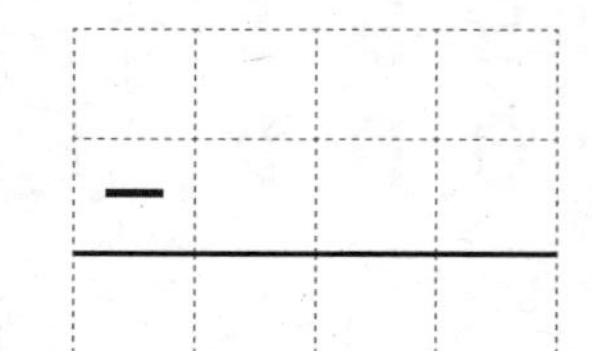

❻ 946−378

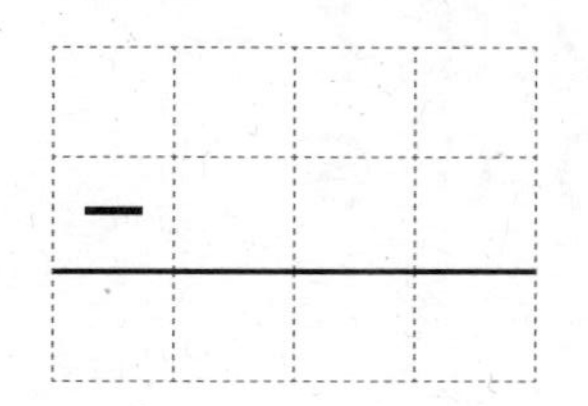

❼ 885−499

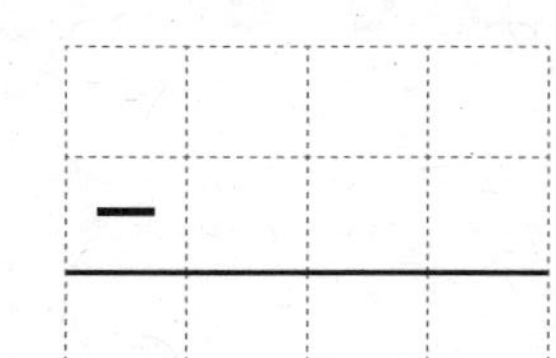

❽ 743−167

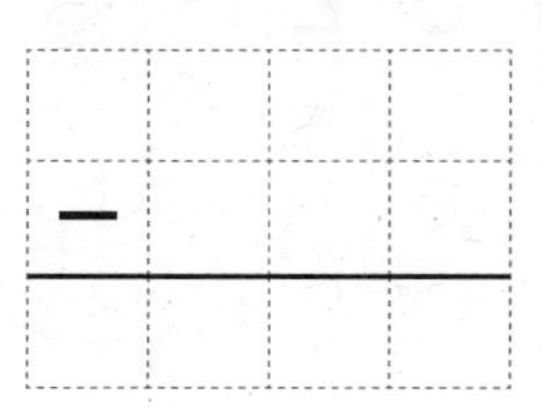

❾ 356−289

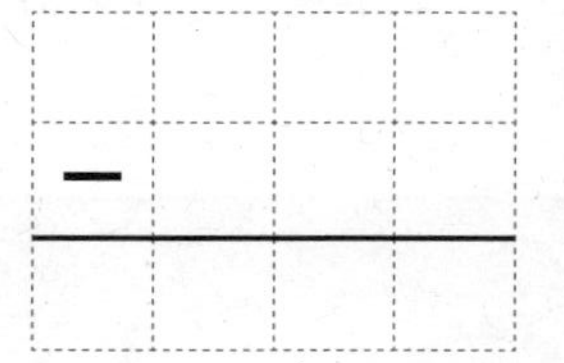

❿ 643−295

⓫ 562−378

⓬ 753−279

⓭ 513−128

⓮ 824−375

⓯ 426−357

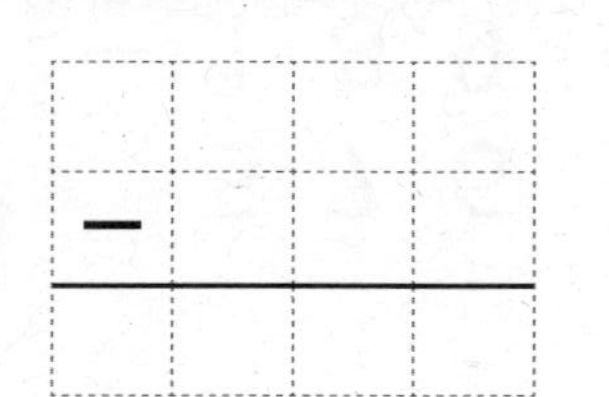

⓰ 907−679

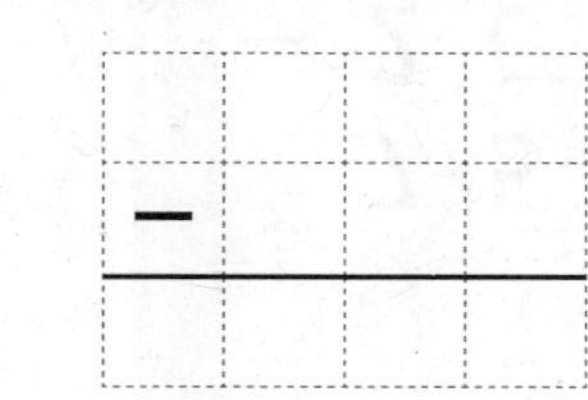

⓱ 565−278

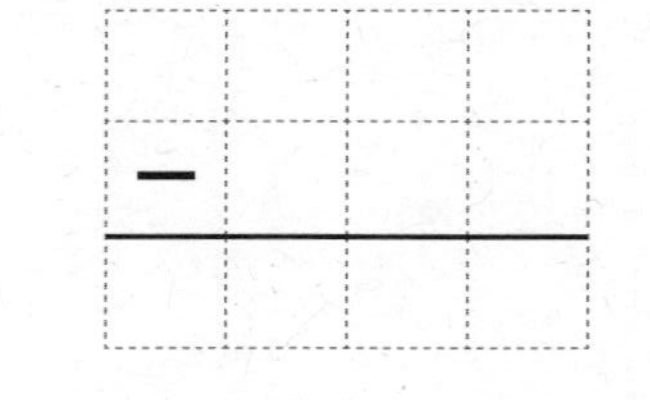

⓲ 743−377

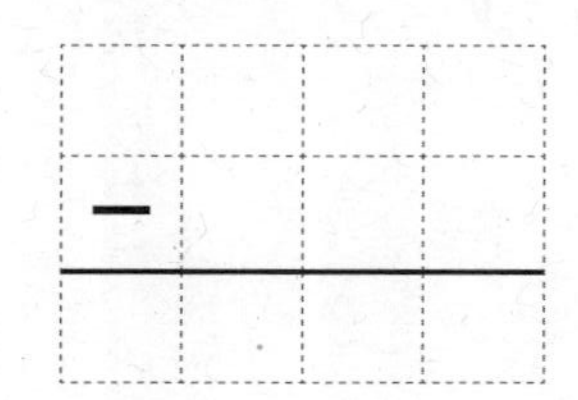

⓳ 823−198

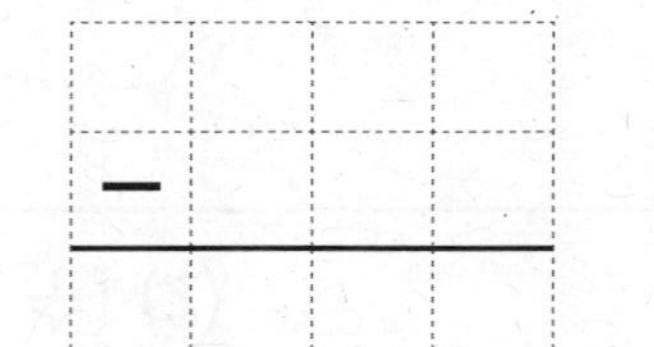

⓴ 636−457

~~~ 자르는 선

044 단계

실력 진단 평가 ❶회

(세 자리 수)−(세 자리 수) (2)

제한 시간	맞힌 개수	선생님 확인
20분	/24	

정답 22쪽

✎ 뺄셈을 하세요.

❶ $600 - 453$

❷ $500 - 376$

❸ $800 - 247$

❹ $700 - 629$

❺ $400 - 165$

❻ $900 - 284$

❼ $724 - 379$

❽ $641 - 364$

❾ $971 - 485$

❿ $853 - 289$

⓫ $624 - 158$

⓬ $717 - 568$

⓭ $356 - 277$

⓮ $815 - 376$

⓯ $421 - 236$

⓰ $642 - 296$

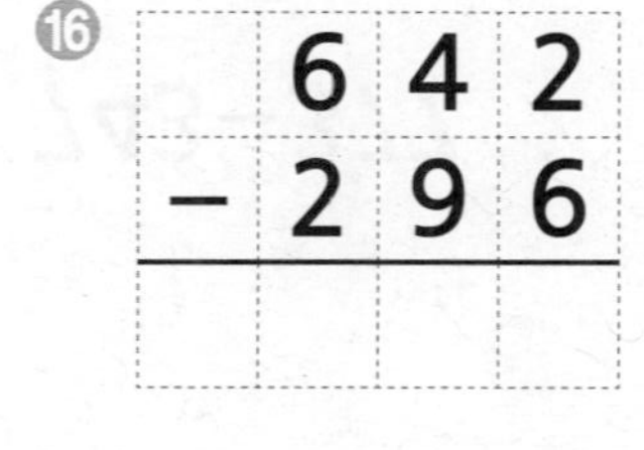

⓱ $576 - 189$

⓲ $753 - 265$

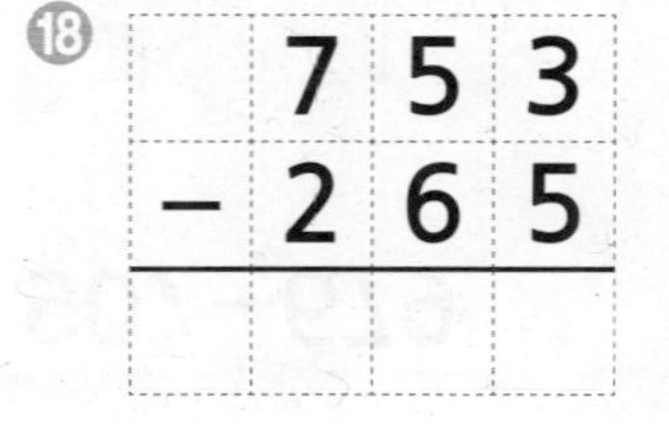

⓳ $962 - 393$

⓴ $847 - 159$

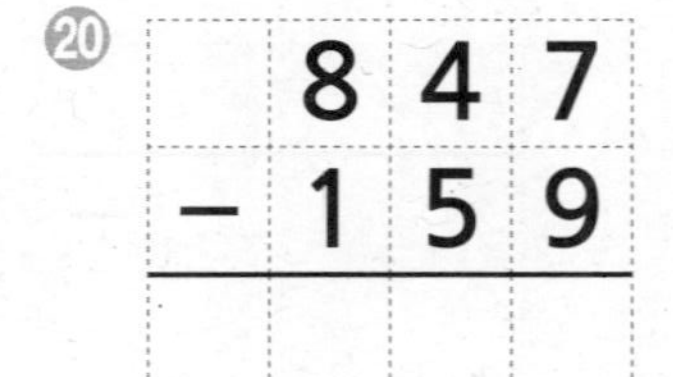

㉑ $631 - 479$

㉒ $422 - 357$

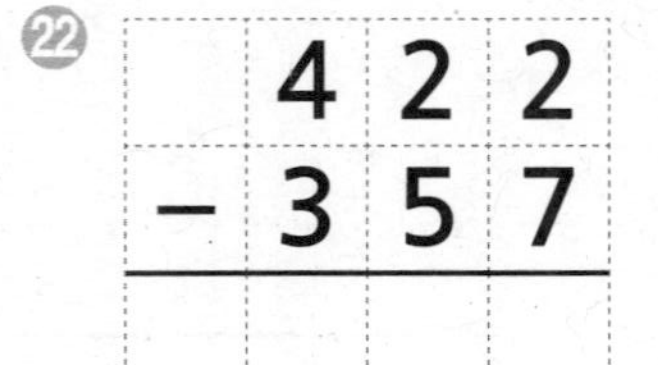

㉓ $823 - 399$

㉔ $965 - 698$
~~~

차례

5권

4 세 단계마다 또는 전체를 **묶어 복습**해 보세요.

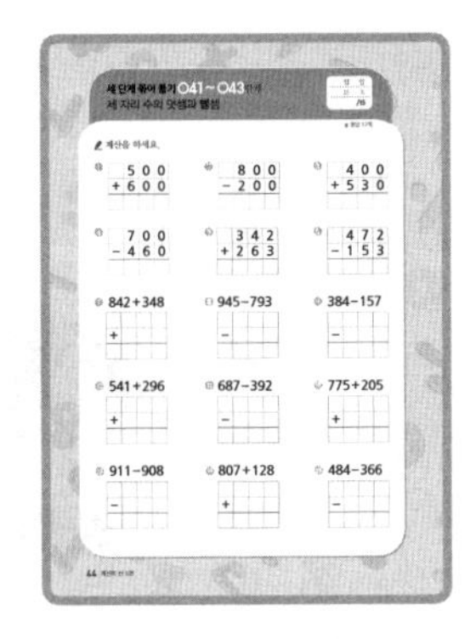

시간이 지나면 아이들은 학습했던 내용을 곧잘 잊어버리는 경향이 있어요. 그래서 세 단계마다 '묶어 풀기', 마지막에는 '전체 묶어 풀기'를 통해 학습했던 내용을 다시 복습할 수 있습니다.

5 즐거운 **수학이야기**와 **수학퀴즈** 함께 해요!

묶어 풀기가 끝나면 '재미있는 수학이야기'와 '수학퀴즈'가 기다리고 있어요. 흥미로운 수학이야기와 수학퀴즈는 좌뇌와 우뇌를 고루 발달시켜 주고, 창의성을 키워준답니다.

6 아이의 **학습 성취도**를 점검해 보세요.

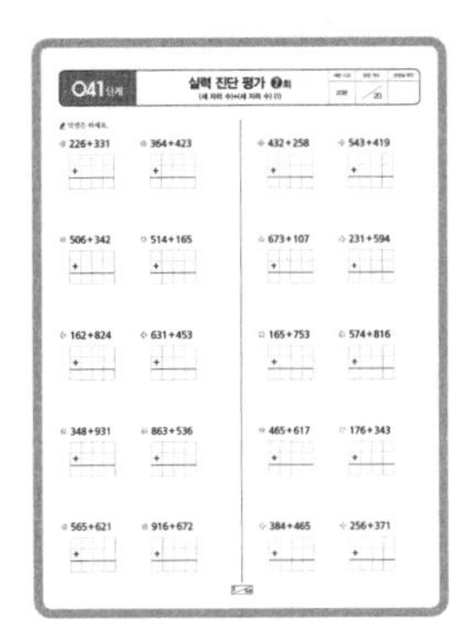

권두부록으로 제시된 '실력 진단 평가'로 아이의 학습 성취도를 점검할 수 있어요. 각 단계별로 2회씩 총 20회가 제공됩니다.

계산의 신 활용 가이드

1 매일 자신의 학습을 체크해 보세요.

매일 문제를 풀면서 맞힌 개수를 적고, 걸린 시간 만큼 '스스로 학습 관리표'에 색칠해 보세요. 하루하루 지날수록 실력이 자라고, 계산 속도가 빨라지는 것을 눈으로 확인할 수 있습니다.

2 개념과 연산 과정을 이해하세요.

개념을 이해하고 예시를 통해 연산 과정을 확인하면 계산 과정에서 실수를 줄일 수 있어요. 또 아이의 학습을 도와주시는 선생님 또는 부모님을 위해 '지도 도우미'를 제시하였습니다.

3 매일 2쪽씩 꾸준히 반복 학습해 보세요.

매일 2쪽씩 5일 동안 차근차근 반복 학습하다 보면 어려운 문제도 두려움 없이 도전할 수 있습니다. 문제를 풀다가 계산 방법을 모를 때는 '개념 포인트'를 다시 한 번 학습한 후 풀어 보세요.

초등4 7권 | 자연수의 곱셈과 나눗셈 심화

061단계	다섯 자리 수
062단계	큰 수 알아보기
063단계	계산의 활용–각도의 합과 차
	세 단계 묶어 풀기
	창의력 쑥쑥! 수학퀴즈
064단계	(세 자리 수)×(몇십)
065단계	(세 자리 수)×(두 자리 수)
066단계	몇십으로 나누기
	세 단계 묶어 풀기
	재미있는 수학이야기
067단계	(두 자리 수)÷(두 자리 수)
068단계	(세 자리 수)÷(두 자리 수) (1)
069단계	(세 자리 수)÷(두 자리 수) (2)
	세 단계 묶어 풀기
	창의력 쑥쑥! 수학퀴즈
070단계	곱셈과 나눗셈 종합
	전체 묶어 풀기
	창의력 쑥쑥! 수학퀴즈

초등4 8권 | 분수와 소수의 덧셈과 뺄셈 기본

071단계	분모가 같은 진분수의 덧셈
072단계	분모가 같은 대분수의 덧셈
073단계	분모가 같은 진분수의 뺄셈
	세 단계 묶어 풀기
	창의력 쑥쑥! 수학퀴즈
074단계	분모가 같은 대분수의 뺄셈
075단계	대분수와 진분수의 덧셈과 뺄셈
076단계	소수 한 자리 수의 덧셈
	세 단계 묶어 풀기
	재미있는 수학이야기
077단계	소수 한 자리 수의 뺄셈
078단계	소수 두 자리 수의 덧셈
079단계	소수 두 자리 수의 뺄셈
	세 단계 묶어 풀기
	재미있는 수학이야기
080단계	자릿수가 다른 소수의 덧셈과 뺄셈
	전체 묶어 풀기
	재미있는 수학이야기

초등5 9권 | 자연수의 혼합 계산 / 분수의 덧셈과 뺄셈

081단계	덧셈과 뺄셈이 섞여 있는 식 계산
082단계	곱셈과 나눗셈이 섞여 있는 식 계산
083단계	덧셈, 뺄셈, 곱셈(나눗셈)의 혼합 계산
	세 단계 묶어 풀기
	재미있는 수학이야기
084단계	덧셈, 뺄셈, 곱셈, 나눗셈의 혼합 계산
085단계	약수와 배수
086단계	공약수와 공배수
	세 단계 묶어 풀기
	재미있는 수학이야기
087단계	최대공약수와 최소공배수
088단계	약분과 통분
089단계	분모가 다른 분수의 덧셈
	세 단계 묶어 풀기
	창의력 쑥쑥! 수학퀴즈
090단계	분모가 다른 분수의 뺄셈
	전체 묶어 풀기
	재미있는 수학이야기

초등5 10권 | 분수와 소수의 곱셈

091단계	분수와 자연수의 곱셈
092단계	분수의 곱셈(1)
093단계	분수의 곱셈(2)
	세 단계 묶어 풀기
	창의력 쑥쑥! 수학퀴즈
094단계	분수와 소수의 관계
095단계	곱의 소수점의 위치
096단계	소수와 자연수의 곱셈
	세 단계 묶어 풀기
	재미있는 수학이야기
097단계	1보다 작은 소수의 곱셈
098단계	1보다 큰 소수의 곱셈
099단계	분수, 소수의 곱셈 종합
	세 단계 묶어 풀기
	창의력 쑥쑥! 수학퀴즈
100단계	계산의 활용–평균
	전체 묶어 풀기
	창의력 쑥쑥! 수학퀴즈

초등6 11권 | 분수와 소수의 나눗셈 기본

101단계	분수의 나눗셈(1)
102단계	분수의 나눗셈(2)
103단계	소수의 나눗셈(1)
	세 단계 묶어 풀기
	창의력 쑥쑥! 수학퀴즈
104단계	소수의 나눗셈(2)
105단계	소수의 나눗셈(3)
106단계	소수의 나눗셈(4)
	세 단계 묶어 풀기
	창의력 쑥쑥! 수학퀴즈
107단계	소수의 나눗셈(5)
108단계	소수의 나눗셈(6)
109단계	소수의 나눗셈(7)
	세 단계 묶어 풀기
	재미있는 수학이야기
110단계	비와 비율
	전체 묶어 풀기
	재미있는 수학이야기

초등6 12권 | 분수와 소수의 나눗셈 발전

111단계	분수의 나눗셈(3)
112단계	분수의 나눗셈(4)
113단계	분수의 나눗셈(5)
	세 단계 묶어 풀기
	창의력 쑥쑥! 수학퀴즈
114단계	분수의 나눗셈(6)
115단계	소수의 나눗셈(8)
116단계	소수의 나눗셈(9)
	세 단계 묶어 풀기
	창의력 쑥쑥! 수학퀴즈
117단계	소수의 나눗셈(10)
118단계	소수의 나눗셈(11)
119단계	가장 작은 자연수의 비로 나타내기
	세 단계 묶어 풀기
	재미있는 수학이야기
120단계	비례식과 비례배분
	전체 묶어 풀기
	재미있는 수학이야기

초등1	1권 | 자연수의 덧셈과 뺄셈 기본 (1)
001단계	수를 가르고 모으기
002단계	합이 9까지인 덧셈
003단계	차가 9까지인 뺄셈
	세 단계 묶어 풀기
	재미있는 수학이야기
004단계	덧셈과 뺄셈
005단계	10을 가르고 모으기
006단계	10의 덧셈과 뺄셈
	세 단계 묶어 풀기
	창의력 쑥쑥! 수학퀴즈
007단계	연이은 덧셈, 뺄셈
008단계	19까지의 수 모으고 가르기
009단계	(몇십)+(몇), (몇)+(몇십)
	세 단계 묶어 풀기
	창의력 쑥쑥! 수학퀴즈
010단계	(몇십 몇)±(몇)
	전체 묶어 풀기
	창의력 쑥쑥! 수학퀴즈

초등1	2권 | 자연수의 덧셈과 뺄셈 기본 (2)
011단계	(몇십)±(몇십)
012단계	(몇십 몇)+(몇십 몇)
013단계	(몇십 몇)−(몇십 몇)
	세 단계 묶어 풀기
	창의력 쑥쑥! 수학퀴즈
014단계	받아올림/받아내림이 없는 덧셈과 뺄셈 종합
015단계	세 수의 덧셈과 뺄셈
016단계	연이은 덧셈, 뺄셈
	세 단계 묶어 풀기
	창의력 쑥쑥! 수학퀴즈
017단계	받아올림이 있는 (몇)+(몇)
018단계	받아내림이 있는 (십몇)−(몇)
019단계	받아올림/받아내림이 있는 덧셈과 뺄셈 종합
	세 단계 묶어 풀기
	창의력 쑥쑥! 수학퀴즈
020단계	계산의 활용–규칙찾기
	전체 묶어 풀기
	재미있는 수학이야기

초등2	3권 | 자연수의 덧셈과 뺄셈 발전
021단계	(두 자리 수)+(한 자리 수)
022단계	(두 자리 수)+(두 자리 수) (1)
023단계	(두 자리 수)+(두 자리 수) (2)
	세 단계 묶어 풀기
	창의력 쑥쑥! 수학퀴즈
024단계	(두 자리 수)−(한 자리 수)
025단계	(몇십)−(두 자리 수)
026단계	(두 자리 수)−(두 자리 수)
	세 단계 묶어 풀기
	창의력 쑥쑥! 수학퀴즈
027단계	두 자리 수의 덧셈과 뺄셈 종합
028단계	덧셈, 뺄셈의 여러 가지 방법
029단계	덧셈과 뺄셈의 관계
	세 단계 묶어 풀기
	창의력 쑥쑥! 수학퀴즈
030단계	세 수의 혼합 계산
	전체 묶어 풀기
	창의력 쑥쑥! 수학퀴즈

초등2	4권 | 네 자리 수/ 곱셈구구
031단계	네 자리 수
032단계	각 자리의 숫자가 나타내는 값
033단계	뛰어 세기
	세 단계 묶어 풀기
	창의력 쑥쑥! 수학퀴즈
034단계	같은 수 여러 번 더하기
035단계	2, 5, 3, 4의 단 곱셈구구
036단계	6, 7, 8, 9의 단 곱셈구구 (1)
	세 단계 묶어 풀기
	창의력 쑥쑥! 수학퀴즈
037단계	6, 7, 8, 9의 단 곱셈구구 (2)
038단계	곱셈구구 종합 (1)
039단계	곱셈구구 종합 (2)
	세 단계 묶어 풀기
	창의력 쑥쑥! 수학퀴즈
040단계	계산의 활용–길이의 합과 차
	전체 묶어 풀기
	재미있는 수학이야기

초등3	5권 | 자연수의 덧셈과 뺄셈 / 곱셈과 나눗셈
041단계	(세 자리 수)+(세 자리 수) (1)
042단계	(세 자리 수)+(세 자리 수) (2)
043단계	(세 자리 수)−(세 자리 수) (1)
	세 단계 묶어 풀기
	재미있는 수학이야기
044단계	(세 자리 수)−(세 자리 수) (2)
045단계	나눗셈 기초
046단계	곱셈구구 범위에서의 나눗셈
	세 단계 묶어 풀기
	재미있는 수학이야기
047단계	(두 자리 수)×(한 자리 수) (1)
048단계	(두 자리 수)×(한 자리 수) (2)
049단계	길이의 덧셈과 뺄셈
	세 단계 묶어 풀기
	재미있는 수학이야기
050단계	시간의 합과 차
	전체 묶어 풀기
	창의력 쑥쑥! 수학퀴즈

초등3	6권 | 자연수의 곱셈과 나눗셈 발전
051단계	(세 자리 수)×(한 자리 수) (1)
052단계	(세 자리 수)×(한 자리 수) (2)
053단계	(두 자리 수)×(두 자리 수) (1)
	세 단계 묶어 풀기
	창의력 쑥쑥! 수학퀴즈
054단계	(두 자리 수)×(두 자리 수) (2)
055단계	(몇십)÷(몇), (몇백 몇십)÷(몇)
056단계	(두 자리 수)÷(한 자리 수) (1)
	세 단계 묶어 풀기
	재미있는 수학이야기
057단계	(두 자리 수)÷(한 자리 수) (2)
058단계	(두 자리 수)÷(한 자리 수) (3)
059단계	(세 자리 수)÷(한 자리 수)
	세 단계 묶어 풀기
	재미있는 수학이야기
060단계	들이와 무게의 덧셈과 뺄셈
	전체 묶어 풀기
	창의력 쑥쑥! 수학퀴즈

송명진·박종하 지음

5

초등 3학년 1학기

자연수의 덧셈과 뺄셈 /곱셈과 나눗셈

✂ 자르는 선

049단계 실력 진단 평가 ❶회

길이의 덧셈과 뺄셈

제한 시간	맞힌 개수	선생님 확인
20분	/24	

정답 23쪽

계산을 하세요.

❶ 3cm 6mm + 2cm 3mm = ☐cm ☐mm

❷ 2cm 7mm + 5cm 1mm = ☐cm ☐mm

❸ 8cm 3mm + 3cm 4mm = ☐cm ☐mm

❹ 3cm 7mm + 4cm 8mm = ☐cm ☐mm

❺ 3cm 4mm + 1cm 8mm = ☐cm ☐mm

❻ 4cm 3mm + 7cm 8mm = ☐cm ☐mm

❼ 5cm 9mm − 2cm 4mm = ☐cm ☐mm

❽ 7cm 9mm − 3cm 6mm = ☐cm ☐mm

❾ 8cm 2mm − 6cm 8mm = ☐cm ☐mm

❿ 6cm 5mm − 1cm 9mm = ☐cm ☐mm

⓫ 5cm 4mm − 2cm 5mm = ☐cm ☐mm

⓬ 8cm 7mm − 3cm 9mm = ☐cm ☐mm

⓭ 1km 300m + 5km 400m = ☐km ☐m

⓮ 5km 300m + 2km 100m = ☐km ☐m

⓯ 6km 300m + 5km 200m = ☐km ☐m

⓰ 7km 500m + 1km 700m = ☐km ☐m

⓱ 6km 400m + 1km 700m = ☐km ☐m

⓲ 9km 300m + 2km 800m = ☐km ☐m

⓳ 9km 700m − 3km 300m = ☐km ☐m

⓴ 4km 700m − 2km 600m = ☐km ☐m

㉑ 7km 100m − 3km 400m = ☐km ☐m

㉒ 8km 300m − 3km 700m = ☐km ☐m

㉓ 6km 600m − 3km 800m = ☐km ☐m

㉔ 5km 300m − 2km 700m = ☐km ☐m

049 단계

실력 진단 평가 ❷회

길이의 덧셈과 뺄셈

제한 시간	맞힌 개수	선생님 확인
20분	/12	

정답 23쪽

빈칸에 알맞은 수를 넣으세요.

❶ 2cm 5mm+6cm 2mm

=(□+□)cm (□+□)mm

=□cm □mm

❷ 5cm 7mm+2cm 9mm

=(□+□)cm (□+□)mm

=□cm □mm

=□cm □mm

❸ 4cm 8mm+4cm 5mm

=(□+□)cm (□+□)mm

=□cm □mm

=□cm □mm

❹ 6cm 9mm−3cm 2mm

=(□−□)cm (□−□)mm

=□cm □mm

❺ 5cm 6mm−2cm 7mm

=(□−□)cm (□−□)mm

=(□−□)cm (□−□)mm

=□cm □mm

❻ 6cm 5mm−3cm 8mm

=(□−□)cm (□−□)mm

=(□−□)cm (□−□)mm

=□cm □mm

❼ 3km 200m+4km 500m

=(□+□)km (□+□)m

=□km □m

❽ 4km 700m+3km 400m

=(□+□)km (□+□)m

=□km □m

=□km □m

❾ 1km 700m+5km 700m

=(□+□)km (□+□)m

=□km □m

=□km □m

❿ 7km 800m−2km 400m

=(□−□)km (□−□)m

=□km □m

⓫ 4km 200m−1km 900m

=(□−□)km (□−□)m

=(□−□)km (□−□)m

=□km □m

⓬ 9km 200m−3km 500m

=(□−□)km (□−□)m

=(□−□)km (□−□)m

=□km □m

✂ 자르는 선

실력 진단 평가 ❶회

시간의 합과 차

제한 시간	맞힌 개수	선생님 확인
20분	/ 12	

정답 24쪽

✎ 다음을 계산하세요.

❶

		35분	20초
+		20분	30초
		분	초

❷

	2시	11분	33초
+		36분	24초
	시	분	초

❸

	4시간	46분	7초
+		12분	30초
	시간	분	초

❹

	8시	24분	15초
+	1시간	17분	43초
	시	분	초

❺

	1시간	34분	5초
+	5시간	16분	32초
	시간	분	초

❻

	5시	45분	11초
+	2시간	18분	34초
	시	분	초

❼

		26분	57초
+	7시간	14분	41초
	시간	분	초

❽

		28분	39초
+	2시간	49분	53초
	시간	분	초

❾

	3시	55분	8초
+	1시간	25분	39초
	시	분	초

❿

	1시	46분	10초
+	4시간	26분	41초
	시	분	초

⓫

	6시간		13초
+	2시간	19분	58초
	시간	분	초

⓬

	4시	37분	29초
+	3시간	33분	52초
	시	분	초

실력 진단 평가 ❷회

시간의 합과 차

제한 시간	맞힌 개수	선생님 확인
20분	/12	

정답 24쪽

다음을 계산하세요.

❶
	4시	30분	
−	1시	15분	
	시간	분	

❷
	6시	43분	36초
−		12분	35초
	시	분	초

❸
	7시	56분	47초
−	3시	13분	30초
	시간	분	초

❹
	8시	24분	43초
−	1시간	17분	15초
	시	분	초

❺
	3시	35분	23초
−	1시	10분	7초
	시간	분	초

❻
	8시	45분	37초
−	2시	17분	3초
	시간	분	초

❼
	5시	26분	57초
−	2시간	46분	3초
	시	분	초

❽
	3시	18분	53초
−	1시간	49분	39초
	시	분	초

❾
	7시	55분	
−	2시간	15분	42초
	시	분	초

❿
	6시	26분	14초
−	4시간	57분	41초
	시	분	초

⓫
	5시간		31초
−	2시간	40분	42초
	시간	분	초

⓬
	9시	33분	9초
−	3시간	37분	52초
	시	분	초

실력 진단 평가 정답

041 단계

041 단계 실력 진단 평가 ①회
(세 자리 수)+(세 자리 수) (1) — 제한 시간 20분, 맞힌 개수 /24

덧셈을 하세요.

① 347+132=479 ② 162+625=787
③ 534+365=899 ④ 473+124=597
⑤ 651+324=975 ⑥ 234+452=686
⑦ 972+416=1388 ⑧ 738+551=1289
⑨ 683+915=1598 ⑩ 516+551=1067
⑪ 327+862=1189 ⑫ 182+914=1096
⑬ 356+435=791 ⑭ 274+316=590
⑮ 528+234=762 ⑯ 641+276=917
⑰ 427+192=619 ⑱ 562+285=847
⑲ 263+917=1180 ⑳ 648+833=1481
㉑ 736+647=1383 ㉒ 148+561=709
㉓ 395+323=718 ㉔ 236+582=818

041 단계 실력 진단 평가 ②회
(세 자리 수)+(세 자리 수) (1) — 제한 시간 20분, 맞힌 개수 /20

덧셈을 하세요.

① 226+331=557 ② 364+423=787
③ 506+342=848 ④ 514+165=679
⑤ 162+824=986 ⑥ 631+453=1084
⑦ 348+931=1279 ⑧ 863+536=1399
⑨ 565+621=1186 ⑩ 916+672=1588
⑪ 432+258=690 ⑫ 543+419=962
⑬ 673+107=780 ⑭ 231+594=825
⑮ 165+753=918 ⑯ 574+816=1390
⑰ 465+617=1082 ⑱ 176+343=519
⑲ 384+465=849 ⑳ 256+371=627

042 단계

042 단계 실력 진단 평가 ①회
(세 자리 수)+(세 자리 수) (2) — 제한 시간 20분, 맞힌 개수 /24

덧셈을 하세요.

① 276+365=641 ② 363+467=830
③ 624+178=802 ④ 798+124=922
⑤ 437+264=701 ⑥ 289+257=546
⑦ 145+579=724 ⑧ 538+395=933
⑨ 382+268=650 ⑩ 246+457=703
⑪ 369+348=717 ⑫ 688+297=985
⑬ 356+765=1121 ⑭ 524+476=1000
⑮ 698+534=1232 ⑯ 847+786=1633
⑰ 428+697=1125 ⑱ 939+385=1324
⑲ 964+958=1922 ⑳ 848+563=1411
㉑ 756+467=1223 ㉒ 998+319=1317
㉓ 197+943=1140 ㉔ 289+739=1028

042 단계 실력 진단 평가 ②회
(세 자리 수)+(세 자리 수) (2) — 제한 시간 20분, 맞힌 개수 /20

덧셈을 하세요.

① 435+376=811 ② 713+197=910
③ 479+245=724 ④ 694+158=852
⑤ 168+579=747 ⑥ 331+289=620
⑦ 128+277=405 ⑧ 567+236=803
⑨ 265+248=513 ⑩ 538+392=930
⑪ 432+568=1000 ⑫ 543+789=1332
⑬ 698+717=1415 ⑭ 427+894=1321
⑮ 189+857=1046 ⑯ 767+346=1113
⑰ 567+969=1536 ⑱ 458+674=1132
⑲ 874+659=1533 ⑳ 246+975=1221

043 단계

043 단계 실력 진단 평가 ①회
(세 자리 수)-(세 자리 수) (1) — 제한 시간 20분, 맞힌 개수 /24

뺄셈을 하세요.

① 600-400=200 ② 560-210=350
③ 684-361=323 ④ 779-324=455
⑤ 658-124=534 ⑥ 874-212=662
⑦ 497-466=31 ⑧ 758-631=127
⑨ 986-175=811 ⑩ 696-223=473
⑪ 857-612=245 ⑫ 968-417=551
⑬ 754-435=319 ⑭ 875-317=558
⑮ 981-234=747 ⑯ 642-226=416
⑰ 476-149=327 ⑱ 563-355=208
⑲ 663-192=471 ⑳ 348-263=85
㉑ 779-582=197 ㉒ 648-361=287
㉓ 825-393=432 ㉔ 936-182=754

043 단계 실력 진단 평가 ②회
(세 자리 수)-(세 자리 수) (1) — 제한 시간 20분, 맞힌 개수 /20

뺄셈을 하세요.

① 400-100=300 ② 980-240=740
③ 576-245=331 ④ 698-114=584
⑤ 627-204=423 ⑥ 378-256=122
⑦ 898-477=421 ⑧ 767-133=634
⑨ 459-246=213 ⑩ 975-343=632
⑪ 572-468=104 ⑫ 783-549=234
⑬ 693-317=376 ⑭ 894-325=569
⑮ 474-457=17 ⑯ 906-674=232
⑰ 567-475=92 ⑱ 747-366=381
⑲ 848-291=557 ⑳ 646-175=471

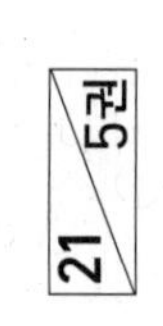

044 단계

044 단계 실력 진단 평가 ❶회
(세 자리 수)-(세 자리 수) (2)

제한 시간 20분 | 맞힌 개수 /24 | 선생님 확인

뺄셈을 하세요.

- 600-453=147
- 500-376=124
- 356-277=79
- 815-376=439
- 800-247=553
- 700-629=71
- 421-236=185
- 642-296=346
- 400-165=235
- 900-284=616
- 576-189=387
- 753-265=488
- 724-379=345
- 641-364=277
- 962-393=569
- 847-159=688
- 971-485=486
- 853-289=564
- 631-479=152
- 422-357=65
- 624-158=466
- 717-568=149
- 823-399=424
- 965-698=267

044 단계 실력 진단 평가 ❷회
(세 자리 수)-(세 자리 수) (2)

제한 시간 20분 | 맞힌 개수 /20 | 선생님 확인

뺄셈을 하세요.

- 700-156=544
- 800-347=453
- 562-378=184
- 753-279=474
- 500-278=222
- 600-194=406
- 513-128=385
- 824-375=449
- 400-231=169
- 946-378=568
- 426-357=69
- 907-679=228
- 885-499=386
- 743-167=576
- 565-278=287
- 743-377=366
- 356-289=67
- 643-295=348
- 823-198=625
- 636-457=179

045 단계

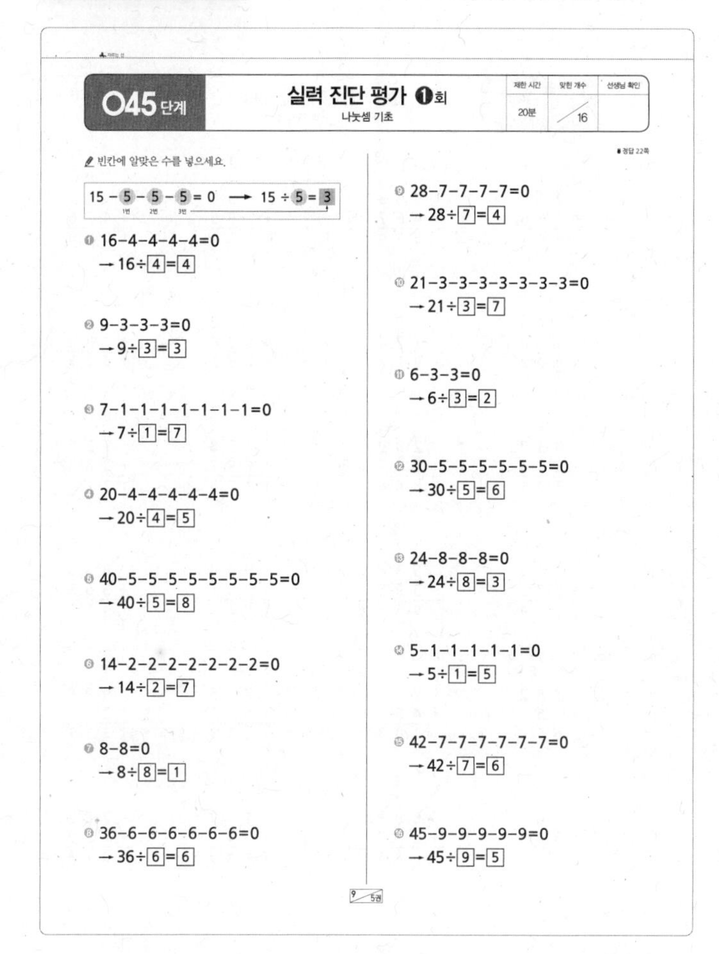

045 단계 실력 진단 평가 ❶회
나눗셈 기초

제한 시간 20분 | 맞힌 개수 /16 | 선생님 확인

빈칸에 알맞은 수를 넣으세요.

15-5-5-5=0 → 15÷5=3

- 16-4-4-4-4=0 → 16÷4=4
- 9-3-3-3=0 → 9÷3=3
- 7-1-1-1-1-1-1-1=0 → 7÷1=7
- 20-4-4-4-4-4=0 → 20÷4=5
- 40-5-5-5-5-5-5-5-5=0 → 40÷5=8
- 14-2-2-2-2-2-2-2=0 → 14÷2=7
- 8-8=0 → 8÷8=1
- 36-6-6-6-6-6-6=0 → 36÷6=6
- 28-7-7-7-7=0 → 28÷7=4
- 21-3-3-3-3-3-3-3=0 → 21÷3=7
- 6-3-3=0 → 6÷3=2
- 30-5-5-5-5-5-5=0 → 30÷5=6
- 24-8-8-8=0 → 24÷8=3
- 5-1-1-1-1-1=0 → 5÷1=5
- 42-7-7-7-7-7-7=0 → 42÷7=6
- 45-9-9-9-9-9=0 → 45÷9=5

045 단계 실력 진단 평가 ❷회
나눗셈 기초

제한 시간 20분 | 맞힌 개수 /20 | 선생님 확인

곱셈과 나눗셈의 관계를 이용하여 나눗셈의 몫을 구하세요.

- 5×5=25 → 25÷5=5
- 6×8=48 → 48÷6=8
- 3×7=21 → 21÷3=7
- 4×3=12 → 12÷4=3
- 9×4=36 → 36÷9=4
- 7×2=14 → 14÷7=2
- 9×6=54 → 54÷9=6
- 6×3=18 → 18÷6=3
- 2×9=18 → 18÷2=9
- 8×4=32 → 32÷8=4
- 5×6=30 → 30÷5=6
- 3×9=27 → 27÷3=9
- 4×2=8 → 8÷4=2
- 7×7=49 → 49÷7=7
- 2×8=16 → 16÷2=8
- 8×7=56 → 56÷8=7
- 5×8=40 → 40÷5=8
- 6×7=42 → 42÷6=7
- 3×5=15 → 15÷3=5
- 9×9=81 → 81÷9=9

046 단계

046 단계 실력 진단 평가 ❶회
곱셈구구 범위에서의 나눗셈

제한 시간 20분 | 맞힌 개수 /32 | 선생님 확인

나눗셈의 몫을 구하세요.

- 18÷3=6
- 8÷8=1
- 28÷4=7
- 40÷8=5
- 72÷9=8
- 36÷6=6
- 9÷3=3
- 81÷9=9
- 56÷7=8
- 10÷2=5
- 35÷7=5
- 20÷5=4
- 15÷5=3
- 42÷7=6
- 32÷8=4
- 45÷9=5
- 18÷9=2
- 48÷6=8
- 12÷6=2
- 28÷4=7
- 12÷3=4
- 21÷7=3
- 6÷6=1
- 25÷5=5
- 36÷9=4
- 24÷4=6
- 24÷8=3
- 54÷6=9
- 64÷8=8
- 27÷9=3
- 18÷3=6
- 63÷7=9

046 단계 실력 진단 평가 ❷회
곱셈구구 범위에서의 나눗셈

제한 시간 20분 | 맞힌 개수 /32 | 선생님 확인

나눗셈의 몫을 구하세요.

- 12÷3=4
- 32÷8=4
- 45÷5=9
- 14÷7=2
- 40÷5=8
- 24÷3=8
- 32÷4=8
- 72÷8=9
- 27÷3=9
- 8÷4=2
- 16÷4=4
- 48÷8=6
- 30÷6=5
- 35÷5=7
- 6÷3=2
- 24÷6=4
- 49÷7=7
- 18÷2=9
- 10÷5=2
- 40÷8=5
- 7÷7=1
- 56÷8=7
- 18÷6=3
- 42÷6=7
- 36÷6=6
- 20÷4=5
- 9÷9=1
- 21÷7=3
- 63÷7=9
- 81÷9=9
- 64÷8=8
- 28÷4=7

047 단계

047 단계 실력 진단 평가 ❶회

(두 자리 수)×(한 자리 수) (1)

제한 시간	맞힌 개수	선생님 확인
20분	/32	

정답 23쪽

곱셈을 하세요.

1. 13×3=39
2. 32×2=64
3. 67×1=67
4. 23×3=69
5. 11×8=88
6. 12×3=36
7. 20×4=80
8. 31×3=93
9. 12×4=48
10. 14×2=28
11. 22×4=88
12. 33×3=99
13. 10×6=60
14. 11×7=77
15. 42×2=84
16. 56×1=56
17. 31×2=62
18. 30×3=90
19. 24×2=48
20. 41×2=82
21. 21×3=63
22. 22×2=44
23. 32×3=96
24. 12×2=24
25. 64×1=64
26. 13×2=26
27. 20×3=60
28. 10×4=40
29. 33×2=66
30. 11×5=55
31. 22×3=66
32. 12×2=24

047 단계 실력 진단 평가 ❷회

(두 자리 수)×(한 자리 수) (1)

제한 시간	맞힌 개수	선생님 확인
20분	/24	

정답 23쪽

곱셈을 하세요.

1. 30×3=90
2. 11×6=66
3. 24×2=48
4. 41×2=82
5. 78×1=78
6. 22×4=88
7. 33×3=99
8. 80×1=80
9. 13×3=39
10. 31×2=62
11. 49×1=49
12. 23×3=69
13. 64×2=128
14. 71×5=355
15. 73×3=219
16. 82×4=328
17. 31×9=279
18. 52×3=156
19. 72×2=144
20. 94×2=188
21. 91×4=364
22. 63×3=189
23. 54×2=108
24. 62×4=248

048 단계

048 단계 실력 진단 평가 ❶회

(두 자리 수)×(한 자리 수) (2)

제한 시간	맞힌 개수	선생님 확인
20분	/24	

정답 23쪽

곱셈을 하세요.

1. 29×2=58
2. 16×2=32
3. 28×3=84
4. 12×8=96
5. 35×2=70
6. 23×4=92
7. 37×2=74
8. 45×2=90
9. 15×3=45
10. 26×2=52
11. 47×2=94
12. 17×5=85
13. 73×4=292
14. 82×6=492
15. 64×4=256
16. 32×9=288
17. 42×8=336
18. 86×2=172
19. 95×5=475
20. 46×9=414
21. 65×3=195
22. 57×6=342
23. 99×2=198
24. 72×5=360

048 단계 실력 진단 평가 ❷회

(두 자리 수)×(한 자리 수) (2)

제한 시간	맞힌 개수	선생님 확인
20분	/20	

정답 23쪽

곱셈을 하세요.

1. 27×3=81
2. 48×2=96
3. 16×5=80
4. 36×2=72
5. 13×4=52
6. 29×2=58
7. 46×2=92
8. 28×3=84
9. 24×4=96
10. 19×5=95
11. 47×3=141
12. 39×6=234
13. 62×6=372
14. 55×8=440
15. 34×4=136
16. 57×9=513
17. 43×8=344
18. 58×7=406
19. 62×9=558
20. 26×5=130

049 단계

049 단계 실력 진단 평가 ❶회

길이의 덧셈과 뺄셈

제한 시간	맞힌 개수	선생님 확인
20분	/24	

정답 23쪽

계산을 하세요.

1. 3cm 6mm + 2cm 3mm = 5cm 9mm
2. 2cm 7mm + 5cm 1mm = 7cm 8mm
3. 8cm 3mm + 3cm 4mm = 11cm 7mm
4. 3cm 7mm + 4cm 8mm = 8cm 5mm
5. 3cm 4mm + 1cm 8mm = 5cm 2mm
6. 4cm 3mm + 7cm 8mm = 12cm 1mm
7. 5cm 9mm − 2cm 4mm = 3cm 5mm
8. 7cm 9mm − 3cm 6mm = 4cm 3mm
9. 8cm 2mm − 6cm 8mm = 1cm 4mm
10. 6cm 5mm − 1cm 9mm = 4cm 6mm
11. 5cm 4mm − 2cm 5mm = 2cm 9mm
12. 8cm 7mm − 3cm 9mm = 4cm 8mm
13. 1km 300m + 5km 400m = 6km 700m
14. 5km 300m + 2km 100m = 7km 400m
15. 6km 300m + 5km 200m = 11km 500m
16. 7km 500m + 1km 700m = 9km 200m
17. 6km 400m + 1km 700m = 8km 100m
18. 9km 300m + 2km 800m = 12km 100m
19. 9km 700m − 3km 300m = 6km 400m
20. 4km 700m − 2km 600m = 2km 100m
21. 7km 100m − 3km 400m = 3km 700m
22. 8km 300m − 3km 700m = 4km 600m
23. 6km 600m − 3km 800m = 2km 800m
24. 5km 300m − 2km 700m = 2km 600m

049 단계 실력 진단 평가 ❷회

길이의 덧셈과 뺄셈

제한 시간	맞힌 개수	선생님 확인
20분	/12	

정답 23쪽

빈칸에 알맞은 수를 넣으세요.

1. 2cm 5mm+6cm 2mm
   =(2+6)cm (5+2)mm
   =8cm 7mm
2. 5cm 7mm+2cm 9mm
   =(5+2)cm (7+9)mm
   =7cm 16mm
   =8cm 6mm
3. 4cm 8mm+4cm 5mm
   =(4+4)cm (8+5)mm
   =8cm 13mm
   =9cm 3mm
4. 6cm 9mm−3cm 2mm
   =(6−3)cm (9−2)mm
   =3cm 7mm
5. 5cm 6mm−2cm 7mm
   =(5−2)cm (6−7)mm
   =(4−2)cm (16−7)mm
   =2cm 9mm
6. 6cm 5mm−3cm 8mm
   =(6−3)cm (5−8)mm
   =(5−3)cm (15−8)mm
   =2cm 7mm
7. 3km 200m+4km 500m
   =(3+4)km (200+500)m
   =7km 700m
8. 4km 700m+3km 400m
   =(4+3)km (700+400)m
   =7km 1100m
   =8km 100m
9. 1km 700m+5km 700m
   =(1+5)km (700+700)m
   =6km 1400m
   =7km 400m
10. 7km 800m−2km 400m
    =(7−2)km (800−400)m
    =5km 400m
11. 4km 200m−1km 900m
    =(4−1)km (200−900)m
    =(3−1)km (1200−900)m
    =2km 300m
12. 9km 200m−3km 500m
    =(9−3)km (200−500)m
    =(8−3)km (1200−500)m
    =5km 700m

050 단계

050 단계 실력 진단 평가 ❶회
시간의 합과 차

제한 시간	맞힌 개수	선생님 확인
20분	/12	

정답 24쪽

다음을 계산하세요.

❶
	35분	20초
+	20분	30초
	55분	50초

❷
	2시	11분	33초
+		36분	24초
	2시	47분	57초

❸
	4시간	46분	7초
+		12분	30초
	4시간	58분	37초

❹
	8시	24분	15초
+	1시간	17분	43초
	9시	41분	58초

❺
	1시간	34분	5초
+	5시간	16분	32초
	6시간	50분	37초

❻
	5시	45분	11초
+	2시간	18분	34초
	8시	3분	45초

❼
		26분	57초
+	7시간	14분	41초
	7시간	41분	38초

❽
		28분	39초
+	2시간	49분	53초
	3시간	18분	32초

❾
	3시	55분	8초
+	1시간	25분	39초
	5시	20분	47초

❿
	1시	46분	10초
+	4시간	26분	41초
	6시	12분	51초

⓫
	6시간		13초
+	2시간	19분	58초
	8시간	20분	11초

⓬
	4시	37분	29초
+	3시간	33분	52초
	8시	11분	21초

050 단계 실력 진단 평가 ❷회
시간의 합과 차

제한 시간	맞힌 개수	선생님 확인
20분	/12	

정답 24쪽

다음을 계산하세요.

❶
	4시	30분
−	1시	15분
	3시간	15분

❷
	6시	43분	36초
−		12분	35초
	6시	31분	1초

❸
	7시	56분	47초
−	3시	13분	30초
	4시간	43분	17초

❹
	8시	24분	43초
−	1시간	17분	15초
	7시	7분	28초

❺
	3시	35분	23초
−	1시	10분	7초
	2시간	25분	16초

❻
	8시	45분	37초
−	2시	17분	3초
	6시간	28분	34초

❼
	5시	26분	57초
−	2시간	46분	3초
	2시	40분	54초

❽
	3시	18분	53초
−	1시간	49분	39초
	1시	29분	14초

❾
	7시	55분	
−	2시간	15분	42초
	5시	39분	18초

❿
	6시	26분	14초
−	4시간	57분	41초
	1시	28분	33초

⓫
	5시간		31초
−	2시간	40분	42초
	2시간	19분	49초

⓬
	9시	33분	9초
−	3시간	37분	52초
	5시	55분	17초

✂ 자르는 선

045단계 실력 진단 평가 ①회

나눗셈 기초

제한 시간	맞힌 개수	선생님 확인
20분	/16	

정답 22쪽

빈칸에 알맞은 수를 넣으세요.

$15-5-5-5=0 \longrightarrow 15\div5=3$ (1번, 2번, 3번)

① $16-4-4-4-4=0$
→ $16\div\square=\square$

② $9-3-3-3=0$
→ $9\div\square=\square$

③ $7-1-1-1-1-1-1-1=0$
→ $7\div\square=\square$

④ $20-4-4-4-4-4=0$
→ $20\div\square=\square$

⑤ $40-5-5-5-5-5-5-5-5=0$
→ $40\div\square=\square$

⑥ $14-2-2-2-2-2-2-2=0$
→ $14\div\square=\square$

⑦ $8-8=0$
→ $8\div\square=\square$

⑧ $36-6-6-6-6-6-6=0$
→ $36\div\square=\square$

⑨ $28-7-7-7-7=0$
→ $28\div\square=\square$

⑩ $21-3-3-3-3-3-3-3=0$
→ $21\div\square=\square$

⑪ $6-3-3=0$
→ $6\div\square=\square$

⑫ $30-5-5-5-5-5-5=0$
→ $30\div\square=\square$

⑬ $24-8-8-8=0$
→ $24\div\square=\square$

⑭ $5-1-1-1-1-1=0$
→ $5\div\square=\square$

⑮ $42-7-7-7-7-7-7=0$
→ $42\div\square=\square$

⑯ $45-9-9-9-9-9=0$
→ $45\div\square=\square$

045단계

실력 진단 평가 ❷회

나눗셈 기초

제한 시간	맞힌 개수	선생님 확인
20분	/20	

정답 22쪽

곱셈과 나눗셈의 관계를 이용하여 나눗셈의 몫을 구하세요.

1. $5\times\square=25 \rightarrow 25\div5=\square$
2. $6\times\square=48 \rightarrow 48\div6=\square$
3. $3\times\square=21 \rightarrow 21\div3=\square$
4. $4\times\square=12 \rightarrow 12\div4=\square$
5. $9\times\square=36 \rightarrow 36\div9=\square$
6. $7\times\square=14 \rightarrow 14\div7=\square$
7. $9\times\square=54 \rightarrow 54\div9=\square$
8. $6\times\square=18 \rightarrow 18\div6=\square$
9. $2\times\square=18 \rightarrow 18\div2=\square$
10. $8\times\square=32 \rightarrow 32\div8=\square$
11. $5\times\square=30 \rightarrow 30\div5=\square$
12. $3\times\square=27 \rightarrow 27\div3=\square$
13. $4\times\square=8 \rightarrow 8\div4=\square$
14. $7\times\square=49 \rightarrow 49\div7=\square$
15. $2\times\square=16 \rightarrow 16\div2=\square$
16. $8\times\square=56 \rightarrow 56\div8=\square$
17. $5\times\square=40 \rightarrow 40\div5=\square$
18. $6\times\square=42 \rightarrow 42\div6=\square$
19. $3\times\square=15 \rightarrow 15\div3=\square$
20. $9\times\square=81 \rightarrow 81\div9=\square$

자르는 선

046 단계

실력 진단 평가 1회
곱셈구구 범위에서의 나눗셈

제한 시간	맞힌 개수	선생님 확인
20분	/32	

정답 22쪽

나눗셈의 몫을 구하세요.

① $18 \div 3 =$ ② $8 \div 8 =$

③ $72 \div 9 =$ ④ $36 \div 6 =$

⑤ $56 \div 7 =$ ⑥ $10 \div 2 =$

⑦ $15 \div 5 =$ ⑧ $42 \div 7 =$

⑨ $18 \div 9 =$ ⑩ $48 \div 6 =$

⑪ $12 \div 3 =$ ⑫ $21 \div 7 =$

⑬ $36 \div 9 =$ ⑭ $24 \div 4 =$

⑮ $64 \div 8 =$ ⑯ $27 \div 9 =$

⑰ $28 \div 4 =$ ⑱ $40 \div 8 =$

⑲ $9 \div 3 =$ ⑳ $81 \div 9 =$

㉑ $35 \div 7 =$ ㉒ $20 \div 5 =$

㉓ $32 \div 8 =$ ㉔ $45 \div 9 =$

㉕ $12 \div 6 =$ ㉖ $28 \div 4 =$

㉗ $6 \div 6 =$ ㉘ $25 \div 5 =$

㉙ $24 \div 8 =$ ㉚ $54 \div 6 =$

㉛ $18 \div 3 =$ ㉜ $63 \div 7 =$

046단계 실력 진단 평가 ❷회

곱셈구구 범위에서의 나눗셈

제한 시간	맞힌 개수	선생님 확인
20분	/32	

정답 22쪽

나눗셈의 몫을 구하세요.

① $12 \div 3$

② $32 \div 8$

③ $40 \div 5$

④ $24 \div 3$

⑤ $27 \div 3$

⑥ $8 \div 4$

⑦ $30 \div 6$

⑧ $35 \div 5$

⑨ $49 \div 7$

⑩ $18 \div 2$

⑪ $7 \div 7$

⑫ $56 \div 8$

⑬ $36 \div 6$

⑭ $20 \div 4$

⑮ $63 \div 7$

⑯ $81 \div 9$

⑰ $45 \div 5$

⑱ $14 \div 7$

⑲ $32 \div 4$

⑳ $72 \div 8$

㉑ $16 \div 4$

㉒ $48 \div 8$

㉓ $6 \div 3$

㉔ $24 \div 6$

㉕ $10 \div 5$

㉖ $40 \div 8$

㉗ $18 \div 6$

㉘ $42 \div 6$

㉙ $9 \div 9$

㉚ $21 \div 7$

㉛ $64 \div 8$

㉜ $28 \div 4$

✂ 자르는 선

047단계 실력 진단 평가 ❶회

(두 자리 수)×(한 자리 수) (1)

제한 시간	맞힌 개수	선생님 확인
20분	/32	

정답 23쪽

곱셈을 하세요.

❶ $13\times3=\square$ ❷ $32\times2=\square$

❸ $67\times1=\square$ ❹ $23\times3=\square$

❺ $11\times8=\square$ ❻ $12\times3=\square$

❼ $20\times4=\square$ ❽ $31\times3=\square$

❾ $12\times4=\square$ ❿ $14\times2=\square$

⓫ $22\times4=\square$ ⓬ $33\times3=\square$

⓭ $10\times6=\square$ ⓮ $11\times7=\square$

⓯ $42\times2=\square$ ⓰ $56\times1=\square$

⓱ $31\times2=\square$ ⓲ $30\times3=\square$

⓳ $24\times2=\square$ ⓴ $41\times2=\square$

㉑ $21\times3=\square$ ㉒ $22\times2=\square$

㉓ $32\times3=\square$ ㉔ $12\times2=\square$

㉕ $64\times1=\square$ ㉖ $13\times2=\square$

㉗ $20\times3=\square$ ㉘ $10\times4=\square$

㉙ $33\times2=\square$ ㉚ $11\times5=\square$

㉛ $22\times3=\square$ ㉜ $12\times2=\square$

O47 단계

실력 진단 평가 ❷회

(두 자리 수)×(한 자리 수) (1)

제한 시간	맞힌 개수	선생님 확인
20분	/24	

정답 23쪽

곱셈을 하세요.

❶ 30×3

❷ 11×6

❸ 24×2

❹ 41×2

❺ 78×1

❻ 22×4

❼ 33×3

❽ 80×1

❾ 13×3

❿ 31×2

⓫ 49×1

⓬ 23×3

⓭ 64×2

⓮ 71×5

⓯ 73×3

⓰ 82×4

⓱ 31×9

⓲ 52×3

⓳ 72×2

⓴ 94×2

㉑ 91×4

㉒ 63×3

㉓ 54×2

㉔ 62×4

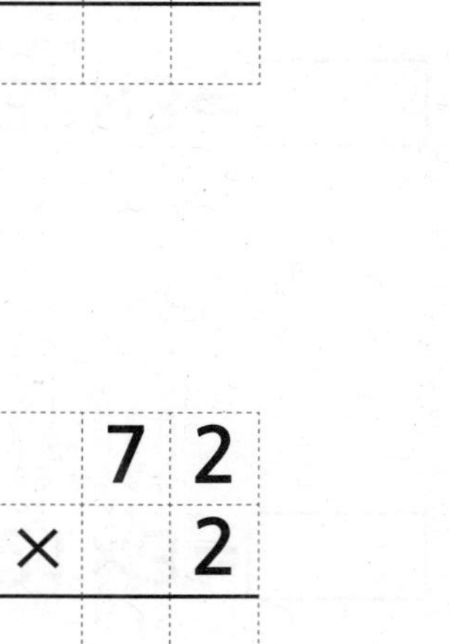
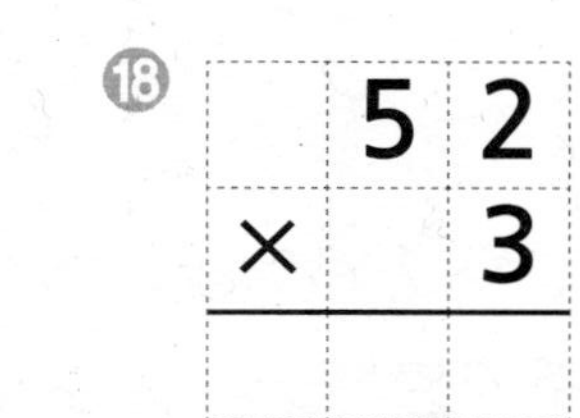

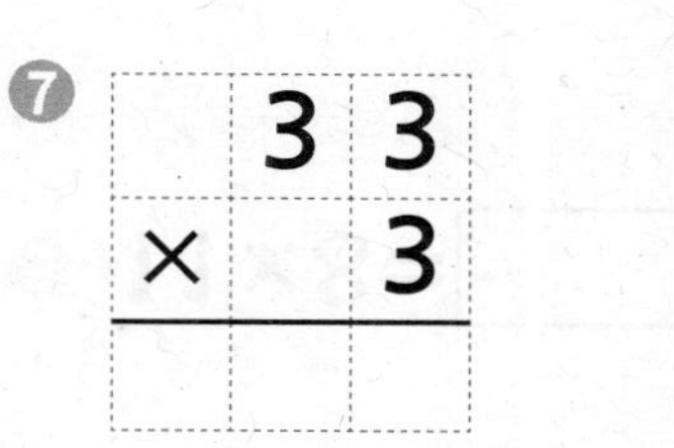
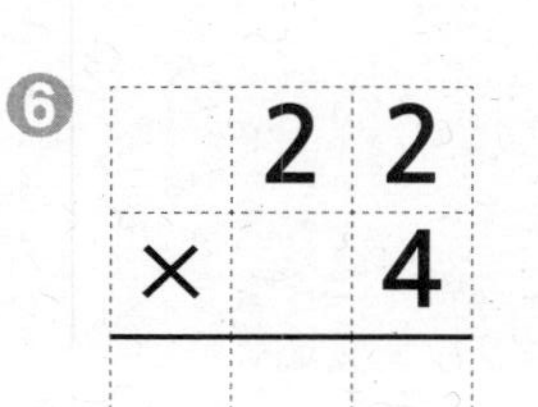
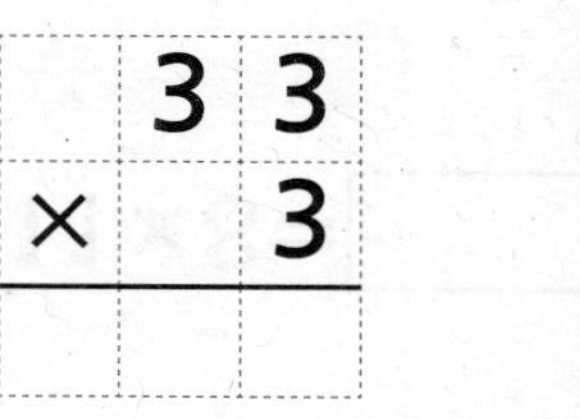

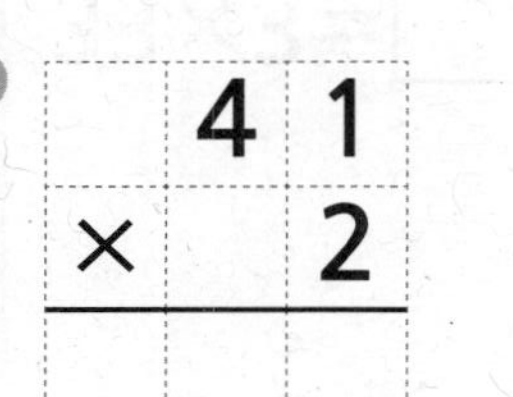

자르는 선

048 단계

실력 진단 평가 ❶회

(두 자리 수)×(한 자리 수) (2)

제한 시간	맞힌 개수	선생님 확인
20분	/24	

정답 23쪽

곱셈을 하세요.

① 29×2

② 16×2

③ 28×3

④ 12×8

⑤ 35×2

⑥ 23×4

⑦ 37×2

⑧ 45×2

⑨ 15×3

⑩ 26×2

⑪ 47×2

⑫ 17×5

⑬ 73×4

⑭ 82×6

⑮ 64×4

⑯ 32×9

⑰ 42×8

⑱ 86×2

⑲ 95×5

⑳ 46×9

㉑ 65×3

㉒ 57×6

㉓ 99×2

㉔ 72×5

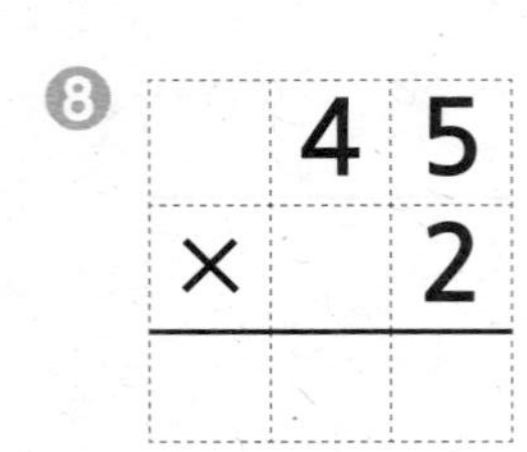

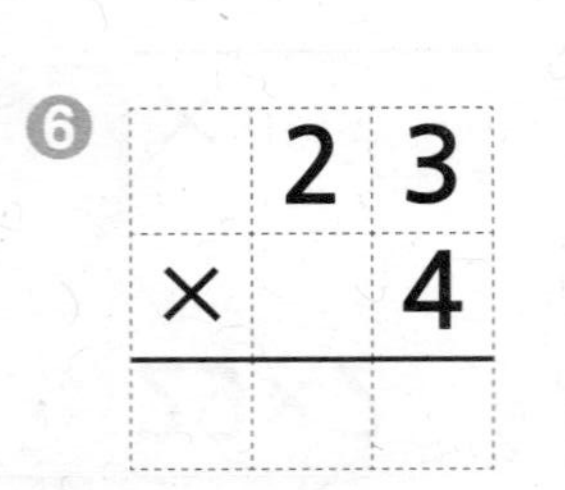

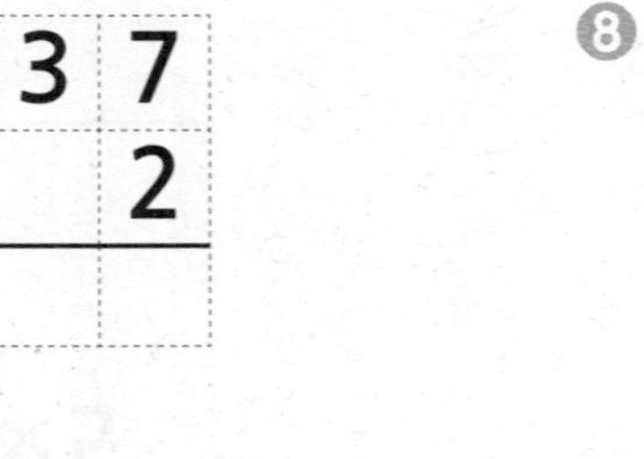

048 단계

실력 진단 평가 ❷회
(두 자리 수)×(한 자리 수) (2)

제한 시간	맞힌 개수	선생님 확인
20분	/20	

정답 23쪽

곱셈을 하세요.

❶ 27×3

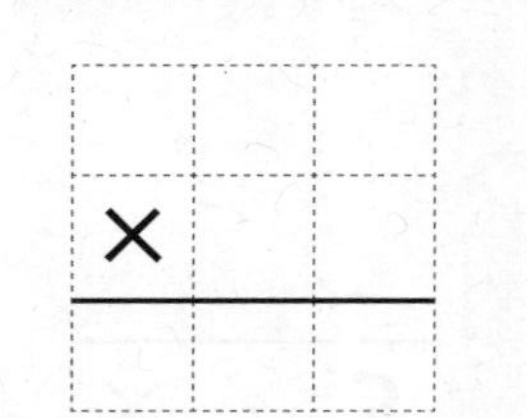

❷ 48×2

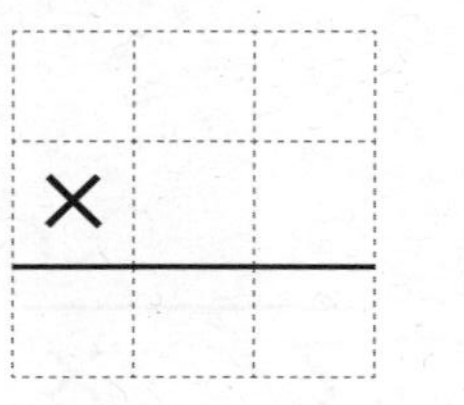

❸ 16×5

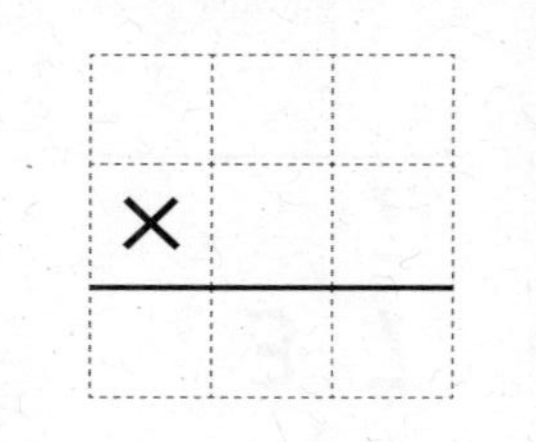

❹ 36×2

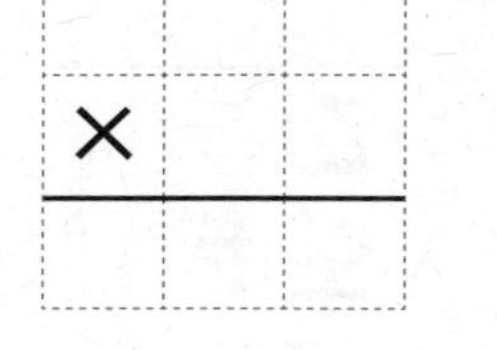

❺ 13×4

❻ 29×2

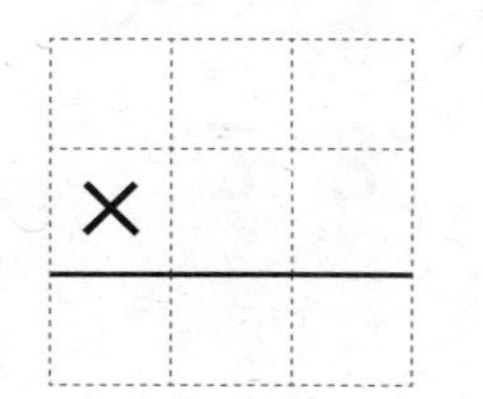

❼ 46×2

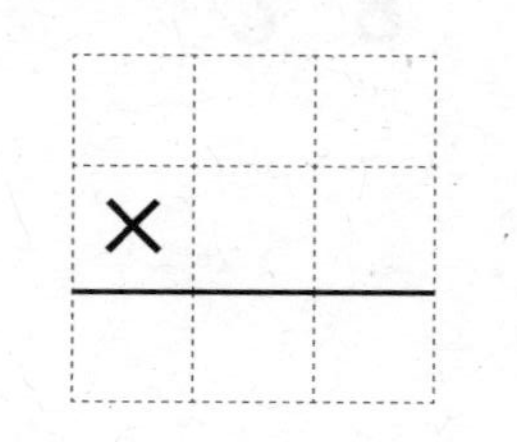

❽ 28×3

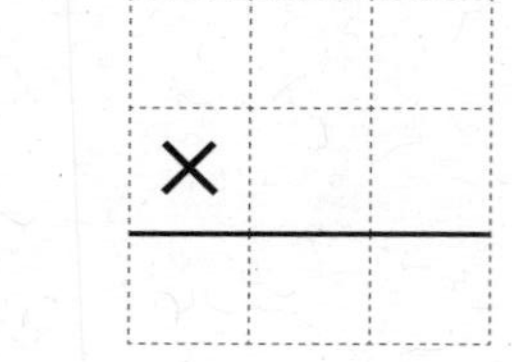

❾ 24×4

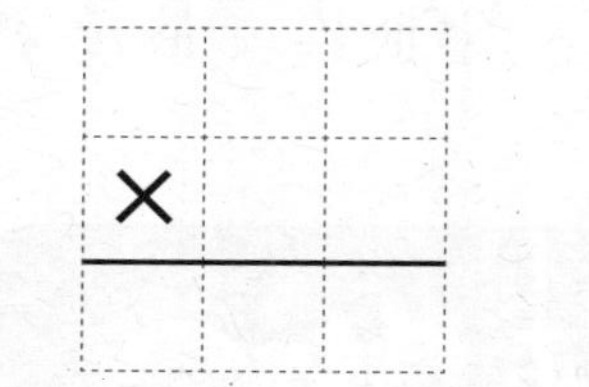

❿ 19×5

⓫ 47×3

⓬ 39×6

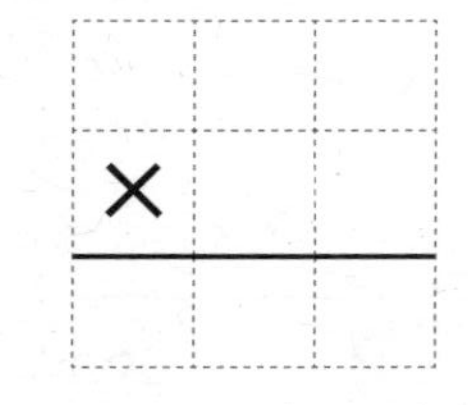

⓭ 62×6

⓮ 55×8

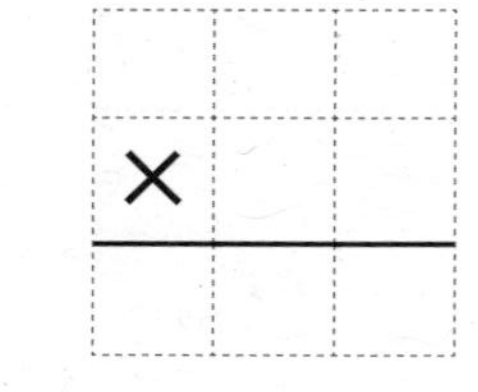

⓯ 34×4

⓰ 57×9

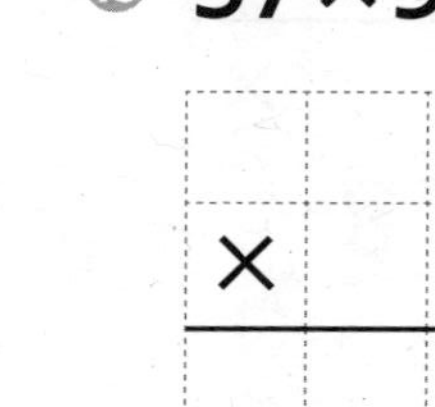

⓱ 43×8

⓲ 58×7

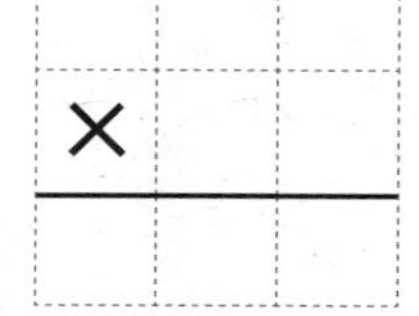

⓳ 62×9

⓴ 26×5

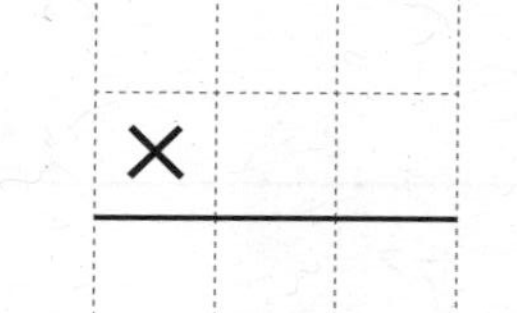

매일 2쪽씩 풀며
계산의 신이 되자!

《계산의 신》은 초등학교 1학년부터 6학년 과정까지 총 120단계로 구성되어 있습니다.
매일 2쪽씩 꾸준히 반복 학습을 하면 탄탄한 계산력을 기를 수 있습니다.
더불어 복습할 수 있는 '묶어 풀기'가 있고, 지친 마음을 헤아려 주는
'재미있는 수학이야기'와 '수학퀴즈'가 있습니다.
꿈을담는틀의 《계산의 신》이 준비한 길로 들어오실 준비가 되셨나요?
그 길을 따라 걸으며 문제를 풀고 이야기를 듣다 보면
어느새 계산의 신이 되어 있을 거예요!

★★★★
구성과 일러스트가 인상적!

★★★★★
초등 수학은 이 책이면 끝!

(세 자리 수)+(세 자리 수) (1)

◆스스로 학습 관리표◆

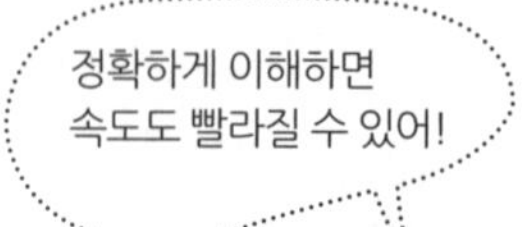

- 매일 맞힌 개수를 적고, 걸린 시간만큼 색칠해 보세요.
  (눈금 1칸은 1분이며, 초는 표의 상단에 적으세요.)
- 하루하루 지날수록 실력이 자라고, 계산 속도가 빨라지는 것을 눈으로 직접 확인할 수 있습니다.

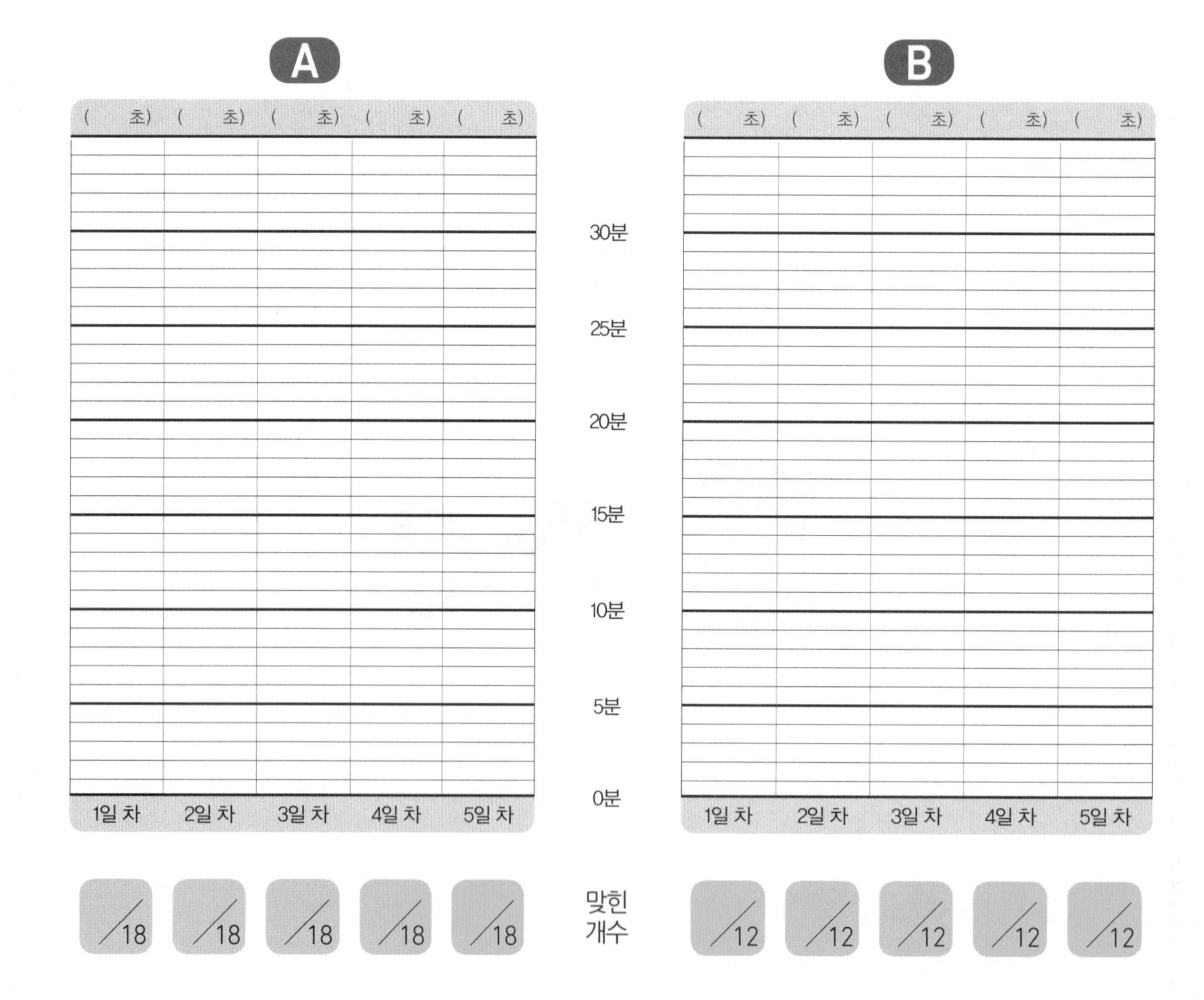

개념 포인트

받아올림이 없을 때

일의 자리부터 같은 자리끼리 계산합니다.

①

	7	6	0
+	2	2	3
			3

0+3=3

②

	7	6	0
+	2	2	3
		8	3

6+2=8

③

	7	6	0
+	2	2	3
	9	8	3

7+2=9

받아올림이 있을 때

각 자리의 수를 더한 값이 10이거나 10보다 커지면 바로 윗자리로 1을 받아올림해 주고 나머지 수는 일의 자리에 써 줍니다.

①

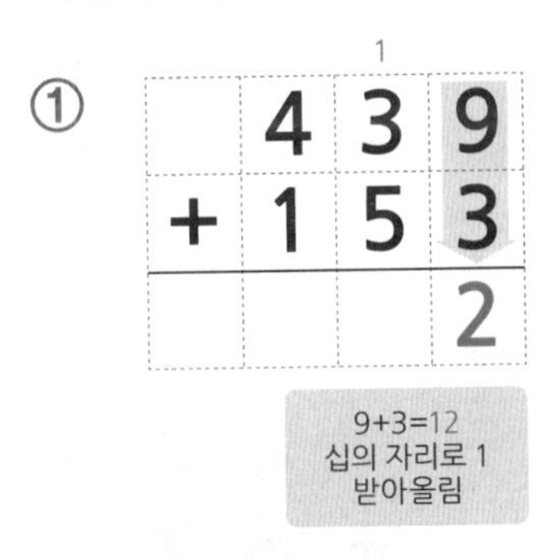

9+3=12
십의 자리로 1
받아올림

②

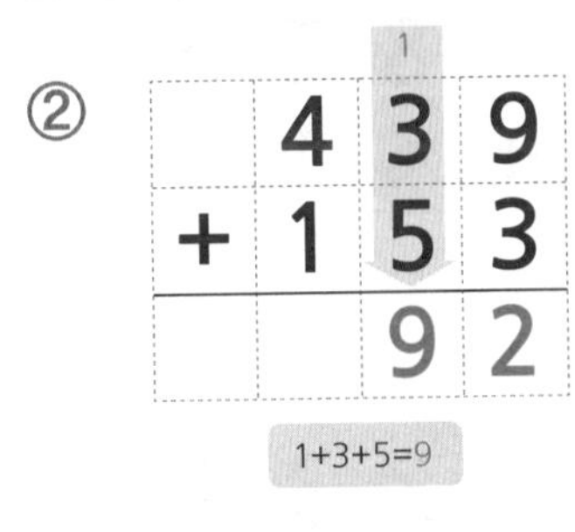

1+3+5=9

③

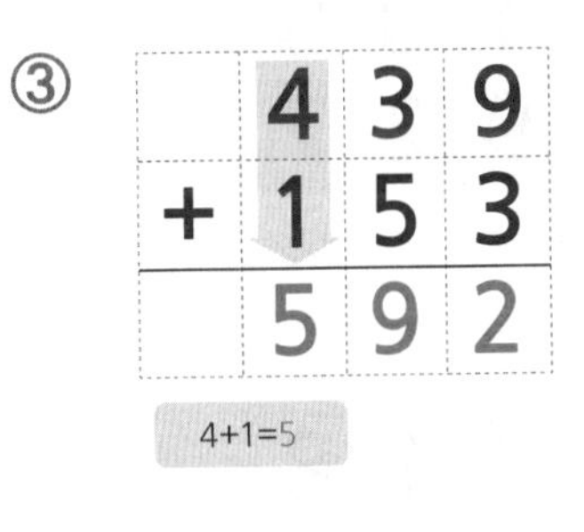

4+1=5

예시

세로셈

	5	1	8
+	3	2	0
	8	3	8

가로셈 763+192

1

	7	6	3
+	1	9	2
	9	5	5

두 자리 수 계산에서 세 자리 수 계산으로 자릿수를 확장하여 학습합니다. 수가 많아질 뿐이지 계산 방법은 두 자리 수 덧셈과 동일한 방법으로 합니다. 아이들은 숫자가 커지면 어렵다고 생각을 많이 하는데, 새로운 것을 배우는 것이 아니라 기존에 배웠던 방법을 세 자리 수에 적용한다고 설명해 주세요.

(세 자리 수)+(세 자리 수) (1)

월 일
분 초
/18

일의 자리부터 차근 차근 더해 줘!

✎ 덧셈을 하세요.

❶ $\begin{array}{r} 465 \\ +\ 213 \\ \hline \end{array}$

❷ $\begin{array}{r} 254 \\ +\ 323 \\ \hline \end{array}$

❸ $\begin{array}{r} 391 \\ +\ 328 \\ \hline \end{array}$

❹ $\begin{array}{r} 431 \\ +\ 129 \\ \hline \end{array}$

❺ $\begin{array}{r} 515 \\ +\ 267 \\ \hline \end{array}$

❻ $\begin{array}{r} 362 \\ +\ 347 \\ \hline \end{array}$

❼ $\begin{array}{r} 108 \\ +\ 927 \\ \hline \end{array}$

❽ $\begin{array}{r} 856 \\ +\ 413 \\ \hline \end{array}$

❾ $\begin{array}{r} 709 \\ +\ 388 \\ \hline \end{array}$

❿ $\begin{array}{r} 218 \\ +\ 576 \\ \hline \end{array}$

⓫ $\begin{array}{r} 331 \\ +\ 385 \\ \hline \end{array}$

⓬ $\begin{array}{r} 429 \\ +\ 627 \\ \hline \end{array}$

⓭ $\begin{array}{r} 587 \\ +\ 306 \\ \hline \end{array}$

⓮ $\begin{array}{r} 625 \\ +\ 329 \\ \hline \end{array}$

⓯ $\begin{array}{r} 292 \\ +\ 121 \\ \hline \end{array}$

⓰ $\begin{array}{r} 714 \\ +\ 326 \\ \hline \end{array}$

⓱ $\begin{array}{r} 285 \\ +\ 323 \\ \hline \end{array}$

⓲ $\begin{array}{r} 168 \\ +\ 916 \\ \hline \end{array}$

자기 점수에 ○표 하세요

맞힌 개수	10개 이하	11~14개	15~16개	17~18개
학습 방법	개념을 다시 공부하세요.	조금 더 노력하세요.	실수하면 안 돼요.	참 잘했어요.

(세 자리 수)+(세 자리 수) (1)

월	일
분	초
	/12

정답 2쪽

덧셈을 하세요.

❶ $235+543$

❷ $127+324$

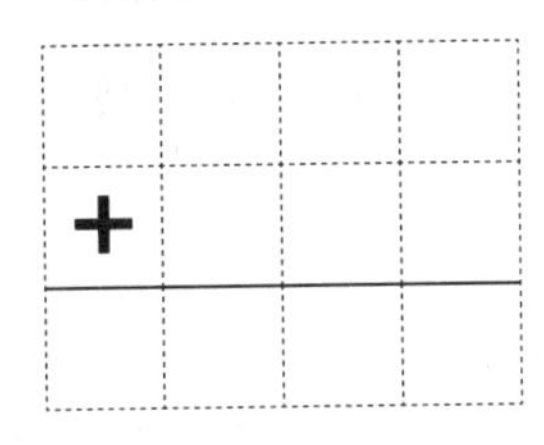

❸ $762+325$

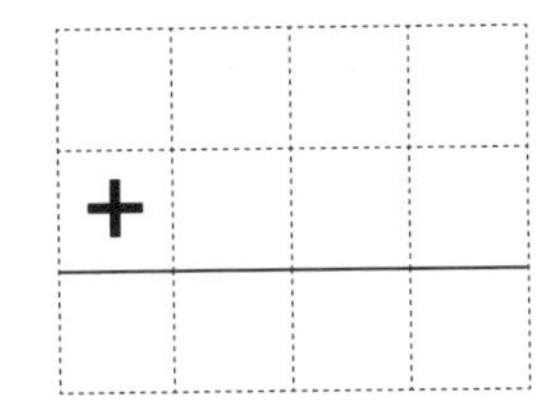

❹ $147+643$

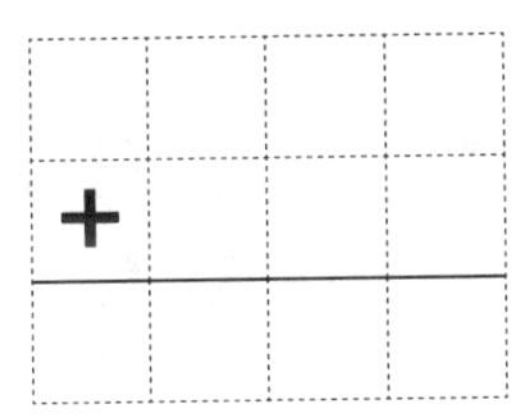

❺ $364+528$

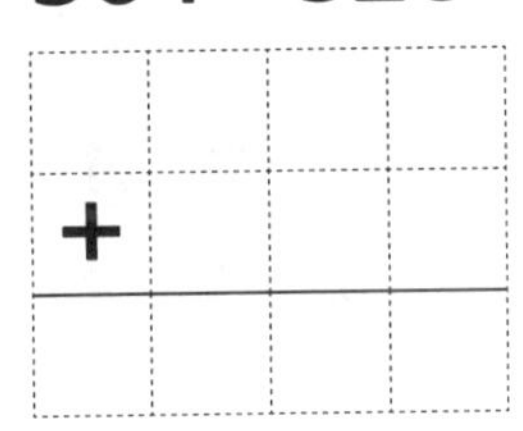

❻ $482+127$

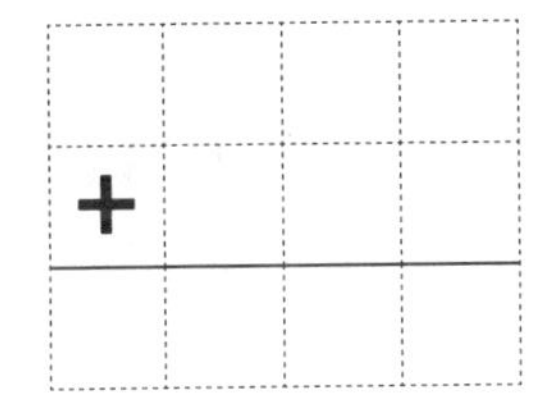

❼ $578+621$

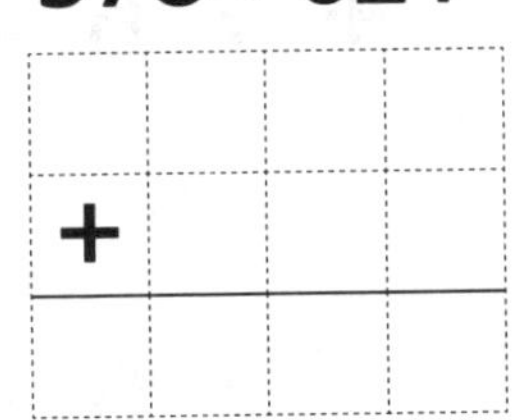

❽ $283+553$

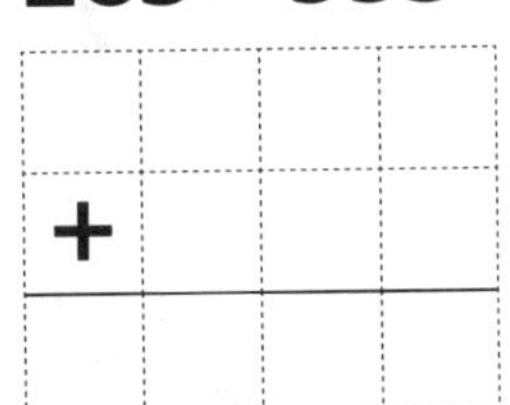

❾ $649+443$

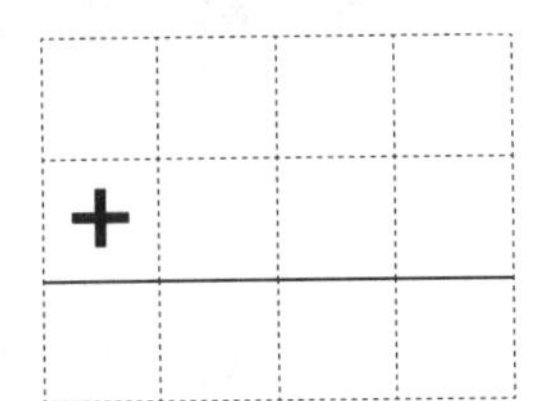

❿ $557+638$

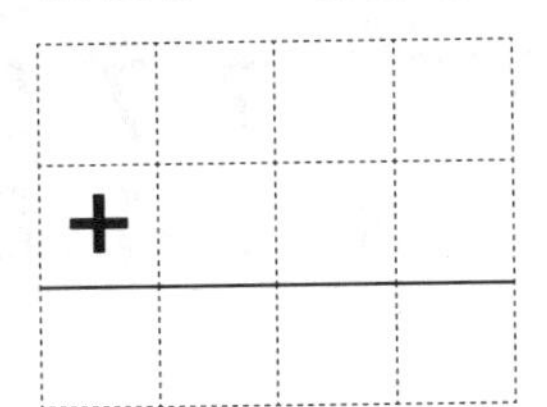

⓫ $418+403$

⓬ $331+584$

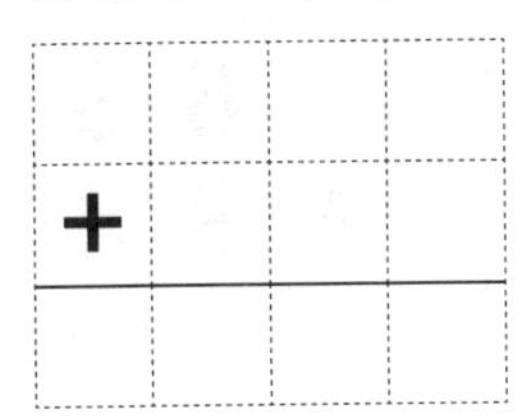

자기 점수에 ○표 하세요

맞힌 개수	6개 이하	7~8개	9~10개	11~12개
학습 방법	개념을 다시 공부하세요.	조금 더 노력 하세요.	실수하면 안 돼요.	참 잘했어요.

(세 자리 수)+(세 자리 수) (1)

월 일
분 초
/18

덧셈을 하세요.

❶ $364 + 212 =$

❷ $221 + 136 =$

❸ $182 + 156 =$

❹ $246 + 234 =$

❺ $176 + 218 =$

❻ $152 + 154 =$

❼ $204 + 856 =$

❽ $346 + 272 =$

❾ $504 + 657 =$

❿ $105 + 489 =$

⓫ $283 + 172 =$

⓬ $328 + 764 =$

⓭ $503 + 668 =$

⓮ $654 + 209 =$

⓯ $763 + 428 =$

⓰ $633 + 347 =$

⓱ $214 + 492 =$

⓲ $775 + 118 =$

자기 점수에 ○표 하세요

맞힌 개수	10개 이하	11~14개	15~16개	17~18개
학습 방법	개념을 다시 공부하세요.	조금 더 노력하세요.	실수하면 안 돼요.	참 잘했어요.

(세 자리 수)+(세 자리 수) (1)

월	일
분	초
	/12

정답 3쪽

덧셈을 하세요.

❶ 123+471

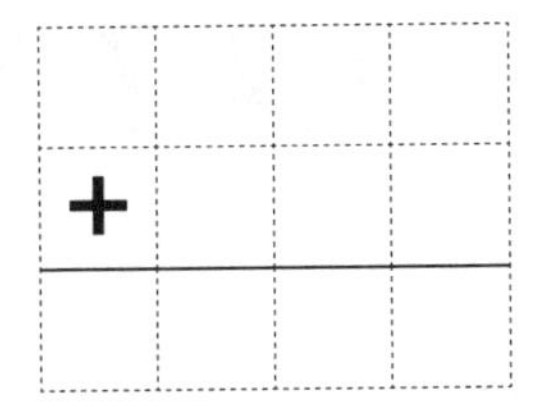

❷ 271+214

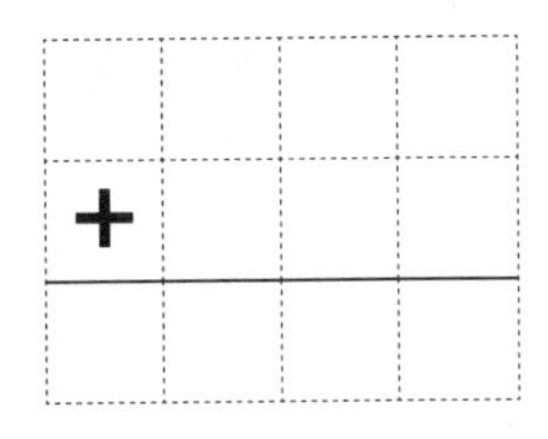

❸ 432+624

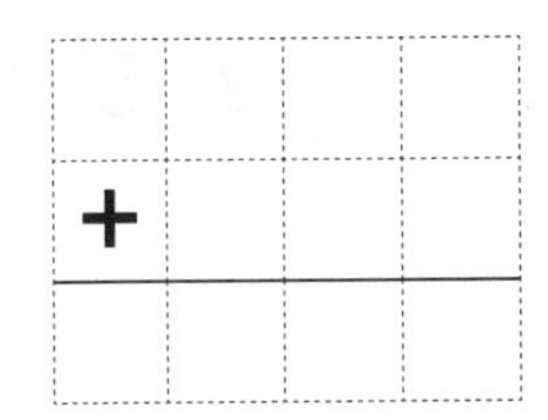

❹ 162+428

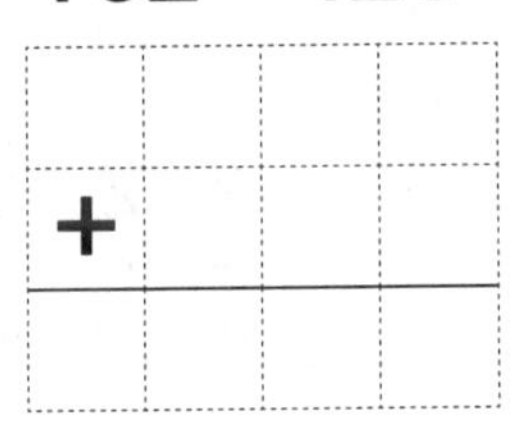

❺ 174+416

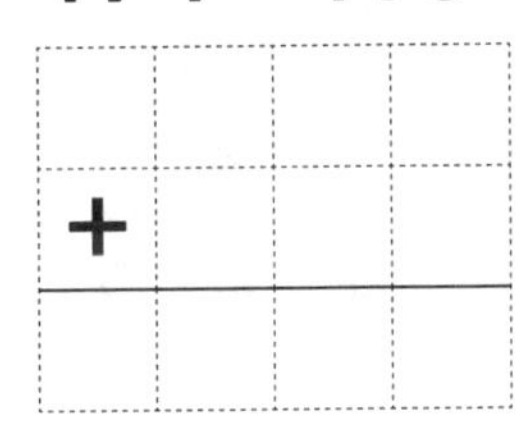

❻ 257+115

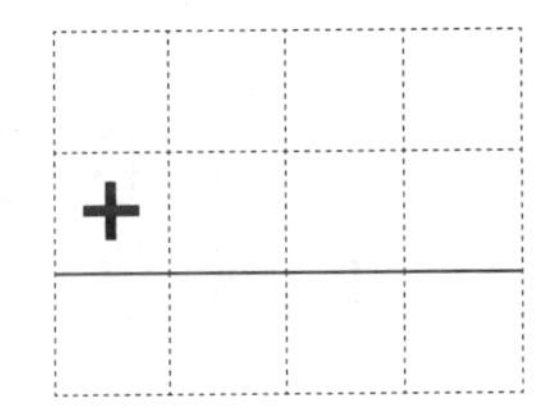

❼ 423+381

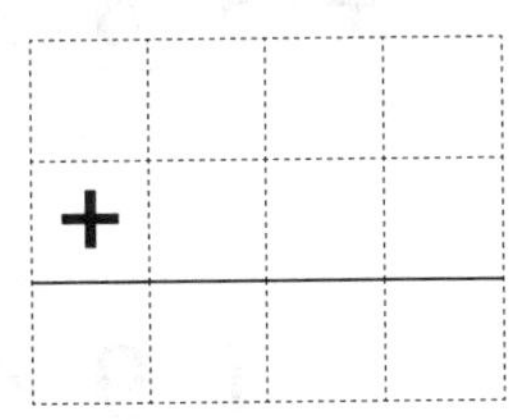

❽ 819+823

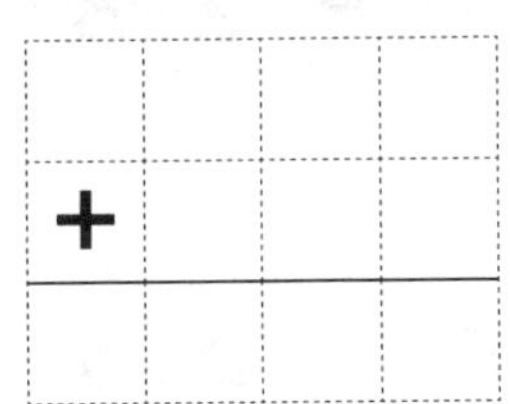

❾ 562+418

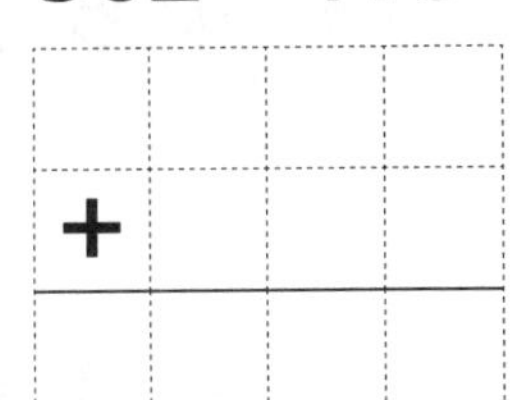

❿ 466+725

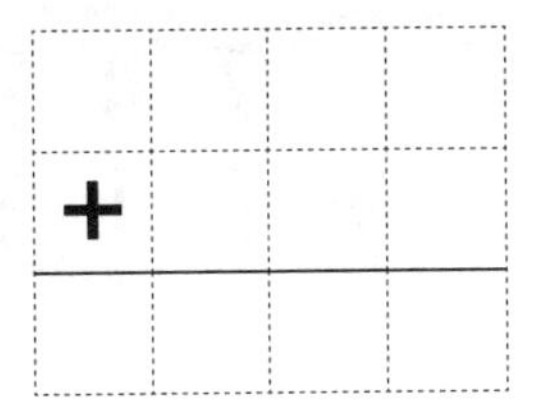

⓫ 218+508

⓬ 243+481

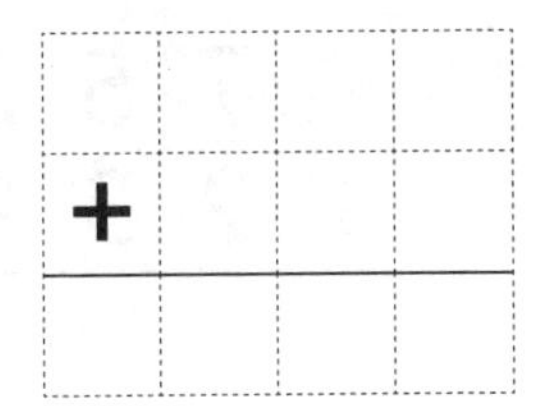

자기 점수에 ○표 하세요

맞힌 개수	6개 이하	7~8개	9~10개	11~12개
학습 방법	개념을 다시 공부하세요.	조금 더 노력하세요.	실수하면 안 돼요.	참 잘했어요.

(세 자리 수) + (세 자리 수) (1)

월	일
분	초
	/18

✎ 덧셈을 하세요.

❶ $202 + 255$

❷ $531 + 142$

❸ $332 + 275$

❹ $248 + 702$

❺ $213 + 318$

❻ $435 + 274$

❼ $309 + 875$

❽ $436 + 622$

❾ $429 + 555$

❿ $227 + 463$

⓫ $472 + 287$

⓬ $422 + 387$

⓭ $339 + 205$

⓮ $623 + 239$

⓯ $194 + 372$

⓰ $752 + 238$

⓱ $165 + 741$

⓲ $749 + 313$

자기 점수에 ○표 하세요

맞힌 개수	10개 이하	11~14개	15~16개	17~18개
학습 방법	개념을 다시 공부하세요.	조금 더 노력하세요.	실수하면 안 돼요.	참 잘했어요.

(세 자리 수)+(세 자리 수)(1)

월	일
분	초
	/12

정답 4쪽

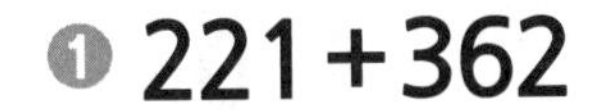

덧셈을 하세요.

❶ 221+362

❷ 328+351

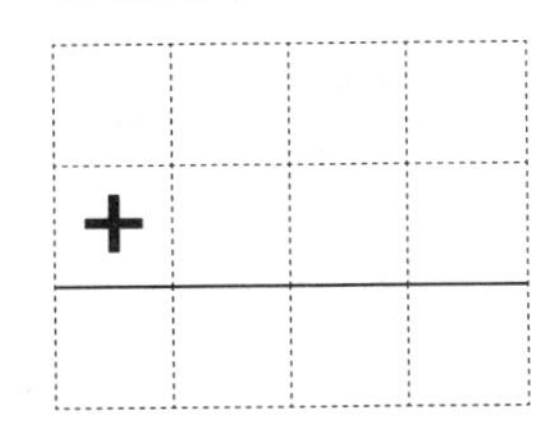

❸ 435+613

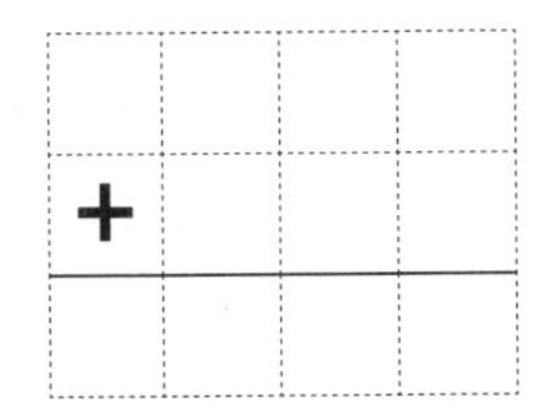

❹ 143+682

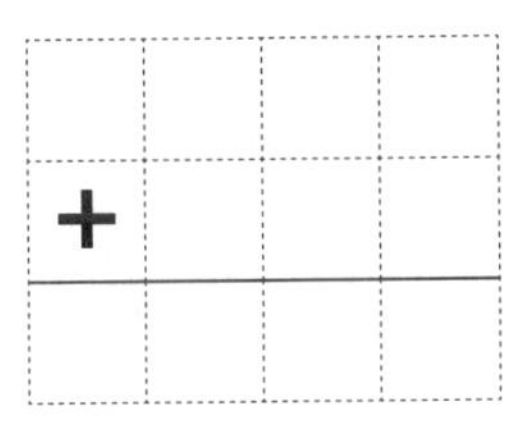

❺ 254+417

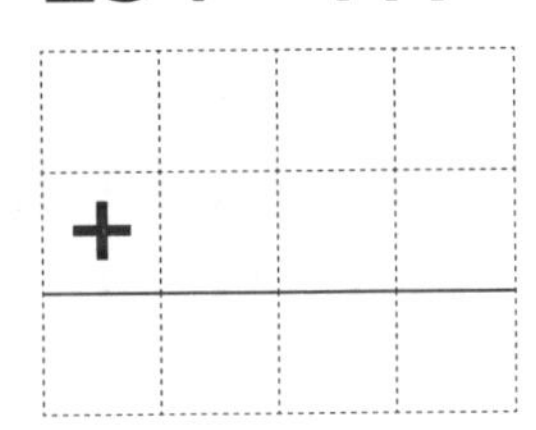

❻ 514+327

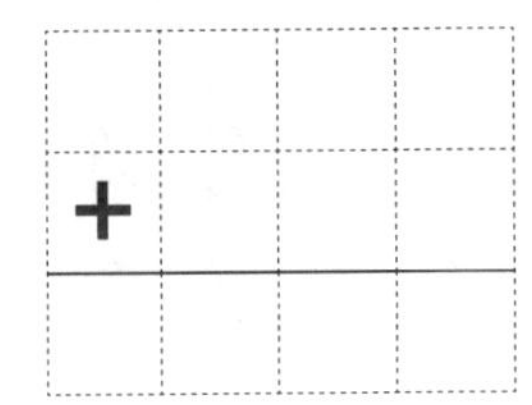

❼ 456+812

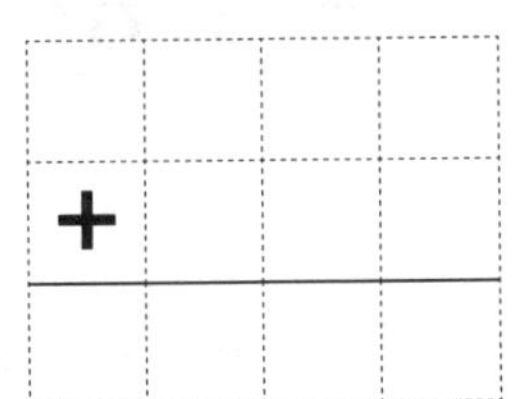

❽ 629+143

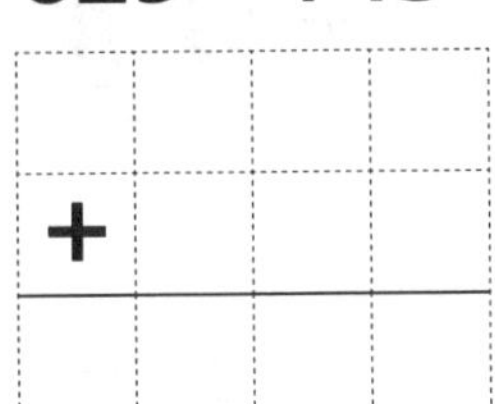

❾ 434+528

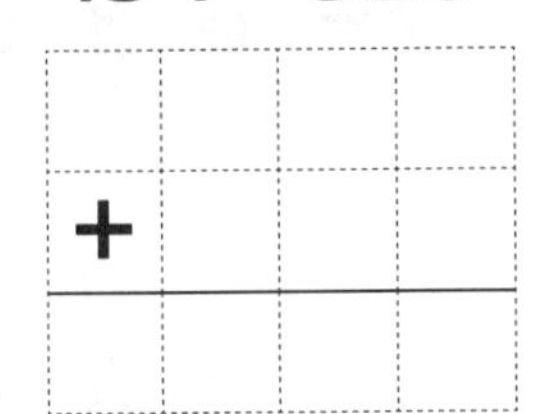

❿ 746+425

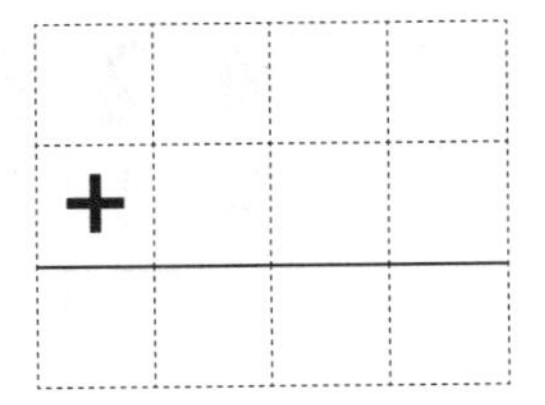

⓫ 512+539

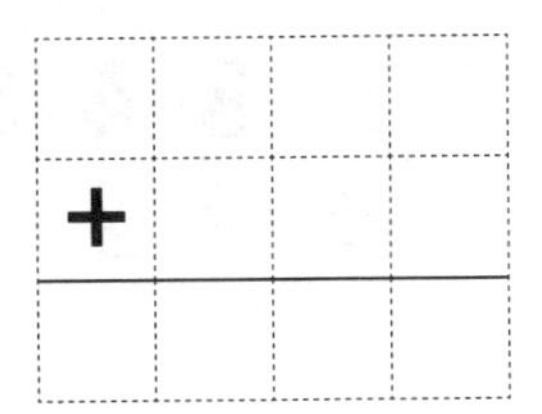

⓬ 287+403

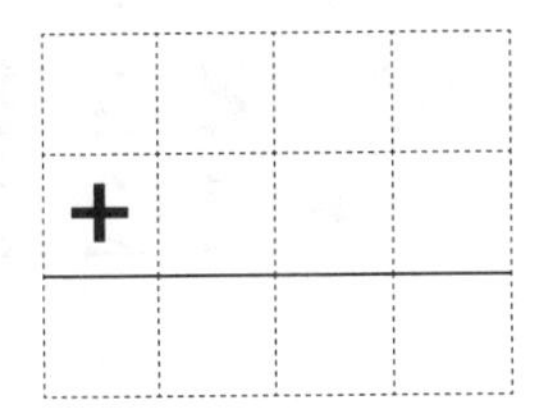

자기 점수에 ○표 하세요

맞힌 개수	6개 이하	7~8개	9~10개	11~12개
학습 방법	개념을 다시 공부하세요.	조금 더 노력 하세요.	실수하면 안 돼요.	참 잘했어요.

(세 자리 수)+(세 자리 수)(1)

월	일
분	초
	/18

✎ 덧셈을 하세요.

❶
$$\begin{array}{r} 400 \\ +\ 202 \\ \hline \end{array}$$

❷
$$\begin{array}{r} 504 \\ +\ 322 \\ \hline \end{array}$$

❸
$$\begin{array}{r} 301 \\ +\ 320 \\ \hline \end{array}$$

❹
$$\begin{array}{r} 411 \\ +\ 625 \\ \hline \end{array}$$

❺
$$\begin{array}{r} 336 \\ +\ 861 \\ \hline \end{array}$$

❻
$$\begin{array}{r} 674 \\ +\ 812 \\ \hline \end{array}$$

❼
$$\begin{array}{r} 544 \\ +\ 317 \\ \hline \end{array}$$

❽
$$\begin{array}{r} 546 \\ +\ 226 \\ \hline \end{array}$$

❾
$$\begin{array}{r} 329 \\ +\ 168 \\ \hline \end{array}$$

❿
$$\begin{array}{r} 149 \\ +\ 636 \\ \hline \end{array}$$

⓫
$$\begin{array}{r} 238 \\ +\ 344 \\ \hline \end{array}$$

⓬
$$\begin{array}{r} 323 \\ +\ 584 \\ \hline \end{array}$$

⓭
$$\begin{array}{r} 281 \\ +\ 446 \\ \hline \end{array}$$

⓮
$$\begin{array}{r} 323 \\ +\ 295 \\ \hline \end{array}$$

⓯
$$\begin{array}{r} 794 \\ +\ 142 \\ \hline \end{array}$$

⓰
$$\begin{array}{r} 818 \\ +\ 422 \\ \hline \end{array}$$

⓱
$$\begin{array}{r} 846 \\ +\ 922 \\ \hline \end{array}$$

⓲
$$\begin{array}{r} 426 \\ +\ 817 \\ \hline \end{array}$$

자기 점수에 ○표 하세요

맞힌 개수	10개 이하	11~14개	15~16개	17~18개
학습 방법	개념을 다시 공부하세요.	조금 더 노력하세요.	실수하면 안 돼요.	참 잘했어요.

(세 자리 수)+(세 자리 수) (1)

월 일
분 초
/12

정답 5쪽

덧셈을 하세요.

❶ 632+152

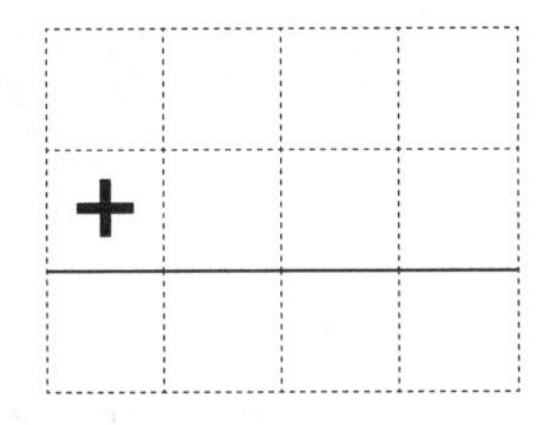

❷ 461+129

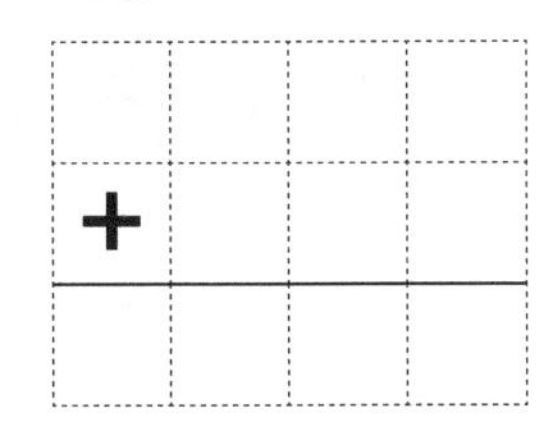

❸ 627+412

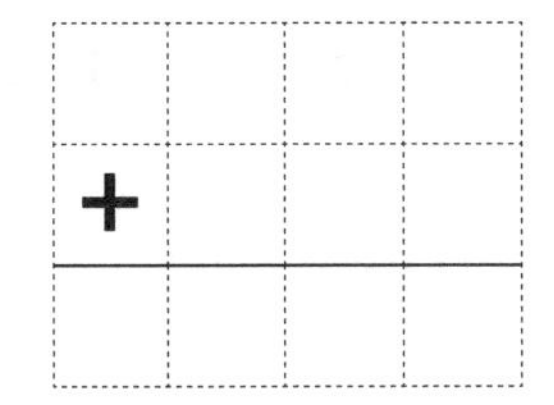

❹ 314+148

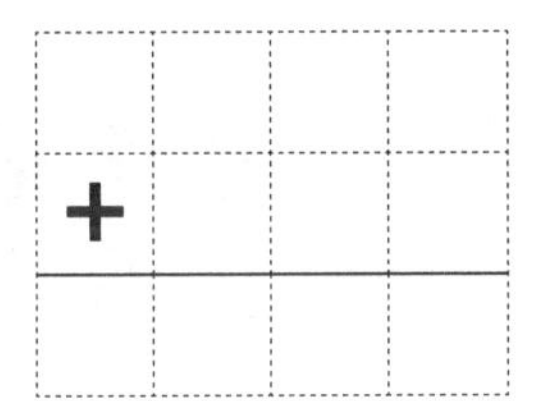

❺ 267+316

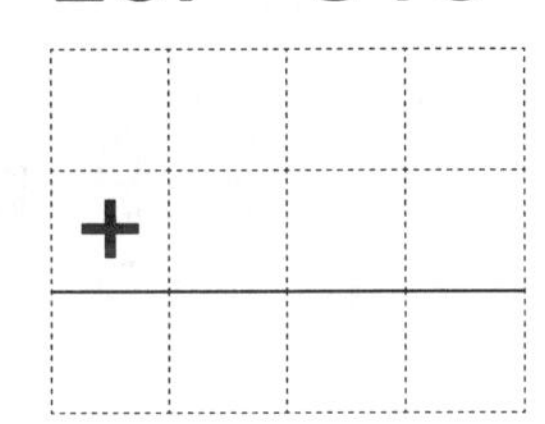

❻ 193+242

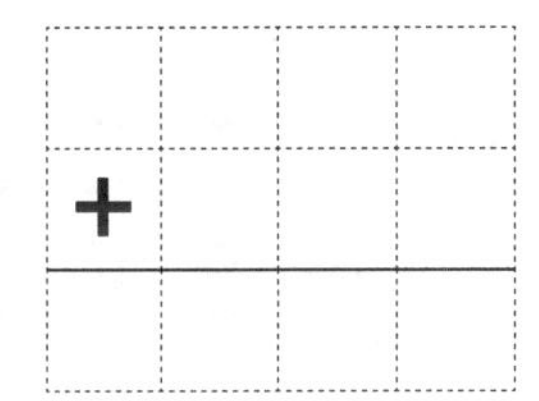

❼ 416+632

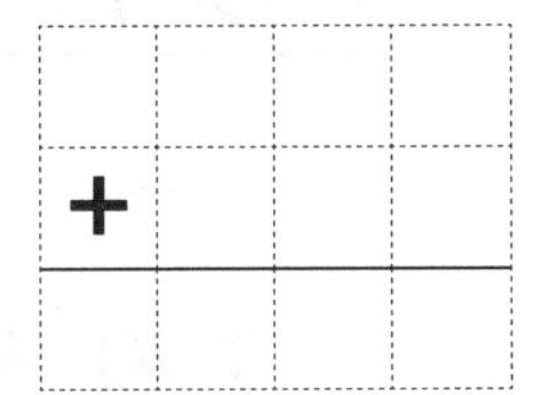

❽ 527+842

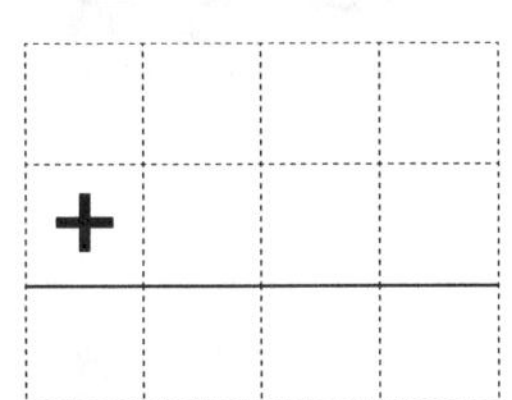

❾ 541+363

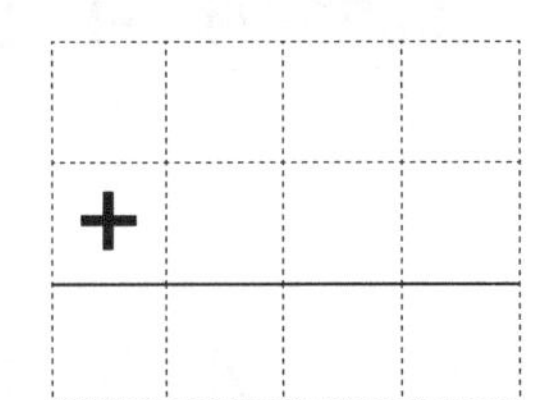

❿ 245+917

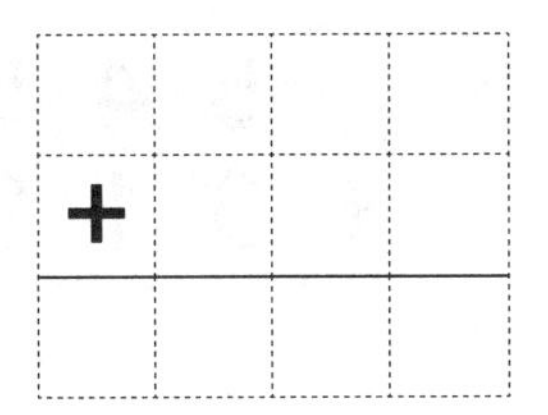

⓫ 919+326

+

⓬ 385+482

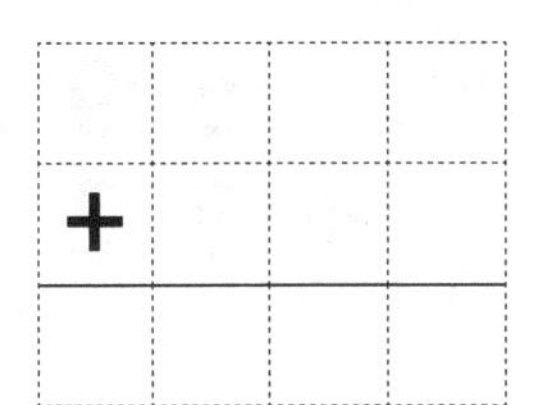

자기 점수에 ○표 하세요

맞힌 개수	6개 이하	7~8개	9~10개	11~12개
학습 방법	개념을 다시 공부하세요.	조금 더 노력 하세요.	실수하면 안 돼요.	참 잘했어요.

(세 자리 수)+(세 자리 수)(1)

월	일
분	초
	/18

✎ 덧셈을 하세요.

❶ $\begin{array}{r} 542 \\ +\ 336 \\ \hline \end{array}$

❷ $\begin{array}{r} 650 \\ +\ 249 \\ \hline \end{array}$

❸ $\begin{array}{r} 131 \\ +\ 597 \\ \hline \end{array}$

❹ $\begin{array}{r} 395 \\ +\ 115 \\ \hline \end{array}$

❺ $\begin{array}{r} 119 \\ +\ 246 \\ \hline \end{array}$

❻ $\begin{array}{r} 271 \\ +\ 336 \\ \hline \end{array}$

❼ $\begin{array}{r} 206 \\ +\ 867 \\ \hline \end{array}$

❽ $\begin{array}{r} 296 \\ +\ 532 \\ \hline \end{array}$

❾ $\begin{array}{r} 318 \\ +\ 257 \\ \hline \end{array}$

❿ $\begin{array}{r} 617 \\ +\ 445 \\ \hline \end{array}$

⓫ $\begin{array}{r} 231 \\ +\ 583 \\ \hline \end{array}$

⓬ $\begin{array}{r} 328 \\ +\ 915 \\ \hline \end{array}$

⓭ $\begin{array}{r} 476 \\ +\ 216 \\ \hline \end{array}$

⓮ $\begin{array}{r} 347 \\ +\ 138 \\ \hline \end{array}$

⓯ $\begin{array}{r} 795 \\ +\ 143 \\ \hline \end{array}$

⓰ $\begin{array}{r} 592 \\ +\ 326 \\ \hline \end{array}$

⓱ $\begin{array}{r} 477 \\ +\ 291 \\ \hline \end{array}$

⓲ $\begin{array}{r} 545 \\ +\ 919 \\ \hline \end{array}$

자기 점수에 ○표 하세요

맞힌 개수	10개 이하	11~14개	15~16개	17~18개
학습 방법	개념을 다시 공부하세요.	조금 더 노력하세요.	실수하면 안 돼요.	참 잘했어요.

(세 자리 수)+(세 자리 수)(1)

월 일
분 초
/12

정답 6쪽

덧셈을 하세요.

❶ 311+262

❷ 341+365

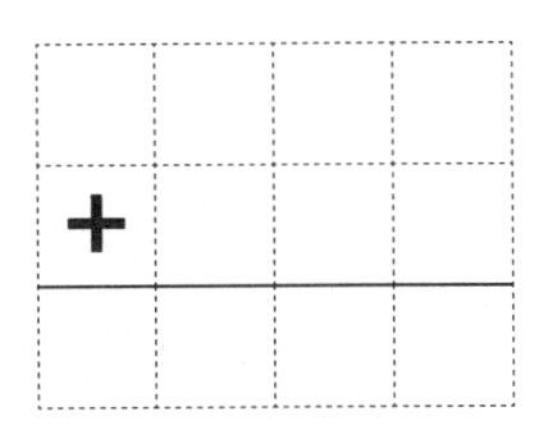

❸ 452+926

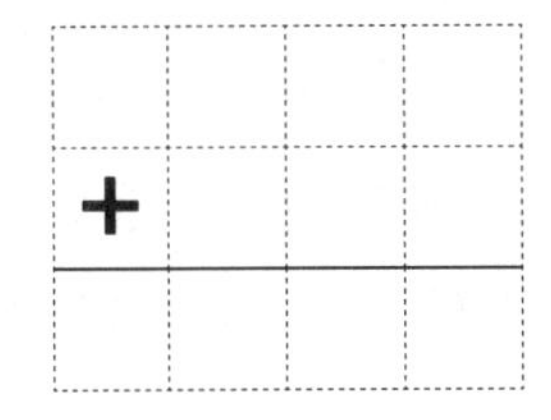

❹ 840+223

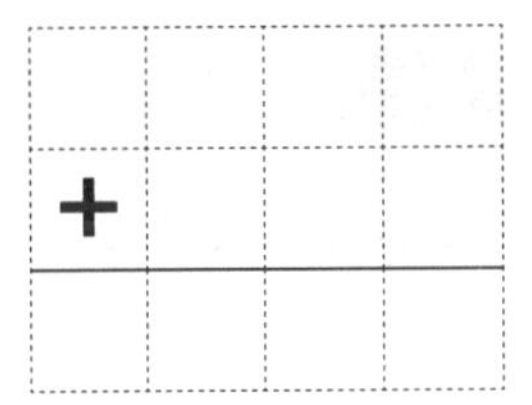

❺ 257+419

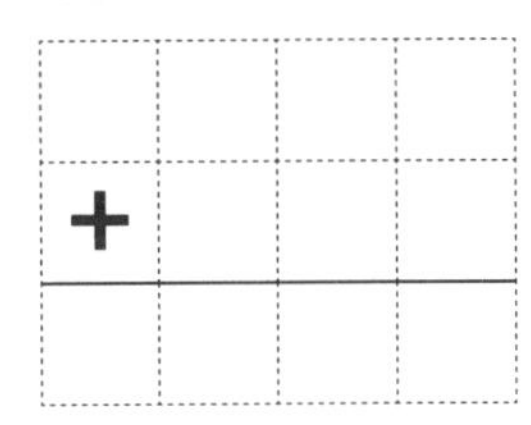

❻ 456+618

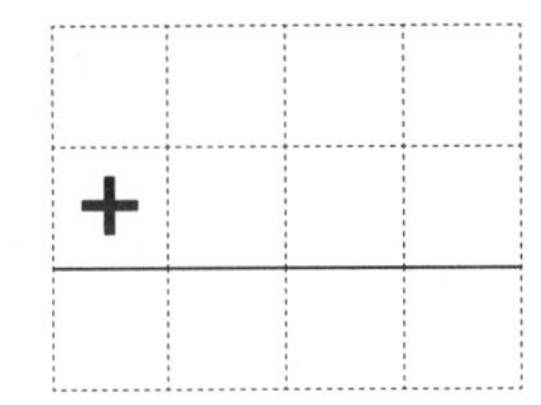

❼ 370+249

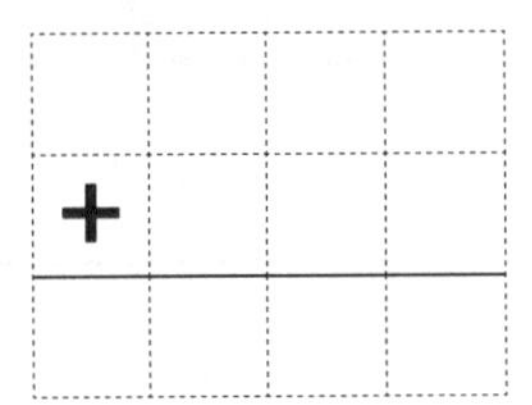

❽ 651+739

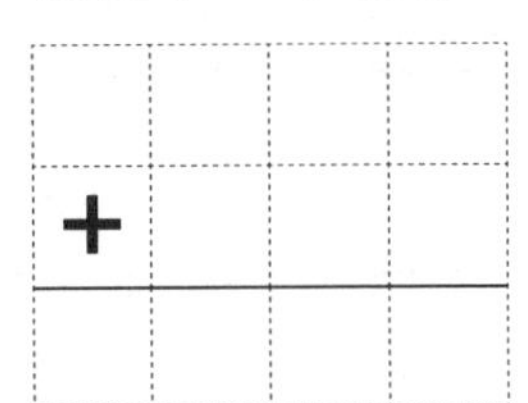

❾ 427+353

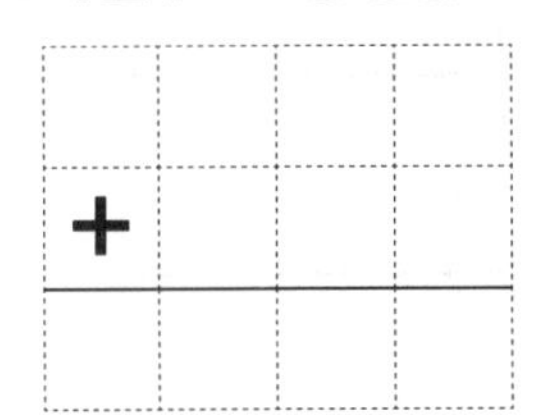

❿ 545+519

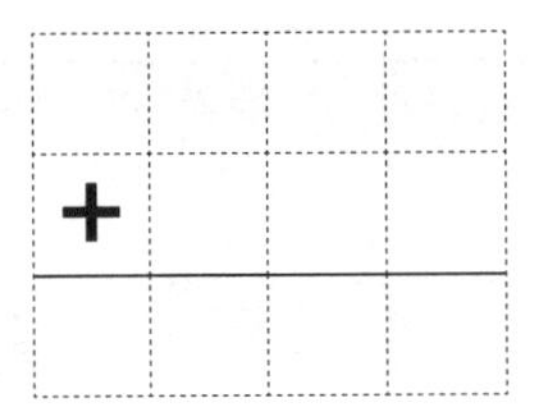

⓫ 221+584

⓬ 736+254

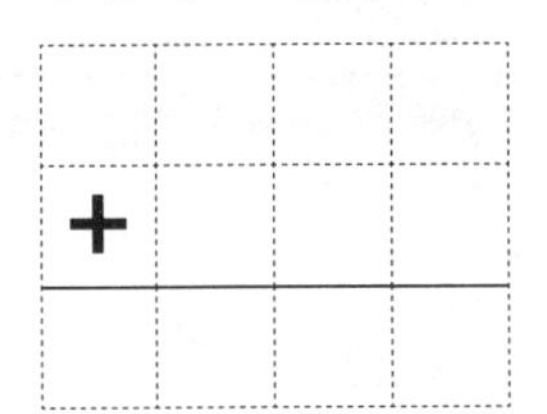

자기 점수에 ○표 하세요

맞힌 개수	6개 이하	7~8개	9~10개	11~12개
학습 방법	개념을 다시 공부하세요.	조금 더 노력하세요.	실수하면 안 돼요.	참 잘했어요.

(세 자리 수)+(세 자리 수) (2)

◆스스로 학습 관리표◆

- 매일 맞힌 개수를 적고, 걸린 시간만큼 색칠해 보세요.
  (눈금 1칸은 1분이며, 초는 표의 상단에 적으세요.)
- 하루하루 지날수록 실력이 자라고, 계산 속도가 빨라지는 것을 눈으로 직접 확인할 수 있습니다.

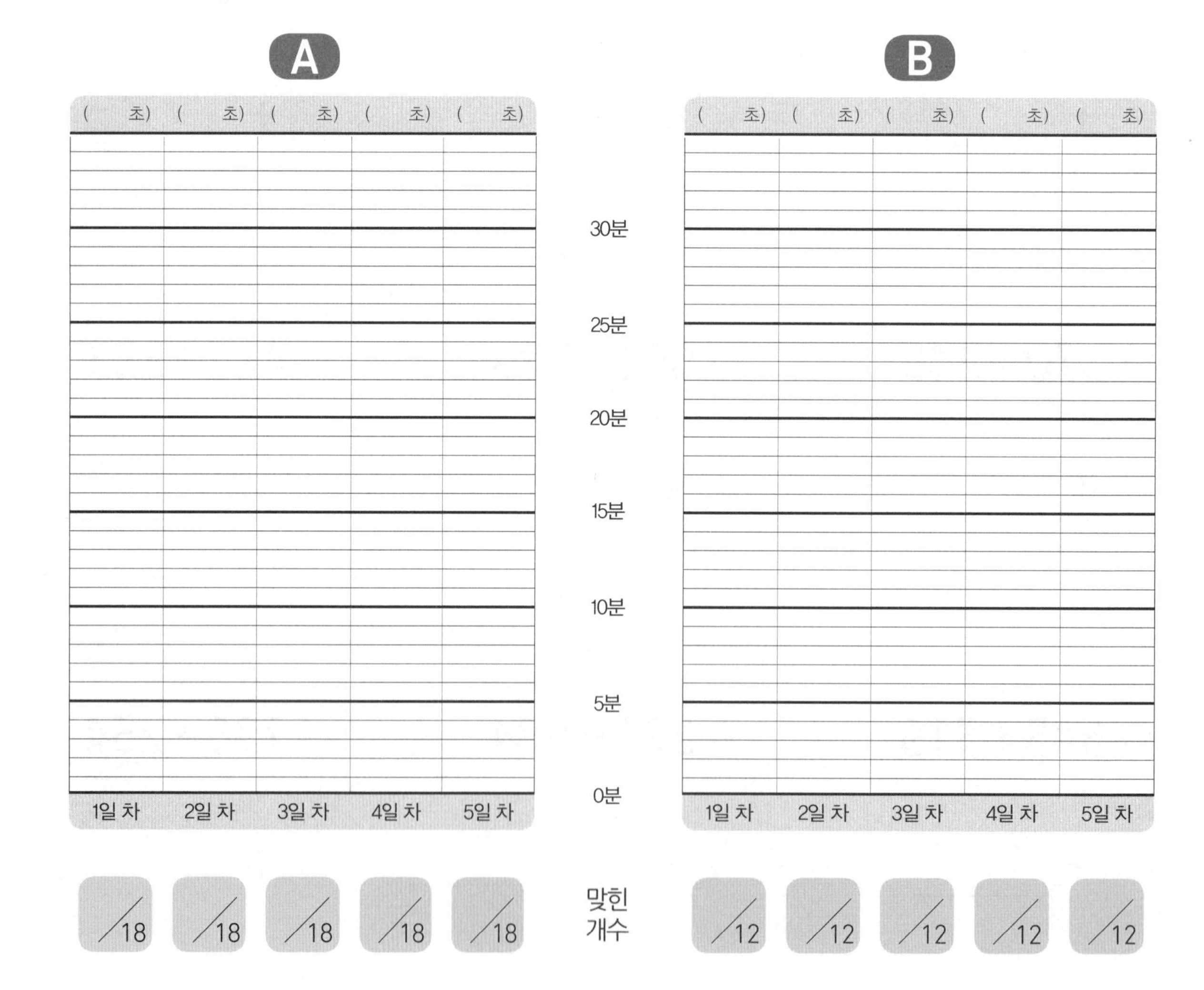

◆개념 포인트◆

연속해서 받아올림이 두 번 있는 (세 자리 수)+(세 자리 수)

받아올림이 연달아 있는 계산에 주의하세요.

①

		1	
	3	5	7
+	2	9	8
			5

7+8=15
십의 자리로 1 받아올려요.

②

	1	1	
	3	5	7
+	2	9	8
		5	5

1+5+9 = 15
백의 자리로 1 받아올려요.

③

	1	1	
	3	5	7
+	2	9	8
	6	5	5

1+3+2=6

연속해서 받아올림이 세 번 있는 (세 자리 수)+(세 자리 수)

① 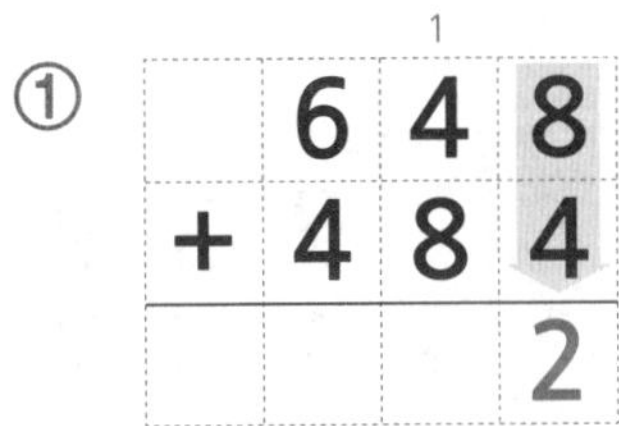

8+4=12
십의 자리로 1 받아올려요.

② 

1+4+8=13
백의 자리로 1 받아올려요.

③ 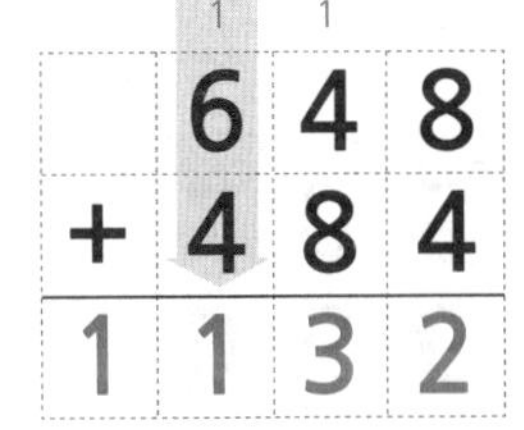

1+6+4=11
천의 자리로 1 받아올려요.

예시

세로셈

	1	1	
	6	5	7
+	4	9	8
1	1	5	5

가로셈 776+399

	1	1	
	7	7	6
+	3	9	9
1	1	7	5

받아올린 수는
잘 보이게 써.

세 자리 수의 덧셈에서 받아올림이 최대 세 번까지 있는 계산입니다. 이 단계를 통해 받아올림에 익숙해질 수 있습니다. 세로셈을 할 때, 아랫자리에서 받아올린 수가 잘 보이게 쓰게 하여 받아올린 수를 빠뜨리지 않고 더할 수 있도록 지도해 주세요.

1일차 A형

(세 자리 수)+(세 자리 수) (2)

월 일
분 초
/18

각 자리의 합이 10보다 크면 바로 윗자리에 1을 꼭 써 줘!

덧셈을 하세요.

❶ $\begin{array}{r} 359 \\ +253 \\ \hline \end{array}$

❷ $\begin{array}{r} 294 \\ +428 \\ \hline \end{array}$

❸ $\begin{array}{r} 393 \\ +438 \\ \hline \end{array}$

❹ $\begin{array}{r} 331 \\ +189 \\ \hline \end{array}$

❺ $\begin{array}{r} 445 \\ +177 \\ \hline \end{array}$

❻ $\begin{array}{r} 752 \\ +257 \\ \hline \end{array}$

❼ $\begin{array}{r} 507 \\ +996 \\ \hline \end{array}$

❽ $\begin{array}{r} 655 \\ +573 \\ \hline \end{array}$

❾ $\begin{array}{r} 739 \\ +267 \\ \hline \end{array}$

❿ $\begin{array}{r} 289 \\ +536 \\ \hline \end{array}$

⓫ $\begin{array}{r} 398 \\ +423 \\ \hline \end{array}$

⓬ $\begin{array}{r} 408 \\ +897 \\ \hline \end{array}$

⓭ $\begin{array}{r} 586 \\ +539 \\ \hline \end{array}$

⓮ $\begin{array}{r} 623 \\ +697 \\ \hline \end{array}$

⓯ $\begin{array}{r} 889 \\ +151 \\ \hline \end{array}$

⓰ $\begin{array}{r} 776 \\ +356 \\ \hline \end{array}$

⓱ $\begin{array}{r} 785 \\ +327 \\ \hline \end{array}$

⓲ $\begin{array}{r} 267 \\ +946 \\ \hline \end{array}$

자기 점수에 ○표 하세요

맞힌 개수	10개 이하	11~14개	15~16개	17~18개
학습 방법	개념을 다시 공부하세요.	조금 더 노력하세요.	실수하면 안 돼요.	참 잘했어요.

(세 자리 수)+(세 자리 수) (2)

월 일
분 초
/12

정답 7쪽

덧셈을 하세요.

❶ 135+587

❷ 128+584

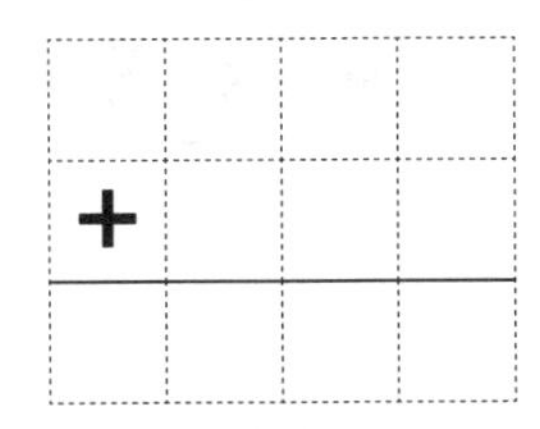

❸ 763+355

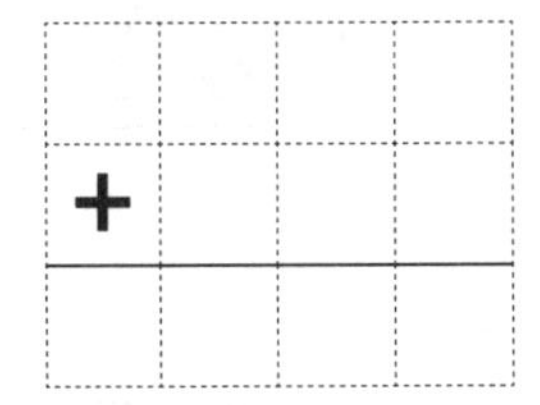

❹ 542+693

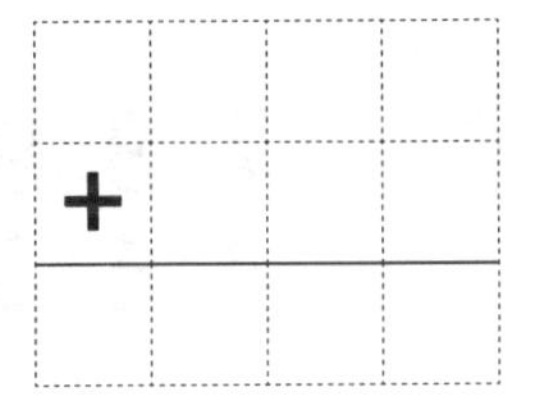

❺ 454+558

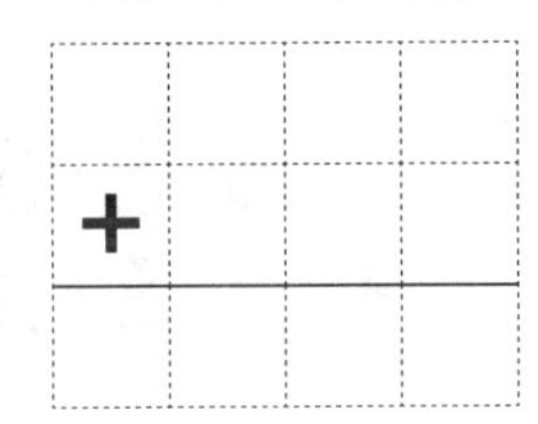

❻ 681+338

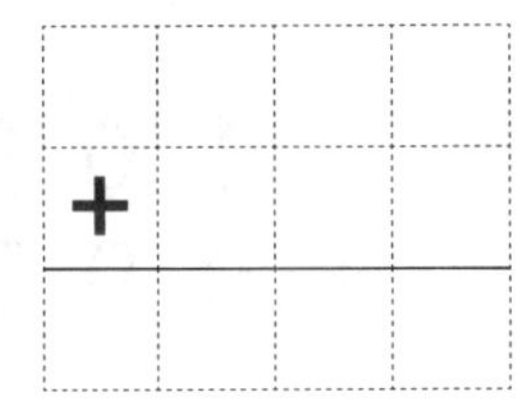

❼ 668+634

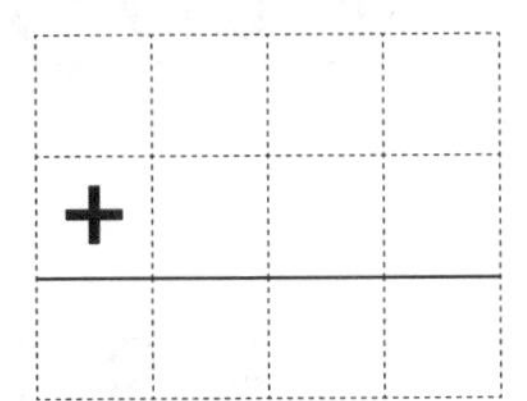

❽ 745+792

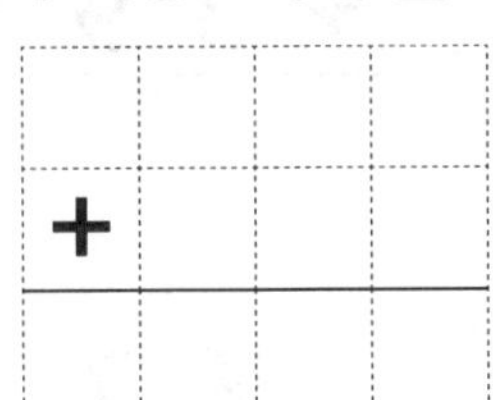

❾ 848+592

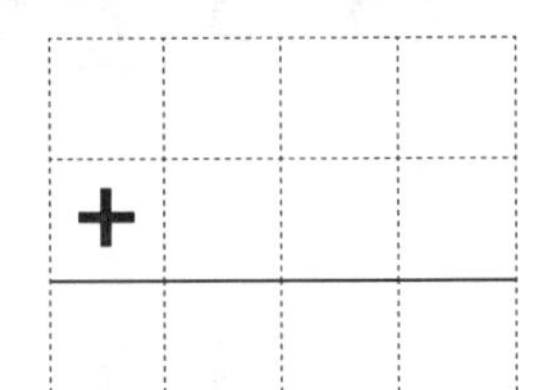

❿ 858+648

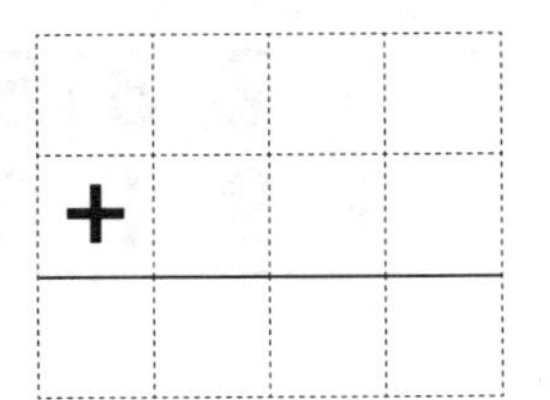

⓫ 547+453

⓬ 359+684

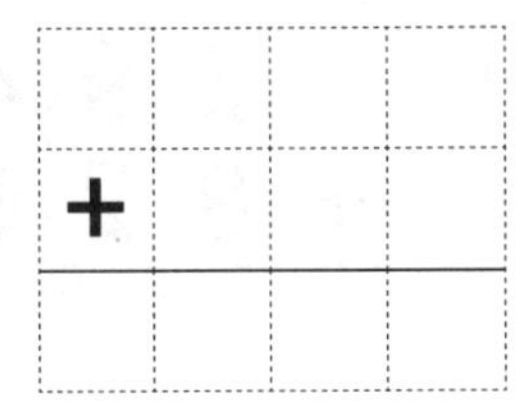

자기 점수에 ○표 하세요

맞힌 개수	6개 이하	7~8개	9~10개	11~12개
학습 방법	개념을 다시 공부하세요.	조금 더 노력하세요.	실수하면 안 돼요.	참 잘했어요.

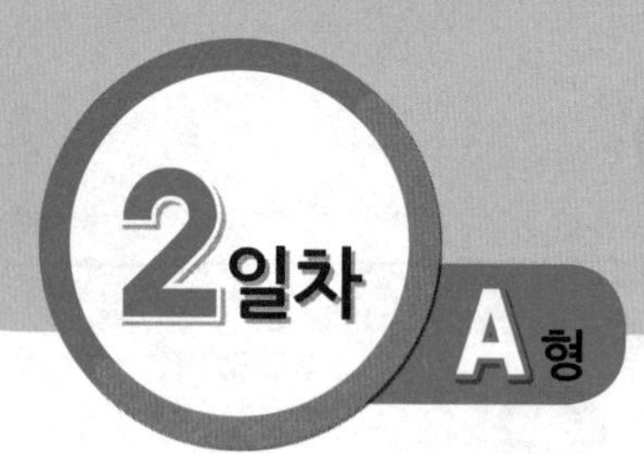

(세 자리 수)+(세 자리 수) (2)

월 일
분 초
/18

덧셈을 하세요.

❶ $767 + 433$

❷ $848 + 363$

❸ $391 + 948$

❹ $371 + 129$

❺ $535 + 267$

❻ $662 + 348$

❼ $105 + 997$

❽ $556 + 483$

❾ $739 + 468$

❿ $427 + 576$

⓫ $841 + 395$

⓬ $428 + 677$

⓭ $586 + 516$

⓮ $675 + 329$

⓯ $892 + 521$

⓰ $294 + 826$

⓱ $797 + 323$

⓲ $288 + 916$

자기 점수에 ○표 하세요

맞힌 개수	10개 이하	11~14개	15~16개	17~18개
학습 방법	개념을 다시 공부하세요.	조금 더 노력하세요.	실수하면 안 돼요.	참 잘했어요.

(세 자리 수)+(세 자리 수) (2)

월 일
분 초
/12

정답 8쪽

덧셈을 하세요.

❶ 255+449

❷ 717+384

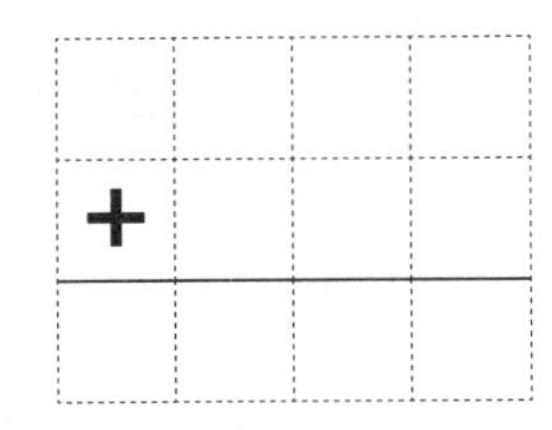

❸ 463+976

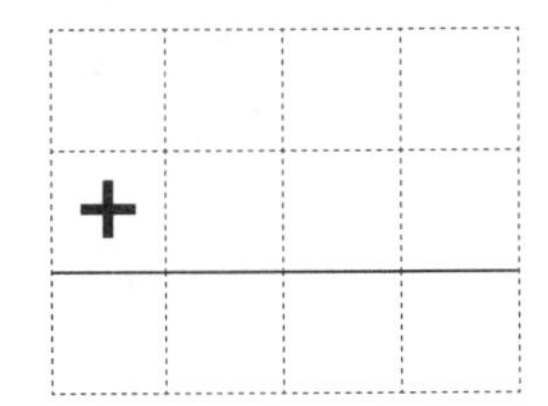

❹ 144+656

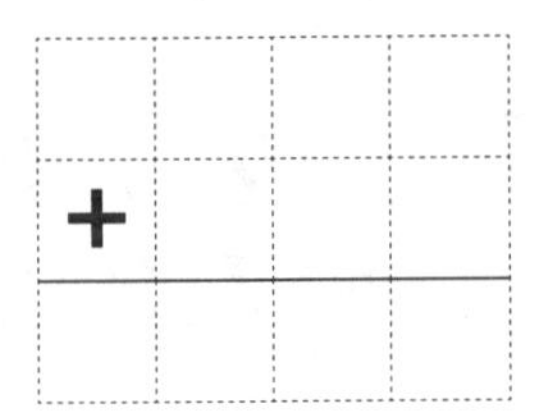

❺ 475+529

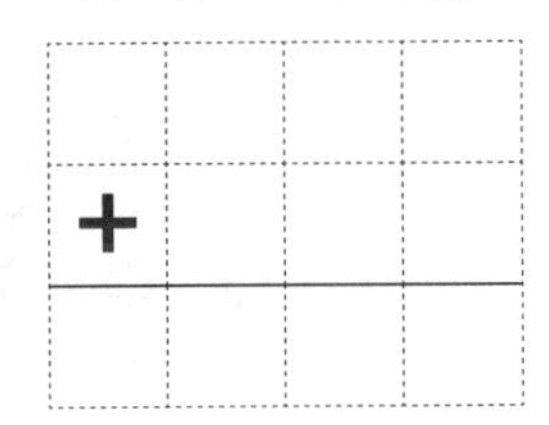

❻ 362+968

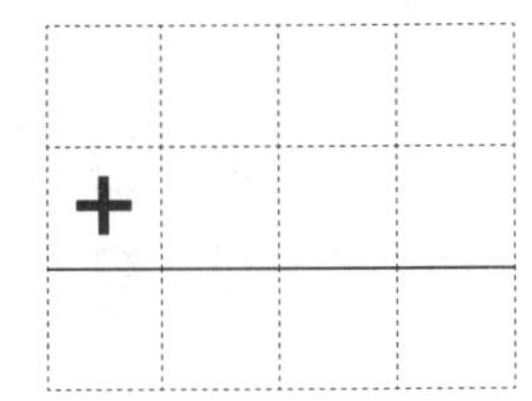

❼ 578+491

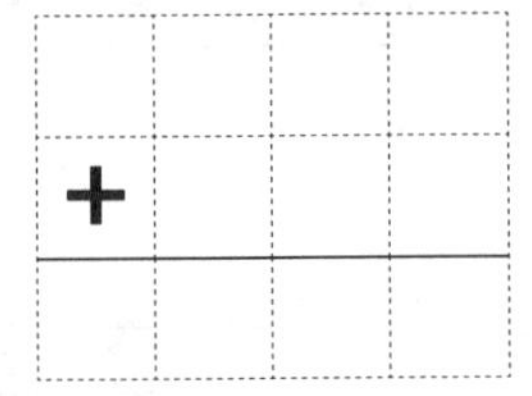

❽ 572+749

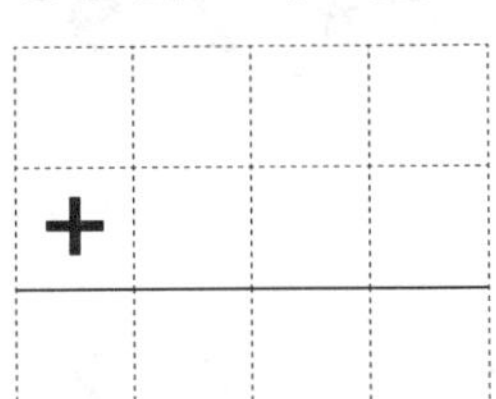

❾ 629+671

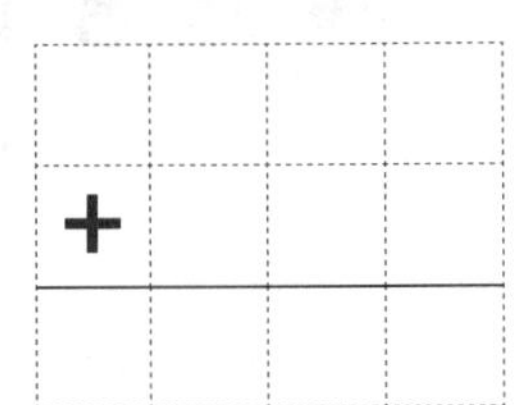

❿ 962+938

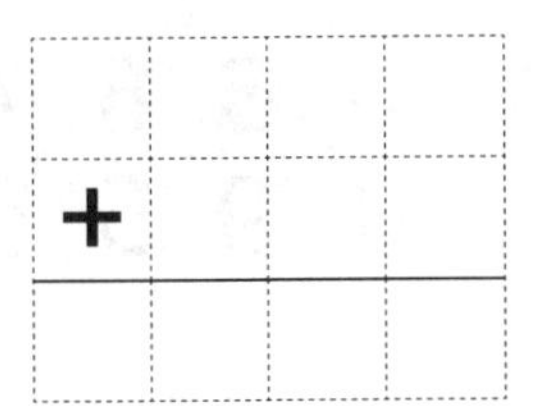

⓫ 218+794

⓬ 356+685

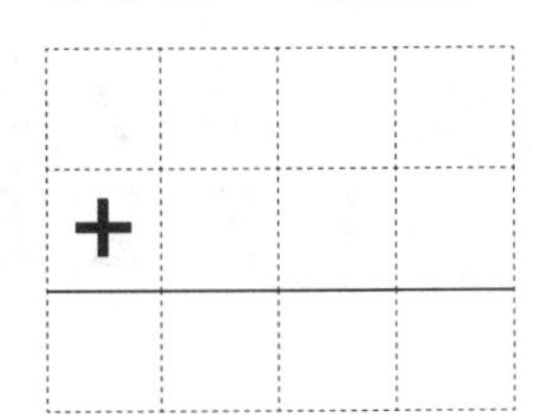

자기 점수에 ○표 하세요

맞힌 개수	6개 이하	7~8개	9~10개	11~12개
학습 방법	개념을 다시 공부하세요.	조금 더 노력하세요.	실수하면 안 돼요.	참 잘했어요.

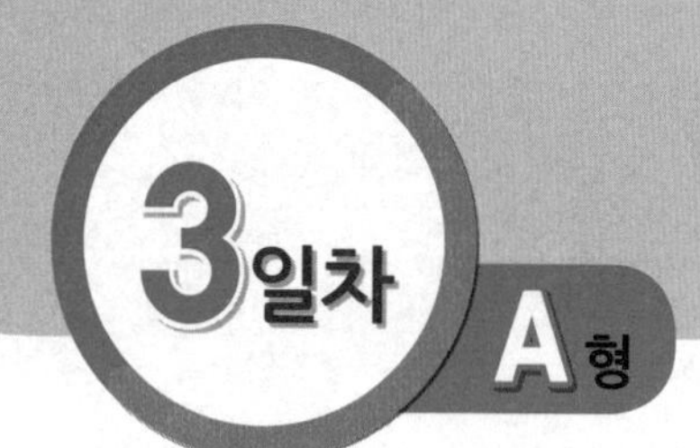

(세 자리 수)+(세 자리 수) (2)

월 일
분 초
/18

덧셈을 하세요.

① $467 + 293 =$

② $554 + 198 =$

③ $189 + 111 =$

④ $225 + 379 =$

⑤ $535 + 967 =$

⑥ $653 + 247 =$

⑦ $407 + 997 =$

⑧ $656 + 993 =$

⑨ $218 + 788 =$

⑩ $325 + 486 =$

⑪ $138 + 295 =$

⑫ $478 + 527 =$

⑬ $567 + 436 =$

⑭ $425 + 289 =$

⑮ $792 + 189 =$

⑯ $774 + 326 =$

⑰ $245 + 763 =$

⑱ $367 + 955 =$

자기 점수에 ○표 하세요

맞힌 개수	10개 이하	11~14개	15~16개	17~18개
학습 방법	개념을 다시 공부하세요.	조금 더 노력하세요.	실수하면 안 돼요.	참 잘했어요.

(세 자리 수)+(세 자리 수) (2)

월 일
분 초
/12

정답 9쪽

❶ 254+349

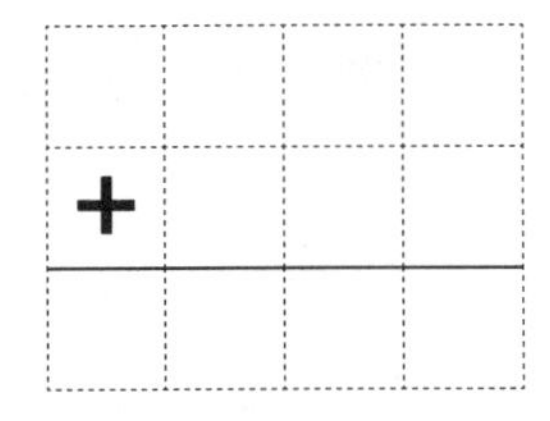

❷ 126+874

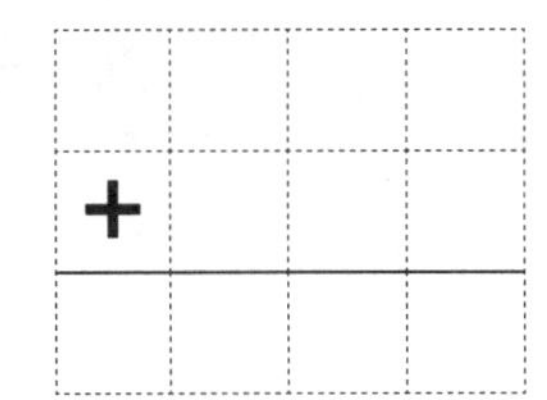

❸ 681+429

❹ 247+183

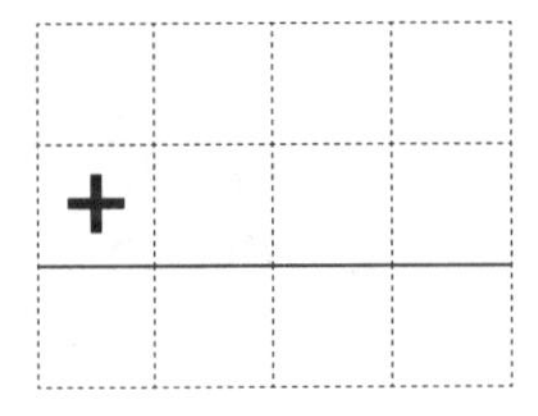

❺ 464+549

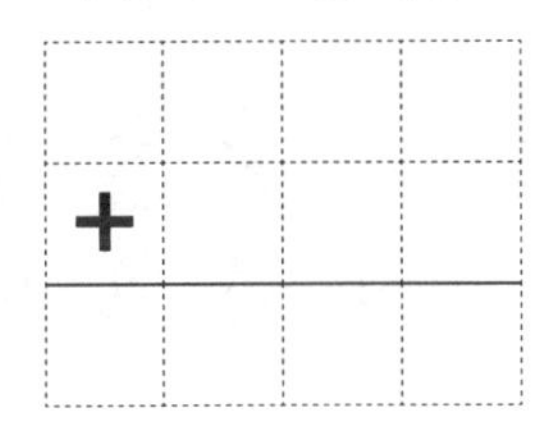

❻ 246+367

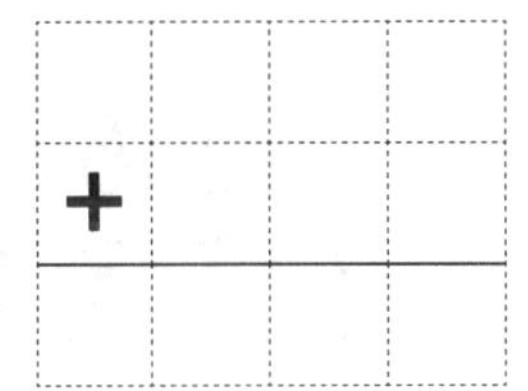

❼ 472+728

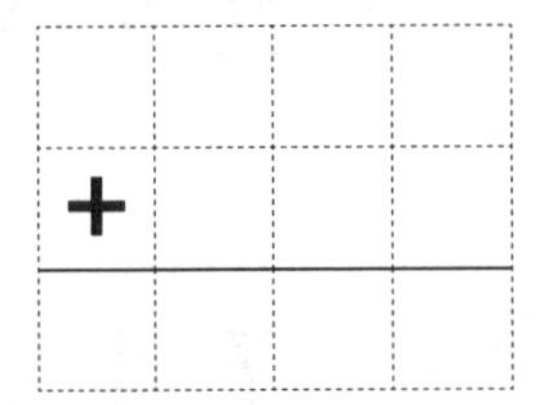

❽ 849+893

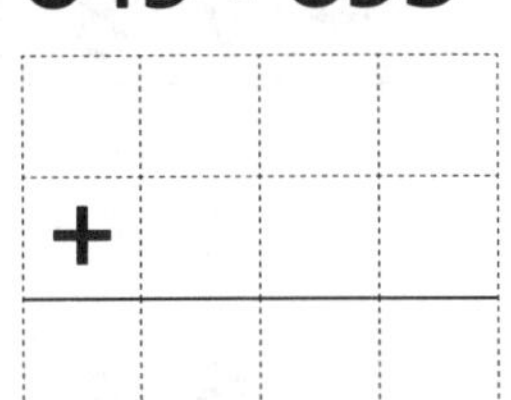

❾ 947+453

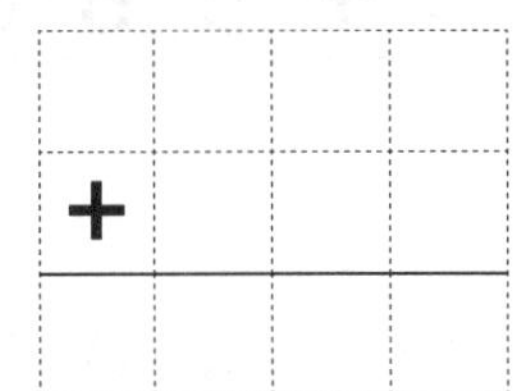

❿ 547+467

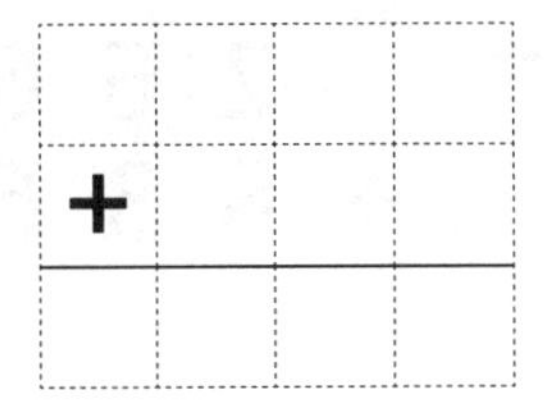

⓫ 489+512

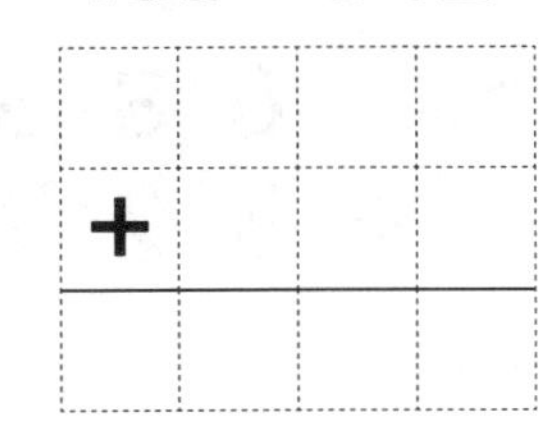

⓬ 339+674

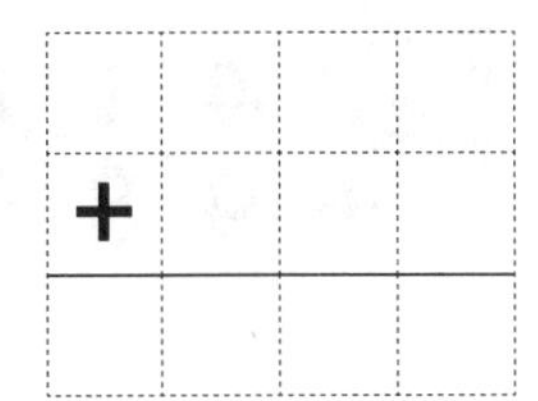

자기 점수에 ○표 하세요

맞힌 개수	6개 이하	7~8개	9~10개	11~12개
학습 방법	개념을 다시 공부하세요.	조금 더 노력하세요.	실수하면 안 돼요.	참 잘했어요.

(세 자리 수) + (세 자리 수) (2)

월 일
분 초
/18

덧셈을 하세요.

❶ 761 + 345

❷ 258 + 153

❸ 282 + 158

❹ 539 + 569

❺ 529 + 698

❻ 454 + 587

❼ 267 + 738

❽ 859 + 449

❾ 409 + 998

❿ 215 + 986

⓫ 321 + 785

⓬ 628 + 484

⓭ 585 + 428

⓮ 643 + 389

⓯ 746 + 284

⓰ 417 + 986

⓱ 685 + 327

⓲ 266 + 836

자기 점수에 ○표 하세요

맞힌 개수	10개 이하	11~14개	15~16개	17~18개
학습 방법	개념을 다시 공부하세요.	조금 더 노력하세요.	실수하면 안 돼요.	참 잘했어요.

(세 자리 수)+(세 자리 수) (2)

월 일
분 초
/12

정답 10쪽

❶ 451+449

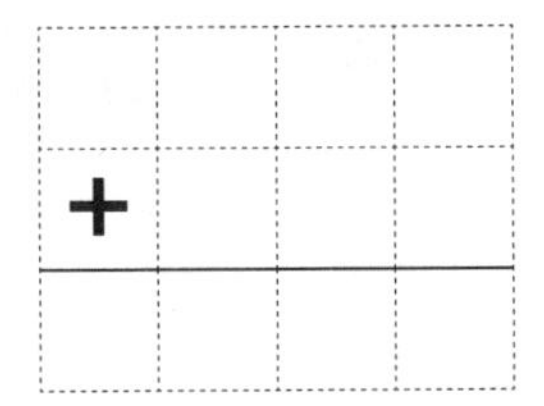

❷ 127+373

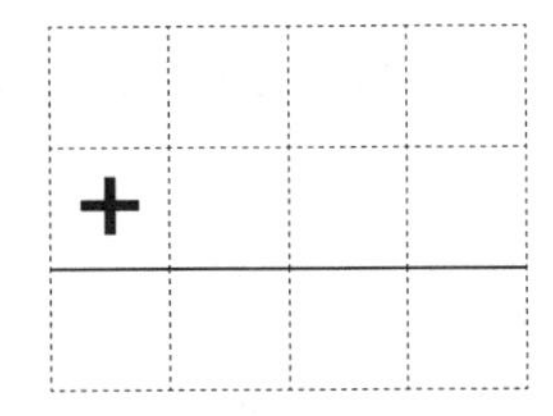

❸ 264+348

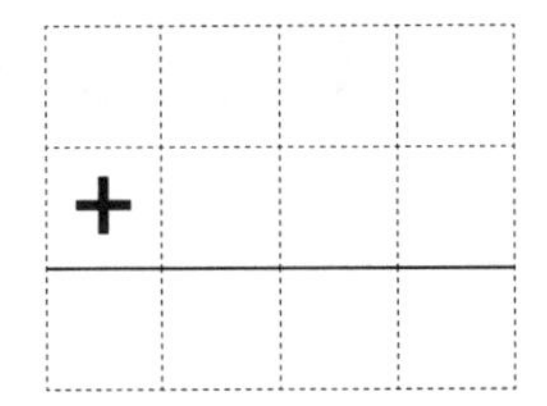

❹ 247+663

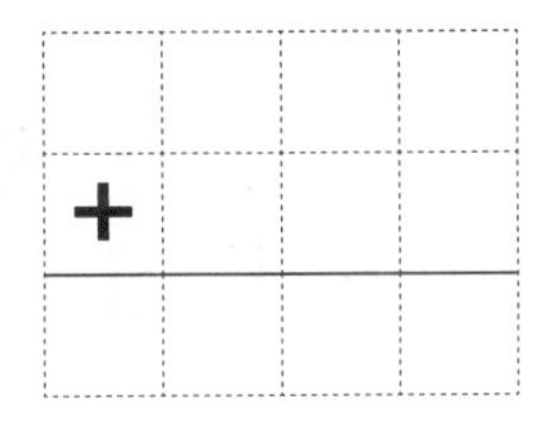

❺ 594+559

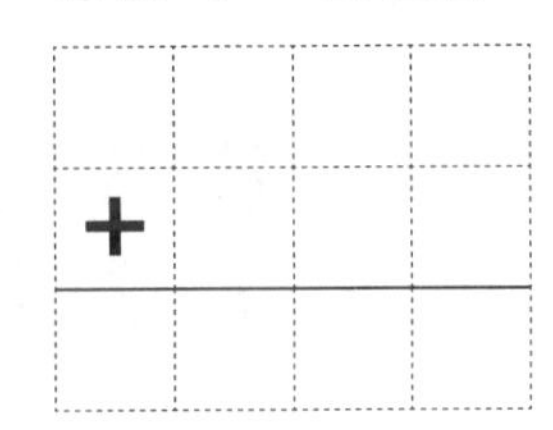

❻ 617+297

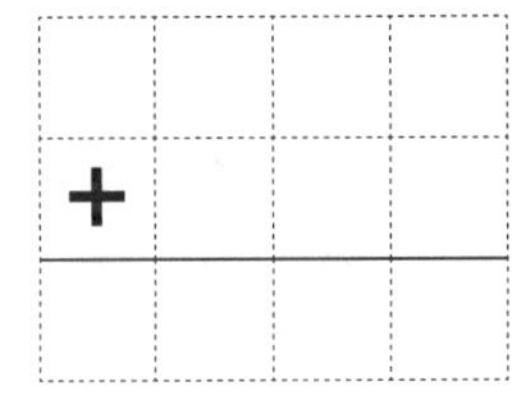

❼ 578+661

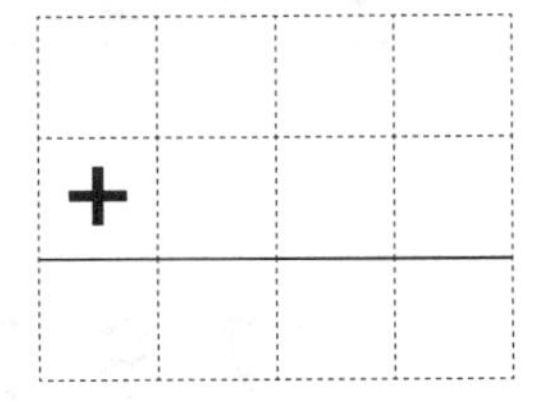

❽ 483+898

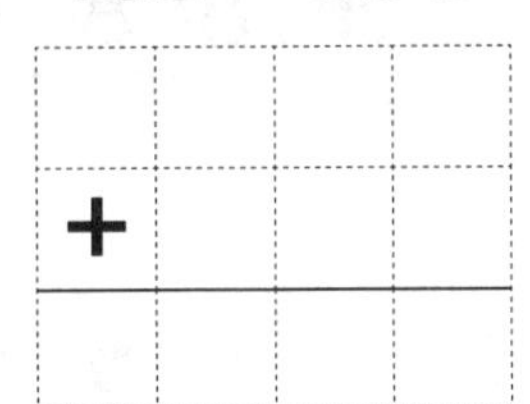

❾ 749+583

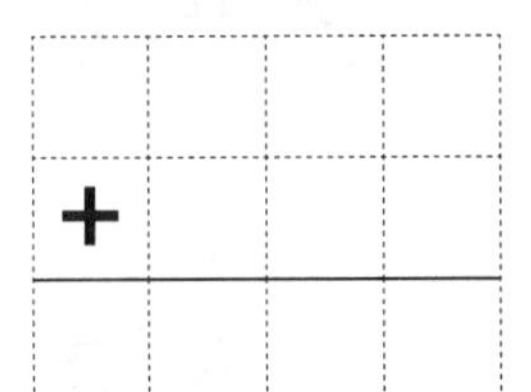

❿ 428+698

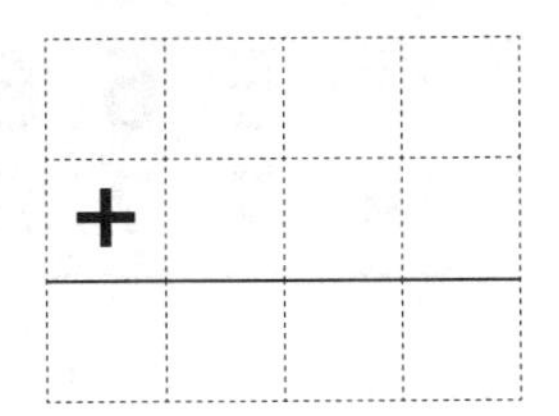

⓫ 547+975

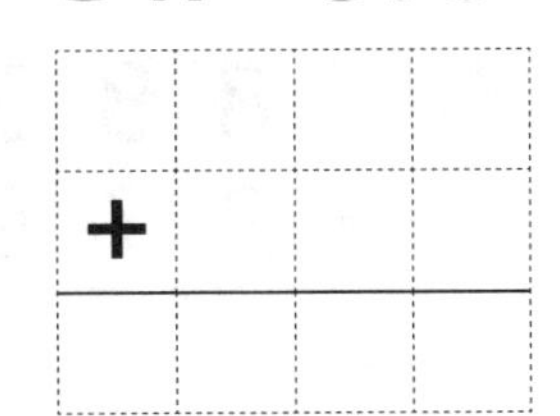

⓬ 461+589

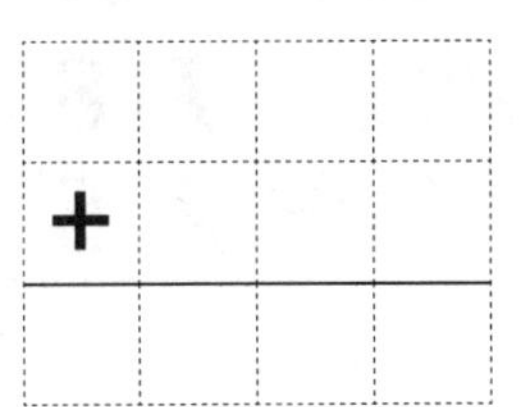

자기 점수에 ○표 하세요

맞힌 개수	6개 이하	7~8개	9~10개	11~12개
학습 방법	개념을 다시 공부하세요.	조금 더 노력하세요.	실수하면 안 돼요.	참 잘했어요.

(세 자리 수) + (세 자리 수) (2)

월 일
분 초
/18

✎ 덧셈을 하세요.

❶ $\begin{array}{r} 762 \\ +\ 359 \\ \hline \end{array}$

❷ $\begin{array}{r} 258 \\ +\ 871 \\ \hline \end{array}$

❸ $\begin{array}{r} 372 \\ +\ 758 \\ \hline \end{array}$

❹ $\begin{array}{r} 497 \\ +\ 503 \\ \hline \end{array}$

❺ $\begin{array}{r} 545 \\ +\ 569 \\ \hline \end{array}$

❻ $\begin{array}{r} 665 \\ +\ 977 \\ \hline \end{array}$

❼ $\begin{array}{r} 268 \\ +\ 569 \\ \hline \end{array}$

❽ $\begin{array}{r} 856 \\ +\ 178 \\ \hline \end{array}$

❾ $\begin{array}{r} 719 \\ +\ 585 \\ \hline \end{array}$

❿ $\begin{array}{r} 558 \\ +\ 477 \\ \hline \end{array}$

⓫ $\begin{array}{r} 346 \\ +\ 889 \\ \hline \end{array}$

⓬ $\begin{array}{r} 187 \\ +\ 933 \\ \hline \end{array}$

⓭ $\begin{array}{r} 584 \\ +\ 926 \\ \hline \end{array}$

⓮ $\begin{array}{r} 673 \\ +\ 829 \\ \hline \end{array}$

⓯ $\begin{array}{r} 793 \\ +\ 747 \\ \hline \end{array}$

⓰ $\begin{array}{r} 785 \\ +\ 255 \\ \hline \end{array}$

⓱ $\begin{array}{r} 885 \\ +\ 379 \\ \hline \end{array}$

⓲ $\begin{array}{r} 566 \\ +\ 776 \\ \hline \end{array}$

자기 점수에 ○표 하세요

맞힌 개수	10개 이하	11~14개	15~16개	17~18개
학습 방법	개념을 다시 공부하세요.	조금 더 노력하세요.	실수하면 안 돼요.	참 잘했어요.

(세 자리 수)+(세 자리 수) (2)

월 일
분 초
/12

정답 11쪽

덧셈을 하세요.

❶ 135+496

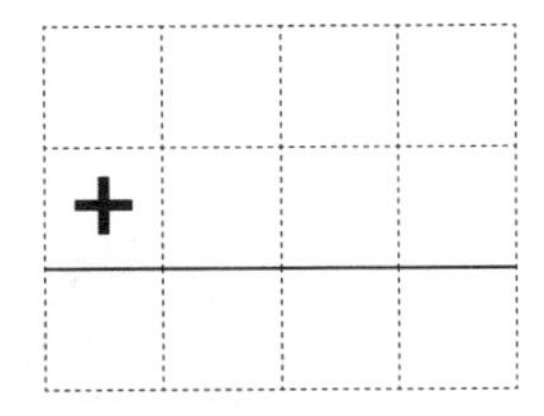

❷ 186+254

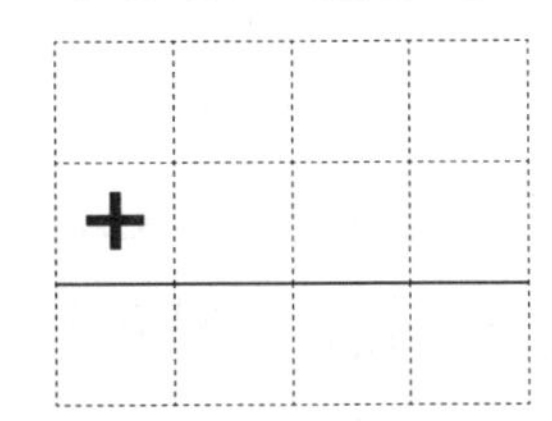

❸ 862+774

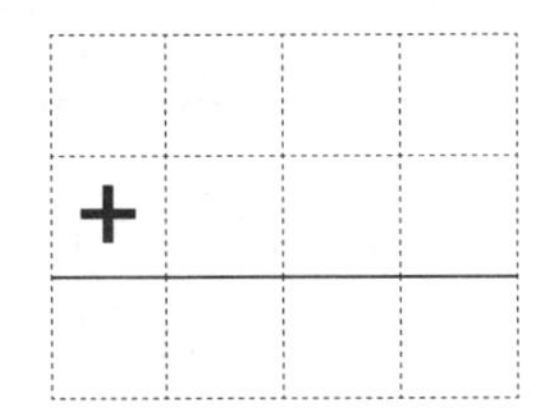

❹ 259+880

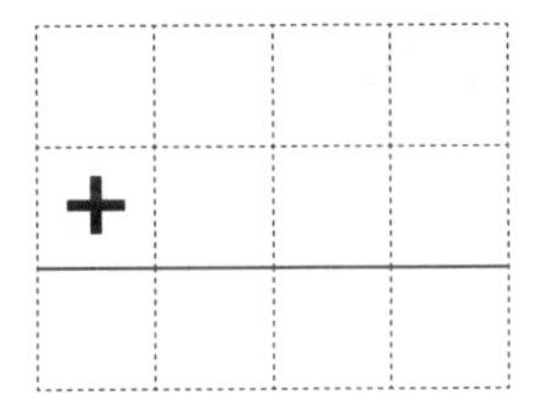

❺ 364+558

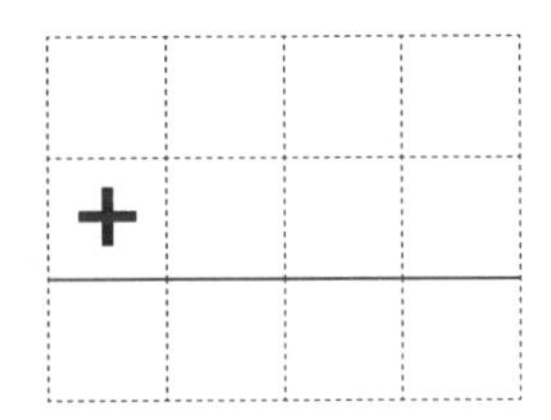

❻ 683+227

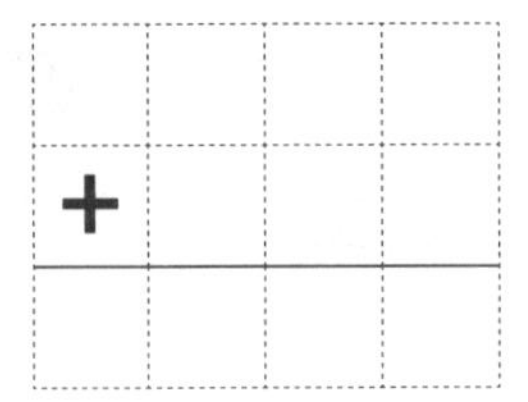

❼ 578+625

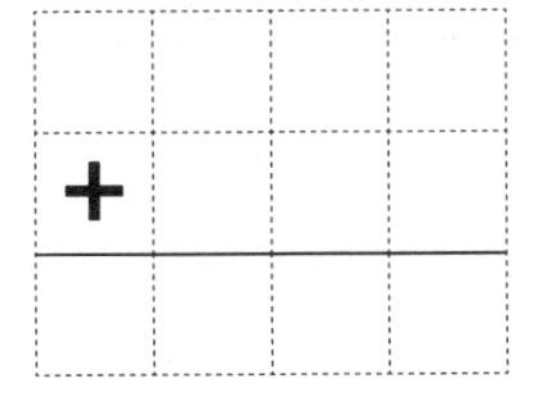

❽ 783+458

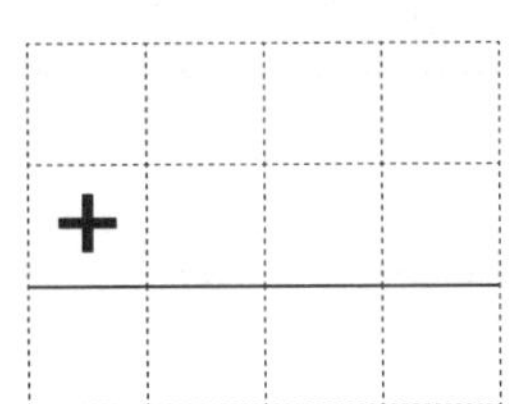

❾ 569+435

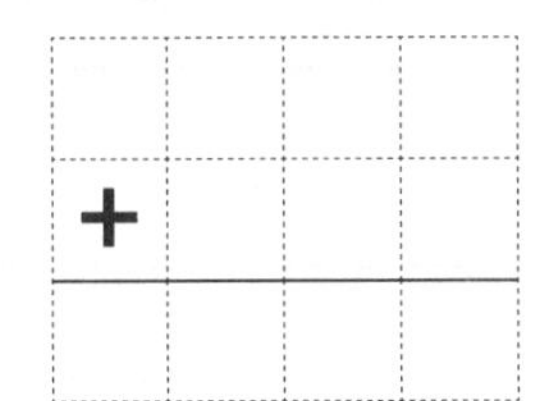

❿ 458+649

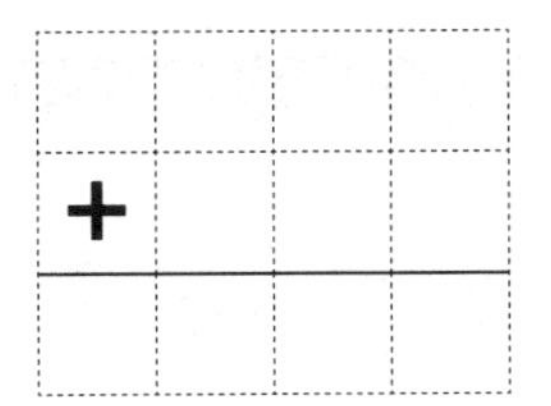

⓫ 387+213

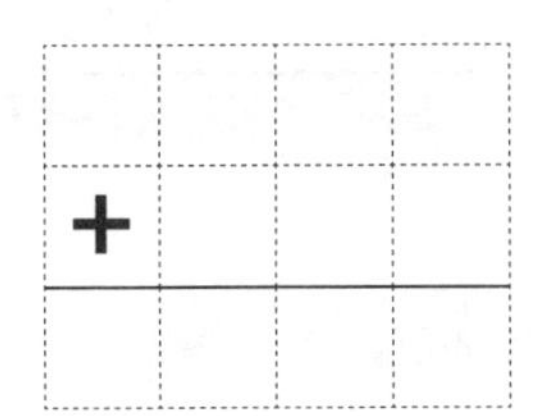

⓬ 349+784

자기 점수에 ○표 하세요

맞힌 개수	6개 이하	7~8개	9~10개	11~12개
학습 방법	개념을 다시 공부하세요.	조금 더 노력 하세요.	실수하면 안 돼요.	참 잘했어요.

(세 자리 수)－(세 자리 수) (1)

◆스스로 학습 관리표◆

- 매일 맞힌 개수를 적고, 걸린 시간만큼 색칠해 보세요.
  (눈금 1칸은 1분이며, 초는 표의 상단에 적으세요.)
- 하루하루 지날수록 실력이 자라고, 계산 속도가 빨라지는 것을 눈으로 직접 확인할 수 있습니다.

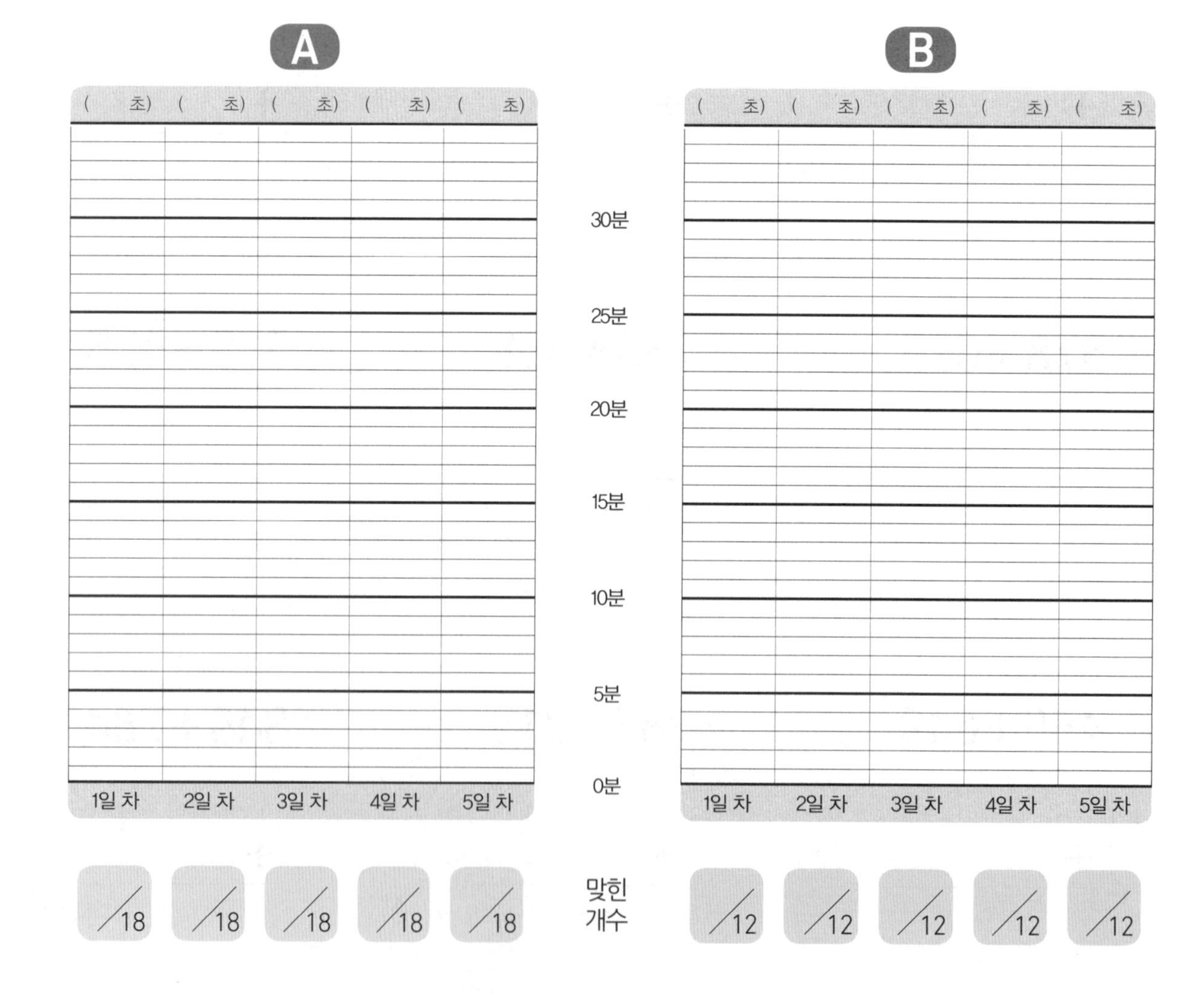

개념 포인트

받아내림이 없는 (세 자리 수)−(세 자리 수)

일의 자리부터 같은 자리끼리 계산합니다.

① 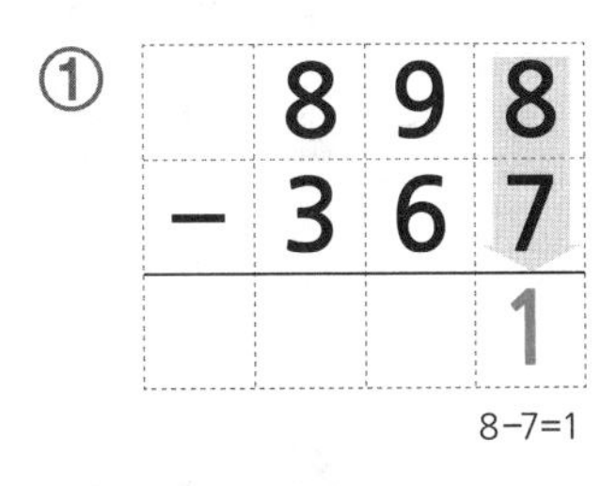

8−7=1

② 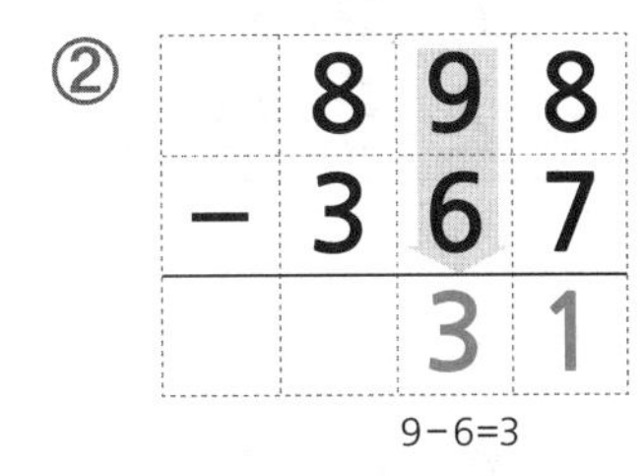

9−6=3

③ 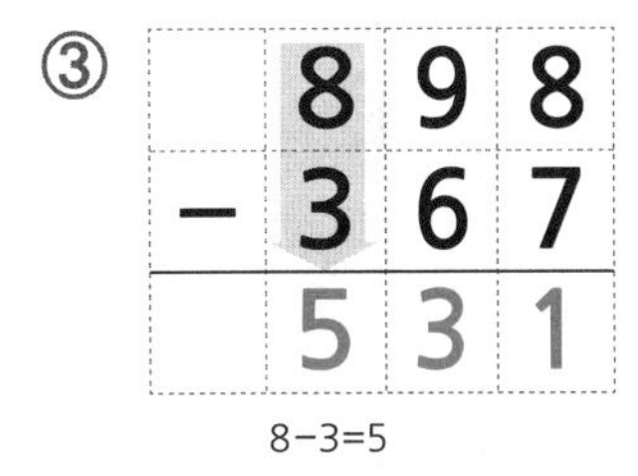

8−3=5

받아내림이 있는 (세 자리 수)−(세 자리 수)

같은 자리끼리 뺄 수 없으면 윗자리 형님에게 "도와줘, 형님!" 하며 10을 받아내립니다. 아랫자리 동생을 도와준 형님은 1만큼 줄어든다는 것을 잊지 마세요.

① 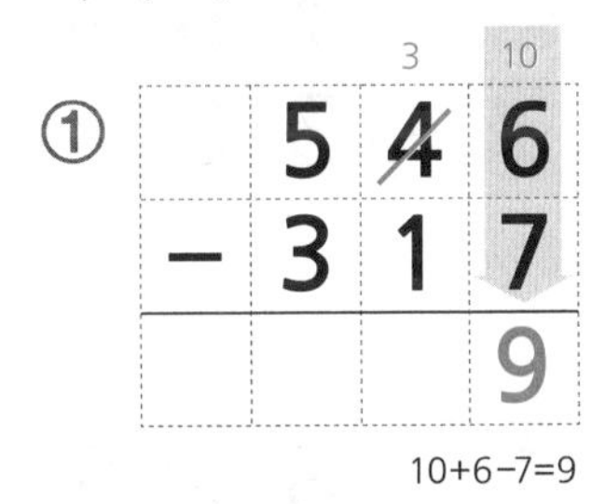

10+6−7=9

②

		3	10
	5	~~4~~	6
−	3	1	7
		2	9

3−1=2

③

		3	10
	5	~~4~~	6
−	3	1	7
	2	2	9

5−3=2

예시

세로셈

	7	10	
	~~8~~	1	8
−	3	6	7
	4	5	1

가로셈 400−130

	3	10	
	~~4~~	0	0
−	1	3	0
	2	7	0

이젠 받아내림에 익숙해졌지?

지도 도우미

받아내림이 있는 세 자리 수 뺄셈을 연습하는 단계입니다. 이미 두 자리 수 뺄셈에서 익힌 것을 확장해서 적용합니다. 혹시 받아내림에서 어려움을 느낀다면 받아내림이 있는 (두 자리 수) − (한 자리 수)를 복습시켜 주세요. 쉽게 이해할 수 있습니다.

1일차
A형

(세 자리 수)-(세 자리 수)(1)

월	일
분	초
	/18

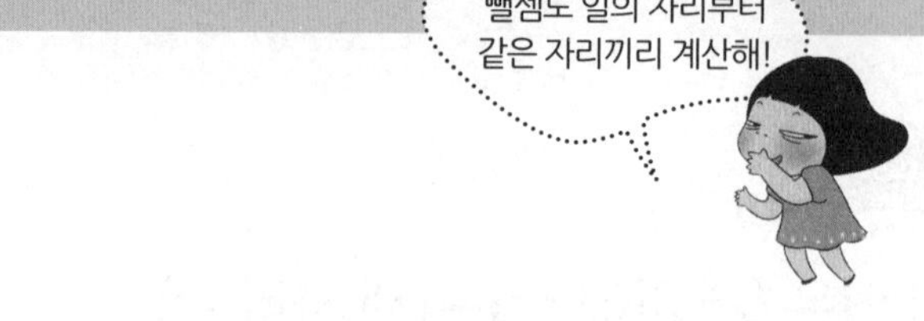
뺄셈도 일의 자리부터
같은 자리끼리 계산해!

뺄셈을 하세요.

❶ $500 - 200$

❷ $750 - 230$

❸ $765 - 223$

❹ $431 - 129$

❺ $585 - 267$

❻ $662 - 347$

❼ $927 - 118$

❽ $856 - 473$

❾ $709 - 388$

❿ $518 - 376$

⓫ $391 - 385$

⓬ $629 - 437$

⓭ $507 - 386$

⓮ $635 - 329$

⓯ $822 - 191$

⓰ $714 - 306$

⓱ $383 - 125$

⓲ $918 - 146$

자기 점수에 ○표 하세요

맞힌 개수	10개 이하	11~14개	15~16개	17~18개
학습 방법	개념을 다시 공부하세요.	조금 더 노력하세요.	실수하면 안 돼요.	참 잘했어요.

(세 자리 수)−(세 자리 수) (1)

월 일
분 초
/12

같은 자리끼리 뺄 수 없을 땐 윗자리에서 받아내림하자!

정답 12쪽

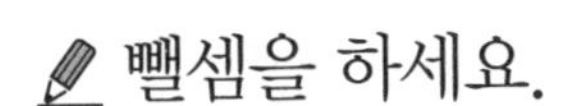

빨셈을 하세요.

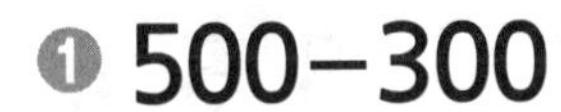

❶ 500−300

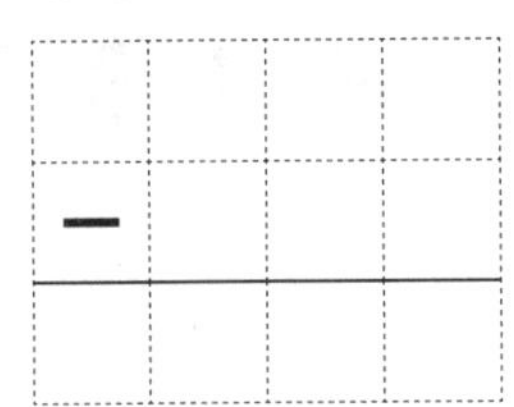

❷ 545−233

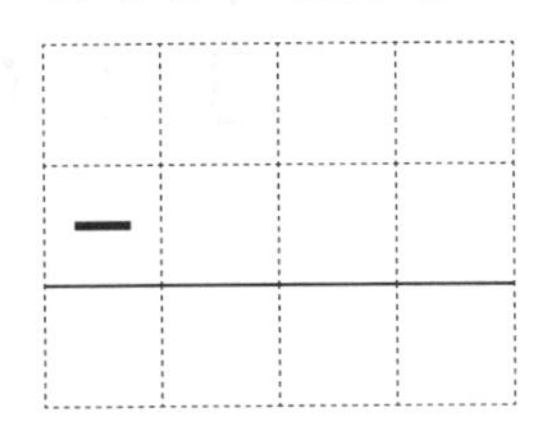

❸ 327−124

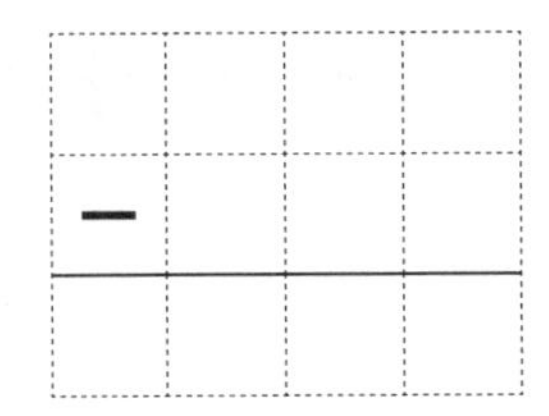

❹ 769−325

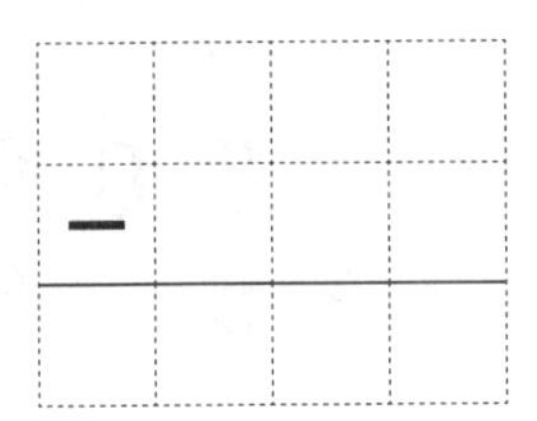

❺ 300−120

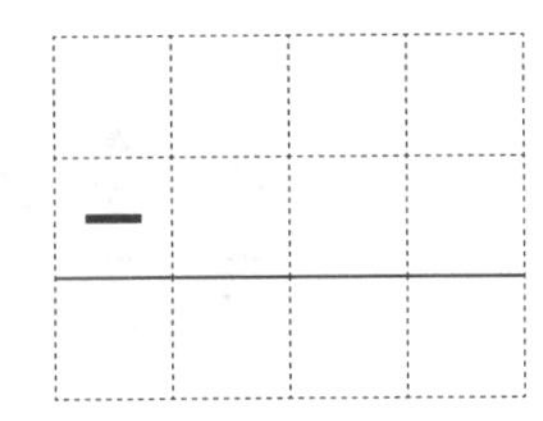

❻ 700−320

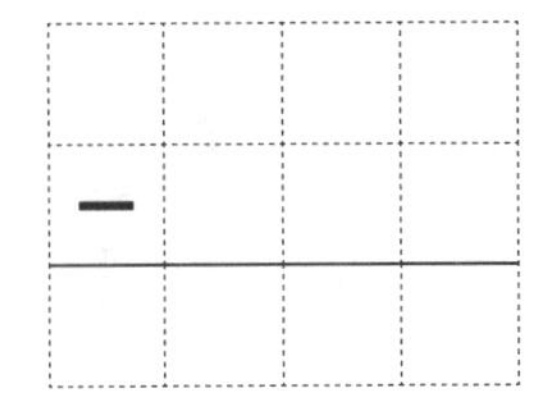

❼ 600−440

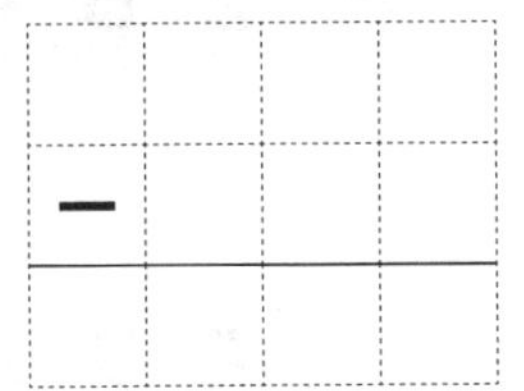

❽ 564−328

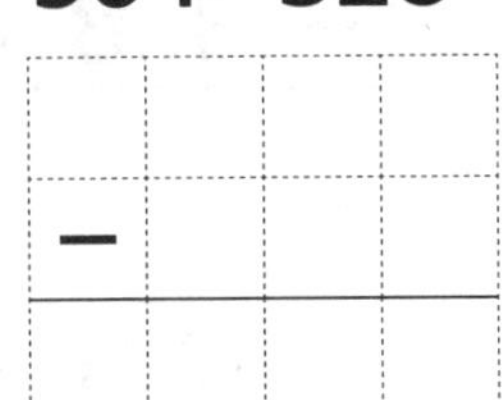

❾ 482−127

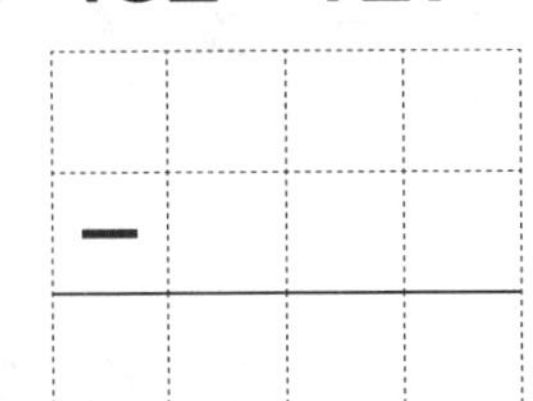

❿ 657−438

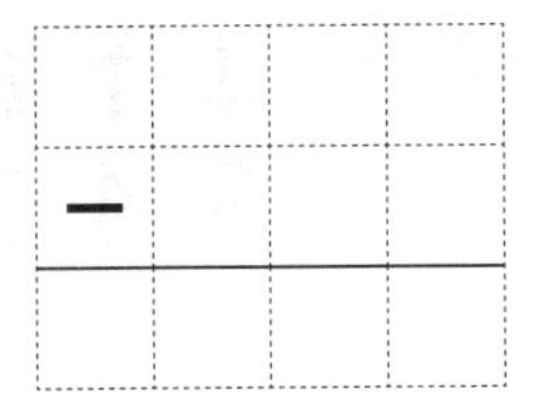

⓫ 508−413

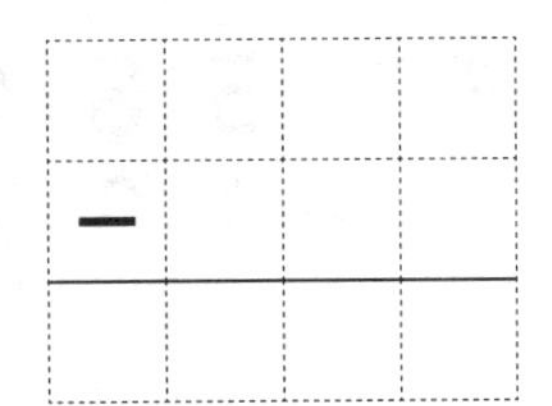

⓬ 631−524

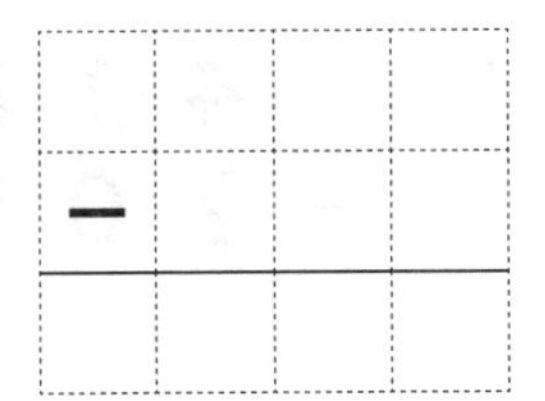

자기 점수에 ○표 하세요

맞힌 개수	6개 이하	7~8개	9~10개	11~12개
학습 방법	개념을 다시 공부하세요.	조금 더 노력 하세요.	실수하면 안 돼요.	참 잘했어요.

(세 자리 수)－(세 자리 수) (1)

월	일
분	초
	/18

✎ 뺄셈을 하세요.

❶ $\begin{array}{r} 900 \\ -\ 600 \\ \hline \end{array}$

❷ $\begin{array}{r} 560 \\ -\ 310 \\ \hline \end{array}$

❸ $\begin{array}{r} 854 \\ -\ 433 \\ \hline \end{array}$

❹ $\begin{array}{r} 392 \\ -\ 143 \\ \hline \end{array}$

❺ $\begin{array}{r} 743 \\ -\ 228 \\ \hline \end{array}$

❻ $\begin{array}{r} 581 \\ -\ 149 \\ \hline \end{array}$

❼ $\begin{array}{r} 723 \\ -\ 217 \\ \hline \end{array}$

❽ $\begin{array}{r} 642 \\ -\ 370 \\ \hline \end{array}$

❾ $\begin{array}{r} 809 \\ -\ 675 \\ \hline \end{array}$

❿ $\begin{array}{r} 402 \\ -\ 371 \\ \hline \end{array}$

⓫ $\begin{array}{r} 538 \\ -\ 384 \\ \hline \end{array}$

⓬ $\begin{array}{r} 716 \\ -\ 284 \\ \hline \end{array}$

⓭ $\begin{array}{r} 903 \\ -\ 463 \\ \hline \end{array}$

⓮ $\begin{array}{r} 742 \\ -\ 238 \\ \hline \end{array}$

⓯ $\begin{array}{r} 624 \\ -\ 392 \\ \hline \end{array}$

⓰ $\begin{array}{r} 418 \\ -\ 209 \\ \hline \end{array}$

⓱ $\begin{array}{r} 584 \\ -\ 192 \\ \hline \end{array}$

⓲ $\begin{array}{r} 416 \\ -\ 343 \\ \hline \end{array}$

자기 점수에 ○표 하세요

맞힌 개수	10개 이하	11~14개	15~16개	17~18개
학습 방법	개념을 다시 공부하세요.	조금 더 노력하세요.	실수하면 안 돼요.	참 잘했어요.

(세 자리 수)-(세 자리 수) (1)

월	일
분	초
	/12

정답 13쪽

빨셈을 하세요.

❶ 900−100

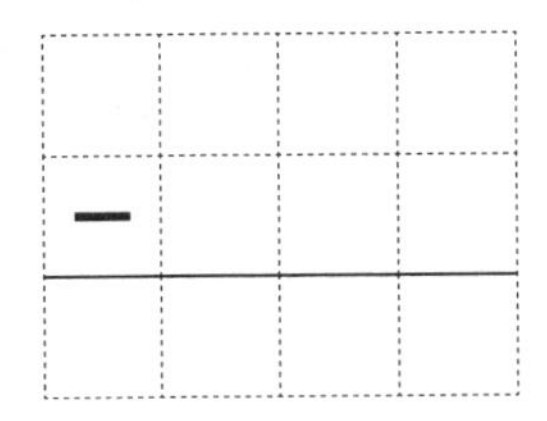

❷ 700−150

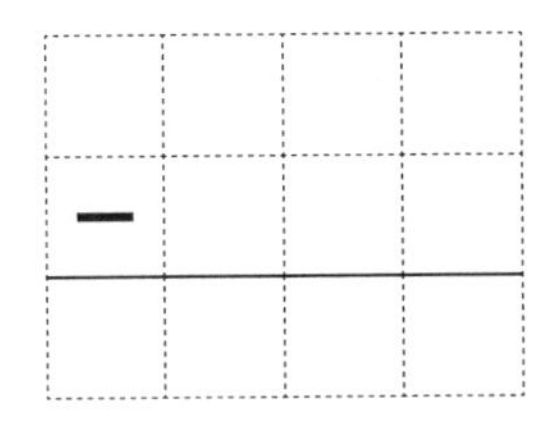

❸ 500−240

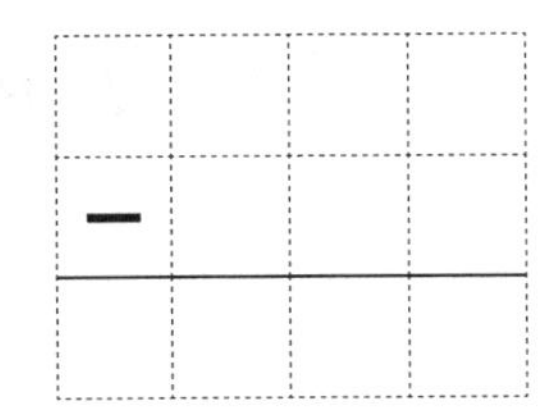

❹ 800−570

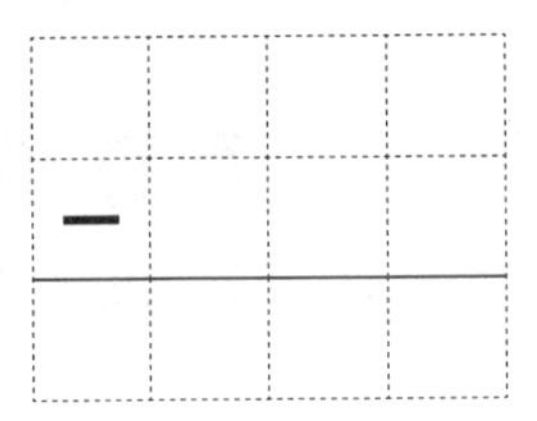

❺ 443−138

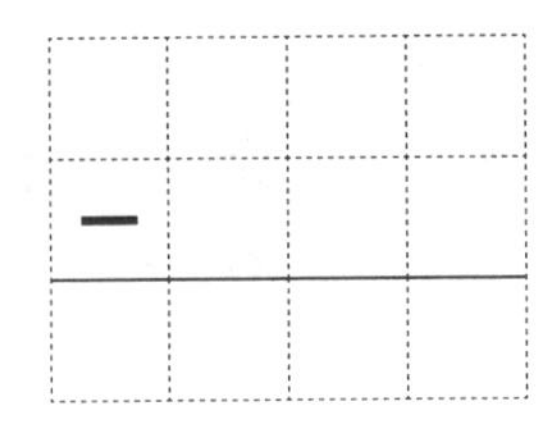

❻ 335−128

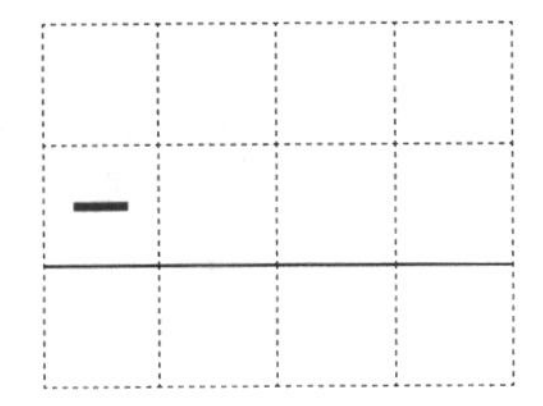

❼ 868−419

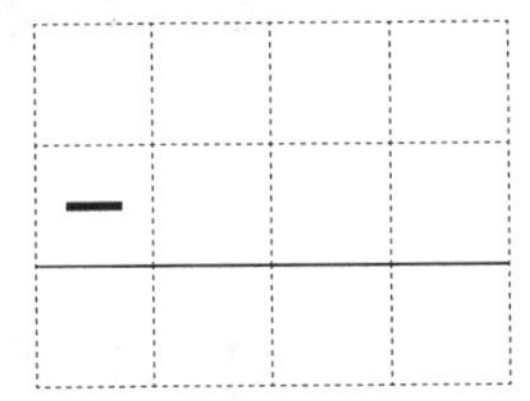

❽ 435−142

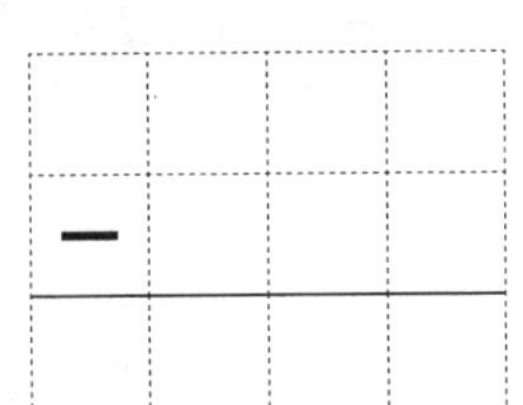

❾ 725−143

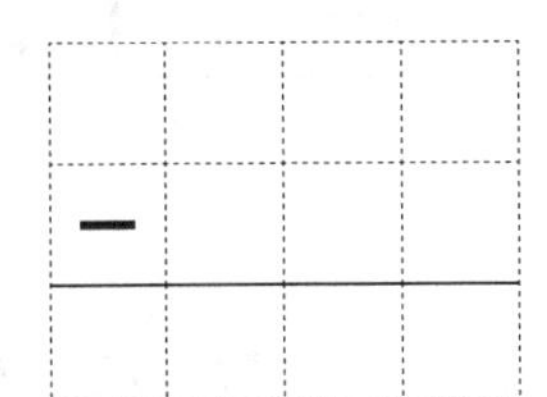

❿ 545−439

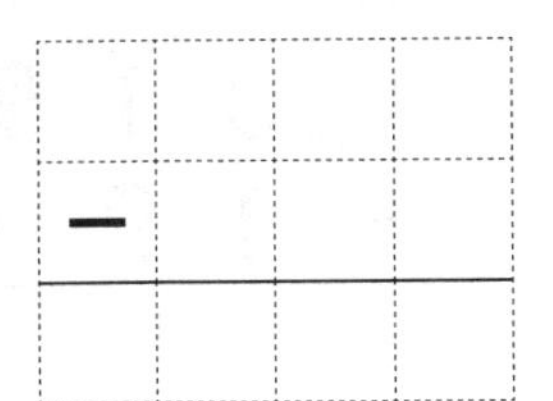

⓫ 809−272

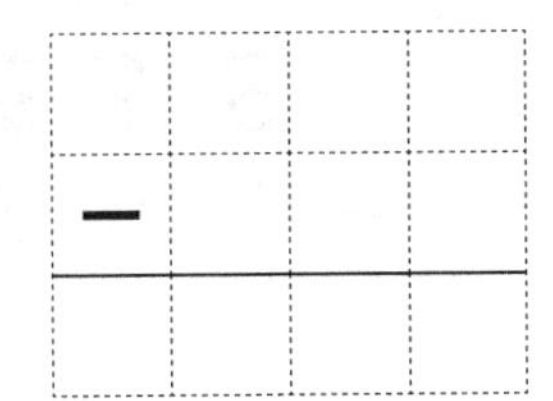

⓬ 671−158

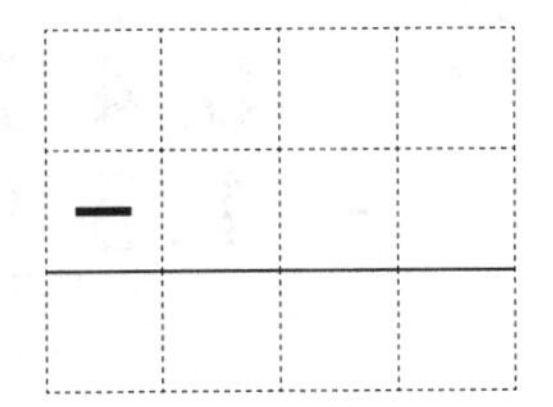

자기 점수에 ○표 하세요

맞힌 개수	6개 이하	7~8개	9~10개	11~12개
학습 방법	개념을 다시 공부하세요.	조금 더 노력 하세요.	실수하면 안 돼요.	참 잘했어요.

(세 자리 수)－(세 자리 수) (1)

월 일
분 초
/18

✎ 뺄셈을 하세요.

❶ $\begin{array}{r} 935 \\ -\ 504 \\ \hline \end{array}$

❷ $\begin{array}{r} 539 \\ -\ 217 \\ \hline \end{array}$

❸ $\begin{array}{r} 300 \\ -\ 150 \\ \hline \end{array}$

❹ $\begin{array}{r} 650 \\ -\ 335 \\ \hline \end{array}$

❺ $\begin{array}{r} 785 \\ -\ 146 \\ \hline \end{array}$

❻ $\begin{array}{r} 432 \\ -\ 252 \\ \hline \end{array}$

❼ $\begin{array}{r} 929 \\ -\ 299 \\ \hline \end{array}$

❽ $\begin{array}{r} 846 \\ -\ 372 \\ \hline \end{array}$

❾ $\begin{array}{r} 708 \\ -\ 244 \\ \hline \end{array}$

❿ $\begin{array}{r} 505 \\ -\ 312 \\ \hline \end{array}$

⓫ $\begin{array}{r} 491 \\ -\ 185 \\ \hline \end{array}$

⓬ $\begin{array}{r} 618 \\ -\ 232 \\ \hline \end{array}$

⓭ $\begin{array}{r} 704 \\ -\ 421 \\ \hline \end{array}$

⓮ $\begin{array}{r} 839 \\ -\ 254 \\ \hline \end{array}$

⓯ $\begin{array}{r} 945 \\ -\ 192 \\ \hline \end{array}$

⓰ $\begin{array}{r} 647 \\ -\ 139 \\ \hline \end{array}$

⓱ $\begin{array}{r} 319 \\ -\ 182 \\ \hline \end{array}$

⓲ $\begin{array}{r} 319 \\ -\ 194 \\ \hline \end{array}$

자기 점수에 ○표 하세요

맞힌 개수	10개 이하	11~14개	15~16개	17~18개
학습 방법	개념을 다시 공부하세요.	조금 더 노력하세요.	실수하면 안 돼요.	참 잘했어요.

(세 자리 수)-(세 자리 수) (1)

월	일
분	초
	/12

정답 14쪽

❶ 847−135

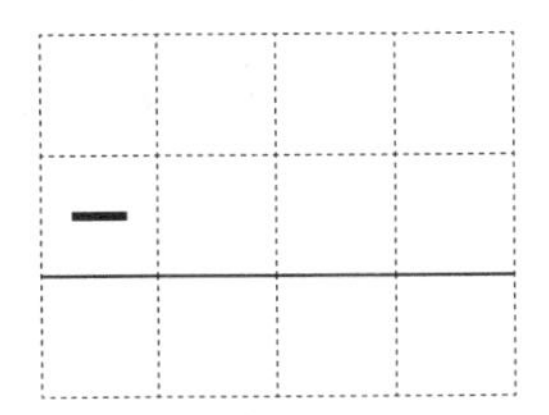

❷ 800−160

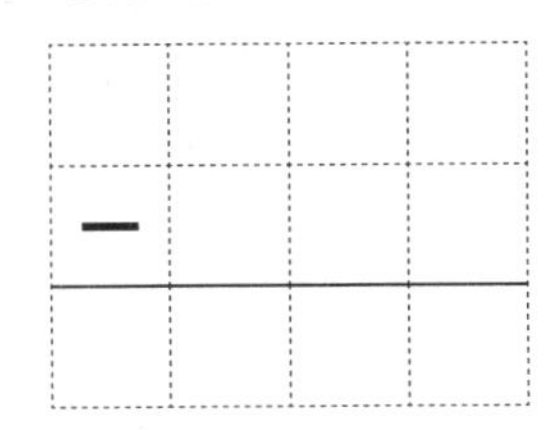

❸ 500−310

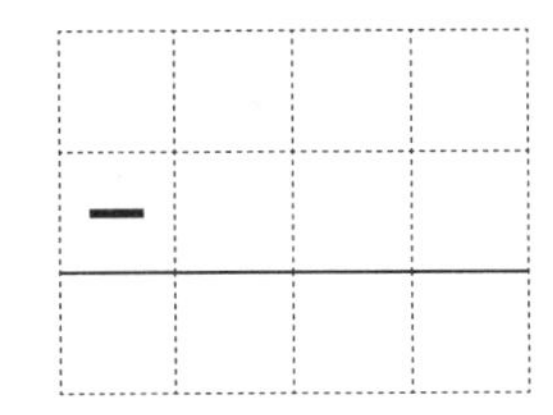

❹ 900−190

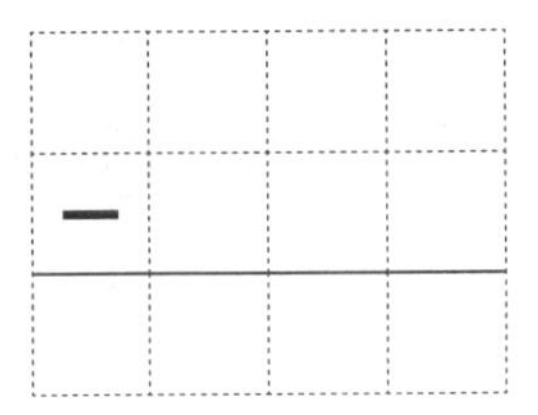

❺ 500−170

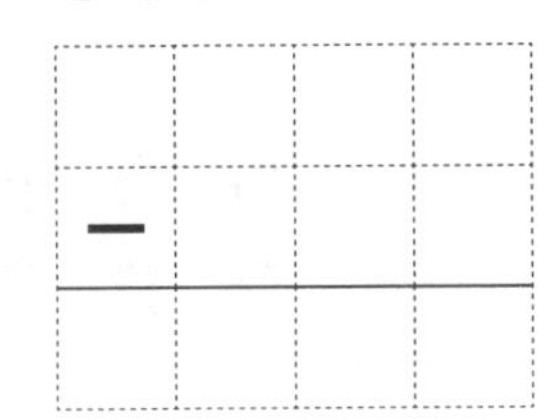

❻ 434−171

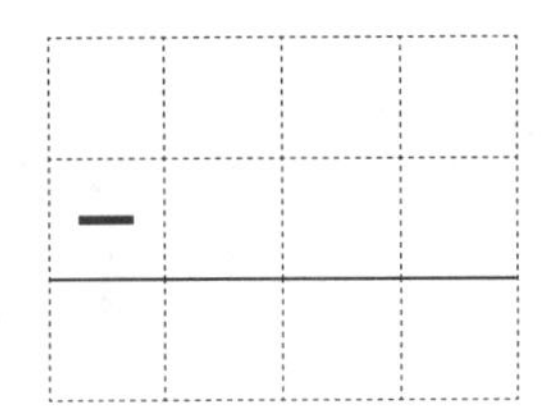

❼ 951−325

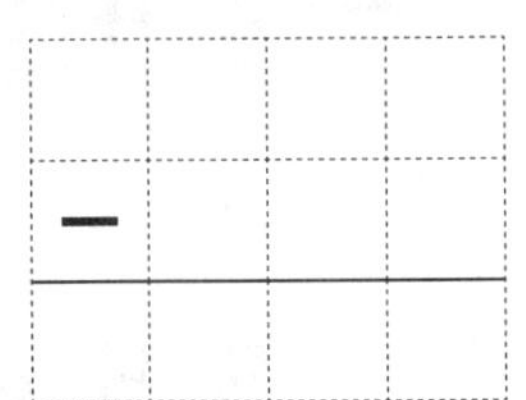

❽ 672−148

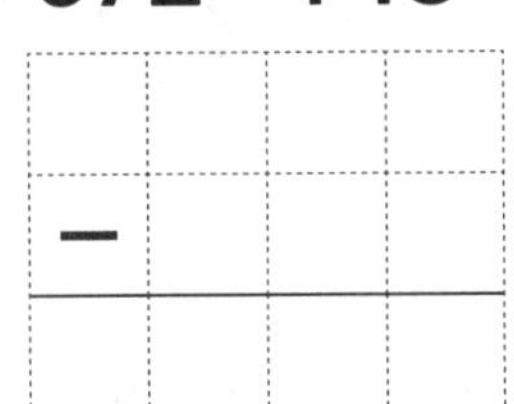

❾ 783−119

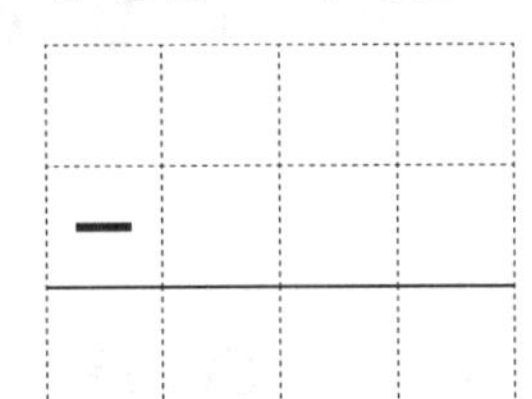

❿ 535−428

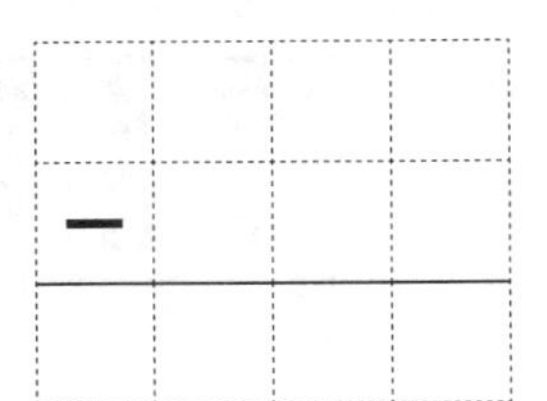

⓫ 507−211

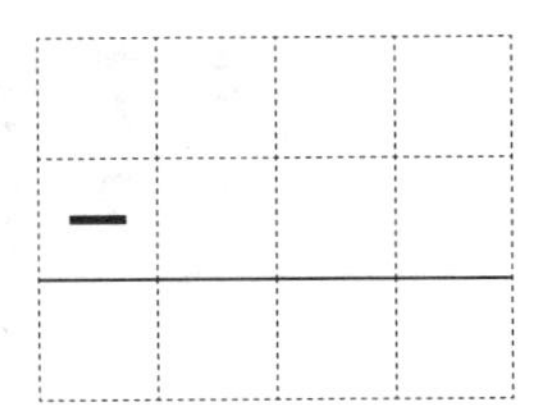

⓬ 481−174

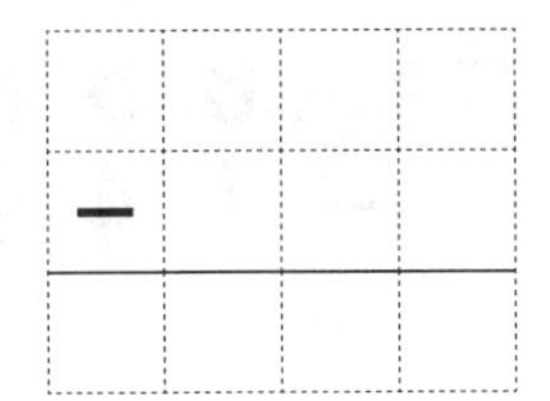

자기 점수에 ○표 하세요

맞힌 개수	6개 이하	7~8개	9~10개	11~12개
학습 방법	개념을 다시 공부하세요.	조금 더 노력 하세요.	실수하면 안 돼요.	참 잘했어요.

(세 자리 수)-(세 자리 수) (1)

월 일
분 초
/18

빼셈을 하세요.

❶ $850 - 520$

❷ $965 - 200$

❸ $987 - 123$

❹ $400 - 280$

❺ $468 - 173$

❻ $353 - 144$

❼ $866 - 149$

❽ $658 - 282$

❾ $808 - 545$

❿ $667 - 158$

⓫ $372 - 265$

⓬ $528 - 245$

⓭ $904 - 251$

⓮ $694 - 387$

⓯ $554 - 182$

⓰ $858 - 149$

⓱ $373 - 229$

⓲ $628 - 283$

자기 점수에 ○표 하세요

맞힌 개수	10개 이하	11~14개	15~16개	17~18개
학습 방법	개념을 다시 공부하세요.	조금 더 노력 하세요.	실수하면 안 돼요.	참 잘했어요.

(세 자리 수)-(세 자리 수) (1)

월 일
분 초
/12

정답 15쪽

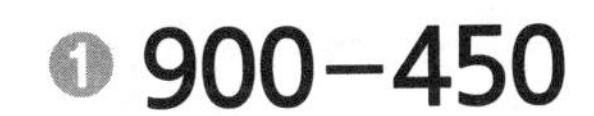

빨셈을 하세요.

❶ 900−450

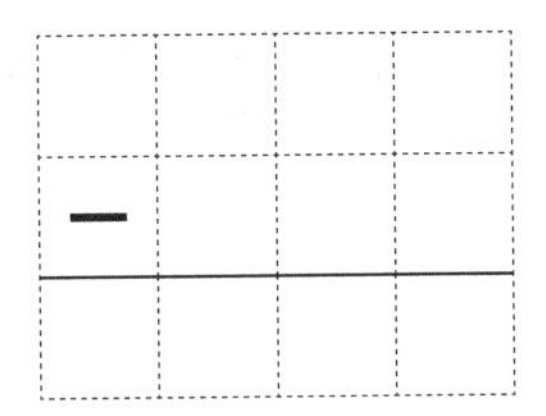

❷ 700−350

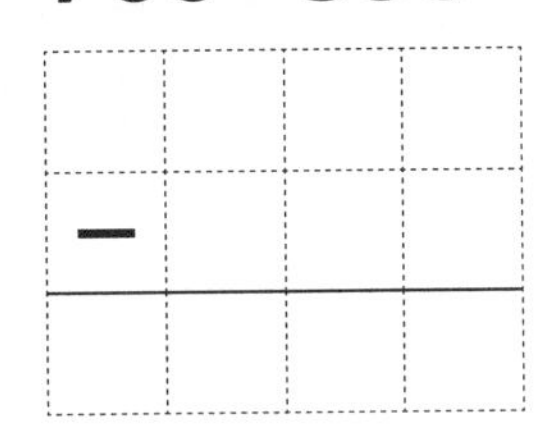

❸ 500−190

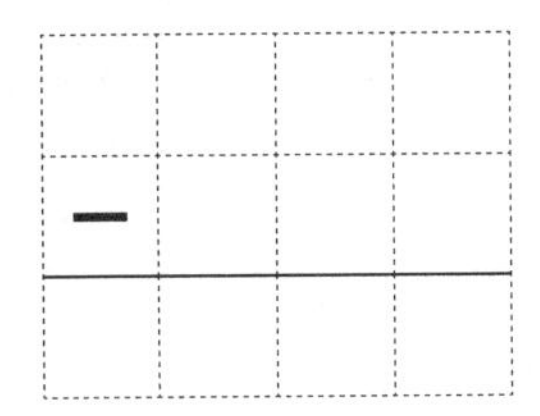

❹ 896−135

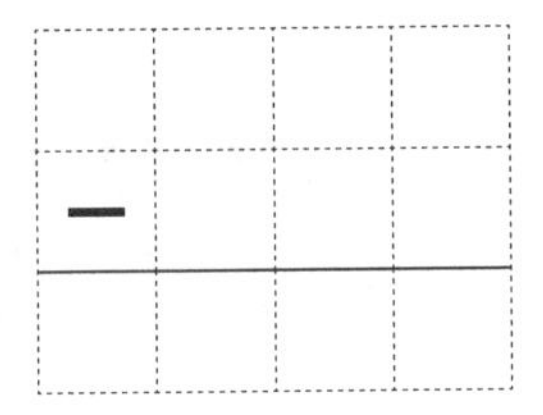

❺ 418−194

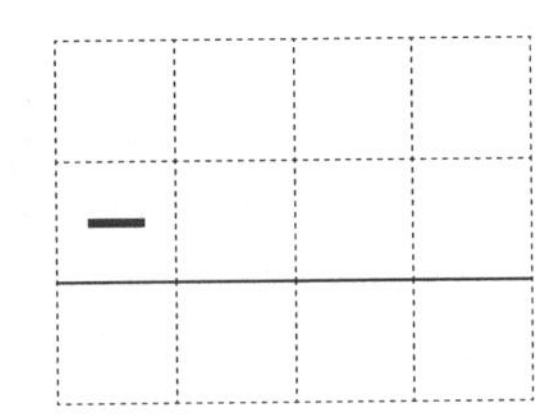

❻ 861−254

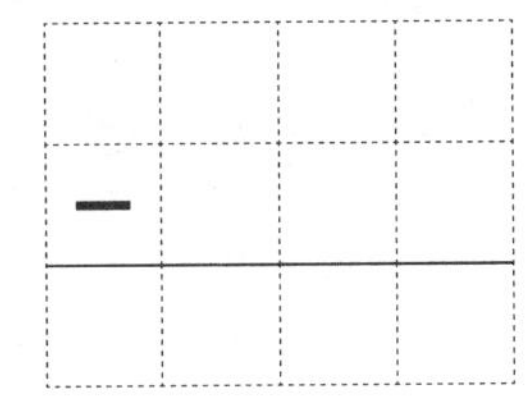

❼ 800−410

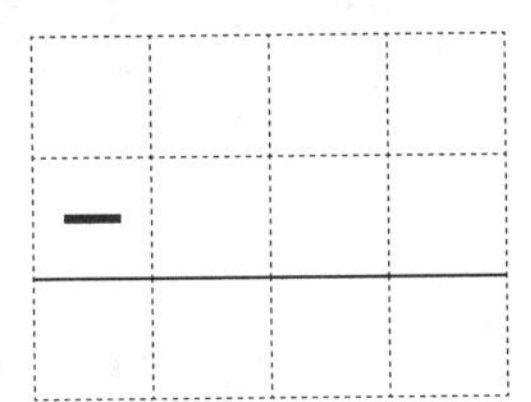

❽ 467−358

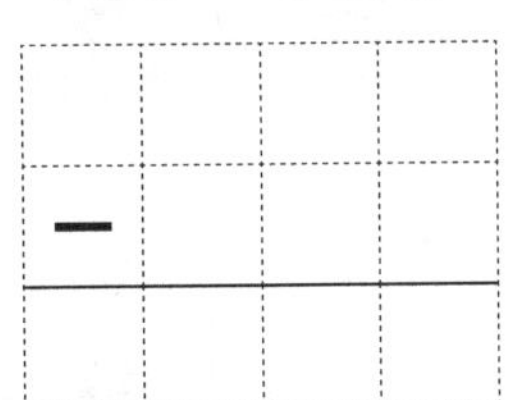

❾ 752−218

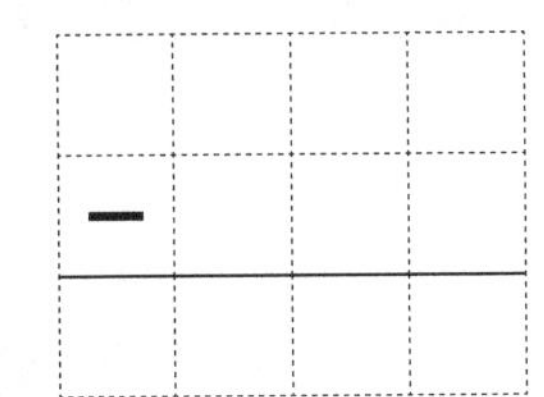

❿ 946−251

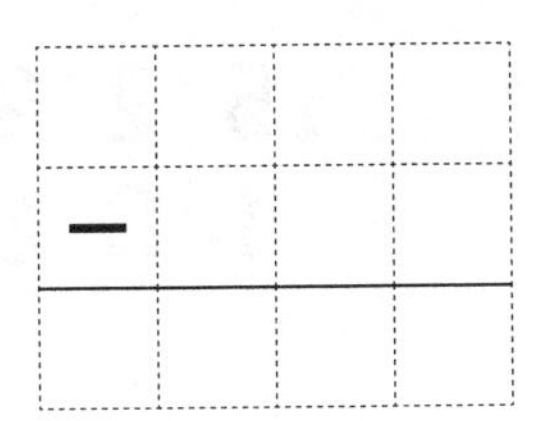

⓫ 807−721

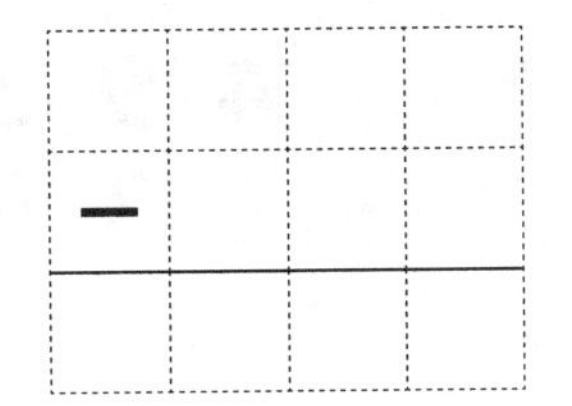

⓬ 916−824

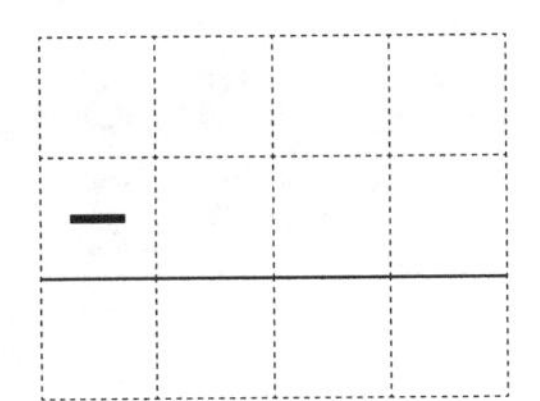

자기 점수에 ○표 하세요

맞힌 개수	6개 이하	7~8개	9~10개	11~12개
학습 방법	개념을 다시 공부하세요.	조금 더 노력하세요.	실수하면 안 돼요.	참 잘했어요.

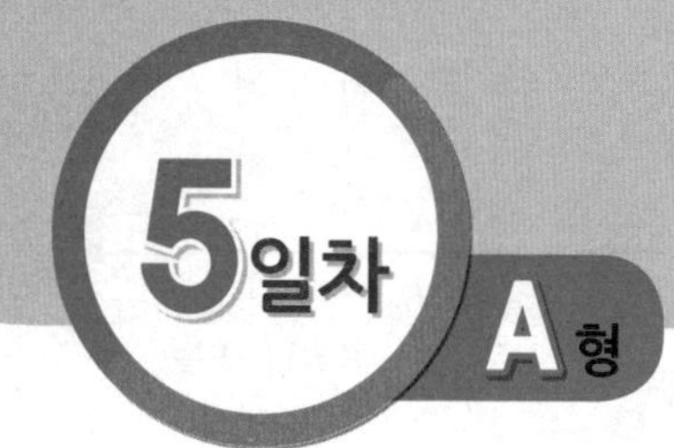

(세 자리 수)-(세 자리 수) (1)

월 일
분 초
/18

✎ 뺄셈을 하세요.

① $\begin{array}{r} 540 \\ -\ 270 \\ \hline \end{array}$

② $\begin{array}{r} 630 \\ -\ 215 \\ \hline \end{array}$

③ $\begin{array}{r} 720 \\ -\ 216 \\ \hline \end{array}$

④ $\begin{array}{r} 841 \\ -\ 119 \\ \hline \end{array}$

⑤ $\begin{array}{r} 682 \\ -\ 278 \\ \hline \end{array}$

⑥ $\begin{array}{r} 592 \\ -\ 156 \\ \hline \end{array}$

⑦ $\begin{array}{r} 520 \\ -\ 118 \\ \hline \end{array}$

⑧ $\begin{array}{r} 957 \\ -\ 377 \\ \hline \end{array}$

⑨ $\begin{array}{r} 809 \\ -\ 438 \\ \hline \end{array}$

⑩ $\begin{array}{r} 419 \\ -\ 366 \\ \hline \end{array}$

⑪ $\begin{array}{r} 381 \\ -\ 257 \\ \hline \end{array}$

⑫ $\begin{array}{r} 719 \\ -\ 135 \\ \hline \end{array}$

⑬ $\begin{array}{r} 608 \\ -\ 456 \\ \hline \end{array}$

⑭ $\begin{array}{r} 794 \\ -\ 185 \\ \hline \end{array}$

⑮ $\begin{array}{r} 922 \\ -\ 471 \\ \hline \end{array}$

⑯ $\begin{array}{r} 833 \\ -\ 327 \\ \hline \end{array}$

⑰ $\begin{array}{r} 492 \\ -\ 135 \\ \hline \end{array}$

⑱ $\begin{array}{r} 529 \\ -\ 186 \\ \hline \end{array}$

자기 점수에 ○표 하세요

맞힌 개수	10개 이하	11~14개	15~16개	17~18개
학습 방법	개념을 다시 공부하세요.	조금 더 노력 하세요.	실수하면 안 돼요.	참 잘했어요.

(세 자리 수)－(세 자리 수) (1)

월 일
분 초
/12

정답 16쪽

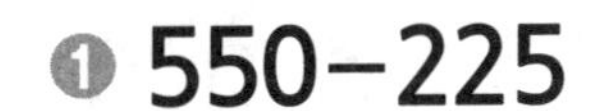

❶ 550－225

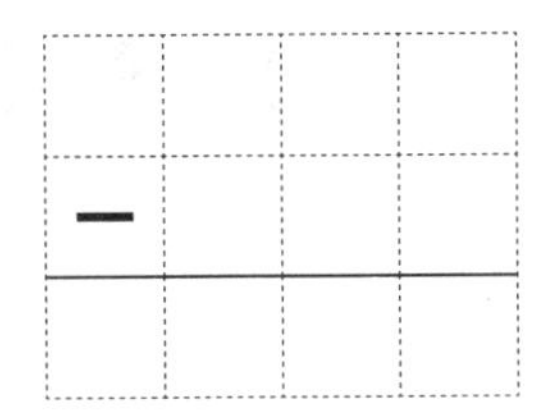

❷ 900－270

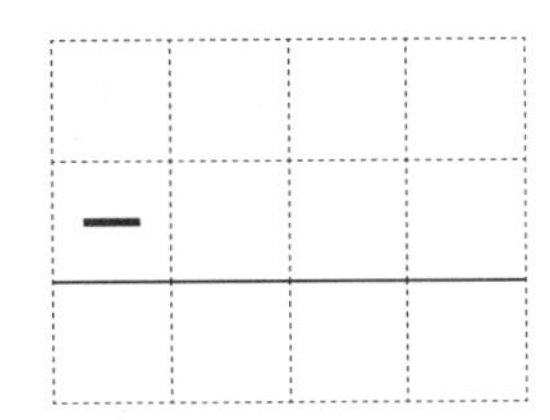

❸ 800－160

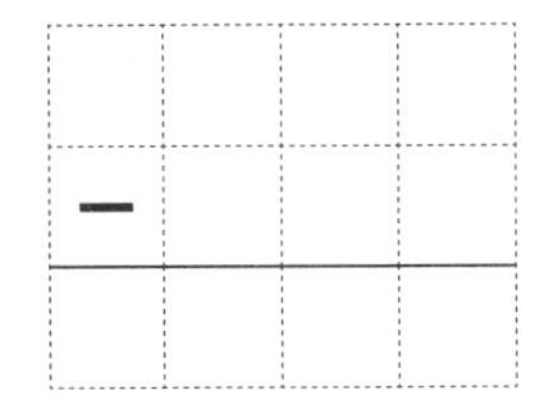

❹ 754－419

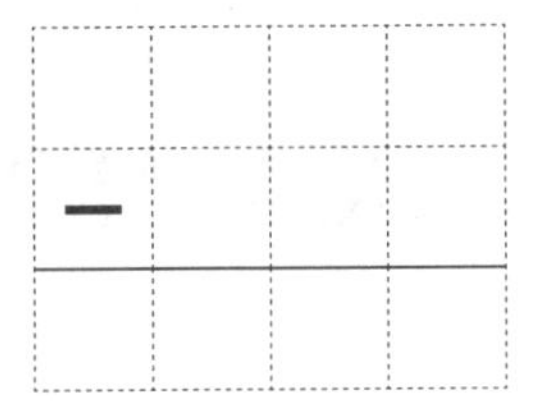

❺ 642－134

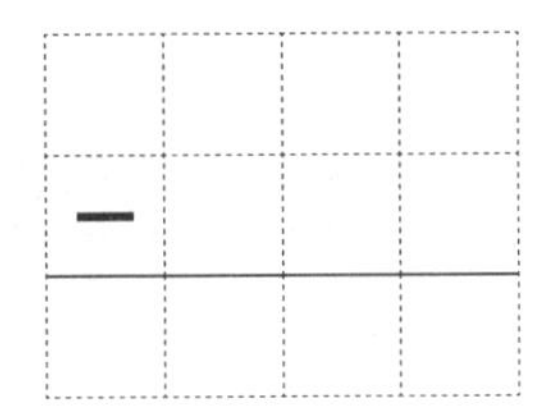

❻ 781－245

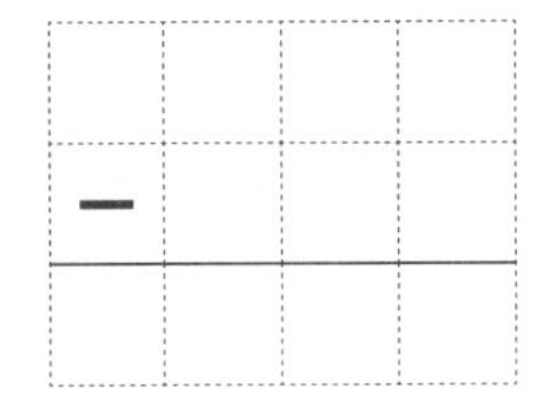

❼ 700－360

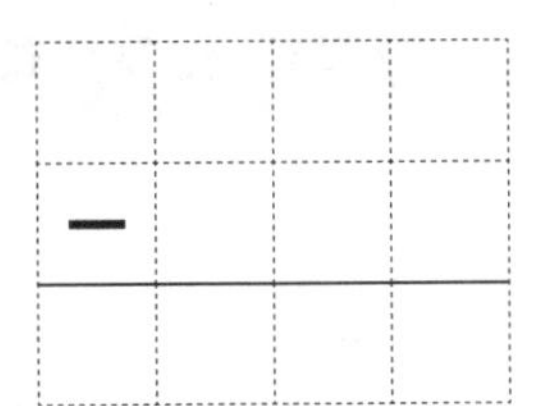

❽ 561－149

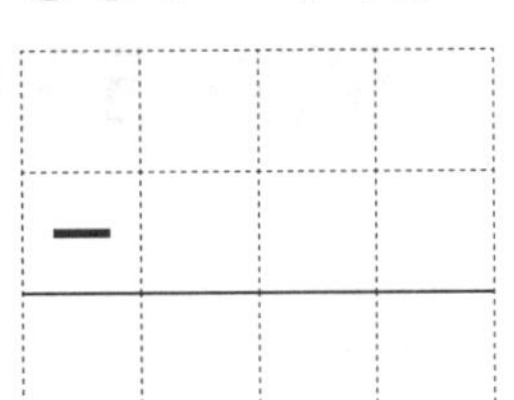

❾ 361－123

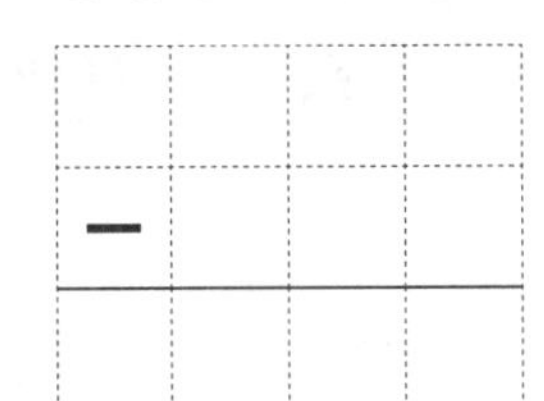

❿ 596－488

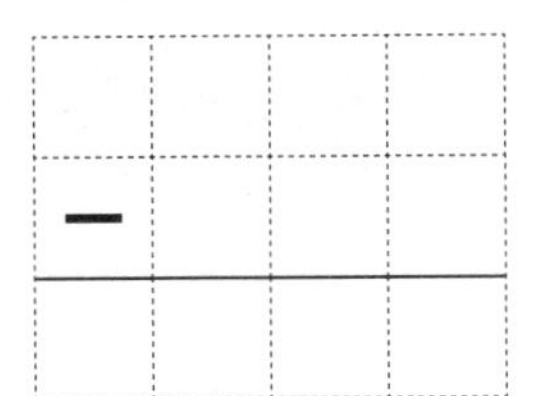

⓫ 607－291

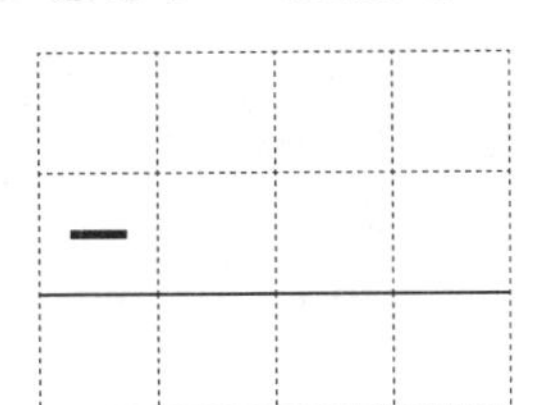

⓬ 721－304

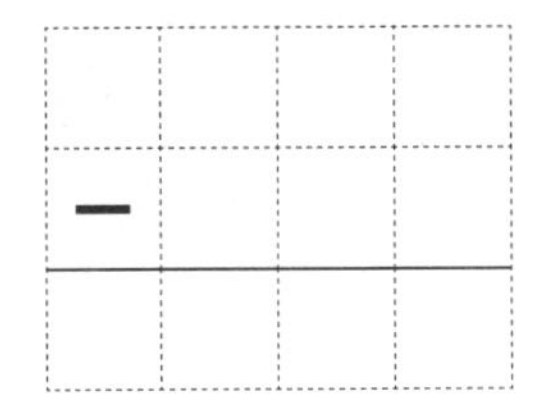

자기 점수에 ○표 하세요

맞힌 개수	6개 이하	7~8개	9~10개	11~12개
학습 방법	개념을 다시 공부하세요.	조금 더 노력하세요.	실수하면 안 돼요.	참 잘했어요.

세 단계 묶어 풀기 041~043단계
세 자리 수의 덧셈과 뺄셈

월 일
분 초
/15

정답 17쪽

계산을 하세요.

❶ 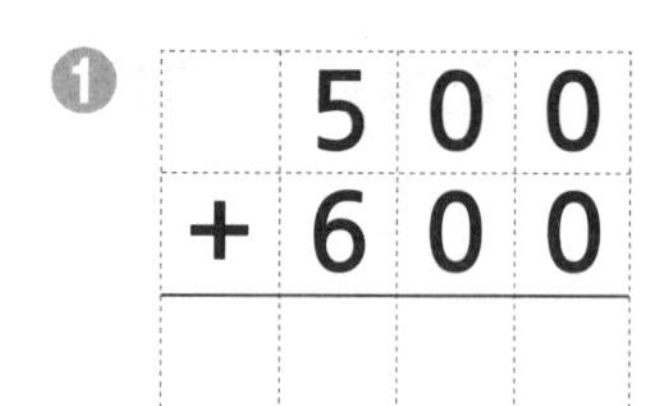

$$\begin{array}{r} 500 \\ +\ 600 \\ \hline \end{array}$$

❷
$$\begin{array}{r} 800 \\ -\ 200 \\ \hline \end{array}$$

❸
$$\begin{array}{r} 400 \\ +\ 530 \\ \hline \end{array}$$

❹ 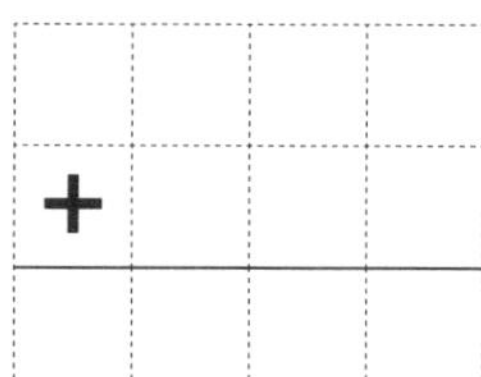

$$\begin{array}{r} 700 \\ -\ 460 \\ \hline \end{array}$$

❺ 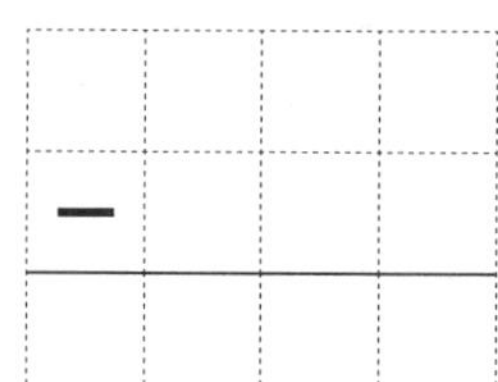

$$\begin{array}{r} 342 \\ +\ 263 \\ \hline \end{array}$$

❻ 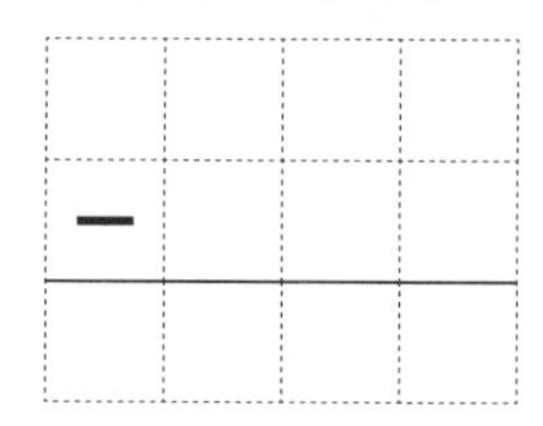

$$\begin{array}{r} 472 \\ -\ 153 \\ \hline \end{array}$$

❼ $842+348$

❽ $945-793$

❾ $384-157$

❿ $541+296$

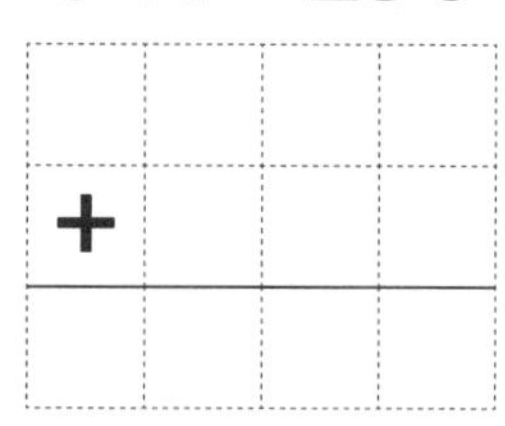

⓫ $687-392$

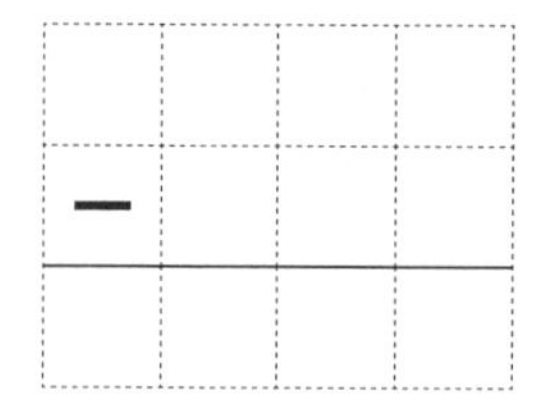

⓬ $775+205$

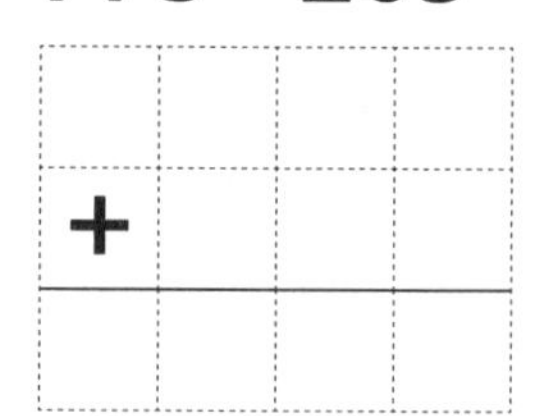

⓭ $911-908$

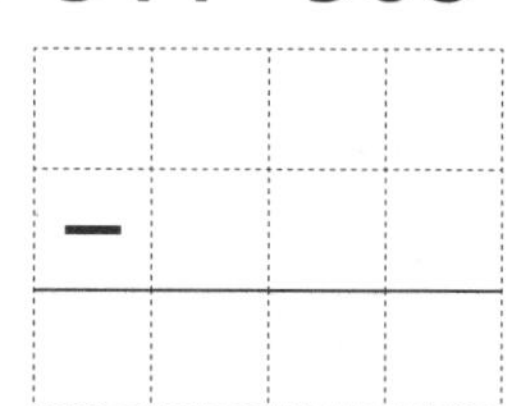

⓮ $807+128$

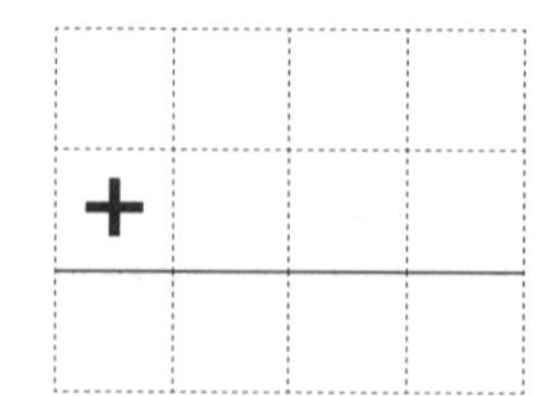

⓯ $484-366$

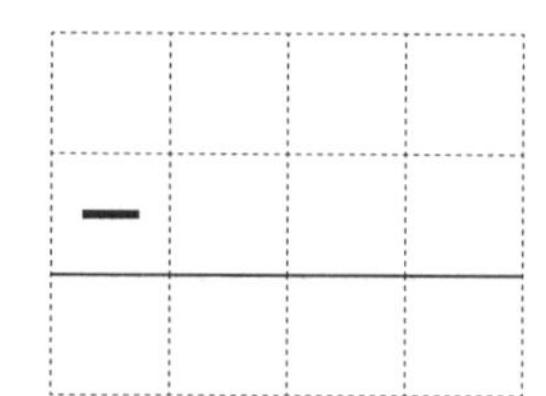

재미있는 수학 이야기

깜짝 수학 마술!

세 자리 수를 더하고 빼느라 고생한 우리 친구들을 위해 놀라운 수학 마술을 준비했어요! 먼저, 종이와 연필을 준비하세요.

백의 자리 수와 일의 자리 수가 다른 세 자리 수 하나를 생각해서 종이에 쓰세요.
그 바로 밑에 방금 쓴 수를 거꾸로 해서 써 주세요. 두 수 중 큰 수에서 작은 수를 뺀 값을 종이에 써 주고요.
그 수도 거꾸로 해서 써 주세요. 이렇게 나온 두 수를 더해 봅시다.
맨 마지막에 계산해서 나온 수는 얼마인가요?

$$\begin{array}{r} 7\ 2\ 3 \\ -\ 3\ 2\ 7 \\ \hline 3\ 9\ 6 \\ +\ 6\ 9\ 3 \\ \hline ?\ ?\ ? \end{array}$$

그 수는 바로, 1089!

우리 친구들이 어떤 세 자리 수를 생각하든 간에 위의 방법대로 하기만 하면 맨 마지막 계산 결과는 항상 1089가 나옵니다. 정말 그런지 다른 수로도 한번 계산해 보세요!

(세 자리 수)−(세 자리 수) (2)

◆스스로 학습 관리표◆

- 매일 맞힌 개수를 적고, 걸린 시간만큼 색칠해 보세요. (눈금 1칸은 1분이며, 초는 표의 상단에 적으세요.)
- 하루하루 지날수록 실력이 자라고, 계산 속도가 빨라지는 것을 눈으로 직접 확인할 수 있습니다.

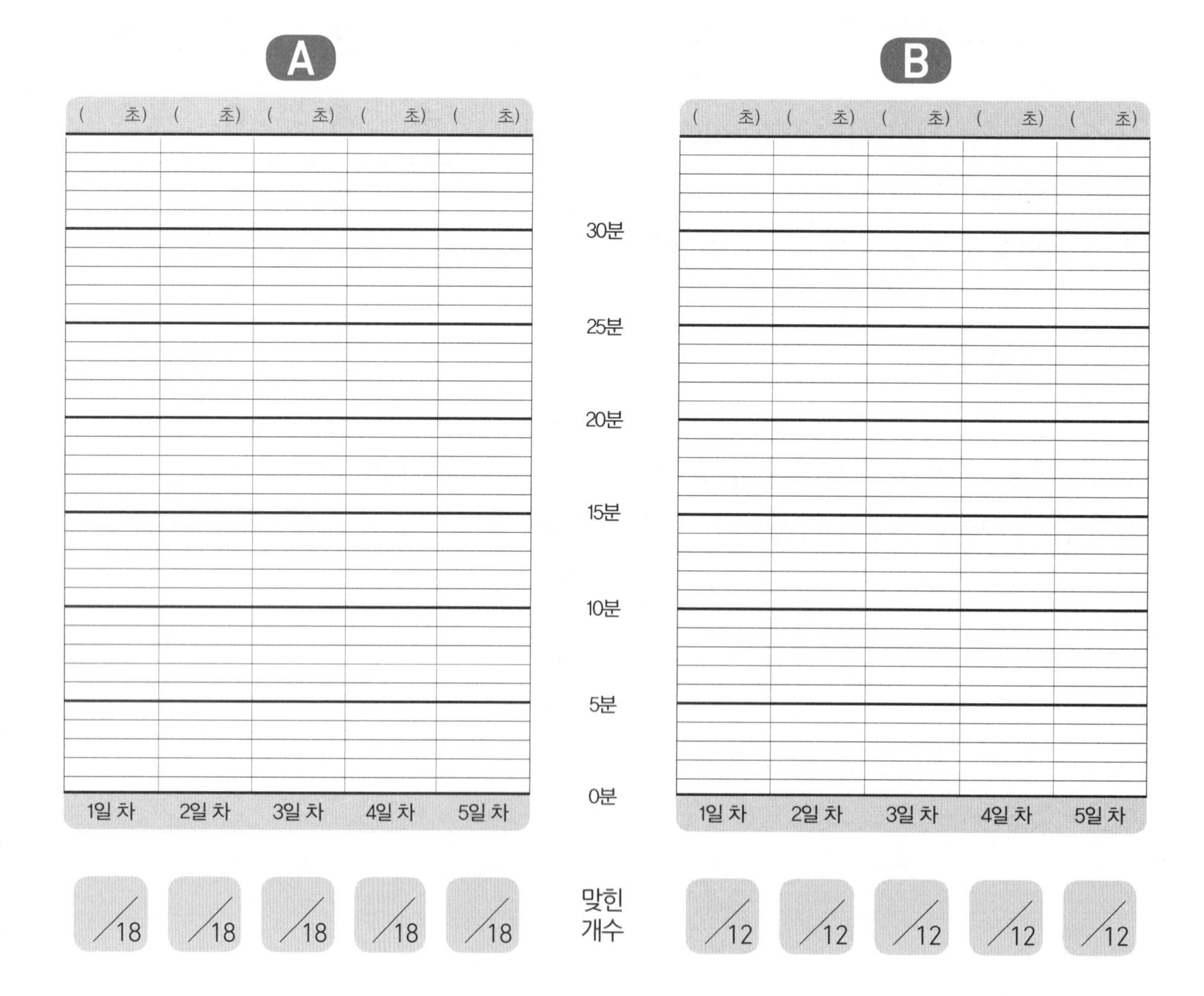

개념 포인트

연속해서 받아내림이 두 번 있는 (세 자리 수)−(세 자리 수)

①

	3	10
5	4	6
− 3	5	7

일의 자리끼리 뺄 수 없으니까 십의 자리에서 받아내려 일의 자리에 10을 더해 주면, 십의 자리는 1만큼 줄어듭니다.

②

4	10 3	10
5	4	6
− 3	5	7

십의 자리끼리 뺄 수 없으니까 백의 자리에서 받아내려 십의 자리에 10을 더해 주면, 백의 자리는 1만큼 줄어듭니다.

③

4	10 3	10
5	4	6
− 3	5	7
1	8	9

일의 자리: 10+6−7=9
십의 자리: 10+3−5=8
백의 자리: 4−3=1

(몇백)−(세 자리 수)

①

4	10	
5	0	0
− 3	5	7

일과 십의 자리 모두 뺄 수 없으니까 백의 자리에서 받아내려 십의 자리에 10을 더해 주면, 백의 자리는 1만큼 줄어듭니다.

②

4	9 10	10
5	0	0
− 3	5	7

일의 자리끼리 뺄 수 없으니까 십의 자리에서 받아내려 일의 자리에 10을 더해 주면, 십의 자리는 1만큼 줄어듭니다.

③

4	9 10	10
5	0	0
− 3	5	7
1	4	3

1개의 100을 9개의 10과 10개의 1로 받아내려 계산합니다.

예시

세로셈

4	10 5	10
5	6	0
− 3	8	7
1	7	3

가로셈 700−387

6	9 10	10
7	0	0
− 3	8	7
3	1	3

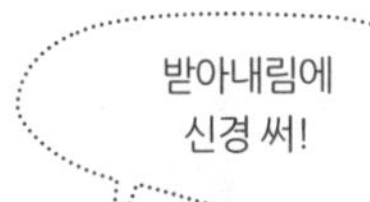

아이들이 (몇백)−(세 자리 수)의 계산을 어려워할 수 있습니다. 수 모형을 이용하여 100은 10을 9개, 1을 10개 모아놓은 것과 같음을 설명해 주면 받아내림 계산에 대한 이해가 빠릅니다. 특히 받아내림이 2번 이상 있는 경우는 해당 자리의 수 위에 받아내림하고 남는 수를 반드시 쓰게 해 주세요. 아이들의 계산 실수를 확실하게 줄일 수 있습니다.

(세 자리 수) – (세 자리 수) (2)

월 일
분 초
/18

100은 9개의 10과 10개의 1이야!

✎ 뺄셈을 하세요.

❶ $\begin{array}{r} 500 \\ -\ 254 \\ \hline \end{array}$

❷ $\begin{array}{r} 700 \\ -\ 163 \\ \hline \end{array}$

❸ $\begin{array}{r} 400 \\ -\ 223 \\ \hline \end{array}$

❹ $\begin{array}{r} 600 \\ -\ 129 \\ \hline \end{array}$

❺ $\begin{array}{r} 900 \\ -\ 267 \\ \hline \end{array}$

❻ $\begin{array}{r} 800 \\ -\ 742 \\ \hline \end{array}$

❼ $\begin{array}{r} 407 \\ -\ 118 \\ \hline \end{array}$

❽ $\begin{array}{r} 852 \\ -\ 474 \\ \hline \end{array}$

❾ $\begin{array}{r} 703 \\ -\ 388 \\ \hline \end{array}$

❿ $\begin{array}{r} 513 \\ -\ 376 \\ \hline \end{array}$

⓫ $\begin{array}{r} 461 \\ -\ 385 \\ \hline \end{array}$

⓬ $\begin{array}{r} 622 \\ -\ 437 \\ \hline \end{array}$

⓭ $\begin{array}{r} 505 \\ -\ 396 \\ \hline \end{array}$

⓮ $\begin{array}{r} 415 \\ -\ 328 \\ \hline \end{array}$

⓯ $\begin{array}{r} 820 \\ -\ 191 \\ \hline \end{array}$

⓰ $\begin{array}{r} 714 \\ -\ 356 \\ \hline \end{array}$

⓱ $\begin{array}{r} 321 \\ -\ 125 \\ \hline \end{array}$

⓲ $\begin{array}{r} 912 \\ -\ 746 \\ \hline \end{array}$

자기 점수에 ○표 하세요

맞힌 개수	10개 이하	11~14개	15~16개	17~18개
학습 방법	개념을 다시 공부하세요.	조금 더 노력하세요.	실수하면 안 돼요.	참 잘했어요.

(세 자리 수)-(세 자리 수) (2)

B형

월	일
분	초
	/12

받아내림에 주의하면 빼셈을 잘할 수 있어!

정답 18쪽

빼셈을 하세요.

❶ 500-179

❷ 300-263

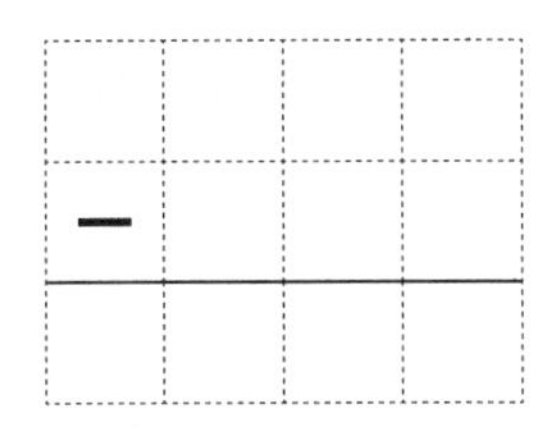

❸ 700-596

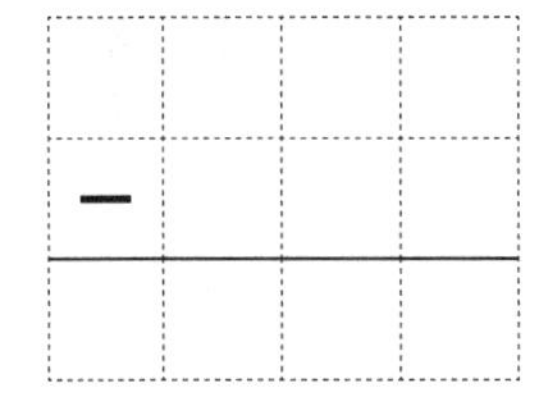

❹ 425-238

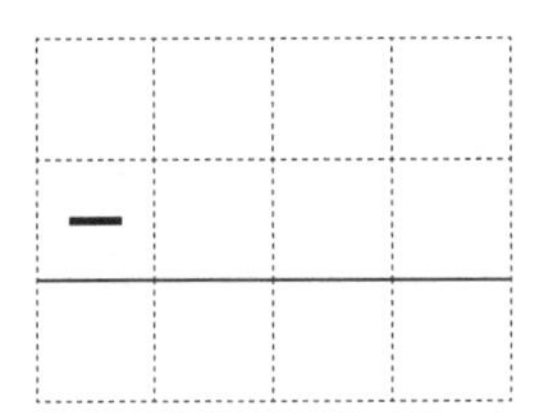

❺ 522-124

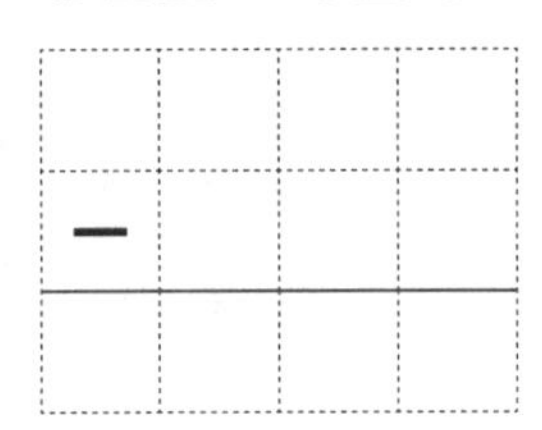

❻ 761-395

❼ 622-489

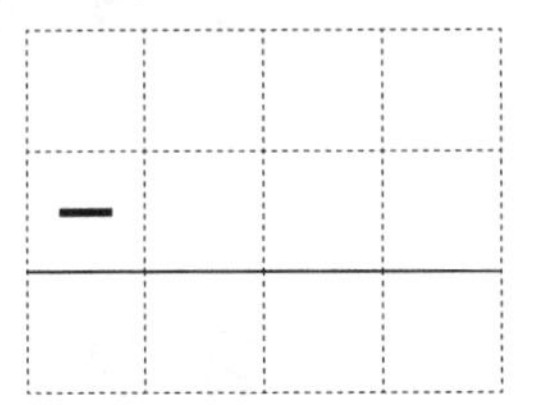

❽ 564-368

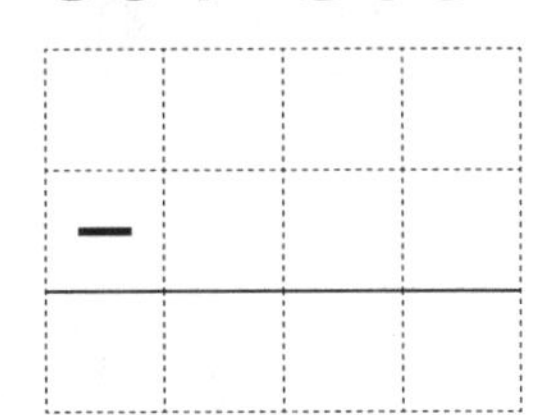

❾ 402-127

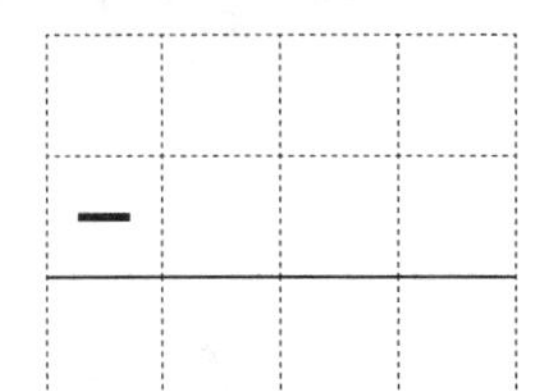

❿ 627-448

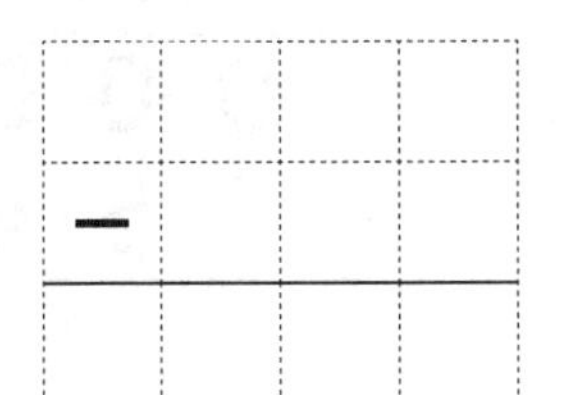

⓫ 502-419

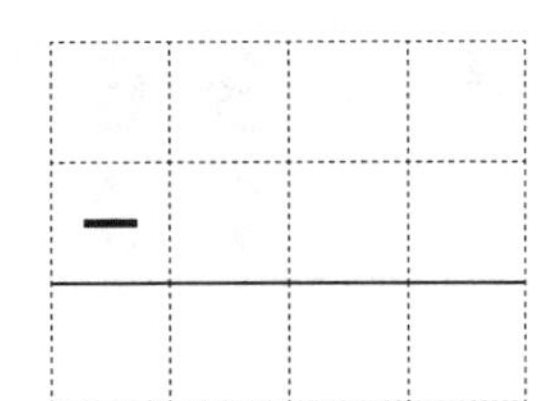

⓬ 611-534

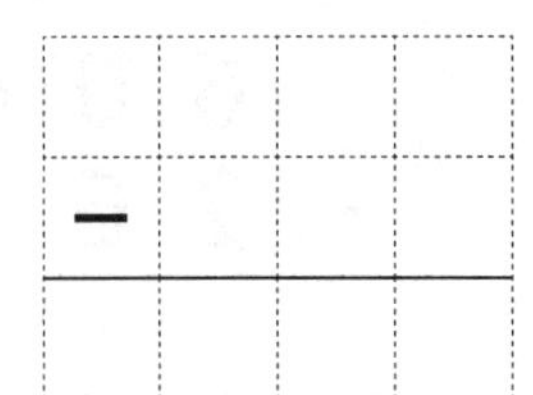

자기 점수에 ○표 하세요.

맞힌 개수	6개 이하	7~8개	9~10개	11~12개
학습 방법	개념을 다시 공부하세요.	조금 더 노력 하세요.	실수하면 안 돼요.	참 잘했어요.

(세 자리 수) - (세 자리 수) (2)

월	일
분	초
	/18

✎ 뺄셈을 하세요.

❶ $500 - 152$

❷ $800 - 336$

❸ $900 - 213$

❹ $411 - 129$

❺ $325 - 197$

❻ $732 - 254$

❼ $854 - 376$

❽ $512 - 469$

❾ $625 - 488$

❿ $412 - 276$

⓫ $921 - 465$

⓬ $626 - 398$

⓭ $723 - 388$

⓮ $835 - 268$

⓯ $822 - 399$

⓰ $604 - 267$

⓱ $363 - 194$

⓲ $900 - 154$

자기 점수에 ○표 하세요

맞힌 개수	10개 이하	11~14개	15~16개	17~18개
학습 방법	개념을 다시 공부하세요.	조금 더 노력하세요.	실수하면 안 돼요.	참 잘했어요.

(세 자리 수)-(세 자리 수) (2)

월 일
분 초
/12

정답 19쪽

❶ 500－172

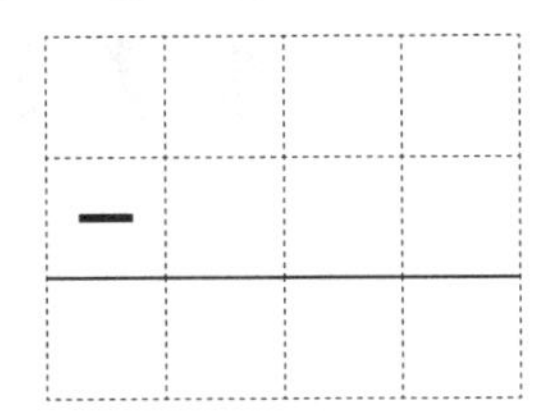

❷ 300－184

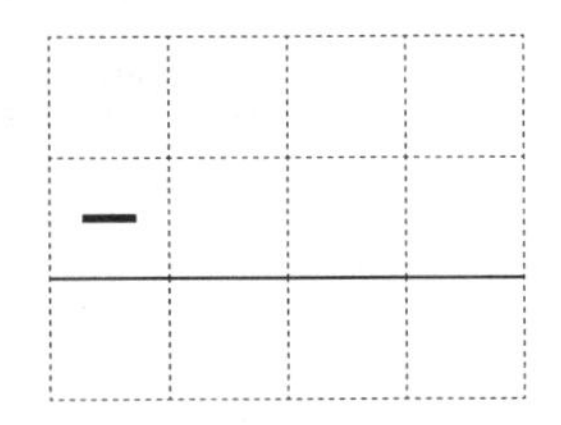

❸ 700－359

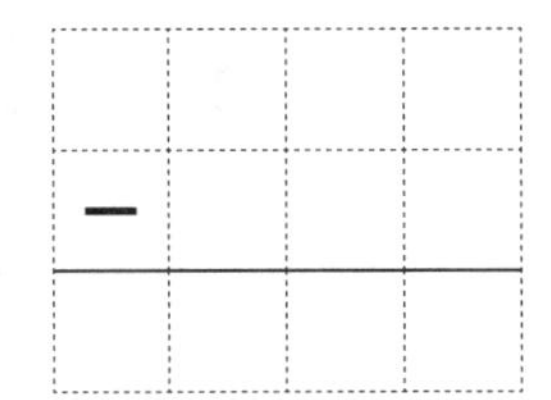

❹ 545－267

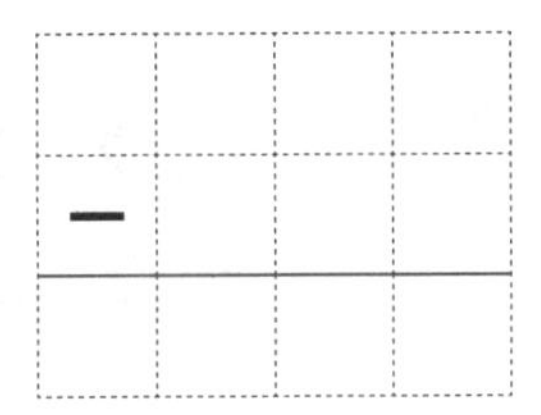

❺ 324－128

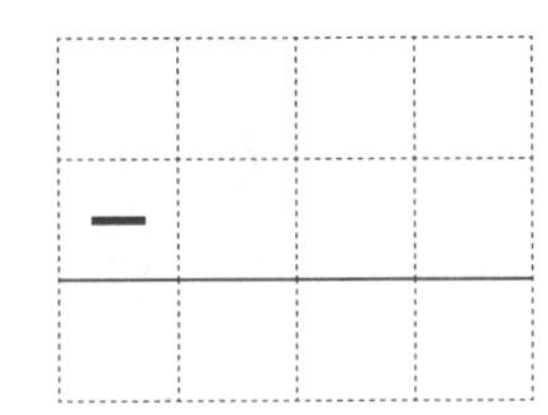

❻ 661－375

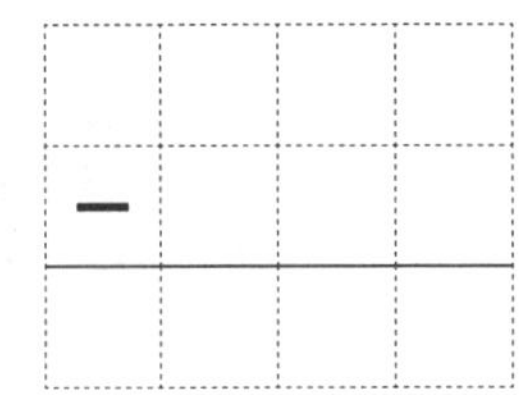

❼ 600－425

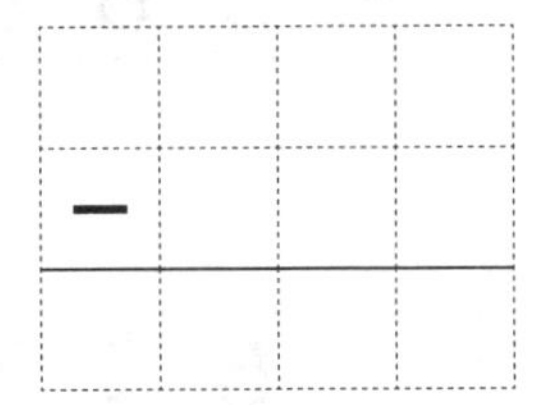

❽ 534－378

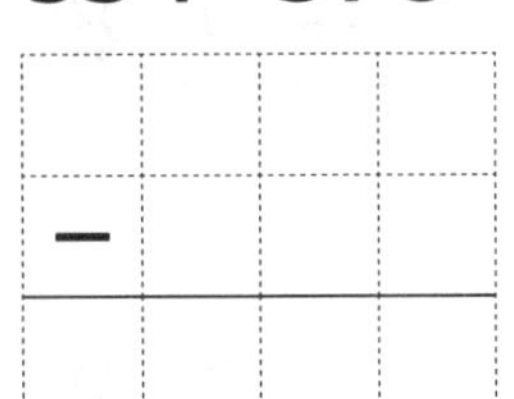

❾ 652－178

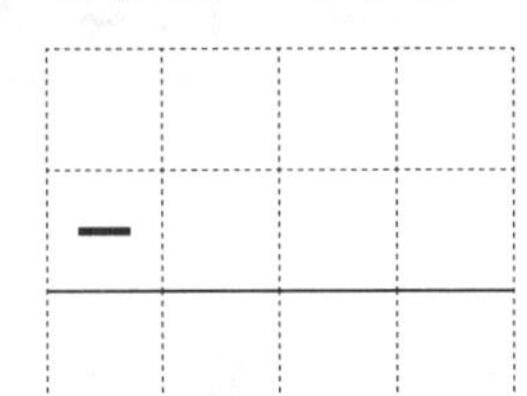

❿ 914－438

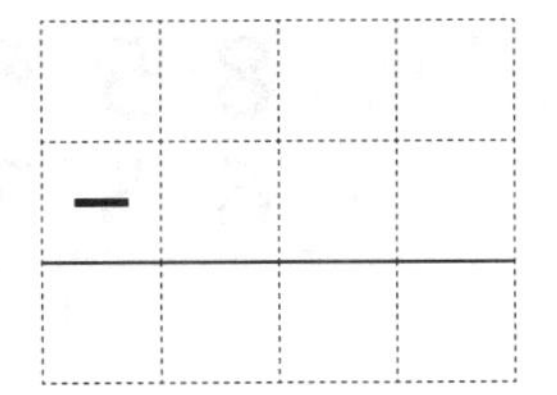

⓫ 505－327

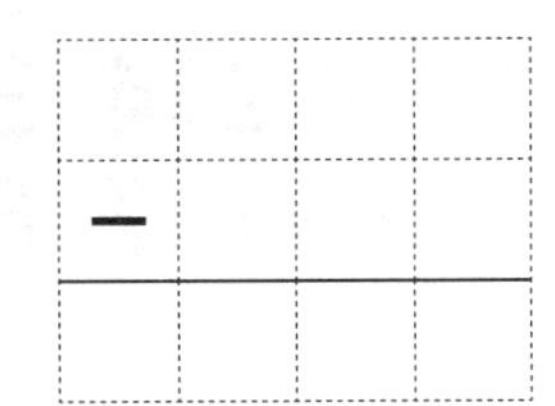

⓬ 631－584

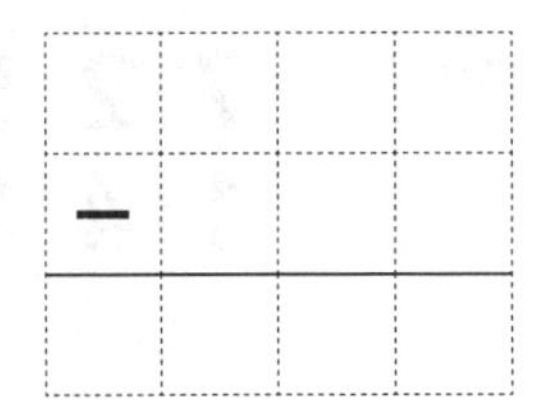

자기 점수에 ○표 하세요

맞힌 개수	6개 이하	7~8개	9~10개	11~12개
학습 방법	개념을 다시 공부하세요.	조금 더 노력 하세요.	실수하면 안 돼요.	참 잘했어요.

(세 자리 수) − (세 자리 수) (2)

월	일
분	초
	/18

✎ 뺄셈을 하세요.

① $500 - 313$

② $700 - 267$

③ $600 - 473$

④ $800 - 388$

⑤ $900 - 191$

⑥ $623 - 239$

⑦ $752 - 268$

⑧ $472 - 287$

⑨ $732 - 274$

⑩ $513 - 195$

⑪ $351 - 189$

⑫ $623 - 388$

⑬ $531 - 142$

⑭ $734 - 259$

⑮ $633 - 347$

⑯ $725 - 148$

⑰ $243 - 176$

⑱ $856 - 657$

자기 점수에 ○표 하세요

맞힌 개수	10개 이하	11~14개	15~16개	17~18개
학습 방법	개념을 다시 공부하세요.	조금 더 노력하세요.	실수하면 안 돼요.	참 잘했어요.

(세 자리 수)-(세 자리 수) (2)

월 일
분 초
/12

정답 20쪽

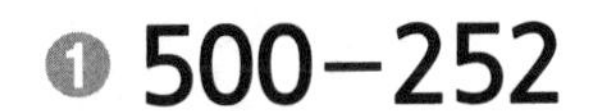

빼셈을 하세요.

❶ 500-252

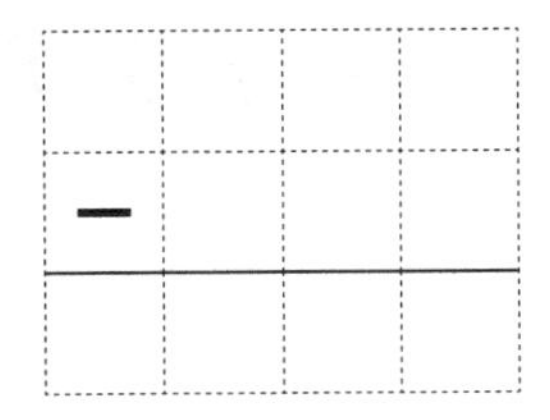

❷ 300-194

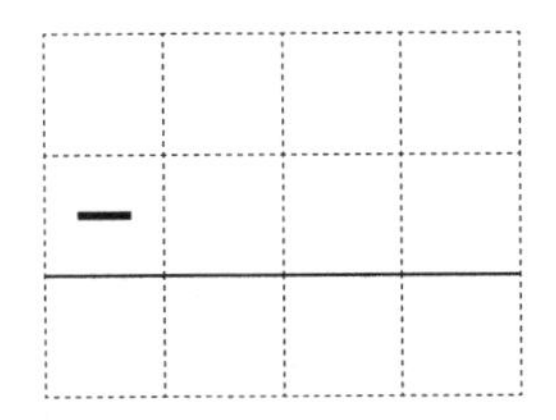

❸ 700-320

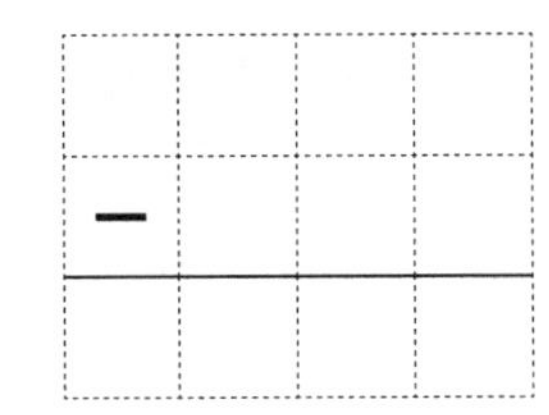

❹ 221-136

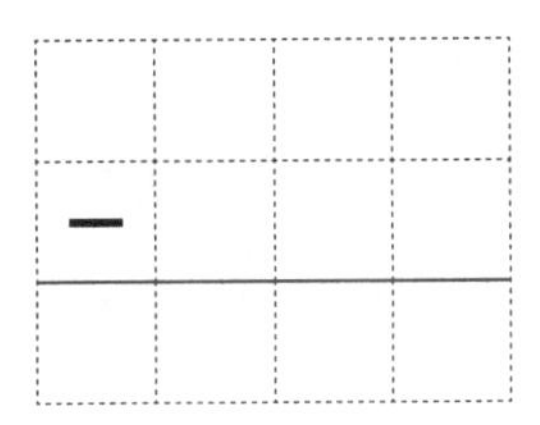

❺ 425-389

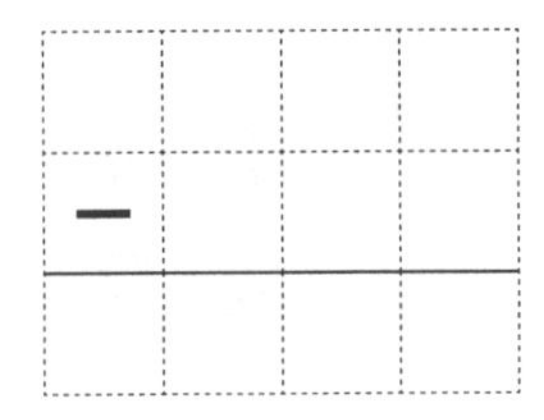

❻ 541-462

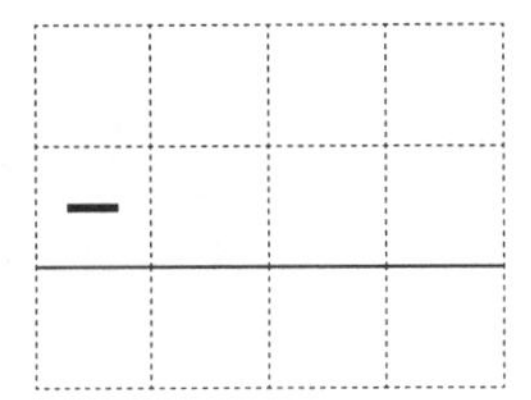

❼ 421-288

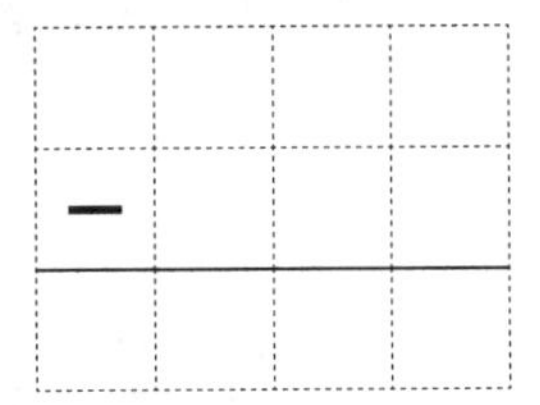

❽ 524-368

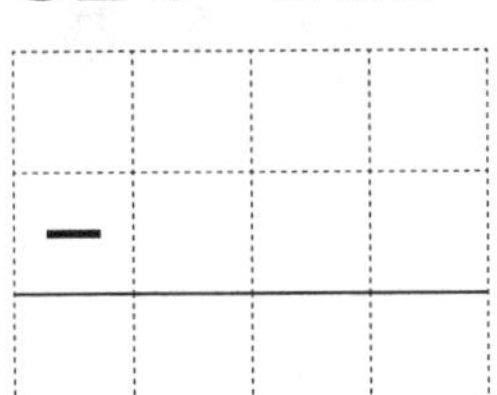

❾ 442-283

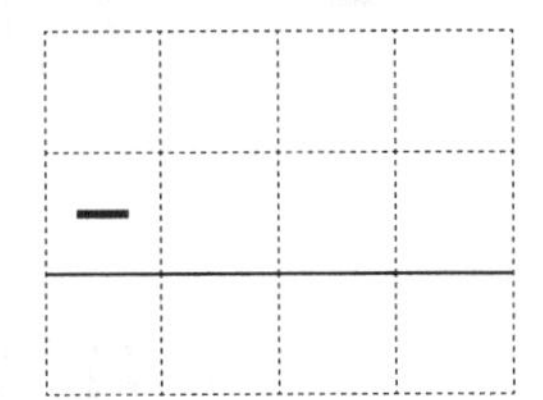

❿ 653-466

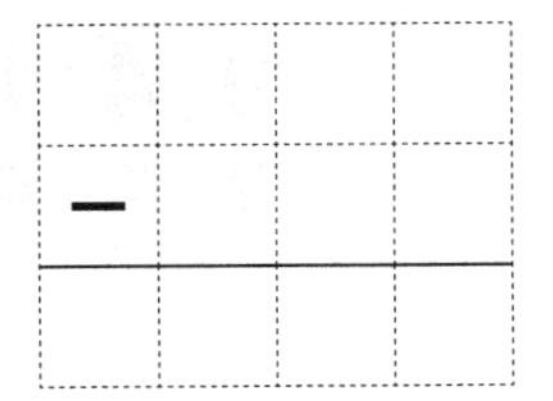

⓫ 502-287

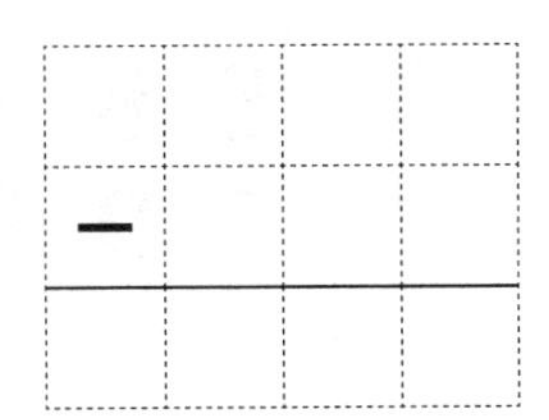

⓬ 631-435

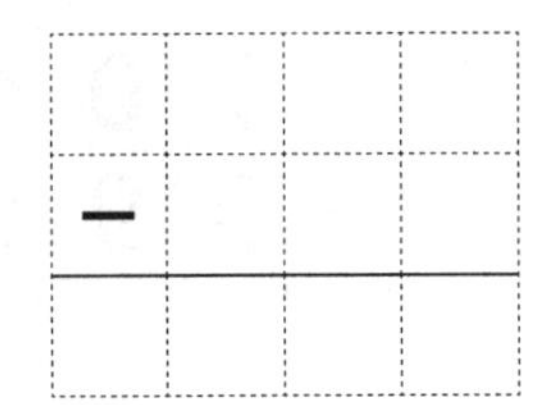

자기 점수에 ○표 하세요

맞힌 개수	6개 이하	7~8개	9~10개	11~12개
학습 방법	개념을 다시 공부하세요.	조금 더 노력하세요.	실수하면 안 돼요.	참 잘했어요.

(세 자리 수)－(세 자리 수) (2)

월 일
분 초
/18

빼셈을 하세요.

❶
$$\begin{array}{r} 400 \\ -\ 152 \\ \hline \end{array}$$

❷
$$\begin{array}{r} 600 \\ -\ 371 \\ \hline \end{array}$$

❸
$$\begin{array}{r} 724 \\ -\ 428 \\ \hline \end{array}$$

❹
$$\begin{array}{r} 524 \\ -\ 189 \\ \hline \end{array}$$

❺
$$\begin{array}{r} 416 \\ -\ 269 \\ \hline \end{array}$$

❻
$$\begin{array}{r} 331 \\ -\ 148 \\ \hline \end{array}$$

❼
$$\begin{array}{r} 236 \\ -\ 149 \\ \hline \end{array}$$

❽
$$\begin{array}{r} 847 \\ -\ 498 \\ \hline \end{array}$$

❾
$$\begin{array}{r} 900 \\ -\ 767 \\ \hline \end{array}$$

❿
$$\begin{array}{r} 512 \\ -\ 276 \\ \hline \end{array}$$

⓫
$$\begin{array}{r} 472 \\ -\ 384 \\ \hline \end{array}$$

⓬
$$\begin{array}{r} 723 \\ -\ 247 \\ \hline \end{array}$$

⓭
$$\begin{array}{r} 501 \\ -\ 484 \\ \hline \end{array}$$

⓮
$$\begin{array}{r} 635 \\ -\ 468 \\ \hline \end{array}$$

⓯
$$\begin{array}{r} 822 \\ -\ 584 \\ \hline \end{array}$$

⓰
$$\begin{array}{r} 704 \\ -\ 398 \\ \hline \end{array}$$

⓱
$$\begin{array}{r} 581 \\ -\ 199 \\ \hline \end{array}$$

⓲
$$\begin{array}{r} 941 \\ -\ 756 \\ \hline \end{array}$$

자기 점수에 ○표 하세요

맞힌 개수	10개 이하	11~14개	15~16개	17~18개
학습 방법	개념을 다시 공부하세요.	조금 더 노력 하세요.	실수하면 안 돼요.	참 잘했어요.

(세 자리 수)－(세 자리 수) (2)

월	일
분	초
	/12

정답 21쪽

빼셈을 하세요.

❶ 200－127

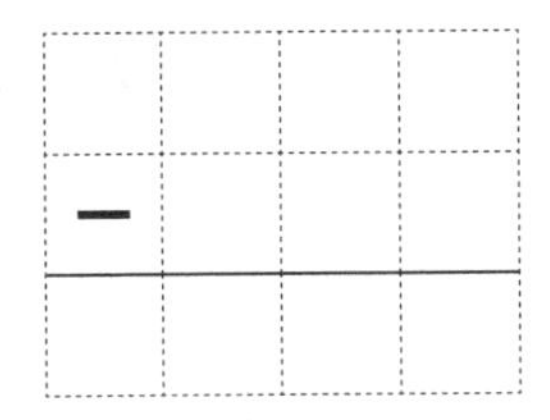

❷ 500－324

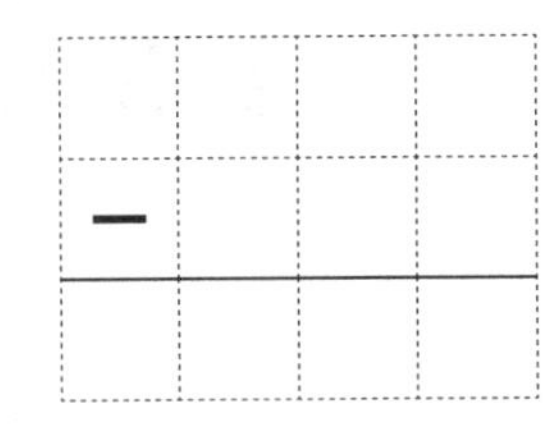

❸ 900－529

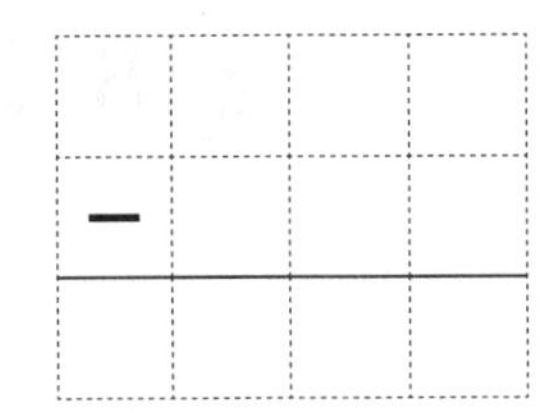

❹ 624－198

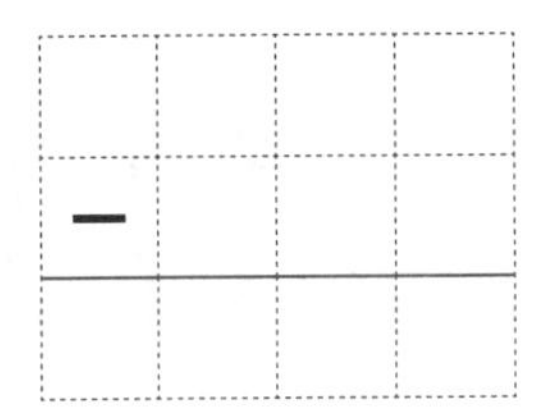

❺ 326－129

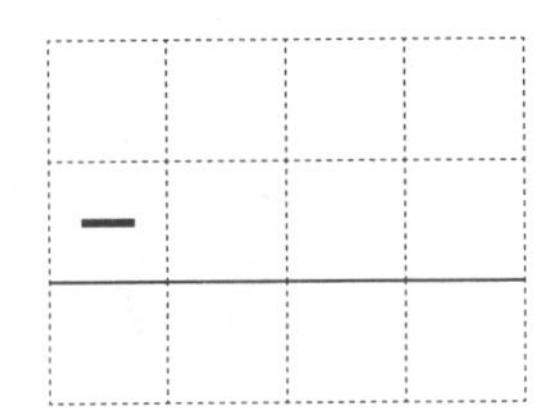

❻ 734－338

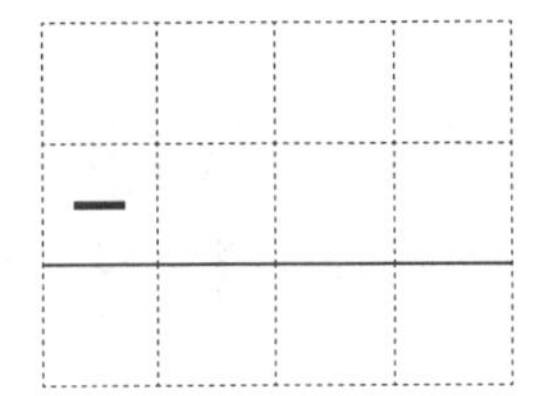

❼ 600－357

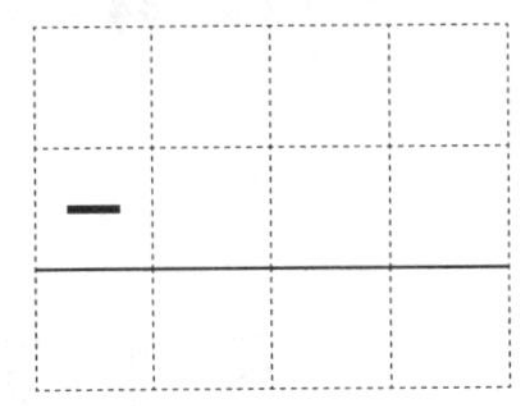

❽ 654－577

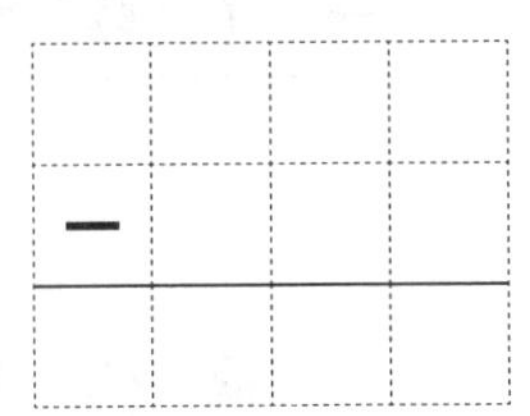

❾ 452－279

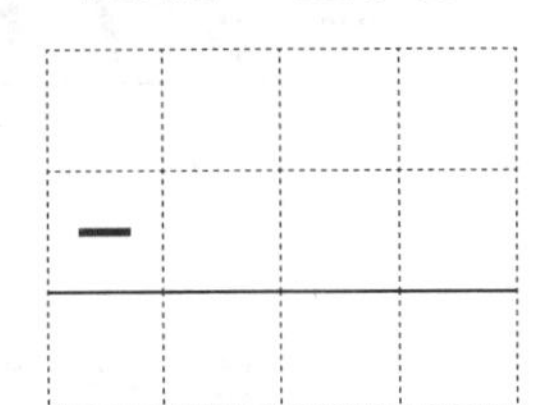

❿ 621－478

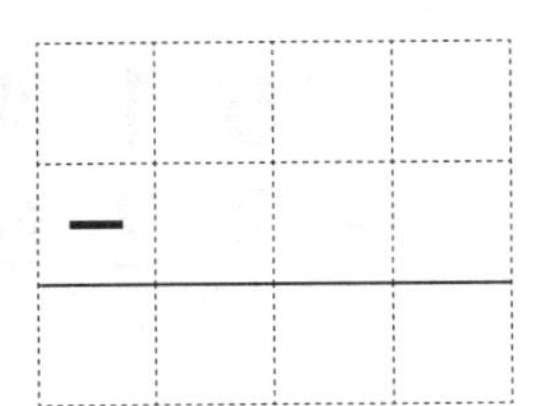

⓫ 504－416

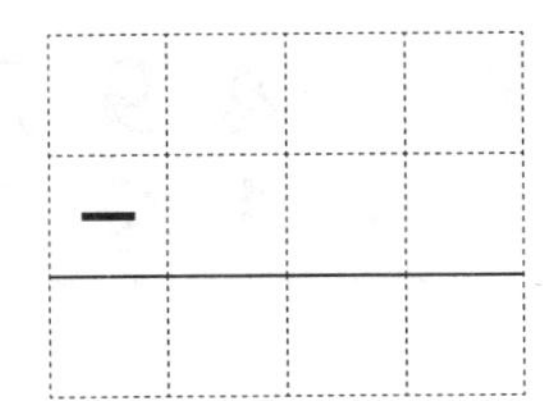

⓬ 621－528

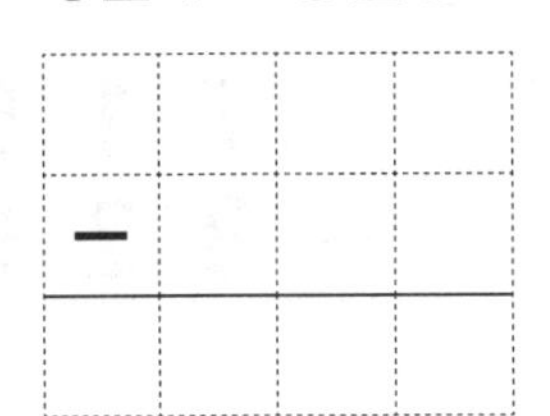

자기 점수에 ○표 하세요

맞힌 개수	6개 이하	7~8개	9~10개	11~12개
학습 방법	개념을 다시 공부하세요.	조금 더 노력 하세요.	실수하면 안 돼요.	참 잘했어요.

(세 자리 수)−(세 자리 수) (2)

월 일
분 초
/18

✎ 뺄셈을 하세요.

❶ 570 − 283 =

❷ 710 − 256 =

❸ 800 − 194 =

❹ 822 − 543 =

❺ 417 − 269 =

❻ 331 − 257 =

❼ 937 − 168 =

❽ 652 − 578 =

❾ 511 − 388 =

❿ 714 − 376 =

⓫ 321 − 146 =

⓬ 623 − 447 =

⓭ 502 − 386 =

⓮ 801 − 397 =

⓯ 517 − 149 =

⓰ 715 − 326 =

⓱ 492 − 197 =

⓲ 614 − 326 =

자기 점수에 ○표 하세요

맞힌 개수	10개 이하	11~14개	15~16개	17~18개
학습 방법	개념을 다시 공부하세요.	조금 더 노력 하세요.	실수하면 안 돼요.	참 잘했어요.

(세 자리 수)−(세 자리 수) (2)

월 일
분 초
/12

정답 22쪽

빼셈을 하세요.

❶ 800−621

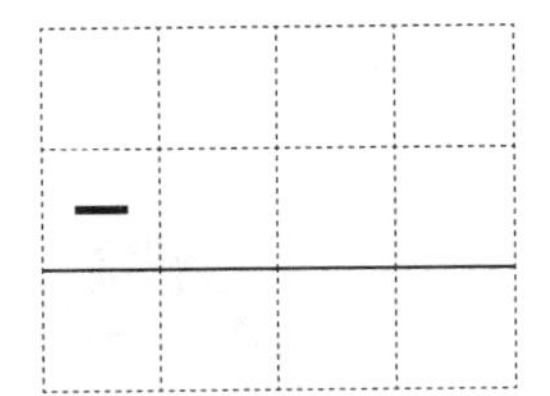

❷ 400−341

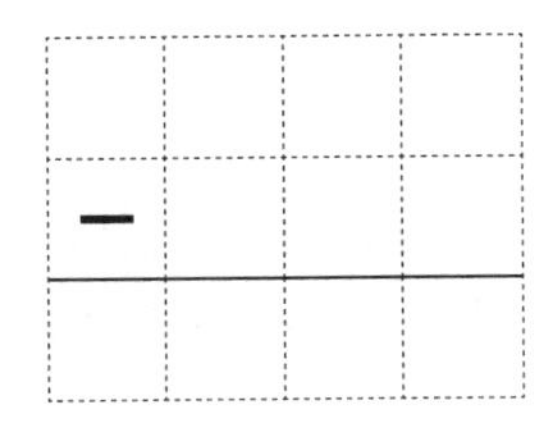

❸ 502−308

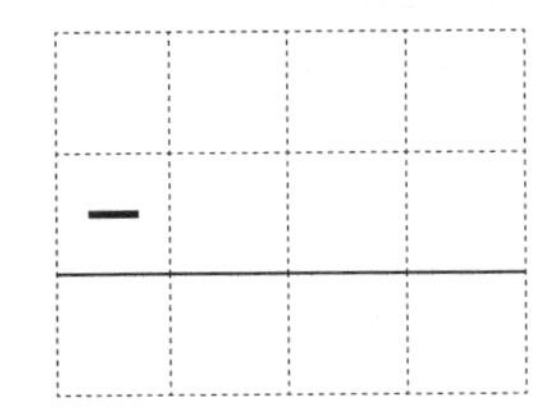

❹ 321−145

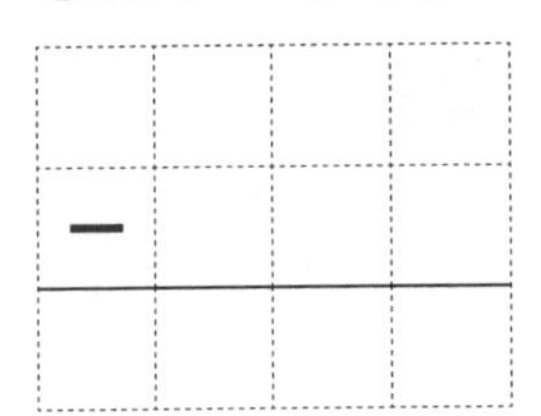

❺ 423−124

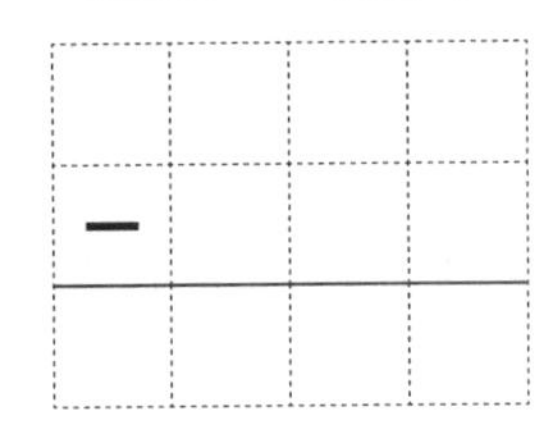

❻ 533−378

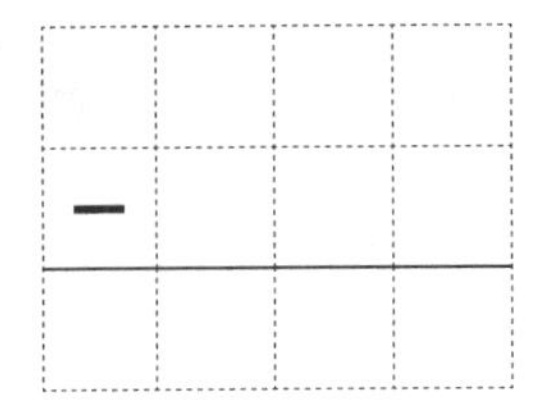

❼ 500−448

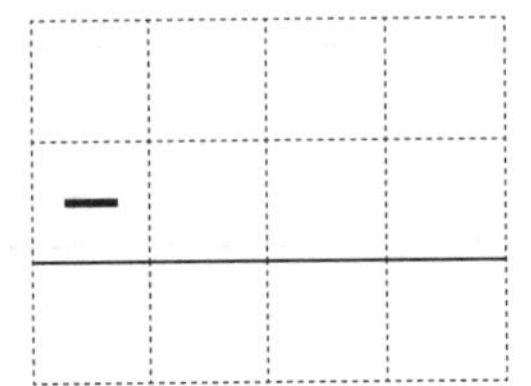

❽ 512−386

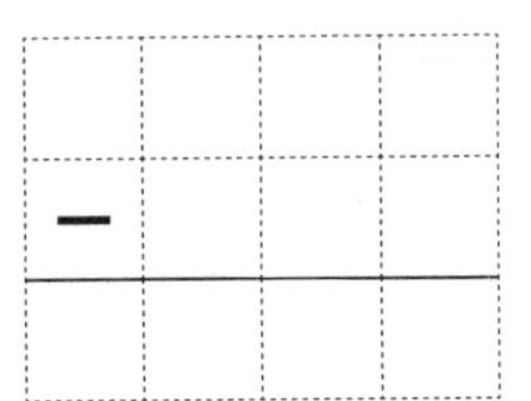

❾ 704−117

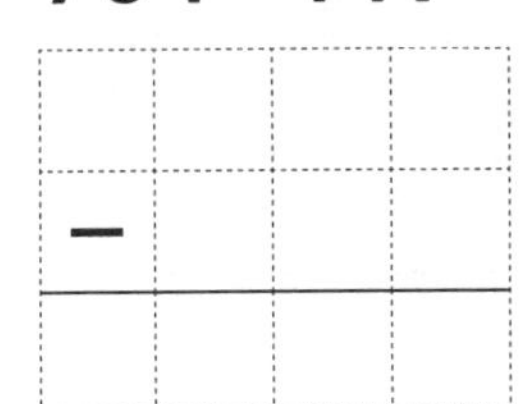

❿ 620−437

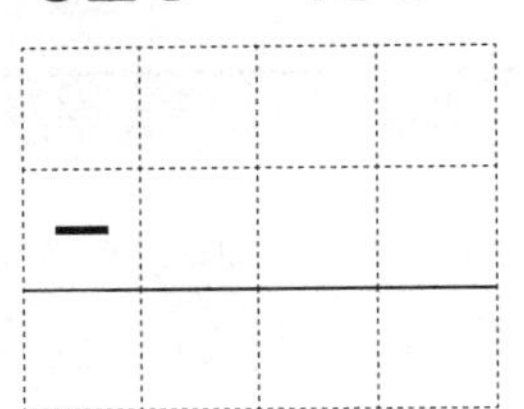

⓫ 604−319

⓬ 426−328

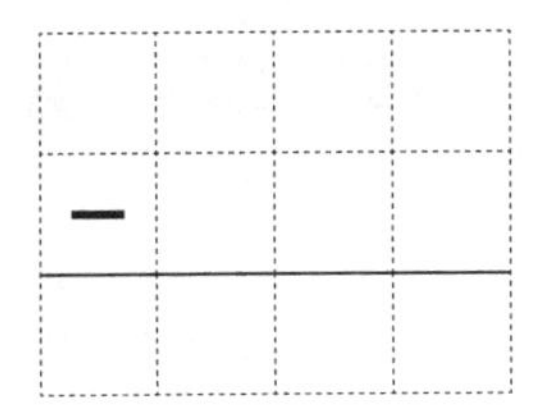

자기 점수에 ○표 하세요

맞힌 개수	6개 이하	7~8개	9~10개	11~12개
학습 방법	개념을 다시 공부하세요.	조금 더 노력 하세요.	실수하면 안 돼요.	참 잘했어요.

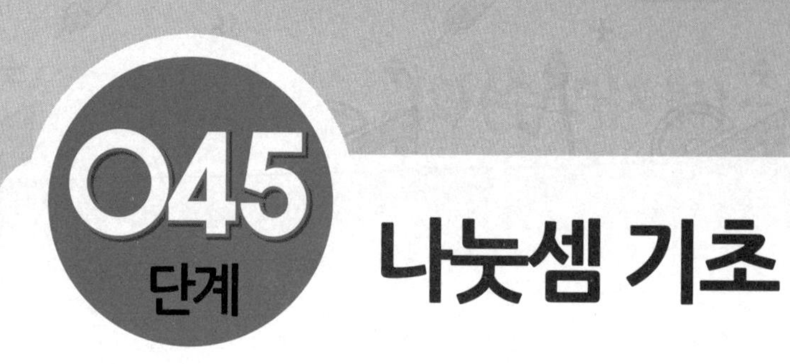

045단계 나눗셈 기초

◆스스로 학습 관리표◆

정확하게 이해하면
속도도 빨라질 수 있어!

- 매일 맞힌 개수를 적고, 걸린 시간만큼 색칠해 보세요.
  (눈금 1칸은 1분이며, 초는 표의 상단에 적으세요.)
- 하루하루 지날수록 실력이 자라고, 계산 속도가 빨라지는 것을 눈으로 직접 확인할 수 있습니다.

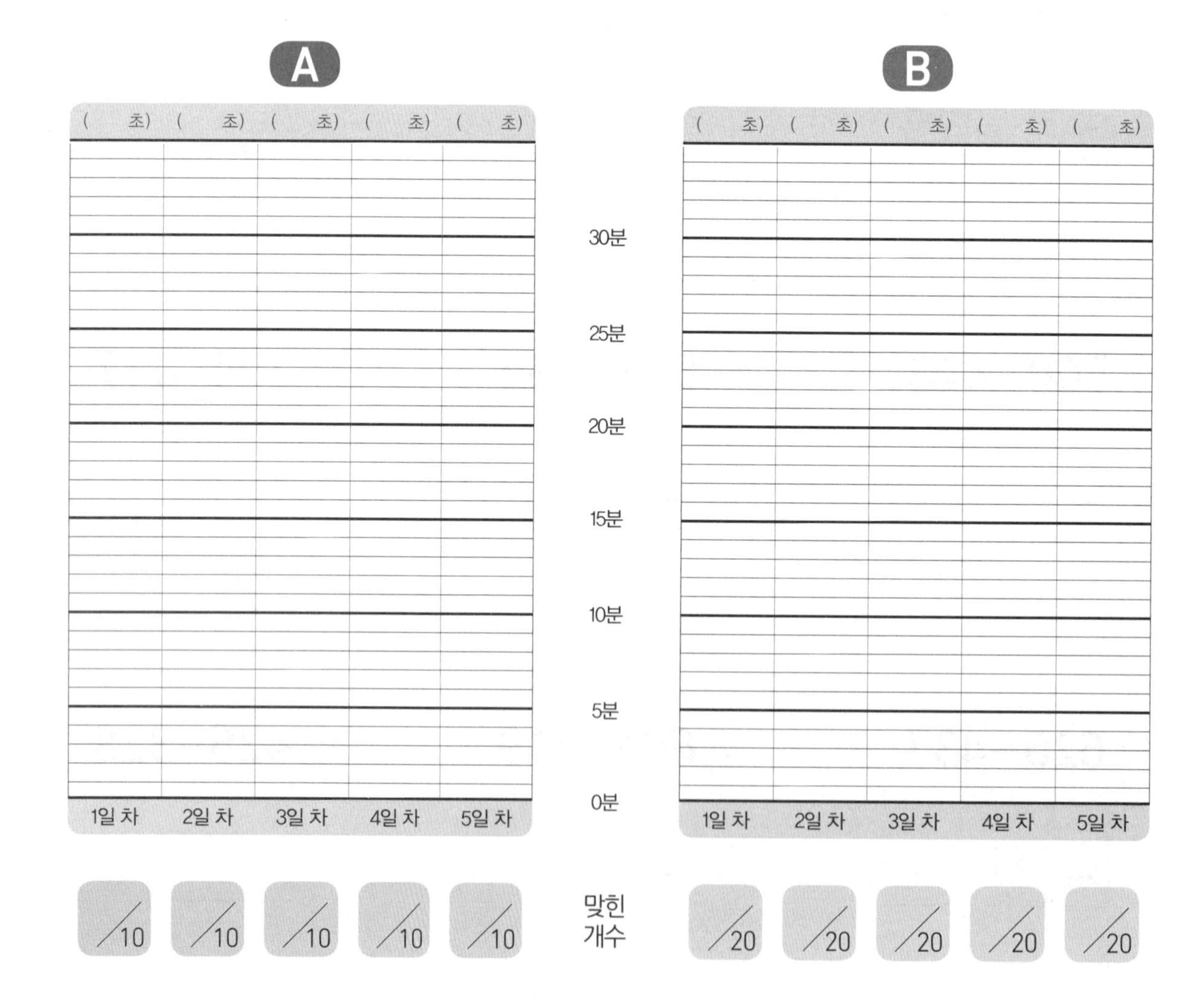

개념 포인트

똑같이 나누기, 나눗셈식, 몫

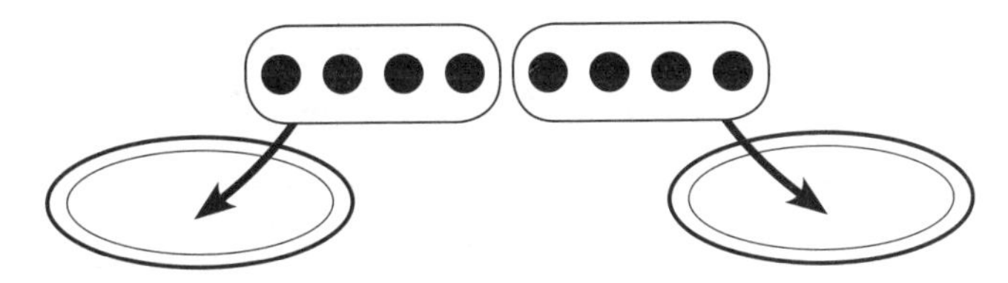

바둑돌 8개를 접시 2개에 똑같이 나누어 담으면 접시 하나에 4개씩 담을 수 있습니다. 즉, 8을 2로 나누면 4가 됩니다. 이것을 식으로 $8 \div 2=4$라 쓰고 "8 나누기 2는 4와 같습니다."라고 읽습니다.
$8 \div 2=4$와 같은 식을 나눗셈식이라 하고 4는 8을 2로 나눈 몫이라고 합니다.

똑같이 묶어 덜어내기

8에서 2를 4번 빼면 0이 됩니다. 즉, $8-2-2-2-2=0$이고, 이것을 나눗셈식으로 나타내면

$$8 \div 2 = 4$$

나누어지는 수 / 나누는 수 / 몫

곱셈구구를 이용해 나눗셈식 완성하기

곱셈구구를 외워 빈칸에 들어갈 알맞은 수를 구한 다음, 곱셈과 나눗셈의 관계를 이용해 나눗셈식으로 나타냅니다.

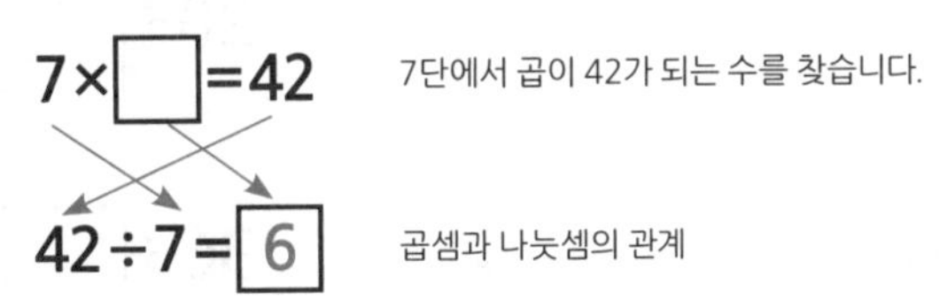

7단에서 곱이 42가 되는 수를 찾습니다.

곱셈과 나눗셈의 관계

예시

똑같이 묶어 덜어내기	$8-4-4=0$	→	$8 \div \boxed{4} = \boxed{2}$
나눗셈식 완성하기	$7 \times \boxed{3} = 21$	→	$21 \div 7 = \boxed{3}$

A형 문제는 나눗셈의 원리를 익히고 기호로 나타내는 연습, B형 문제는 곱셈구구와 곱셈식과 나눗셈식 사이의 관계를 이용해서 나눗셈의 몫을 구하는 연습입니다. 곱셈이 같은 수를 여러 번 더하는 것이라고 배웠던 것을 확인시켜 주시고, 나눗셈은 0이 될 때까지 같은 수를 여러 번 빼는 것임을 비교해서 알려 주세요.

나눗셈 기초

월 일
분 초
/10

같은 수를 여러 번
빼는 것이 나눗셈이야.

✎ 빈칸에 알맞은 수를 넣으세요.

$15-5-5-5=0$ (1번, 2번, 3번) → $15\div5=3$

❶ $8-2-2-2-2=0$ → $8\div\square=\square$

❷ $18-6-6-6=0$ → $18\div\square=\square$

❸ $24-8-8-8=0$ → $24\div\square=\square$

❹ $10-2-2-2-2-2=0$ → $10\div\square=\square$

❺ $35-7-7-7-7-7=0$ → $35\div\square=\square$

❻ $20-5-5-5-5=0$ → $20\div\square=\square$

❼ $36-6-6-6-6-6-6=0$ → $36\div\square=\square$

❽ $9-9=0$ → $9\div\square=\square$

❾ $8-1-1-1-1-1-1-1-1=0$ → $8\div\square=\square$

❿ $12-3-3-3-3=0$ → $12\div\square=\square$

자기 점수에 ○표 하세요

맞힌 개수	5개 이하	6~7개	8~9개	10개
학습 방법	개념을 다시 공부하세요.	조금 더 노력하세요.	실수하면 안 돼요.	참 잘했어요.

나눗셈 기초

월	일
분	초
	/20

곱셈구구를 알면 나눗셈이 쉽구나!

정답 23쪽

곱셈과 나눗셈의 관계를 이용하여 나눗셈의 몫을 구하세요.

❶ 4×☐ = 16 ⇨ 16÷4=☐

❷ 5×☐ = 30 ⇨ 30÷5=☐

❸ 7×☐ = 35 ⇨ 35÷7=☐

❹ 8×☐ = 64 ⇨ 64÷8=☐

❺ 6×☐ = 42 ⇨ 42÷6=☐

❻ 4×☐ = 32 ⇨ 32÷4=☐

❼ 9×☐ = 36 ⇨ 36÷9=☐

❽ 3×☐ = 21 ⇨ 21÷3=☐

❾ 8×☐ = 24 ⇨ 24÷8=☐

❿ 8×☐ = 72 ⇨ 72÷8=☐

⓫ 3×☐ = 12 ⇨ 12÷3=☐

⓬ 9×☐ = 18 ⇨ 18÷9=☐

⓭ 8×☐ = 40 ⇨ 40÷8=☐

⓮ 8×☐ = 48 ⇨ 48÷8=☐

⓯ 7×☐ = 49 ⇨ 49÷7=☐

⓰ 6×☐ = 24 ⇨ 24÷6=☐

⓱ 8×☐ = 16 ⇨ 16÷8=☐

⓲ 9×☐ = 81 ⇨ 81÷9=☐

⓳ 3×☐ = 27 ⇨ 27÷3=☐

⓴ 6×☐ = 18 ⇨ 18÷6=☐

자기 점수에 ○표 하세요

맞힌 개수	12개 이하	13~16개	17~18개	19~20개
학습 방법	개념을 다시 공부하세요.	조금 더 노력하세요.	실수하면 안 돼요.	참 잘했어요.

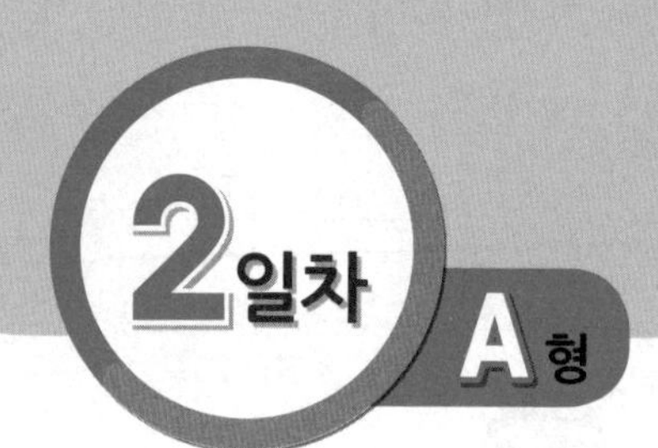

나눗셈 기초

월 일
분 초
/10

빈칸에 알맞은 수를 넣으세요.

$15-5-5-5=0 \rightarrow 15\div5=3$ (1번, 2번, 3번)

❶ $16-4-4-4-4=0 \rightarrow 16\div\square=\square$

❷ $12-6-6=0 \rightarrow 12\div\square=\square$

❸ $24-4-4-4-4-4-4=0 \rightarrow 24\div\square=\square$

❹ $8-2-2-2-2=0 \rightarrow 8\div\square=\square$

❺ $45-9-9-9-9-9=0 \rightarrow 45\div\square=\square$

❻ $28-4-4-4-4-4-4-4=0 \rightarrow 28\div\square=\square$

❼ $36-9-9-9-9=0 \rightarrow 36\div\square=\square$

❽ $8-8=0 \rightarrow 8\div\square=\square$

❾ $4-1-1-1-1=0 \rightarrow 4\div\square=\square$

❿ $10-5-5=0 \rightarrow 10\div\square=\square$

자기 점수에 ○표 하세요

맞힌 개수	5개 이하	6~7개	8~9개	10개
학습 방법	개념을 다시 공부하세요.	조금 더 노력하세요.	실수하면 안 돼요.	참 잘했어요.

나눗셈 기초

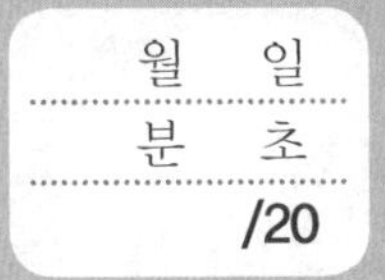

정답 24쪽

곱셈과 나눗셈의 관계를 이용하여 나눗셈의 몫을 구하세요.

❶ $8\times\square=32$ ⇨ $32\div8=\square$

❷ $7\times\square=28$ ⇨ $28\div7=\square$

❸ $5\times\square=35$ ⇨ $35\div5=\square$

❹ $9\times\square=72$ ⇨ $72\div9=\square$

❺ $3\times\square=21$ ⇨ $21\div3=\square$

❻ $4\times\square=12$ ⇨ $12\div4=\square$

❼ $9\times\square=18$ ⇨ $18\div9=\square$

❽ $5\times\square=40$ ⇨ $40\div5=\square$

❾ $8\times\square=16$ ⇨ $16\div8=\square$

❿ $8\times\square=24$ ⇨ $24\div8=\square$

⓫ $3\times\square=24$ ⇨ $24\div3=\square$

⓬ $6\times\square=18$ ⇨ $18\div6=\square$

⓭ $7\times\square=35$ ⇨ $35\div7=\square$

⓮ $5\times\square=30$ ⇨ $30\div5=\square$

⓯ $7\times\square=49$ ⇨ $49\div7=\square$

⓰ $2\times\square=8$ ⇨ $8\div2=\square$

⓱ $8\times\square=40$ ⇨ $40\div8=\square$

⓲ $9\times\square=63$ ⇨ $63\div9=\square$

⓳ $3\times\square=27$ ⇨ $27\div3=\square$

⓴ $5\times\square=15$ ⇨ $15\div5=\square$

자기 점수에 ○표 하세요

맞힌 개수	12개 이하	13~16개	17~18개	19~20개
학습 방법	개념을 다시 공부하세요.	조금 더 노력하세요.	실수하면 안 돼요.	참 잘했어요.

3일차 A형

나눗셈 기초

월 일
분 초
/10

✎ 빈칸에 알맞은 수를 넣으세요.

$15-5-5-5=0 \rightarrow 15\div5=3$

1번 2번 3번

❶ $10-2-2-2-2-2=0 \rightarrow 10\div\square=\square$

❷ $28-7-7-7-7=0 \rightarrow 28\div\square=\square$

❸ $24-8-8-8=0 \rightarrow 24\div\square=\square$

❹ $15-3-3-3-3-3=0 \rightarrow 15\div\square=\square$

❺ $8-4-4=0 \rightarrow 8\div\square=\square$

❻ $21-3-3-3-3-3-3-3=0 \rightarrow 21\div\square=\square$

❼ $49-7-7-7-7-7-7-7=0 \rightarrow 49\div\square=\square$

❽ $2-2=0 \rightarrow 2\div\square=\square$

❾ $5-1-1-1-1-1=0 \rightarrow 5\div\square=\square$

❿ $56-8-8-8-8-8-8-8=0 \rightarrow 56\div\square=\square$

자기 점수에 ○표 하세요

맞힌 개수	5개 이하	6~7개	8~9개	10개
학습 방법	개념을 다시 공부하세요.	조금 더 노력하세요.	실수하면 안 돼요.	참 잘했어요.

3일차 B형

나눗셈 기초

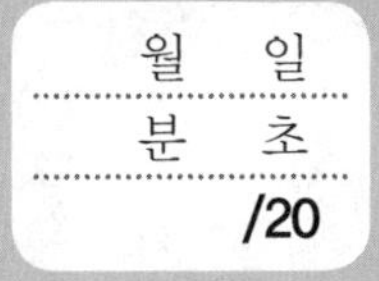

정답 25쪽

✎ 곱셈과 나눗셈의 관계를 이용하여 나눗셈의 몫을 구하세요.

① $2\times\square=10$ ⇨ $10\div2=\square$

② $3\times\square=18$ ⇨ $18\div3=\square$

③ $4\times\square=20$ ⇨ $20\div4=\square$

④ $2\times\square=16$ ⇨ $16\div2=\square$

⑤ $7\times\square=21$ ⇨ $21\div7=\square$

⑥ $4\times\square=36$ ⇨ $36\div4=\square$

⑦ $8\times\square=32$ ⇨ $32\div8=\square$

⑧ $3\times\square=15$ ⇨ $15\div3=\square$

⑨ $2\times\square=6$ ⇨ $6\div2=\square$

⑩ $3\times\square=24$ ⇨ $24\div3=\square$

⑪ $3\times\square=27$ ⇨ $27\div3=\square$

⑫ $4\times\square=8$ ⇨ $8\div4=\square$

⑬ $9\times\square=63$ ⇨ $63\div9=\square$

⑭ $8\times\square=72$ ⇨ $72\div8=\square$

⑮ $5\times\square=25$ ⇨ $25\div5=\square$

⑯ $6\times\square=12$ ⇨ $12\div6=\square$

⑰ $8\times\square=8$ ⇨ $8\div8=\square$

⑱ $5\times\square=45$ ⇨ $45\div5=\square$

⑲ $6\times\square=54$ ⇨ $54\div6=\square$

⑳ $8\times\square=40$ ⇨ $40\div8=\square$

자기 점수에 ○표 하세요

맞힌 개수	12개 이하	13~16개	17~18개	19~20개
학습 방법	개념을 다시 공부하세요.	조금 더 노력하세요.	실수하면 안 돼요.	참 잘했어요.

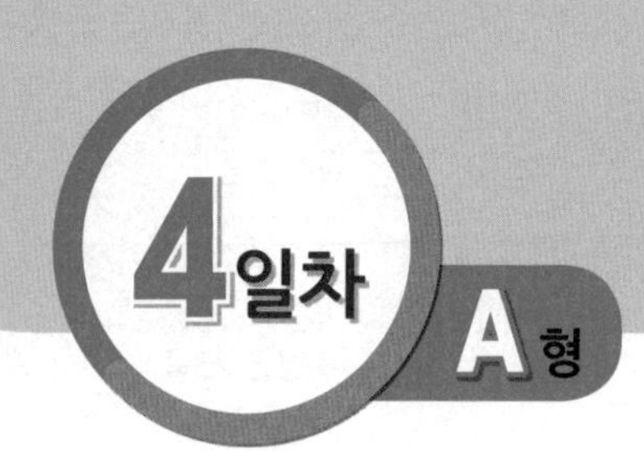

나눗셈 기초

월	일
분	초
	/10

✎ 빈칸에 알맞은 수를 넣으세요.

$15-5-5-5=0 \longrightarrow 15 \div 5 = 3$

(1번, 2번, 3번)

❶ $6-2-2-2=0 \longrightarrow 6 \div \square = \square$

❷ $18-2-2-2-2-2-2-2-2-2=0 \longrightarrow 18 \div \square = \square$

❸ $25-5-5-5-5-5=0 \longrightarrow 25 \div \square = \square$

❹ $21-3-3-3-3-3-3-3=0 \longrightarrow 21 \div \square = \square$

❺ $30-6-6-6-6-6=0 \longrightarrow 30 \div \square = \square$

❻ $4-4=0 \longrightarrow 4 \div \square = \square$

❼ $63-9-9-9-9-9-9-9=0 \longrightarrow 63 \div \square = \square$

❽ $9-1-1-1-1-1-1-1-1-1=0 \longrightarrow 9 \div \square = \square$

❾ $48-8-8-8-8-8-8=0 \longrightarrow 48 \div \square = \square$

❿ $14-2-2-2-2-2-2-2=0 \longrightarrow 14 \div \square = \square$

자기 점수에 ○표 하세요

맞힌 개수	5개 이하	6~7개	8~9개	10개
학습 방법	개념을 다시 공부하세요.	조금 더 노력하세요.	실수하면 안 돼요.	참 잘했어요.

나눗셈 기초

월	일
분	초
	/20

정답 26쪽

곱셈과 나눗셈의 관계를 이용하여 나눗셈의 몫을 구하세요.

❶ 4×□ = 12 ⇨ 12÷4=□

❷ 4×□ = 8 ⇨ 8÷4=□

❸ 6×□ = 42 ⇨ 42÷6=□

❹ 8×□ = 40 ⇨ 40÷8=□

❺ 2×□ = 16 ⇨ 16÷2=□

❻ 7×□ = 28 ⇨ 28÷7=□

❼ 9×□ = 54 ⇨ 54÷9=□

❽ 5×□ = 35 ⇨ 35÷5=□

❾ 9×□ = 18 ⇨ 18÷9=□

❿ 3×□ = 27 ⇨ 27÷3=□

⓫ 7×□ = 56 ⇨ 56÷7=□

⓬ 8×□ = 48 ⇨ 48÷8=□

⓭ 2×□ = 10 ⇨ 10÷2=□

⓮ 3×□ = 24 ⇨ 24÷3=□

⓯ 8×□ = 32 ⇨ 32÷8=□

⓰ 6×□ = 36 ⇨ 36÷6=□

⓱ 8×□ = 72 ⇨ 72÷8=□

⓲ 9×□ = 63 ⇨ 63÷9=□

⓳ 3×□ = 9 ⇨ 9÷3=□

⓴ 9×□ = 81 ⇨ 81÷9=□

자기 점수에 ○표 하세요

맞힌 개수	12개 이하	13~16개	17~18개	19~20개
학습 방법	개념을 다시 공부하세요.	조금 더 노력하세요.	실수하면 안 돼요.	참 잘했어요.

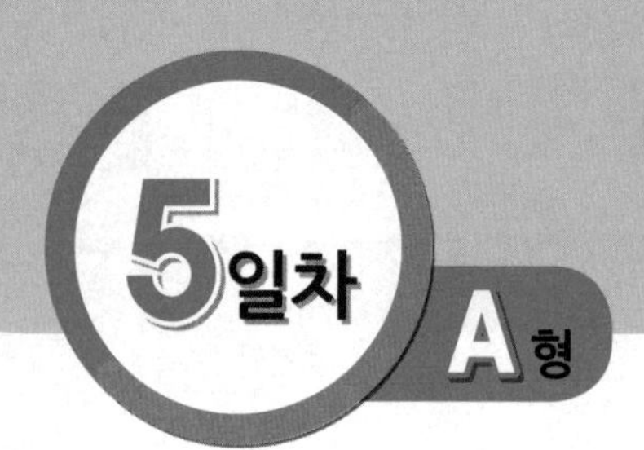

나눗셈 기초

월 일
분 초
/10

✎ 빈칸에 알맞은 수를 넣으세요.

$15-5-5-5=0 \rightarrow 15\div5=3$

1번 2번 3번

❶ $5-5=0 \rightarrow 5\div\square=\square$

❷ $12-6-6=0 \rightarrow 12\div\square=\square$

❸ $32-8-8-8-8=0 \rightarrow 32\div\square=\square$

❹ $42-7-7-7-7-7-7=0 \rightarrow 42\div\square=\square$

❺ $35-5-5-5-5-5-5-5=0 \rightarrow 35\div\square=\square$

❻ $45-9-9-9-9-9=0 \rightarrow 45\div\square=\square$

❼ $36-6-6-6-6-6-6=0 \rightarrow 36\div\square=\square$

❽ $9-9=0 \rightarrow 9\div\square=\square$

❾ $8-1-1-1-1-1-1-1-1=0 \rightarrow 8\div\square=\square$

❿ $12-3-3-3-3=0 \rightarrow 12\div\square=\square$

자기 점수에 ○표 하세요

맞힌 개수	5개 이하	6~7개	8~9개	10개
학습 방법	개념을 다시 공부하세요.	조금 더 노력하세요.	실수하면 안 돼요.	참 잘했어요.

나눗셈 기초

월 일
분 초
/20

정답 27쪽

곱셈과 나눗셈의 관계를 이용하여 나눗셈의 몫을 구하세요.

① 4×□ = 4 ⇨ 4÷4=□

② 3×□ = 21 ⇨ 21÷3=□

③ 8×□ = 16 ⇨ 16÷8=□

④ 5×□ = 40 ⇨ 40÷5=□

⑤ 6×□ = 54 ⇨ 54÷6=□

⑥ 7×□ = 56 ⇨ 56÷7=□

⑦ 9×□ = 27 ⇨ 27÷9=□

⑧ 3×□ = 12 ⇨ 12÷3=□

⑨ 8×□ = 48 ⇨ 48÷8=□

⑩ 8×□ = 8 ⇨ 8÷8=□

⑪ 3×□ = 15 ⇨ 15÷3=□

⑫ 9×□ = 81 ⇨ 81÷9=□

⑬ 8×□ = 32 ⇨ 32÷8=□

⑭ 5×□ = 10 ⇨ 10÷5=□

⑮ 7×□ = 42 ⇨ 42÷7=□

⑯ 5×□ = 20 ⇨ 20÷5=□

⑰ 4×□ = 16 ⇨ 16÷4=□

⑱ 9×□ = 63 ⇨ 63÷9=□

⑲ 5×□ = 45 ⇨ 45÷5=□

⑳ 8×□ = 24 ⇨ 24÷8=□

자기 점수에 ○표 하세요

맞힌 개수	12개 이하	13~16개	17~18개	19~20개
학습 방법	개념을 다시 공부하세요.	조금 더 노력하세요.	실수하면 안 돼요.	참 잘했어요.

곱셈구구 범위에서의 나눗셈

◆스스로 학습 관리표◆

- 매일 맞힌 개수를 적고, 걸린 시간만큼 색칠해 보세요. (눈금 1칸은 1분이며, 초는 표의 상단에 적으세요.)
- 하루하루 지날수록 실력이 자라고, 계산 속도가 빨라지는 것을 눈으로 직접 확인할 수 있습니다.

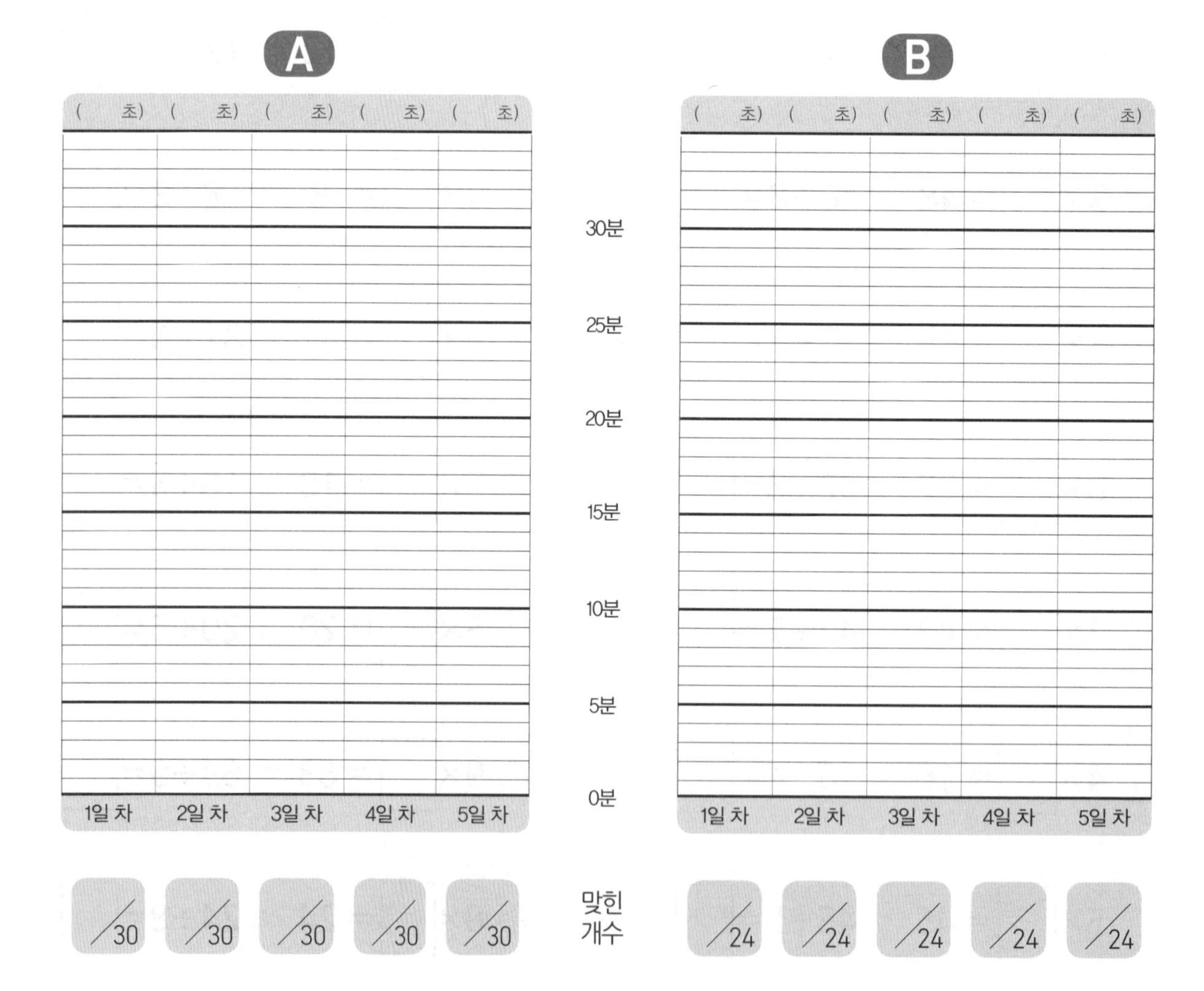

개념 포인트

곱셈구구를 이용해서 나눗셈의 몫 찾기

나눗셈식 21÷3=□에서 빈칸에 들어갈 수는 몫입니다. 이 값을 찾으려면 3단의 곱셈구구를 외워서 곱이 21이 되는 수를 찾으면 됩니다.

$21 \div 3 = \square$ → $3 \times 5 = 15$, $3 \times 6 = 18$, $3 \times 7 = 21$ → $\square = 7$ (나눗셈의 몫)

세로셈으로 나눗셈하기

21÷3을 세로셈으로 쓸 때, 몫 7은 21의 일의 자리 숫자 위에 씁니다.

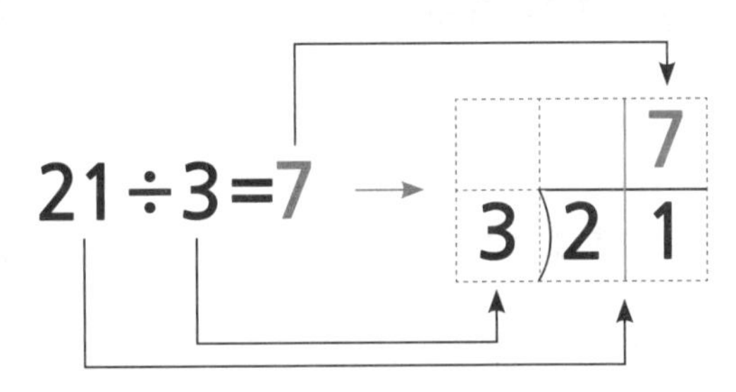

나눗셈의 몫 찾기 $21 \div 3 = 7 \leftarrow 3 \times 7 = 21$

곱셈구구를 떠올려 봐.

세로셈

		7
3	)2	1

나눗셈을 어려워하면 아직 곱셈구구 학습이 완전하지 않은 상태이니 곱셈구구를 다시 연습시켜 주세요. 덧셈과 뺄셈, 곱셈의 세로셈은 일의 자리부터 윗자리로 계산했는데, 나눗셈의 세로셈은 이와는 다르게 가장 높은 자리부터 계산합니다. 이 단계에서는 몫이 모두 한 자리 수이므로 나누는 수의 일의 자리 숫자 위에 몫을 쓸 수 있도록 지도해 주세요.

곱셈구구 범위에서의 나눗셈

월 일
분 초
/30

곱셈구구를 제대로 알아야 해!

나눗셈의 몫을 구하세요.

❶ $12 \div 6 =$	❷ $24 \div 8 =$	❸ $42 \div 6 =$
❹ $6 \div 2 =$	❺ $18 \div 2 =$	❻ $21 \div 7 =$
❼ $15 \div 3 =$	❽ $18 \div 6 =$	❾ $49 \div 7 =$
❿ $24 \div 3 =$	⓫ $72 \div 8 =$	⓬ $30 \div 6 =$
⓭ $40 \div 5 =$	⓮ $63 \div 9 =$	⓯ $24 \div 4 =$
⓰ $7 \div 7 =$	⓱ $20 \div 5 =$	⓲ $8 \div 4 =$
⓳ $54 \div 6 =$	⓴ $14 \div 7 =$	㉑ $45 \div 9 =$
㉒ $32 \div 4 =$	㉓ $10 \div 2 =$	㉔ $36 \div 6 =$
㉕ $27 \div 9 =$	㉖ $48 \div 6 =$	㉗ $9 \div 9 =$
㉘ $40 \div 8 =$	㉙ $56 \div 8 =$	㉚ $8 \div 2 =$

자기 점수에 ○표 하세요

맞힌 개수	20개 이하	21~25개	26~28개	29~30개
학습 방법	개념을 다시 공부하세요.	조금 더 노력 하세요.	실수하면 안 돼요.	참 잘했어요.

곱셈구구 범위에서의 나눗셈

월 일
분 초
/24

정답 28쪽

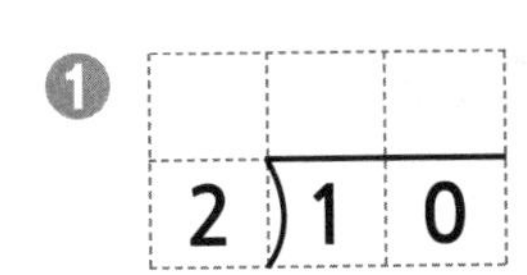

나눗셈의 몫을 구하세요.

1. $2\overline{)10}$
2. $5\overline{)15}$
3. $7\overline{)21}$
4. $4\overline{)16}$
5. $8\overline{)24}$
6. $4\overline{)32}$
7. $6\overline{)30}$
8. $9\overline{)9}$
9. $5\overline{)20}$
10. $4\overline{)36}$
11. $6\overline{)18}$
12. $5\overline{)10}$
13. $7\overline{)14}$
14. $8\overline{)40}$
15. $2\overline{)16}$
16. $8\overline{)48}$
17. $6\overline{)54}$
18. $9\overline{)72}$
19. $8\overline{)56}$
20. $2\overline{)8}$
21. $9\overline{)27}$
22. $7\overline{)35}$
23. $6\overline{)48}$
24. $7\overline{)7}$

자기 점수에 ○표 하세요

맞힌 개수	16개 이하	17~20개	21~22개	23~24개
학습 방법	개념을 다시 공부하세요.	조금 더 노력하세요.	실수하면 안 돼요.	참 잘했어요.

곱셈구구 범위에서의 나눗셈

월 일
분 초
/30

나눗셈의 몫을 구하세요.

① $6 \div 3 =$	② $24 \div 6 =$	③ $30 \div 6 =$
④ $14 \div 2 =$	⑤ $24 \div 8 =$	⑥ $21 \div 3 =$
⑦ $15 \div 5 =$	⑧ $18 \div 9 =$	⑨ $28 \div 7 =$
⑩ $16 \div 2 =$	⑪ $32 \div 8 =$	⑫ $40 \div 5 =$
⑬ $35 \div 5 =$	⑭ $64 \div 8 =$	⑮ $18 \div 2 =$
⑯ $9 \div 9 =$	⑰ $36 \div 6 =$	⑱ $8 \div 4 =$
⑲ $56 \div 8 =$	⑳ $16 \div 4 =$	㉑ $12 \div 3 =$
㉒ $36 \div 4 =$	㉓ $25 \div 5 =$	㉔ $42 \div 6 =$
㉕ $63 \div 7 =$	㉖ $49 \div 7 =$	㉗ $7 \div 7 =$
㉘ $48 \div 8 =$	㉙ $54 \div 6 =$	㉚ $8 \div 2 =$

자기 점수에 ○표 하세요

맞힌 개수	20개 이하	21~25개	26~28개	29~30개
학습 방법	개념을 다시 공부하세요.	조금 더 노력하세요.	실수하면 안 돼요.	참 잘했어요.

곱셈구구 범위에서의 나눗셈

월 일
분 초
/24

정답 29쪽

나눗셈의 몫을 구하세요.

1 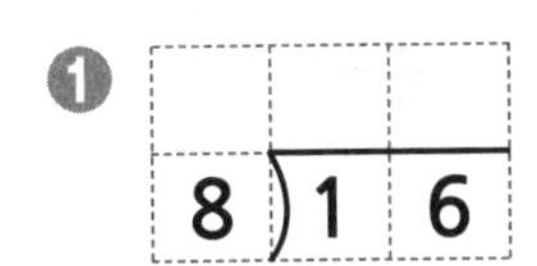

2 4)2 4

3 7)3 5

4 4)1 6

5 9)2 7

6 8)6 4

7 5)3 5

8 2)1 8

9 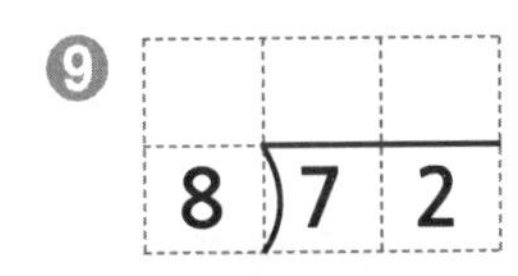

10 4)3 2

11 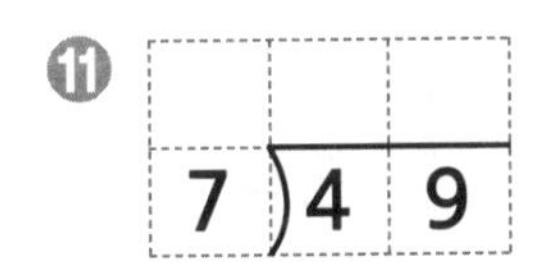

12 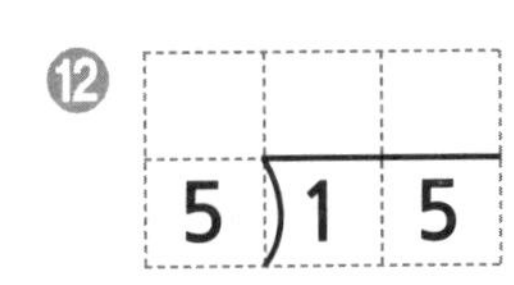

13 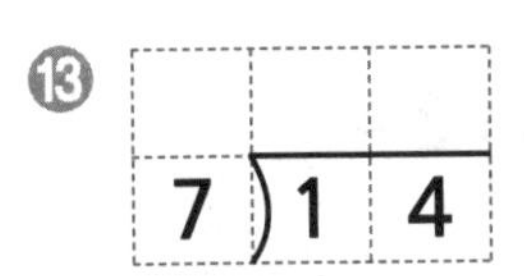

14 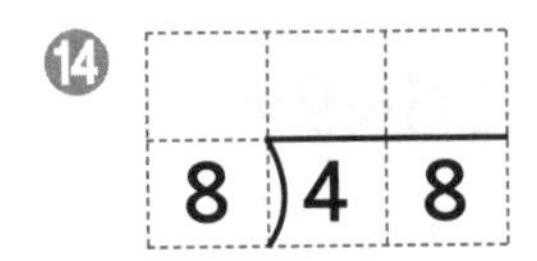

15 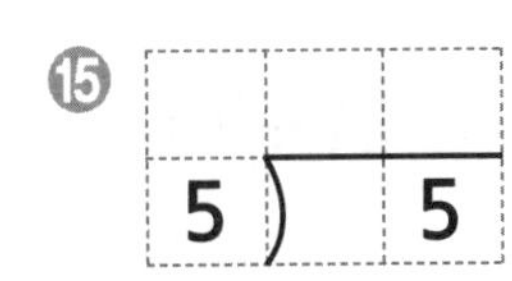

16 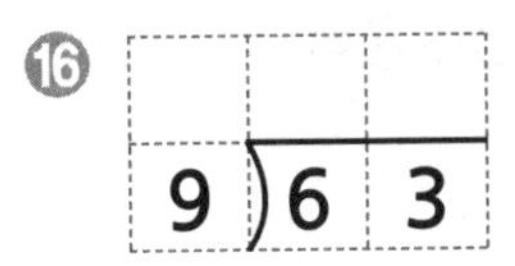

17 6)5 4

18 9)7 2

19 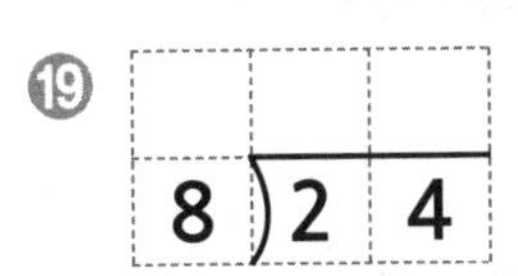

20 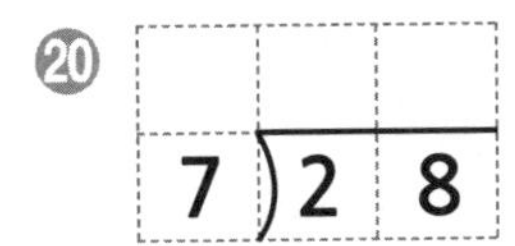

21 3) 6

22 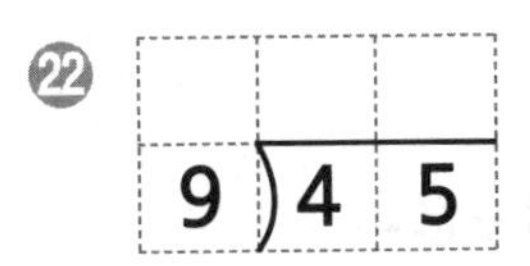

23 6)3 6

24 2) 6

자기 점수에 ○표 하세요

맞힌 개수	16개 이하	17~20개	21~22개	23~24개
학습 방법	개념을 다시 공부하세요.	조금 더 노력 하세요.	실수하면 안 돼요.	참 잘했어요.

곱셈구구 범위에서의 나눗셈

3일차 A형

월	일
분	초
	/30

나눗셈의 몫을 구하세요.

❶ $24 \div 6=$	❷ $40 \div 8=$	❸ $48 \div 6=$
❹ $27 \div 3=$	❺ $24 \div 8=$	❻ $14 \div 7=$
❼ $10 \div 2=$	❽ $28 \div 4=$	❾ $35 \div 5=$
❿ $8 \div 4=$	⓫ $45 \div 5=$	⓬ $64 \div 8=$
⓭ $54 \div 9=$	⓮ $15 \div 3=$	⓯ $18 \div 3=$
⓰ $21 \div 7=$	⓱ $36 \div 9=$	⓲ $8 \div 2=$
⓳ $12 \div 6=$	⓴ $16 \div 2=$	㉑ $48 \div 8=$
㉒ $9 \div 3=$	㉓ $18 \div 2=$	㉔ $36 \div 6=$
㉕ $81 \div 9=$	㉖ $5 \div 1=$	㉗ $49 \div 7=$
㉘ $18 \div 9=$	㉙ $56 \div 8=$	㉚ $8 \div 8=$

자기 점수에 ○표 하세요

맞힌 개수	20개 이하	21~25개	26~28개	29~30개
학습 방법	개념을 다시 공부하세요.	조금 더 노력하세요.	실수하면 안 돼요.	참 잘했어요.

곱셈구구 범위에서의 나눗셈

월 일
분 초
/24

정답 30쪽

✎ 나눗셈의 몫을 구하세요.

❶ 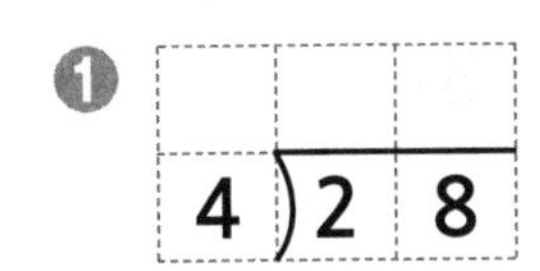

❷ 1) 9

❸ 4)2 0

❹ 4)1 2

❺ 8)4 0

❻ 7)5 6

❼ 6)3 6

❽ 9)7 2

❾ 7)2 8

❿ 4) 4

⓫ 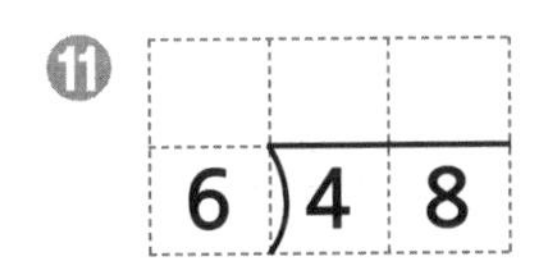

⓬ 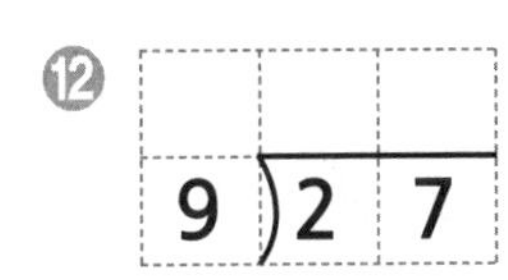

⓭ 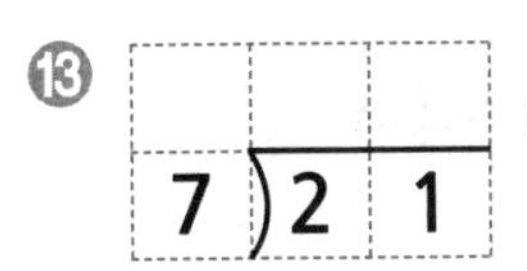

⓮ 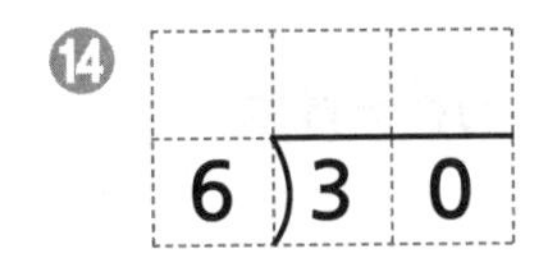

⓯ 4)3 6

⓰ 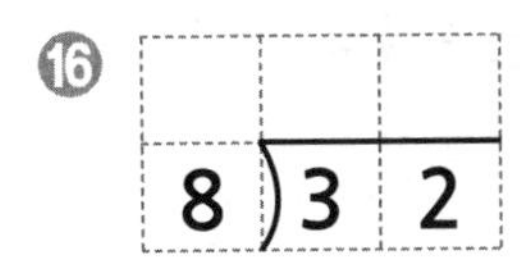

⓱ 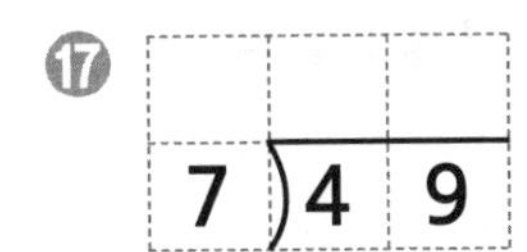

⓲ 9)4 5

⓳ 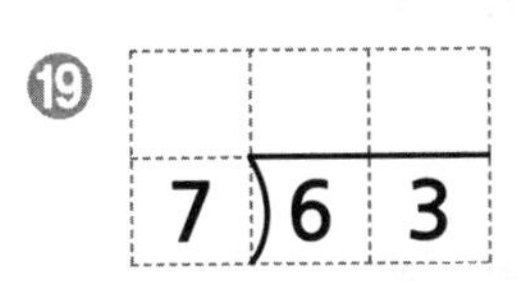

⓴ 3)1 8

㉑ 8)2 4

㉒ 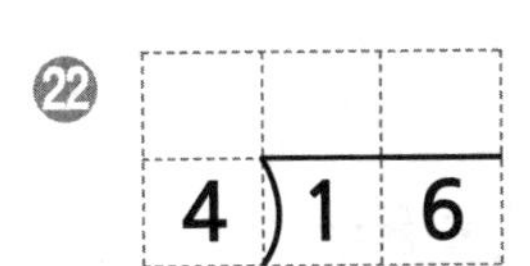

㉓ 7)4 2

㉔ 9)5 4

자기 점수에 ○표 하세요

맞힌 개수	16개 이하	17~20개	21~22개	23~24개
학습 방법	개념을 다시 공부하세요.	조금 더 노력 하세요.	실수하면 안 돼요.	참 잘했어요.

4일차 A형

곱셈구구 범위에서의 나눗셈

월 일
분 초
/30

나눗셈의 몫을 구하세요.

❶ $3 \div 1 =$
❷ $7 \div 7 =$
❸ $9 \div 3 =$
❹ $8 \div 2 =$
❺ $12 \div 6 =$
❻ $72 \div 8 =$
❼ $15 \div 3 =$
❽ $18 \div 6 =$
❾ $49 \div 7 =$
❿ $24 \div 6 =$
⓫ $54 \div 6 =$
⓬ $30 \div 6 =$
⓭ $40 \div 5 =$
⓮ $63 \div 9 =$
⓯ $18 \div 2 =$
⓰ $21 \div 7 =$
⓱ $56 \div 8 =$
⓲ $8 \div 4 =$
⓳ $28 \div 4 =$
⓴ $14 \div 7 =$
㉑ $45 \div 9 =$
㉒ $42 \div 7 =$
㉓ $10 \div 2 =$
㉔ $36 \div 6 =$
㉕ $81 \div 9 =$
㉖ $48 \div 6 =$
㉗ $15 \div 5 =$
㉘ $20 \div 4 =$
㉙ $35 \div 7 =$
㉚ $40 \div 8 =$

자기 점수에 ○표 하세요

맞힌 개수	20개 이하	21~25개	26~28개	29~30개
학습 방법	개념을 다시 공부하세요.	조금 더 노력하세요.	실수하면 안 돼요.	참 잘했어요.

곱셈구구 범위에서의 나눗셈

월 일
분 초
/24

정답 31쪽

나눗셈의 몫을 구하세요.

① $5\overline{)20}$

② $8\overline{)16}$

③ $7\overline{)28}$

④ 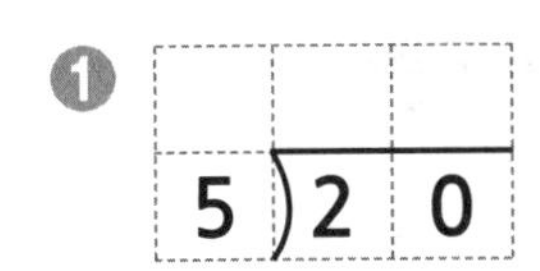
$6\overline{)42}$

⑤ $8\overline{)40}$

⑥ $4\overline{)36}$

⑦ $6\overline{)48}$

⑧ $8\overline{)8}$

⑨ 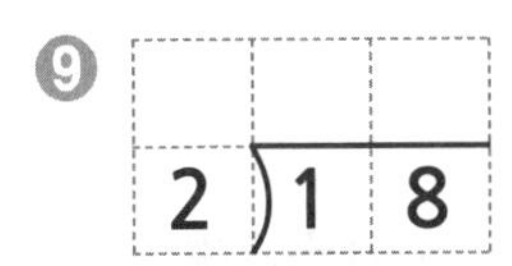
$2\overline{)18}$

⑩ $4\overline{)24}$

⑪ 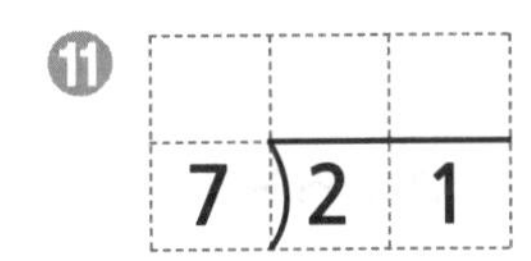
$7\overline{)21}$

⑫ 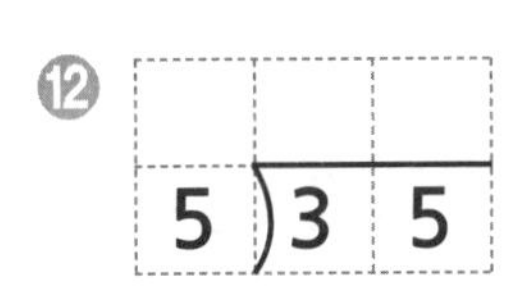
$5\overline{)35}$

⑬ $6\overline{)18}$

⑭ 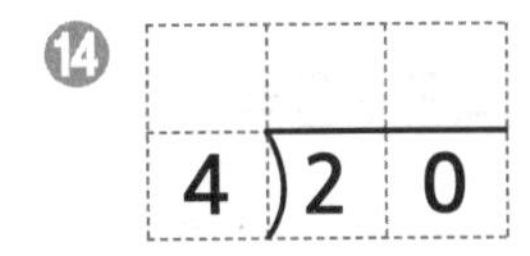
$4\overline{)20}$

⑮ $1\overline{)7}$

⑯ 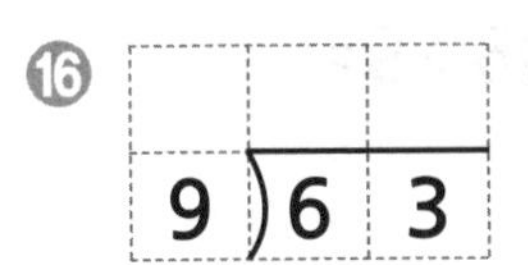
$9\overline{)63}$

⑰ $6\overline{)30}$

⑱ $8\overline{)48}$

⑲ 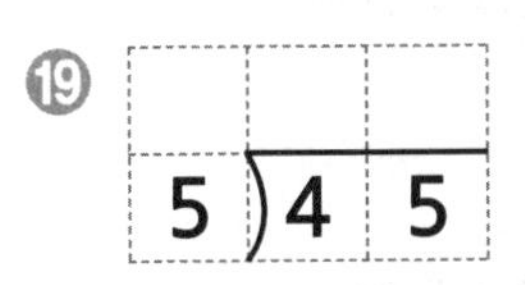
$5\overline{)45}$

⑳ 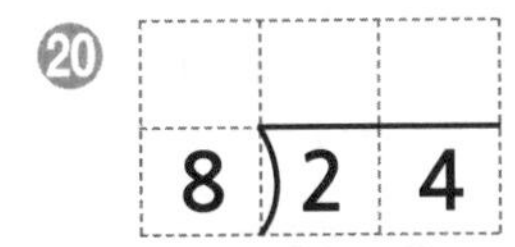
$8\overline{)24}$

㉑ $9\overline{)27}$

㉒ $7\overline{)35}$

㉓ $9\overline{)81}$

㉔ $9\overline{)72}$

자기 점수에 ○표 하세요

맞힌 개수	16개 이하	17~20개	21~22개	23~24개
학습 방법	개념을 다시 공부하세요.	조금 더 노력하세요.	실수하면 안 돼요.	참 잘했어요.

곱셈구구 범위에서의 나눗셈

월 일
분 초
/30

✎ 나눗셈의 몫을 구하세요.

① $6\div6=$

② $27\div9=$

③ $48\div6=$

④ $24\div6=$

⑤ $42\div7=$

⑥ $12\div4=$

⑦ $15\div5=$

⑧ $18\div9=$

⑨ $81\div9=$

⑩ $8\div4=$

⑪ $4\div1=$

⑫ $63\div9=$

⑬ $40\div8=$

⑭ $16\div8=$

⑮ $18\div6=$

⑯ $35\div7=$

⑰ $45\div5=$

⑱ $16\div4=$

⑲ $54\div9=$

⑳ $24\div8=$

㉑ $36\div9=$

㉒ $32\div4=$

㉓ $10\div5=$

㉔ $25\div5=$

㉕ $72\div9=$

㉖ $49\div7=$

㉗ $8\div1=$

㉘ $12\div6=$

㉙ $56\div8=$

㉚ $20\div5=$

자기 점수에 ○표 하세요

맞힌 개수	20개 이하	21~25개	26~28개	29~30개
학습 방법	개념을 다시 공부하세요.	조금 더 노력 하세요.	실수하면 안 돼요.	참 잘했어요.

곱셈구구 범위에서의 나눗셈

월 일
분 초
/24

정답 32쪽

나눗셈의 몫을 구하세요.

1. 
9)18

2. 9)45

3. 8)32

4. 4)16

5. 7)42

6. 6)30

7. 6)36

8. 5) 5

9. 8)16

10. 9)63

11. 6)12

12. 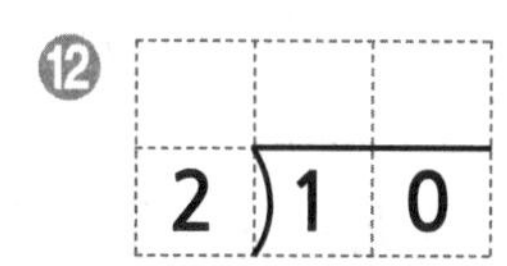
2)10

13. 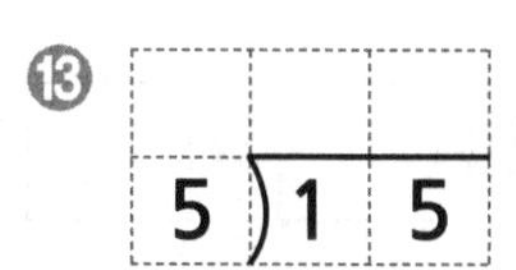
5)15

14. 8)40

15. 1) 6

16. 8)48

17. 6)54

18. 9)72

19. 8)56

20. 6)18

21. 9)27

22. 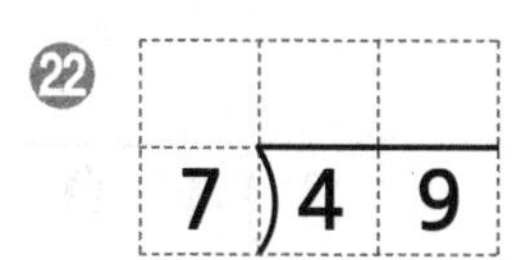
7)49

23. 6)48

24. 7)28

자기 점수에 ○표 하세요

맞힌 개수	16개 이하	17~20개	21~22개	23~24개
학습 방법	개념을 다시 공부하세요.	조금 더 노력 하세요.	실수하면 안 돼요.	참 잘했어요.

세 단계 묶어 풀기 O44 ~ O46단계
세 자리 수의 뺄셈/나눗셈 기초

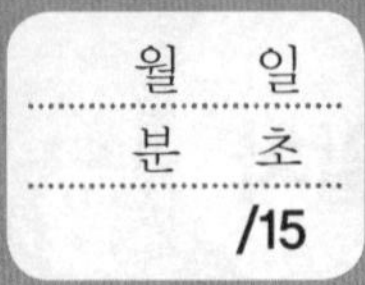

정답 33쪽

뺄셈을 하세요.

❶ 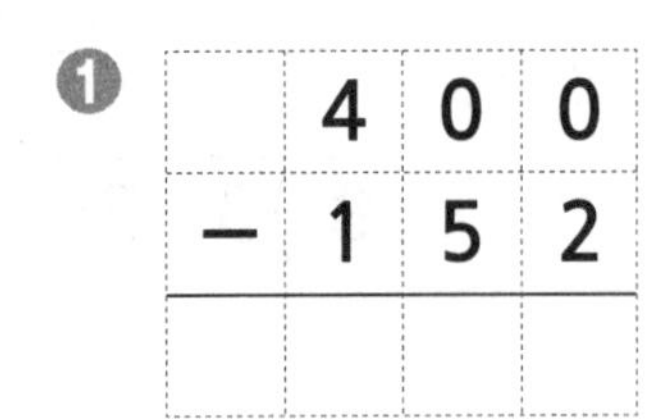

	4	0	0
−	1	5	2

❷

	6	0	0
−	3	7	1

❸

	7	2	4
−	4	2	8

❹

	5	2	4
−	1	8	9

❺

	4	1	6
−	2	6	9

❻

	3	3	1
−	1	4	8

빈칸에 알맞은 수를 넣으세요.

❼ 8−2−2−2−2=0 ⟶ 8÷□=□

❽ 18−6−6−6=0 ⟶ 18÷□=□

❾ 6×□=42 ⇨ 42÷6=□

❿ 4×□=32 ⇨ 32÷4=□

⓫ 9×□=36 ⇨ 36÷9=□

⓬ 3×□=21 ⇨ 21÷3=□

나눗셈을 하세요.

⓭ 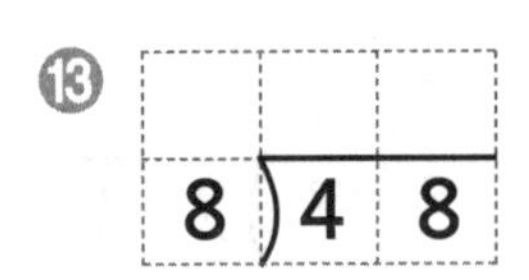

8)48

⓮ 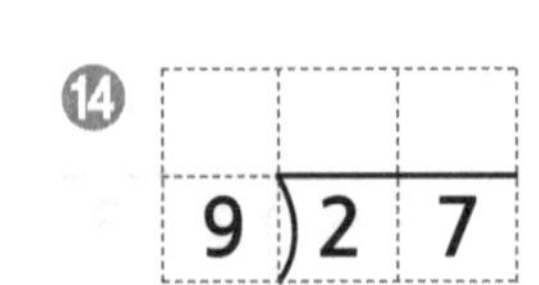

9)27

⓯ 8)40

재미있는 수학이야기

한 상자에 과자 몇 봉지가 들어 있을까?

맛있는 과자는 누구나 좋아하지요. 이런 과자들은 대개 큰 상자 안에 여러 개를 담아 팔고는 합니다. 그렇다면 한 상자 안에는 몇 봉지가 들어 있을까요? 슈퍼마켓에 가서 조사를 했더니 달콤 초코 한 상자에 12봉, 통통 파이 24봉, 찰떡 과자 60봉이 들어 있습니다. 과자 한 상자에 들어 있는 봉지 수는 모두 12로 나누어떨어지는 수네요. 왜 과자 개수가 12로 나누어떨어지게 될까요? 무슨 이유라도 있는 걸까요?

12는 어떤 수로 나눴을 때 나누어떨어지나요?

$2\times6=12$이니까 2와 6이 있어요. 또, $3\times4=12$이니까 3과 4도 있네요. 참, 당연하지만 1과 12도 그렇고요.
12가 2로 나눠진다는 것을 과자 나눠 먹는 얘기로 바꿔 보면 과자 한 상자를 2명이 똑같이 6봉지씩 나눠 먹을 수 있다는 얘기입니다. 3명은 4봉지씩 나눠 먹고, 4명은 3봉지씩, 6명은 2봉지씩 똑같이 사이좋게 나눠 먹을 수 있어요. 물론 혼자 다 먹거나 12명이 1봉지씩 먹을 수도 있지만요.
한 상자에 12개씩 담았을 때는 똑같이 나눠 먹을 수 있는 경우가 2명, 3명, 4명, 6명, 12명으로 총 다섯 가지 경우입니다. 그런데, 한 상자에 10개씩 들어 있다면 2명, 5명, 10명일 때만 똑같이 나눠 먹을 수 있어요. 세 가지 경우만 됩니다. 12개를 담았을 때, 사이좋게 나눠 먹을 수 있는 경우가 더 많아지네요.

다른 과자들도 한 상자에 몇 개씩 들었는지 한번 조사해 보세요.
그리고 몇 명이서 똑같이 사이좋게 나눠 먹을 수 있는지 그 경우의 수를 계산해 보세요.

(두 자리 수)×(한 자리 수) (1)

◆스스로 학습 관리표◆

- 매일 맞힌 개수를 적고, 걸린 시간만큼 색칠해 보세요.
  (눈금 1칸은 1분이며, 초는 표의 상단에 적으세요.)
- 하루하루 지날수록 실력이 자라고, 계산 속도가 빨라지는 것을 눈으로 직접 확인할 수 있습니다.

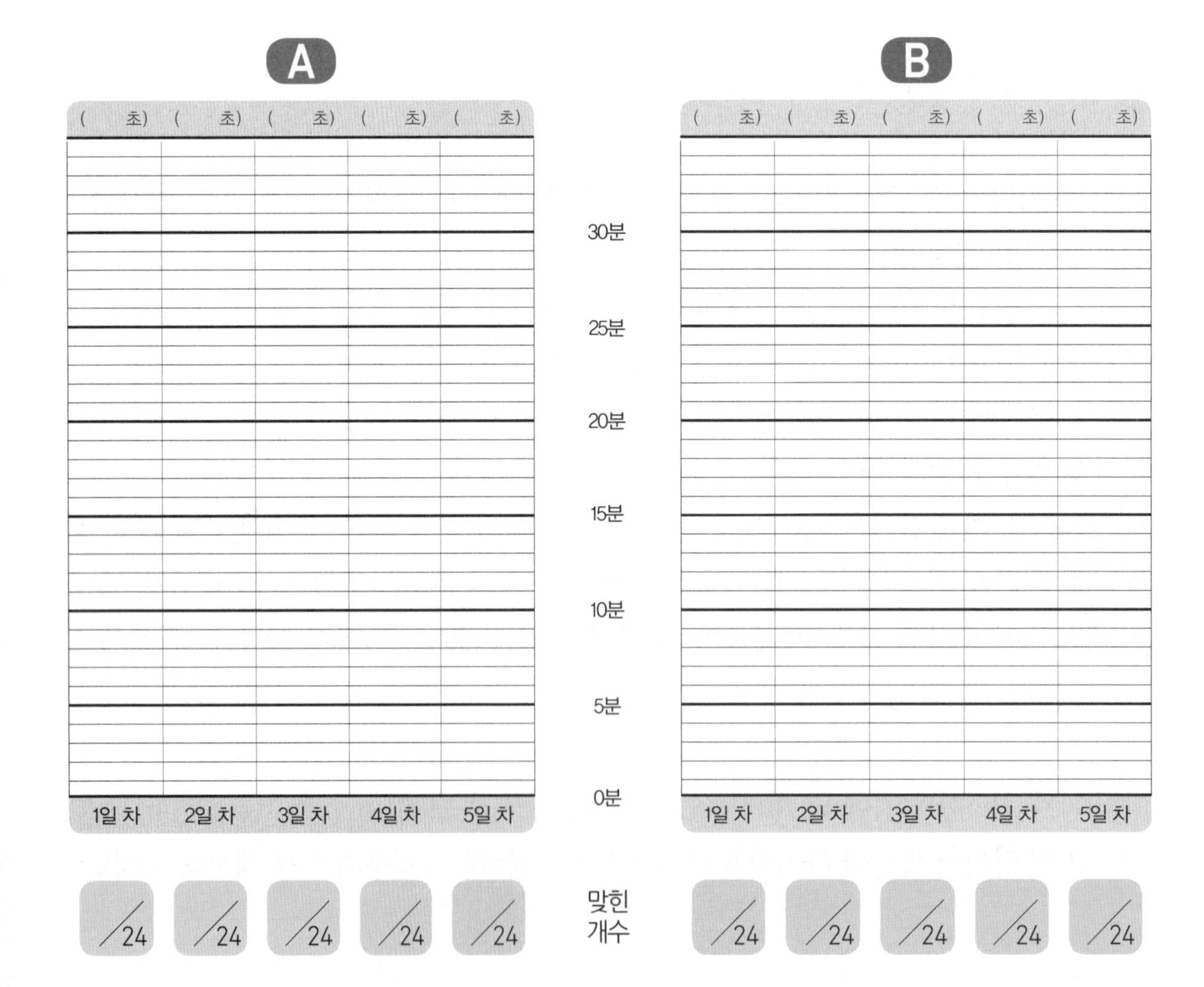

◆개념 포인트◆

가로셈으로 곱셈 계산하기

먼저 두 자리 수를 십의 자리 수와 일의 자리 수로 나눕니다. 일의 자리 수와 한 자리 수를 곱해서 나온 값을 일의 자리에 씁니다. 십의 자리 수와 한 자리 수를 곱해서 나온 값을 십의 자리에 씁니다.

세로셈으로 곱셈 계산하기

곱하는 두 수를 일의 자리를 맞추어 쓴 다음 아래처럼 곱하고 나온 값을 일의 자리, 십의 자리에 써 줍니다. 이때 십의 자리 수와 한 자리 수를 곱한 값이 10과 같거나 10을 넘으면 백의 자리에 써 줍니다.

①

	8	3
×		2
		6

②

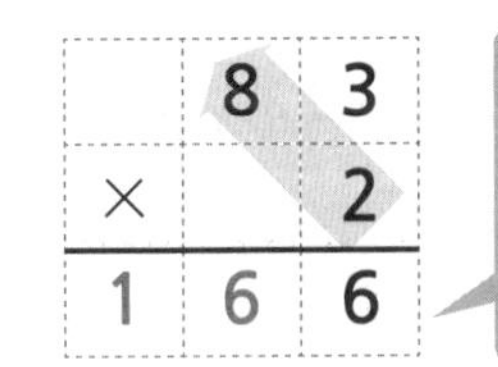

8
3
×
2
1
6
6
8×2=16에서 십의 자리에서 올림한 수 1을 백의 자리에 씁니다.

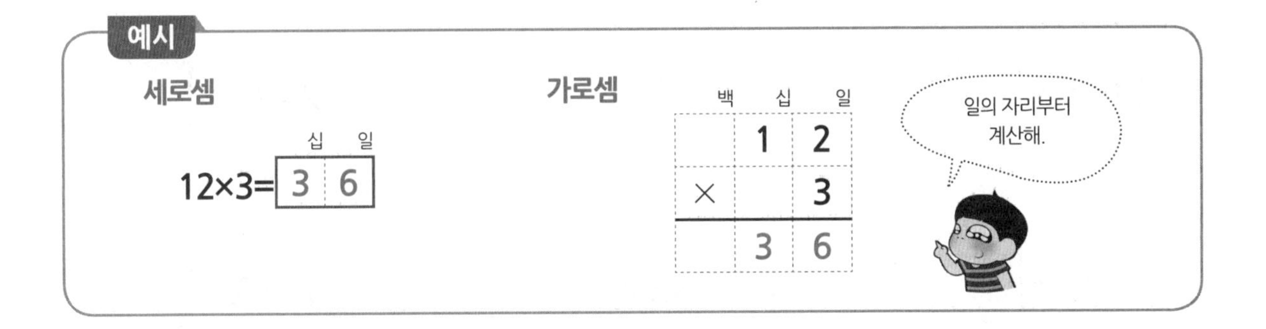

(두 자리 수)×(한 자리 수) 계산입니다. 십의 자리 수와 일의 자리 수에 각각 한 자리 수를 곱하고 그 결과를 맞는 자리에 쓰거나 십의 자리에서 올림이 있을 때 백의 자리에 쓰면 되는 비교적 간단한 계산입니다. 단순히 계산 방법만 가르치는 것이 아니라 이를 통해 아이들이 똑같은 숫자가 있더라도 어느 자리에 있느냐에 따라 값이 다르다는 것을 다시 한 번 알려 주세요.

(두 자리 수)×(한 자리 수) (1)

월 일
분 초
/24

십의 자리, 일의 자리 수에 각각 곱하면 되네!

곱셈을 하세요.

❶ $30\times3=$ ☐ (십, 일)

❷ $20\times4=$ ☐

❸ $10\times7=$ ☐

❹ $31\times2=$ ☐

❺ $21\times3=$ ☐

❻ $12\times4=$ ☐

❼ $11\times6=$ ☐

❽ $34\times2=$ ☐

❾ $42\times2=$ ☐

❿ $32\times3=$ ☐

⓫ $53\times1=$ ☐

⓬ $33\times3=$ ☐

⓭ $11\times9=$ ☐

⓮ $44\times2=$ ☐

⓯ $24\times2=$ ☐

⓰ $31\times3=$ ☐

⓱ $23\times3=$ ☐

⓲ $13\times2=$ ☐

⓳ $22\times3=$ ☐

⓴ $13\times3=$ ☐

㉑ $22\times4=$ ☐

㉒ $87\times1=$ ☐

㉓ $21\times4=$ ☐

㉔ $11\times7=$ ☐

자기 점수에 ○표 하세요

맞힌 개수	16개 이하	17~20개	21~22개	23~24개
학습 방법	개념을 다시 공부하세요.	조금 더 노력하세요.	실수하면 안 돼요.	참 잘했어요.

(두 자리 수)×(한 자리 수) (1)

월	일
분	초
	/24

정답 34쪽

곱셈을 하세요.

(백 십 일)

① 20×4

② 10×3

③ 70×1

④ 11×3

⑤ 23×2

⑥ 11×7

⑦ 22×4

⑧ 32×2

⑨ 21×4

⑩ 31×3

⑪ 34×2

⑫ 42×2

⑬ 11×8

⑭ 14×2

⑮ 32×4

⑯ 31×5

⑰ 64×2

⑱ 43×3

⑲ 21×9

⑳ 92×4

㉑ 73×3

㉒ 83×3

㉓ 41×6

㉔ 81×2

자기 점수에 ○표 하세요

맞힌 개수	16개 이하	17~20개	21~22개	23~24개
학습 방법	개념을 다시 공부하세요.	조금 더 노력하세요.	실수하면 안 돼요.	참 잘했어요.

(두 자리 수)×(한 자리 수) (1)

월 일
분 초
/24

곱셈을 하세요.

① 40×2= [십 | 일]

② 20×3= [십 | 일]

③ 10×5= [십 | 일]

④ 31×3=

⑤ 22×3=

⑥ 24×2=

⑦ 11×8=

⑧ 32×2=

⑨ 41×2=

⑩ 23×2=

⑪ 79×1=

⑫ 34×2=

⑬ 11×5=

⑭ 33×2=

⑮ 42×2=

⑯ 13×3=

⑰ 21×4=

⑱ 31×2=

⑲ 22×4=

⑳ 43×2=

㉑ 21×2=

㉒ 98×1=

㉓ 11×6=

㉔ 23×3=

자기 점수에 ○표 하세요

맞힌 개수	16개 이하	17~20개	21~22개	23~24개
학습 방법	개념을 다시 공부하세요.	조금 더 노력하세요.	실수하면 안 돼요.	참 잘했어요.

2일차 B형

(두 자리 수)×(한 자리 수) (1)

월	일
분	초
	/24

정답 35쪽

곱셈을 하세요.

(백 십 일)

① $20 \times 2 =$

② $10 \times 8 =$

③ $60 \times 1 =$

④ $13 \times 2 =$

⑤ $22 \times 2 =$

⑥ $11 \times 8 =$

⑦ $22 \times 3 =$

⑧ $32 \times 3 =$

⑨ $21 \times 3 =$

⑩ $31 \times 2 =$

⑪ $33 \times 2 =$

⑫ $41 \times 2 =$

⑬ $11 \times 7 =$

⑭ $32 \times 2 =$

⑮ $53 \times 3 =$

⑯ $84 \times 2 =$

⑰ $52 \times 4 =$

⑱ $94 \times 2 =$

⑲ $61 \times 7 =$

⑳ $73 \times 2 =$

㉑ $93 \times 3 =$

㉒ $61 \times 6 =$

㉓ $82 \times 4 =$

㉔ $72 \times 4 =$

자기 점수에 ○표 하세요

맞힌 개수	16개 이하	17~20개	21~22개	23~24개
학습 방법	개념을 다시 공부하세요.	조금 더 노력 하세요.	실수하면 안 돼요.	참 잘했어요.

(두 자리 수)×(한 자리 수) (1)

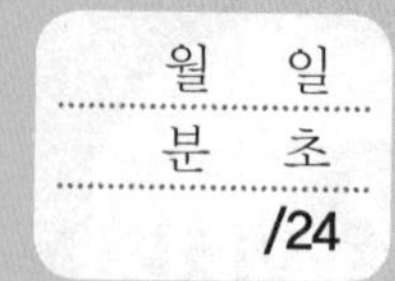

✎ 곱셈을 하세요.

❶ $20\times4=$ (십, 일)	❷ $70\times1=$ (십, 일)	❸ $10\times9=$ (십, 일)
❹ $31\times3=$	❺ $21\times2=$	❻ $13\times3=$
❼ $44\times2=$	❽ $33\times2=$	❾ $11\times5=$
❿ $21\times4=$	⓫ $58\times1=$	⓬ $24\times2=$
⓭ $11\times2=$	⓮ $33\times3=$	⓯ $23\times2=$
⓰ $34\times2=$	⓱ $22\times4=$	⓲ $12\times2=$
⓳ $11\times8=$	⓴ $13\times2=$	㉑ $43\times2=$
㉒ $56\times1=$	㉓ $12\times4=$	㉔ $41\times2=$

자기 점수에 ○표 하세요

맞힌 개수	16개 이하	17~20개	21~22개	23~24개
학습 방법	개념을 다시 공부하세요.	조금 더 노력하세요.	실수하면 안 돼요.	참 잘했어요.

(두 자리 수)×(한 자리 수) (1)

3일차 B형

월	일
분	초
	/24

정답 36쪽

✎ 곱셈을 하세요.

❶

백	십	일
	3	0
×		2

❷

백	십	일
	1	0
×		9

❸

백	십	일
	7	0
×		1

❹

백	십	일
	1	2
×		4

❺ 23 × 2

❻ 31 × 2

❼ 22 × 4

❽ 32 × 2

❾ 21 × 4

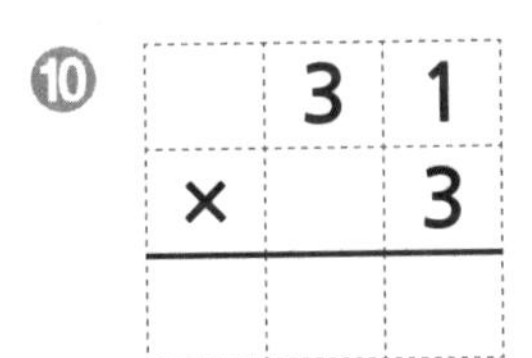

❿ 31 × 3

⓫ 34 × 2

⓬ 42 × 2

⓭ 13 × 2

⓮ 14 × 2

⓯ 92 × 3

⓰ 53 × 2

⓱ 74 × 2

⓲ 93 × 2

⓳ 73 × 3

⓴ 61 × 7

㉑ 91 × 5

㉒ 83 × 3

㉓ 72 × 3

㉔ 93 × 3

자기 점수에 ○표 하세요

맞힌 개수	16개 이하	17~20개	21~22개	23~24개
학습 방법	개념을 다시 공부하세요.	조금 더 노력 하세요.	실수하면 안 돼요.	참 잘했어요.

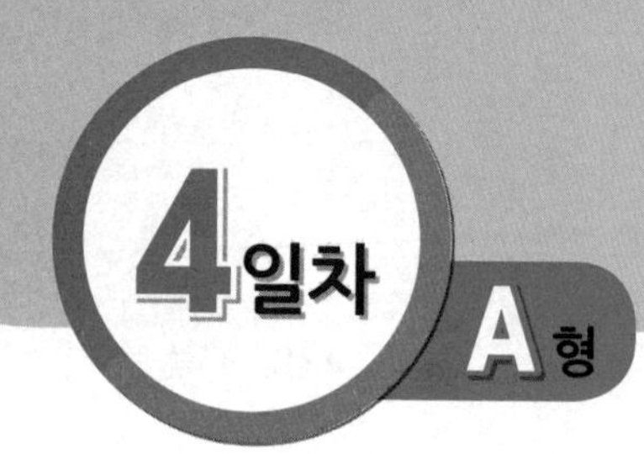

(두 자리 수)×(한 자리 수) (1)

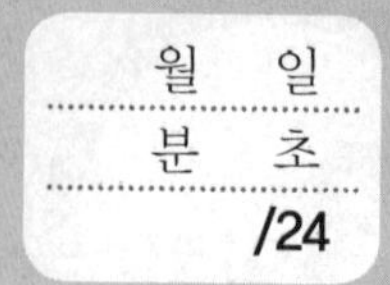

곱셈을 하세요.

① $10\times2=$ □□ (십 일)

② $90\times1=$ □□ (십 일)

③ $10\times8=$ □□ (십 일)

④ $13\times2=$ □□

⑤ $43\times2=$ □□

⑥ $14\times2=$ □□

⑦ $21\times3=$ □□

⑧ $34\times2=$ □□

⑨ $42\times2=$ □□

⑩ $32\times3=$ □□

⑪ $53\times1=$ □□

⑫ $22\times4=$ □□

⑬ $11\times9=$ □□

⑭ $44\times2=$ □□

⑮ $24\times2=$ □□

⑯ $31\times3=$ □□

⑰ $23\times3=$ □□

⑱ $31\times2=$ □□

⑲ $22\times3=$ □□

⑳ $22\times2=$ □□

㉑ $33\times3=$ □□

㉒ $92\times1=$ □□

㉓ $21\times4=$ □□

㉔ $32\times2=$ □□

자기 점수에 ○표 하세요

맞힌 개수	16개 이하	17~20개	21~22개	23~24개
학습 방법	개념을 다시 공부하세요.	조금 더 노력하세요.	실수하면 안 돼요.	참 잘했어요.

(두 자리 수)×(한 자리 수) (1)

월 일
분 초
/24

정답 37쪽

곱셈을 하세요.

❶ $20 \times 2 =$

❷ $20 \times 3 =$

❸ $60 \times 1 =$

❹ $32 \times 3 =$

❺ $22 \times 3 =$

❻ $12 \times 4 =$

❼ $22 \times 4 =$

❽ $34 \times 2 =$

❾ $21 \times 4 =$

❿ $31 \times 3 =$

⓫ $14 \times 2 =$

⓬ $42 \times 2 =$

⓭ $23 \times 3 =$

⓮ $24 \times 2 =$

⓯ $53 \times 3 =$

⓰ $91 \times 2 =$

⓱ $63 \times 2 =$

⓲ $93 \times 2 =$

⓳ $91 \times 9 =$

⓴ $71 \times 7 =$

㉑ $92 \times 4 =$

㉒ $81 \times 6 =$

㉓ $72 \times 4 =$

㉔ $91 \times 3 =$

자기 점수에 ○표 하세요

맞힌 개수	16개 이하	17~20개	21~22개	23~24개
학습 방법	개념을 다시 공부하세요.	조금 더 노력 하세요.	실수하면 안 돼요.	참 잘했어요.

(두 자리 수)×(한 자리 수) (1)

월 일
분 초
/24

곱셈을 하세요.

(십 일)

❶ 30×3=

❷ 20×2=

❸ 10×7=

❹ 32×2=

❺ 31×2=

❻ 12×4=

❼ 24×2=

❽ 43×2=

❾ 31×3=

❿ 32×3=

⓫ 41×2=

⓬ 21×3=

⓭ 55×1=

⓮ 44×2=

⓯ 11×6=

⓰ 42×2=

⓱ 23×2=

⓲ 13×2=

⓳ 33×2=

⓴ 13×3=

㉑ 23×3=

㉒ 12×3=

㉓ 21×4=

㉔ 14×2=

자기 점수에 ○표 하세요

맞힌 개수	16개 이하	17~20개	21~22개	23~24개
학습 방법	개념을 다시 공부하세요.	조금 더 노력하세요.	실수하면 안 돼요.	참 잘했어요.

(두 자리 수)×(한 자리 수) (1)

월 일
분 초
/24

정답 38쪽

곱셈을 하세요.

(백 십 일)

① 50×1

② 20×3

③ 40×2

④ 12×4

⑤ 33×2

⑥ 11×8

⑦ 32×2

⑧ 13×2

⑨ 21×4

⑩ 31×3

⑪ 34×2

⑫ 42×2

⑬ 21×3

⑭ 14×2

⑮ 32×3

⑯ 31×2

⑰ 82×4

⑱ 62×3

⑲ 82×3

⑳ 81×6

㉑ 61×2

㉒ 72×4

㉓ 52×3

㉔ 92×4

자기 점수에 ○표 하세요.

맞힌 개수	16개 이하	17~20개	21~22개	23~24개
학습 방법	개념을 다시 공부하세요.	조금 더 노력 하세요.	실수하면 안 돼요.	참 잘했어요.

(두 자리 수)×(한 자리 수) (2)

◆스스로 학습 관리표◆

- 매일 맞힌 개수를 적고, 걸린 시간만큼 색칠해 보세요.
  (눈금 1칸은 1분이며, 초는 표의 상단에 적으세요.)
- 하루하루 지날수록 실력이 자라고, 계산 속도가 빨라지는 것을 눈으로 직접 확인할 수 있습니다.

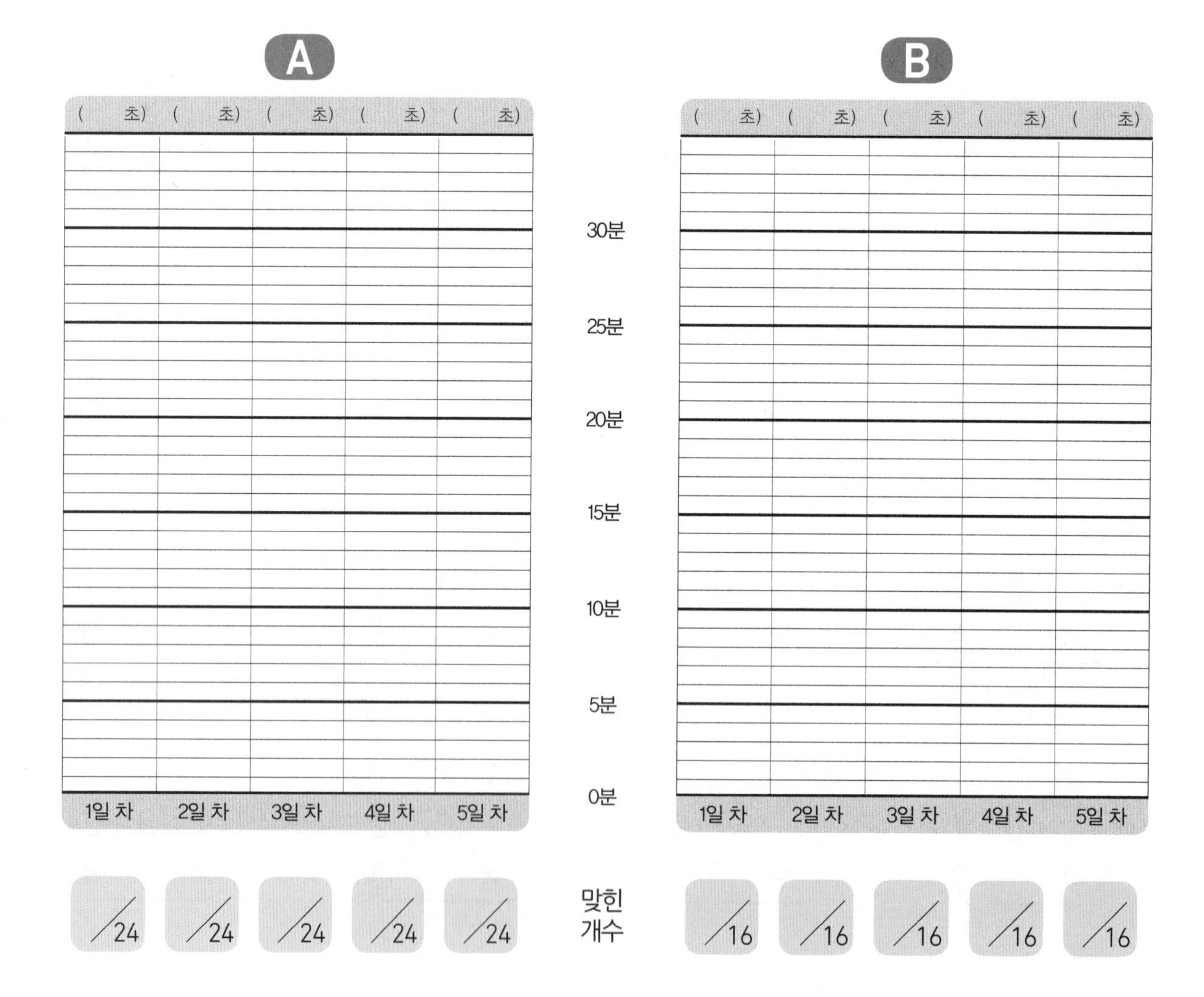

•개념 포인트•

일의 자리에서 올림이 있는 곱셈

일의 자리 수와 한 자리 수를 곱한 값이 10과 같거나 10을 넘으면 십의 자리로 올림해 줍니다. 이 올림한 수를 십의 자리에 작게 써 주고 십의 자리 곱을 구한 다음 더해서 답을 냅니다.

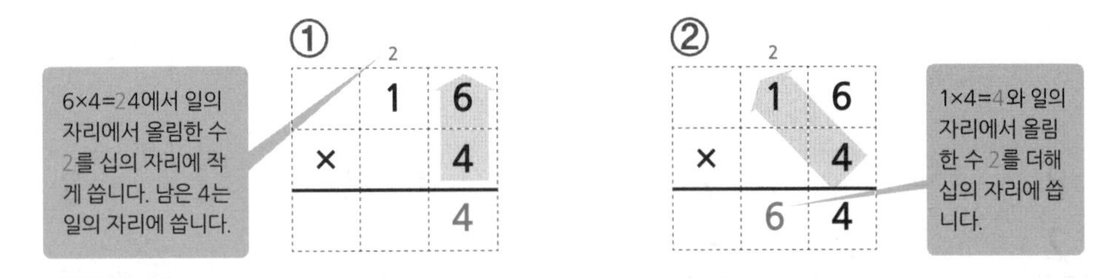

①
6×4=24에서 일의 자리에서 올림한 수 2를 십의 자리에 작게 씁니다. 남은 4는 일의 자리에 씁니다.
②
1×4=4와 일의 자리에서 올림한 수 2를 더해 십의 자리에 씁니다.

올림이 두 번 있는 곱셈

일의 자리에서 올림이 있고, 십의 자리에서 또 한 번 올림이 있는 곱셈입니다. 아래 자리에서 올림한 수를 윗자리에 작게 써 준 다음, 윗자리의 곱과 더해서 답을 써 줍니다.

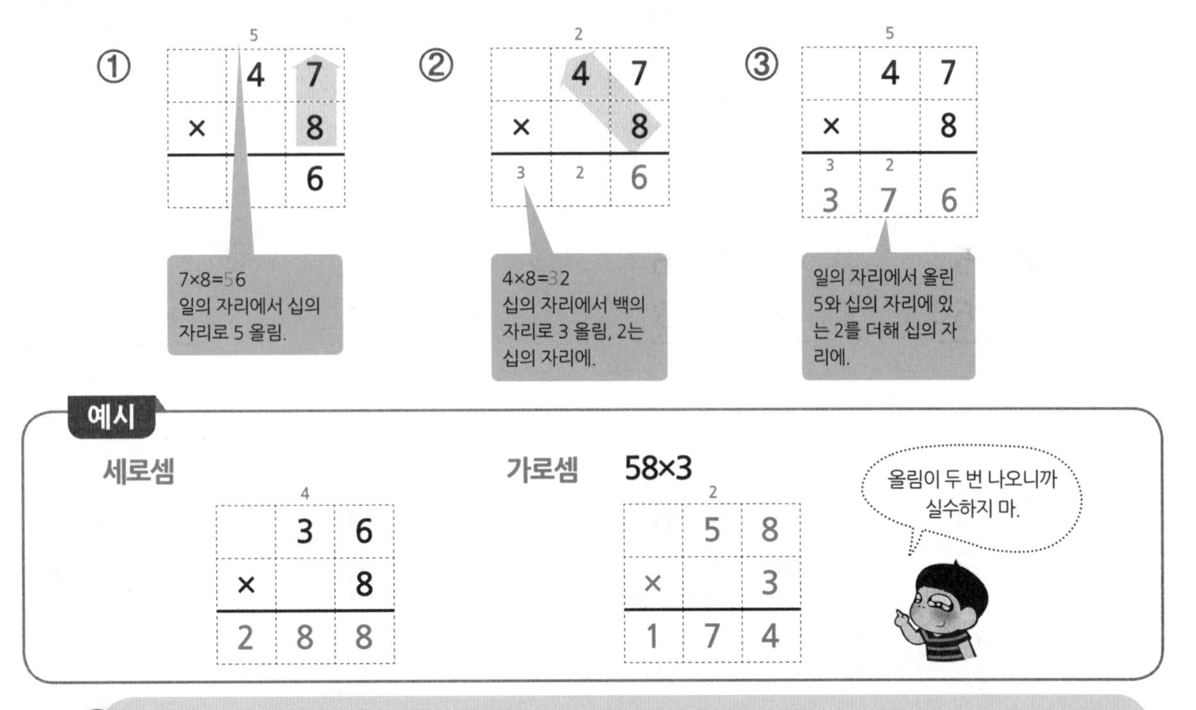

①
7×8=56
일의 자리에서 십의 자리로 5 올림.
②
4×8=32
십의 자리에서 백의 자리로 3 올림, 2는 십의 자리에.
③
일의 자리에서 올린 5와 십의 자리에 있는 2를 더해 십의 자리에.
예시
세로셈
가로셈 58×3
올림이 두 번 나오니까 실수하지 마.

올림이 있는 곱셈을 연습하는 단계입니다. 일의 자리에서 올림한 수는 반드시 십의 자리에 작게 쓰고, 십의 자리 곱과 더해야 함을 강조해 주세요. B형 문제는 아이들이 직접 가로셈을 세로셈으로 바꿔서 계산하는 문제입니다. 자릿수에 맞추어 문제를 쓸 수 있도록 연습시켜 주세요.

(두 자리 수)×(한 자리 수) (2)

월	일
분	초
	/24

✎ 곱셈을 하세요.

	백	십	일
❶		3	7
	×		2

	백	십	일
❷		1	9
	×		2

	백	십	일
❸		2	5
	×		3

	백	십	일
❹		3	6
	×		2

❺ 48×2

❻ 17×5

❼ 18×3

❽ 38×2

❾ 27×3

❿ 16×5

⓫ 25×2

⓬ 26×2

⓭ 45×6

⓮ 56×3

⓯ 67×4

⓰ 74×5

⓱ 89×3

⓲ 38×4

⓳ 29×6

⓴ 47×8

㉑ 54×9

㉒ 64×7

㉓ 78×2

㉔ 94×6

자기 점수에 ○표 하세요

맞힌 개수	16개 이하	17~20개	21~22개	23~24개
학습 방법	개념을 다시 공부하세요.	조금 더 노력하세요.	실수하면 안 돼요.	참 잘했어요.

(두 자리 수)×(한 자리 수) (2)

월 일
분 초
/16

올림한 수를 작게 써주면 실수를 줄일 수 있어!

정답 39쪽

곱셈을 하세요.

❶ 29×3

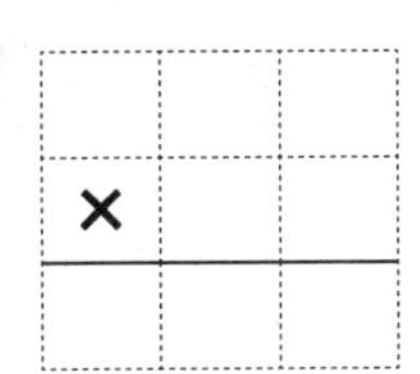

❷ 39×2

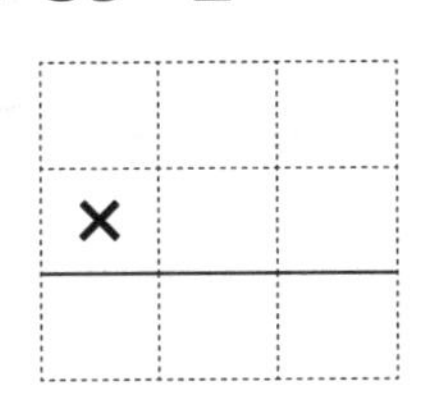

❸ 46×2

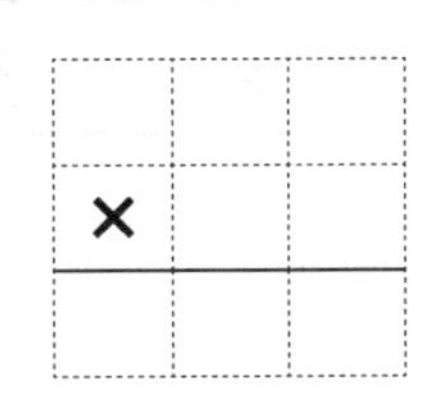

❹ 19×5

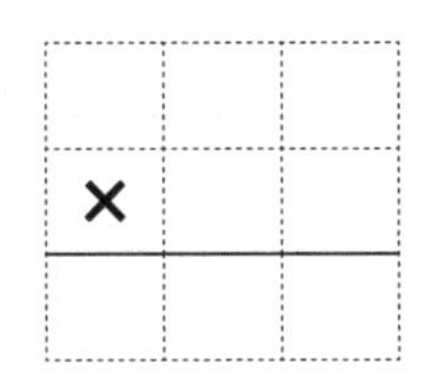

❺ 45×2

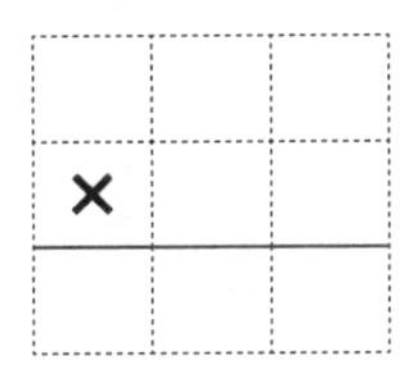

❻ 35×2

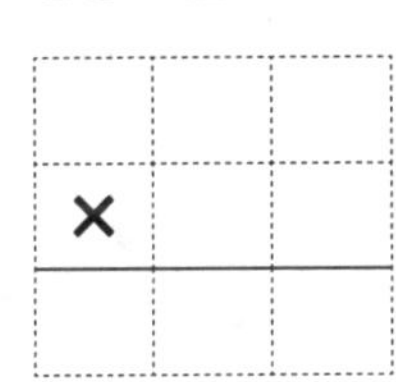

❼ 49×2

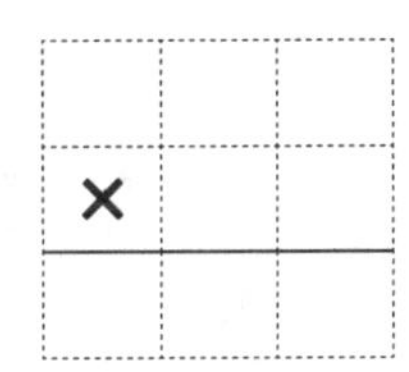

❽ 28×3

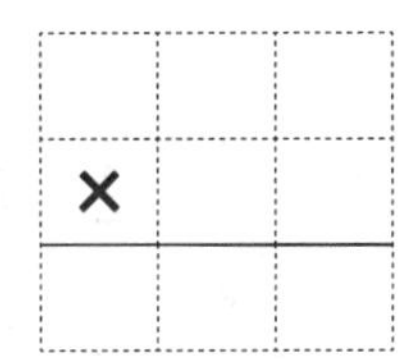

❾ 19×6

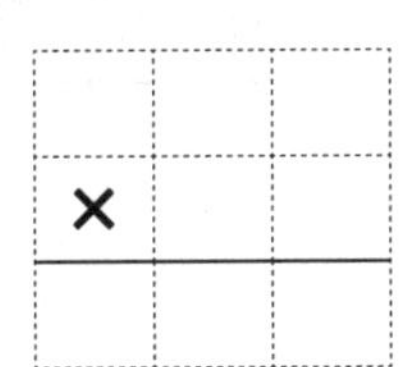

❿ 29×8

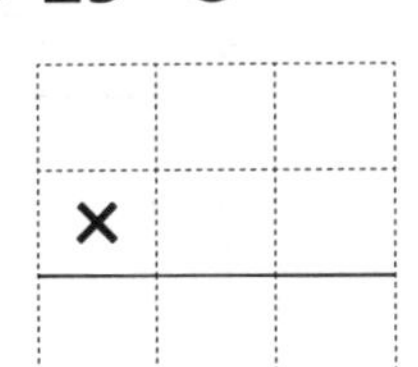

⓫ 37×9

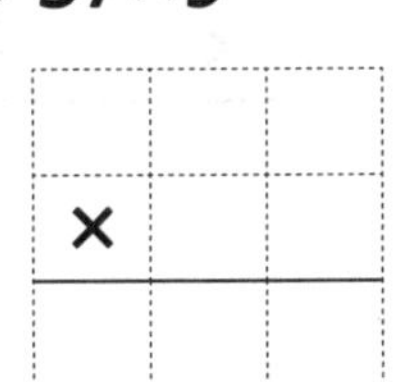

⓬ 48×7

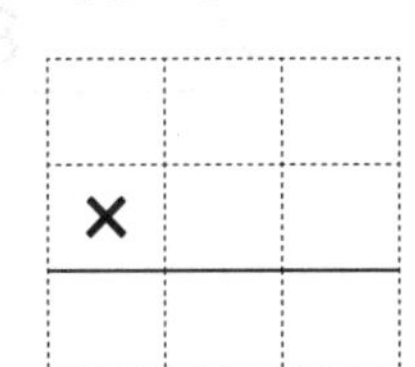

⓭ 45×9

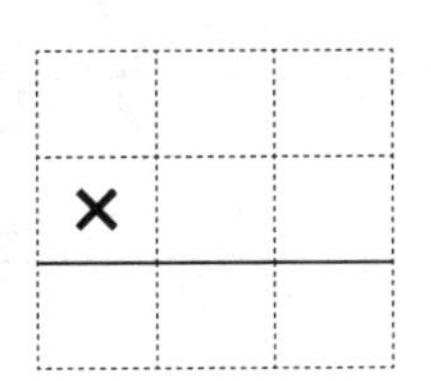

⓮ 57×9

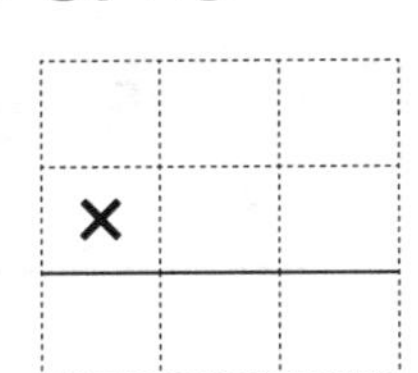

⓯ 67×8

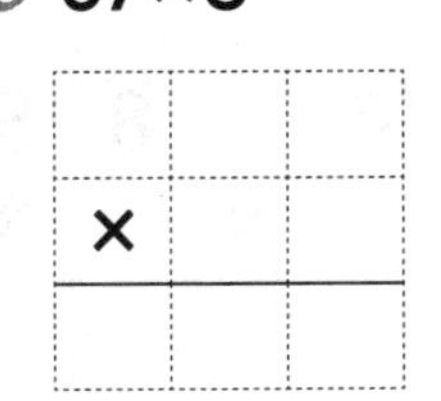

⓰ 77×8

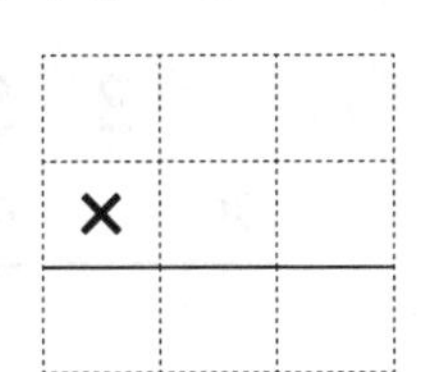

자기 점수에 ○표 하세요

맞힌 개수	8개 이하	9~12개	13~14개	15~16개
학습 방법	개념을 다시 공부하세요.	조금 더 노력하세요.	실수하면 안 돼요.	참 잘했어요.

(두 자리 수)×(한 자리 수) (2)

월 일
분 초
/24

곱셈을 하세요.

번호	백	십	일
❶		2	7
	×		2
❷		2	9
	×		2
❸		1	5
	×		3
❹		4	5
	×		2

❺ 47×2

❻ 14×5

❼ 18×2

❽ 37×2

❾ 26×3

❿ 15×5

⓫ 24×3

⓬ 26×2

⓭ 57×8

⓮ 63×8

⓯ 76×2

⓰ 84×7

⓱ 54×3

⓲ 73×5

⓳ 38×3

⓴ 46×9

㉑ 38×4

㉒ 85×3

㉓ 59×9

㉔ 78×6

자기 점수에 ○표 하세요

맞힌 개수	16개 이하	17~20개	21~22개	23~24개
학습 방법	개념을 다시 공부하세요.	조금 더 노력하세요.	실수하면 안 돼요.	참 잘했어요.

(두 자리 수)×(한 자리 수) (2)

월 일
분 초
/16

정답 40쪽

곱셈을 하세요.

❶ 15×4

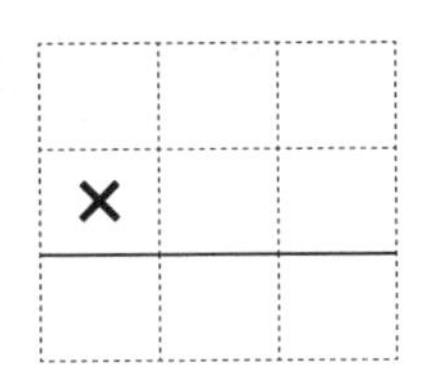

❷ 16×6

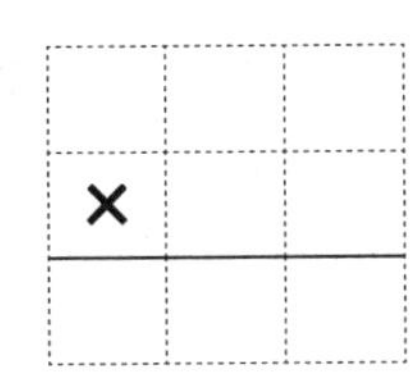

❸ 19×3

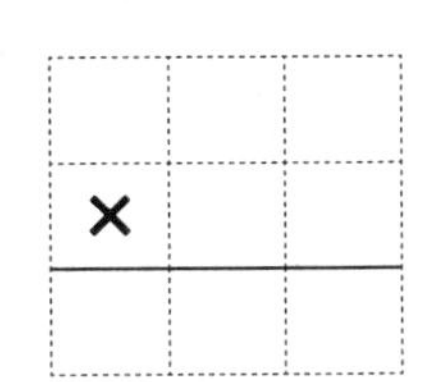

❹ 18×5

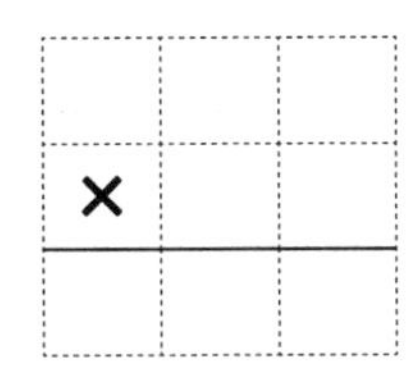

❺ 46×2

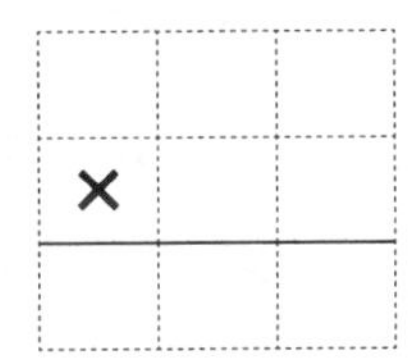

❻ 26×2

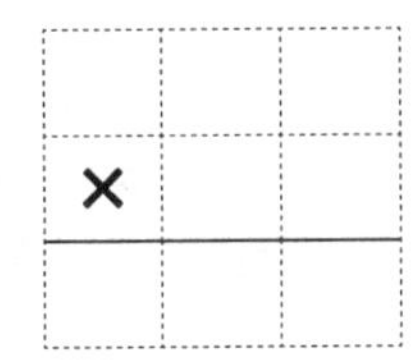

❼ 16×3

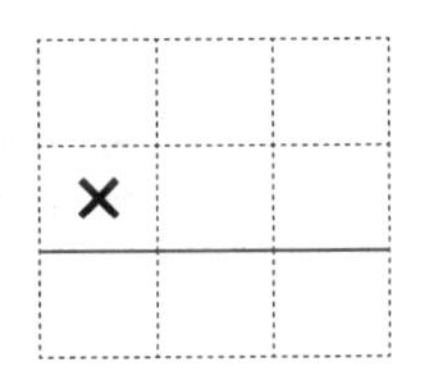

❽ 28×3

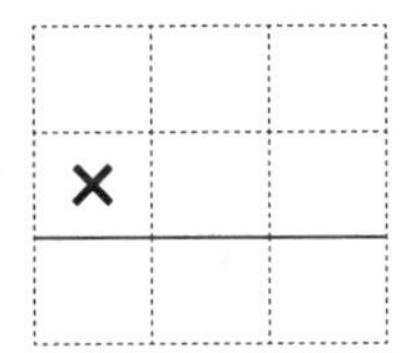

❾ 28×7

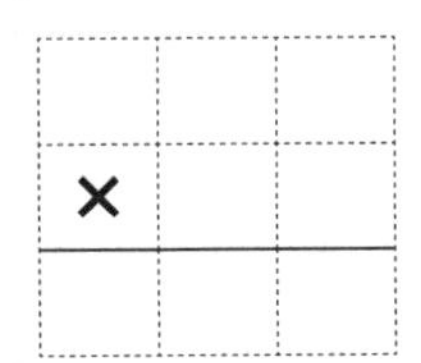

❿ 32×8

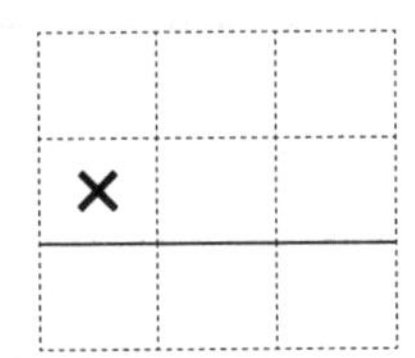

⓫ 73×4

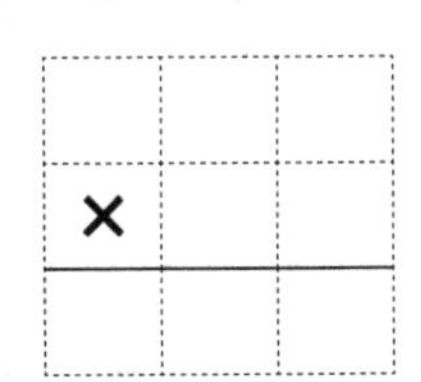

⓬ 46×3

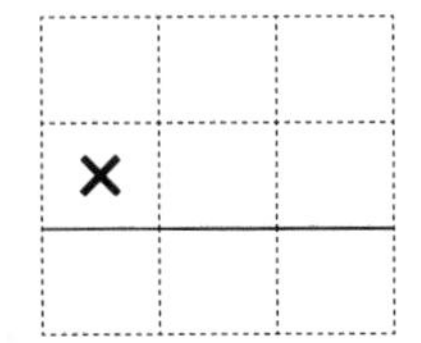

⓭ 54×6

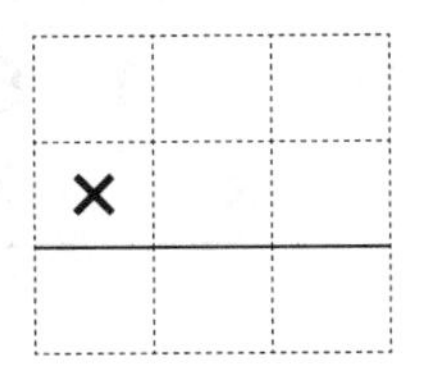

⓮ 67×5

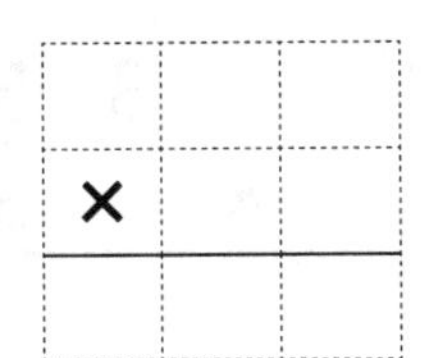

⓯ 92×8

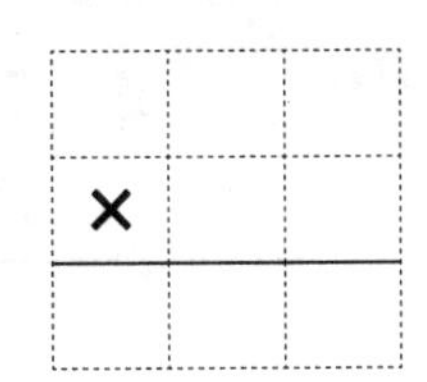

⓰ 78×4

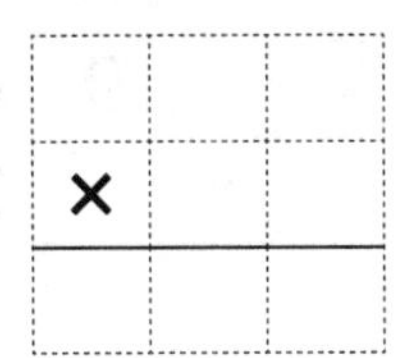

자기 점수에 ○표 하세요

맞힌 개수	8개 이하	9~12개	13~14개	15~16개
학습 방법	개념을 다시 공부하세요.	조금 더 노력 하세요.	실수하면 안 돼요.	참 잘했어요.

(두 자리 수)×(한 자리 수) (2)

월 일
분 초
/24

곱셈을 하세요.

	백	십	일
❶		3	8
	×		2

	백	십	일
❷		1	7
	×		2

	백	십	일
❸		1	4
	×		6

	백	십	일
❹		1	2
	×		5

❺ 39×2

❻ 16×6

❼ 27×3

❽ 24×3

❾ 36×2

❿ 23×4

⓫ 25×3

⓬ 48×2

⓭ 53×8

⓮ 64×7

⓯ 29×5

⓰ 84×8

⓱ 68×7

⓲ 73×4

⓳ 39×5

⓴ 24×8

㉑ 94×6

㉒ 42×8

㉓ 35×3

㉔ 16×7

자기 점수에 ○표 하세요

맞힌 개수	16개 이하	17~20개	21~22개	23~24개
학습 방법	개념을 다시 공부하세요.	조금 더 노력하세요.	실수하면 안 돼요.	참 잘했어요.

(두 자리 수)×(한 자리 수) (2)

월 일
분 초
/16

정답 41쪽

곱셈을 하세요.

❶ 24×4

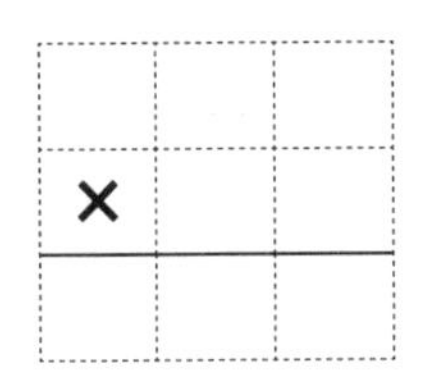

❷ 18×2

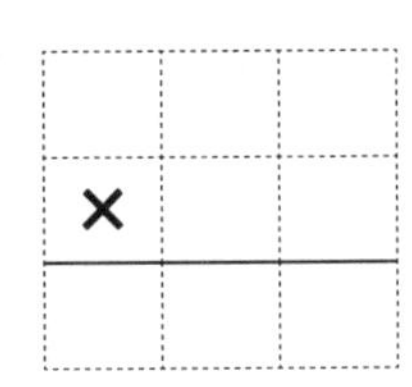

❸ 49×2

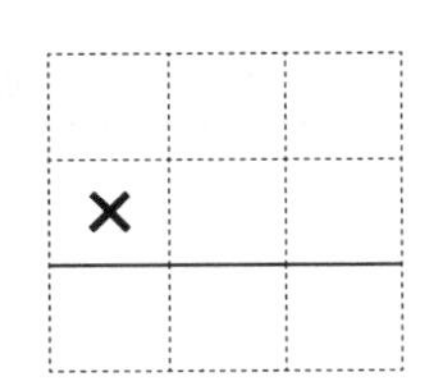

❹ 19×5

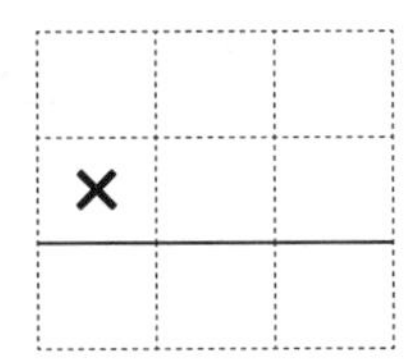

❺ 15×6

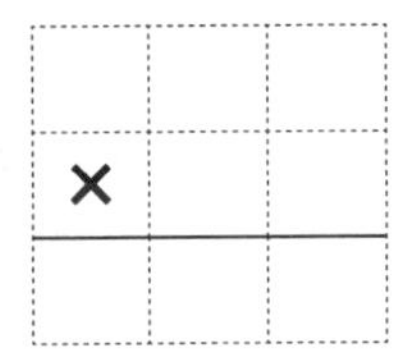

❻ 36×2

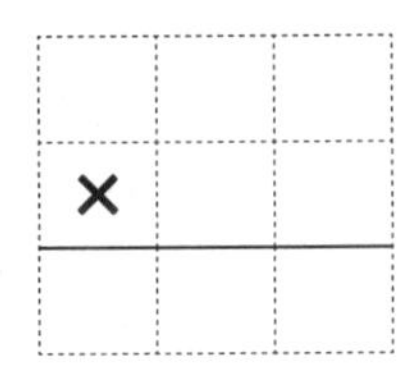

❼ 14×7

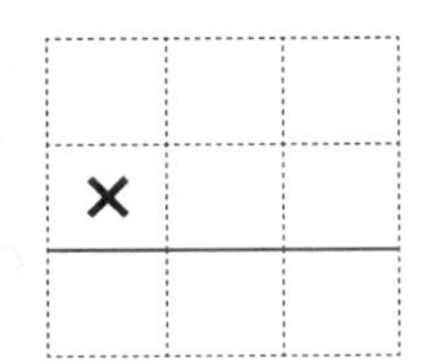

❽ 28×3

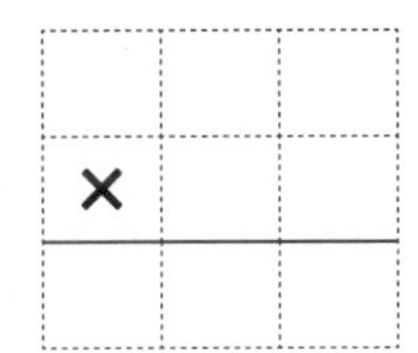

❾ 17×8

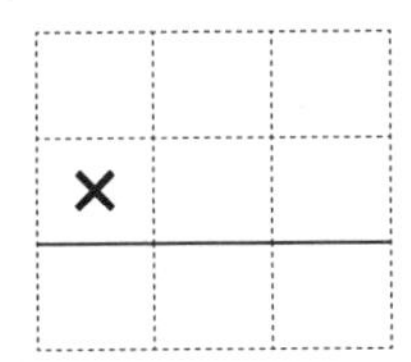

❿ 24×6

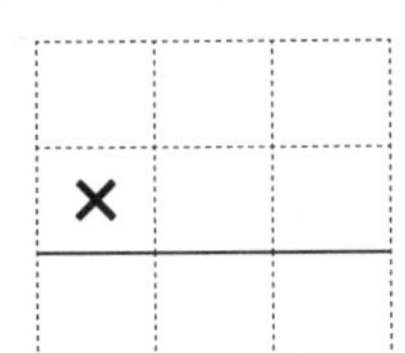

⓫ 34×9

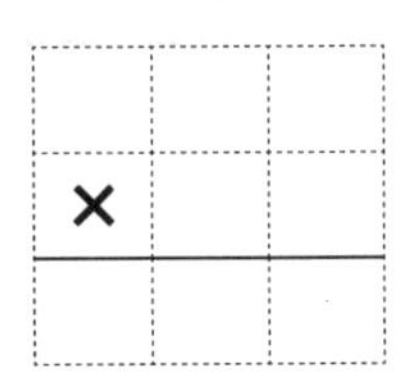

⓬ 49×7

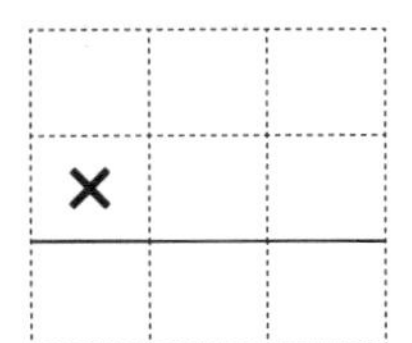

⓭ 55×8

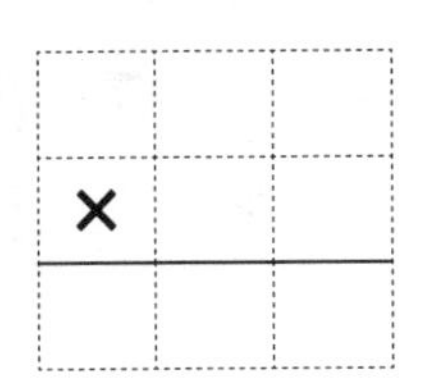

⓮ 28×7

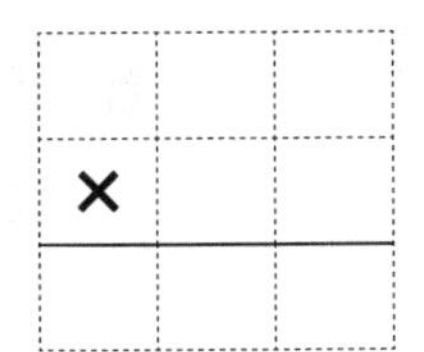

⓯ 64×8

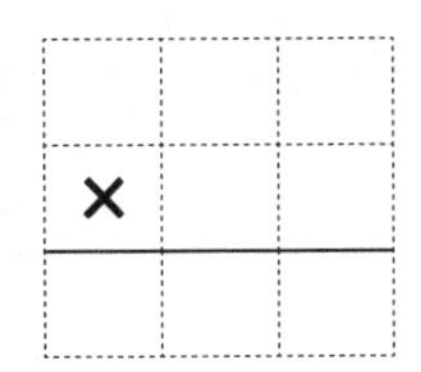

⓰ 37×8

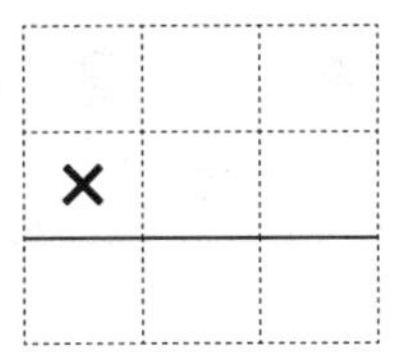

자기 점수에 ○표 하세요

맞힌 개수	8개 이하	9~12개	13~14개	15~16개
학습 방법	개념을 다시 공부하세요.	조금 더 노력 하세요.	실수하면 안 돼요.	참 잘했어요.

(두 자리 수)×(한 자리 수) (2)

월 일
분 초
/24

곱셈을 하세요.

(백 십 일)

❶ 45×2

❷ 26×2

❸ 28×3

❹ 16×2

❺ 48×2

❻ 37×2

❼ 18×4

❽ 38×2

❾ 26×3

❿ 16×5

⓫ 24×3

⓬ 17×4

⓭ 16×9

⓮ 64×4

⓯ 72×7

⓰ 34×8

⓱ 49×3

⓲ 63×8

⓳ 18×9

⓴ 26×8

㉑ 28×7

㉒ 76×4

㉓ 69×3

㉔ 78×5

자기 점수에 ○표 하세요

맞힌 개수	16개 이하	17~20개	21~22개	23~24개
학습 방법	개념을 다시 공부하세요.	조금 더 노력 하세요.	실수하면 안 돼요.	참 잘했어요.

(두 자리 수)×(한 자리 수) (2)

월 일
분 초
/16

정답 42쪽

곱셈을 하세요.

❶ 23×4

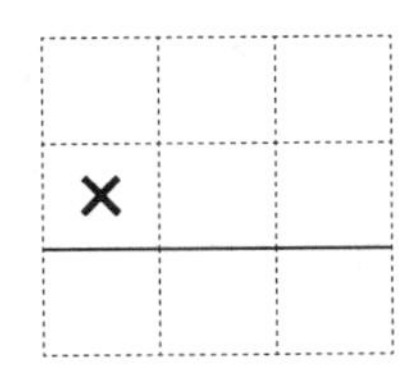

❷ 39×2

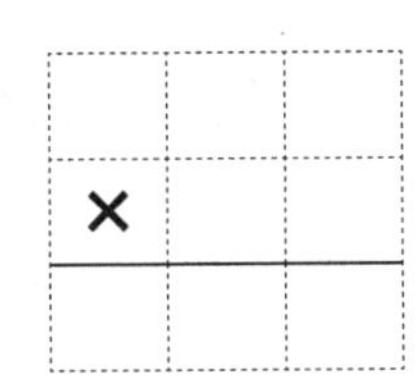

❸ 25×3

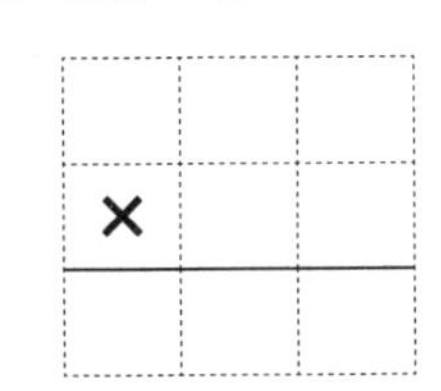

❹ 18×5

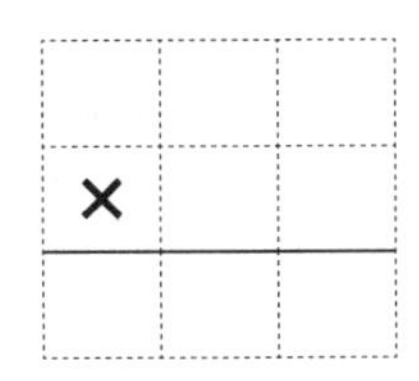

❺ 48×2

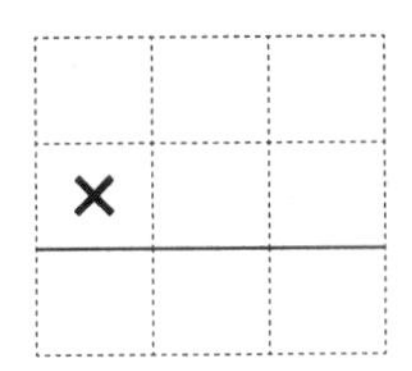

❻ 46×2

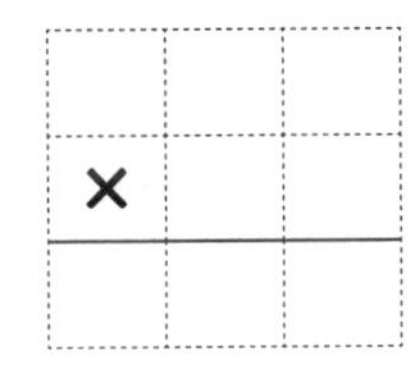

❼ 19×2

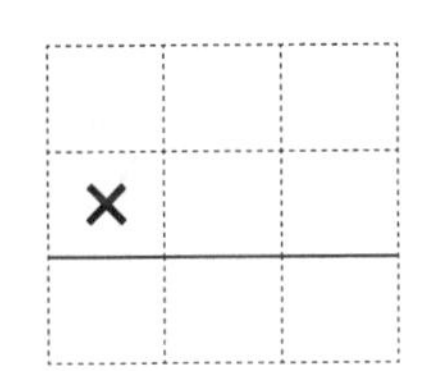

❽ 18×3

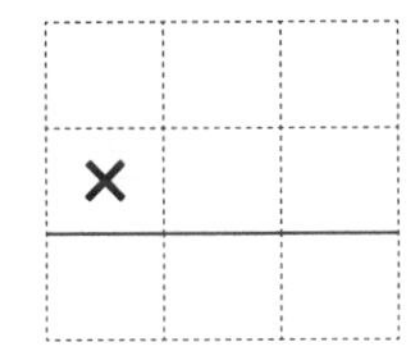

❾ 47×3

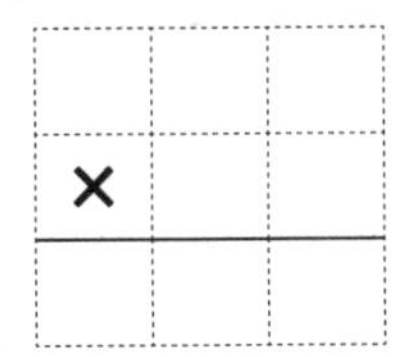

❿ 28×5

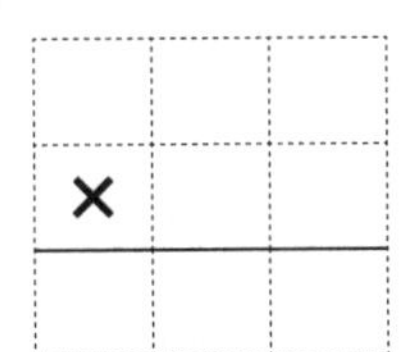

⓫ 36×9

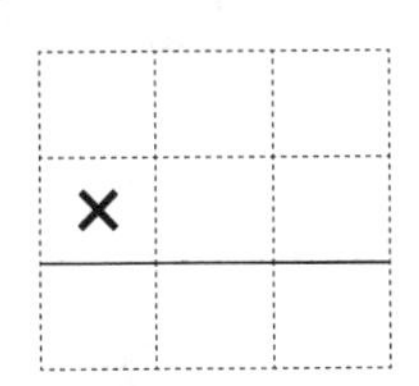

⓬ 43×4

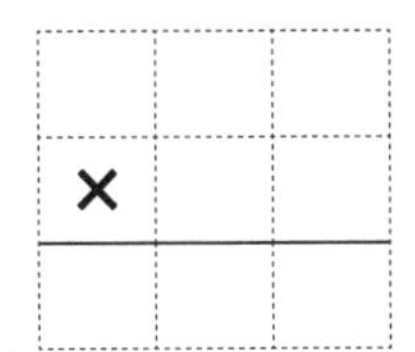

⓭ 83×6

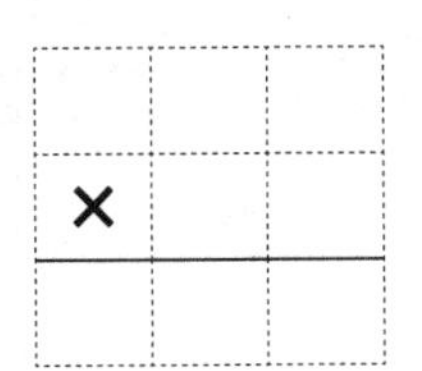

⓮ 54×9

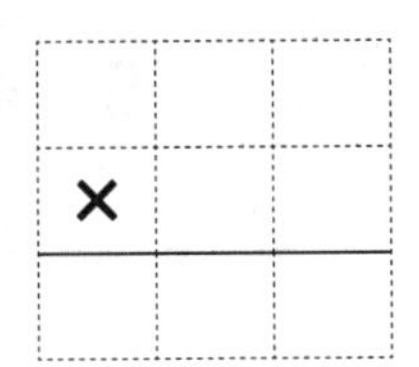

⓯ 64×4

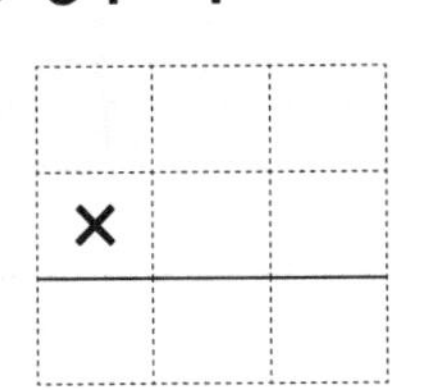

⓰ 72×8

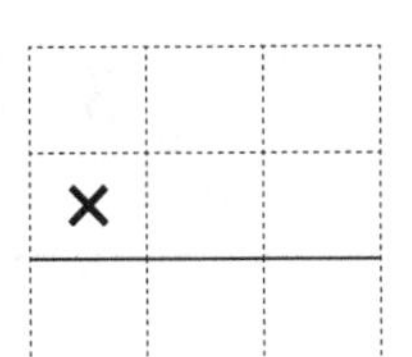

자기 점수에 ○표 하세요

맞힌 개수	8개 이하	9~12개	13~14개	15~16개
학습 방법	개념을 다시 공부하세요.	조금 더 노력하세요.	실수하면 안 돼요.	참 잘했어요.

5일차 A형

(두 자리 수)×(한 자리 수) (2)

월 일
분 초
/24

곱셈을 하세요.

❶ (백 십 일)
$$\begin{array}{r} 17 \\ \times \quad 2 \\ \hline \end{array}$$

❷
$$\begin{array}{r} 19 \\ \times \quad 2 \\ \hline \end{array}$$

❸
$$\begin{array}{r} 25 \\ \times \quad 3 \\ \hline \end{array}$$

❹
$$\begin{array}{r} 36 \\ \times \quad 2 \\ \hline \end{array}$$

❺
$$\begin{array}{r} 16 \\ \times \quad 6 \\ \hline \end{array}$$

❻
$$\begin{array}{r} 17 \\ \times \quad 5 \\ \hline \end{array}$$

❼
$$\begin{array}{r} 18 \\ \times \quad 3 \\ \hline \end{array}$$

❽
$$\begin{array}{r} 19 \\ \times \quad 4 \\ \hline \end{array}$$

❾
$$\begin{array}{r} 27 \\ \times \quad 3 \\ \hline \end{array}$$

❿
$$\begin{array}{r} 14 \\ \times \quad 7 \\ \hline \end{array}$$

⓫
$$\begin{array}{r} 24 \\ \times \quad 4 \\ \hline \end{array}$$

⓬
$$\begin{array}{r} 49 \\ \times \quad 2 \\ \hline \end{array}$$

⓭
$$\begin{array}{r} 67 \\ \times \quad 4 \\ \hline \end{array}$$

⓮
$$\begin{array}{r} 42 \\ \times \quad 9 \\ \hline \end{array}$$

⓯
$$\begin{array}{r} 79 \\ \times \quad 3 \\ \hline \end{array}$$

⓰
$$\begin{array}{r} 57 \\ \times \quad 7 \\ \hline \end{array}$$

⓱
$$\begin{array}{r} 68 \\ \times \quad 9 \\ \hline \end{array}$$

⓲
$$\begin{array}{r} 54 \\ \times \quad 3 \\ \hline \end{array}$$

⓳
$$\begin{array}{r} 17 \\ \times \quad 6 \\ \hline \end{array}$$

⓴
$$\begin{array}{r} 25 \\ \times \quad 9 \\ \hline \end{array}$$

㉑
$$\begin{array}{r} 34 \\ \times \quad 8 \\ \hline \end{array}$$

㉒
$$\begin{array}{r} 48 \\ \times \quad 7 \\ \hline \end{array}$$

㉓
$$\begin{array}{r} 54 \\ \times \quad 9 \\ \hline \end{array}$$

㉔
$$\begin{array}{r} 72 \\ \times \quad 8 \\ \hline \end{array}$$

자기 점수에 ○표 하세요.

맞힌 개수	16개 이하	17~20개	21~22개	23~24개
학습 방법	개념을 다시 공부하세요.	조금 더 노력 하세요.	실수하면 안 돼요.	참 잘했어요.

(두 자리 수)×(한 자리 수) (2)

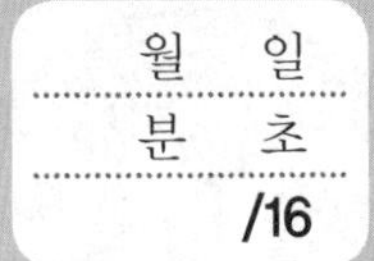

정답 43쪽

곱셈을 하세요.

❶ 23×4

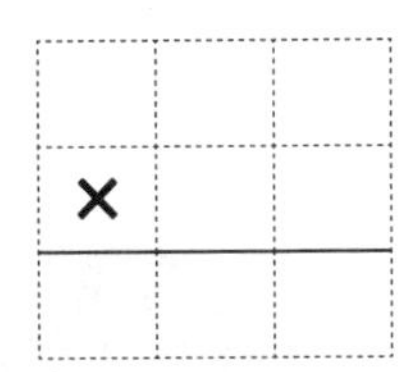

❷ 19×5

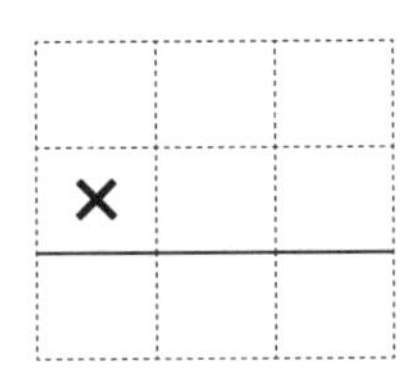

❸ 16×3

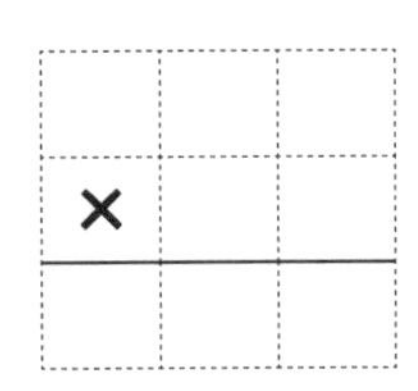

❹ 19×4

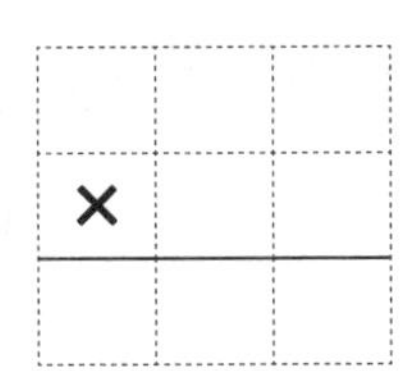

❺ 25×3

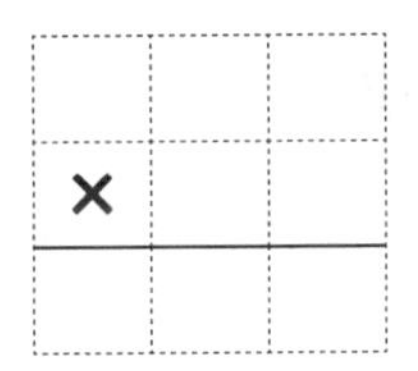

❻ 27×2

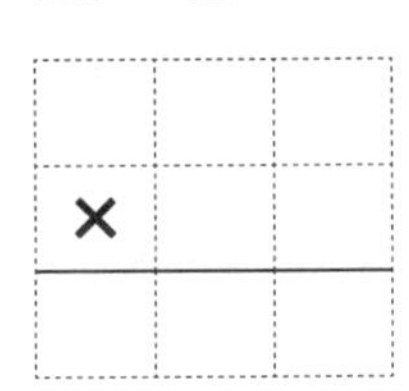

❼ 47×2

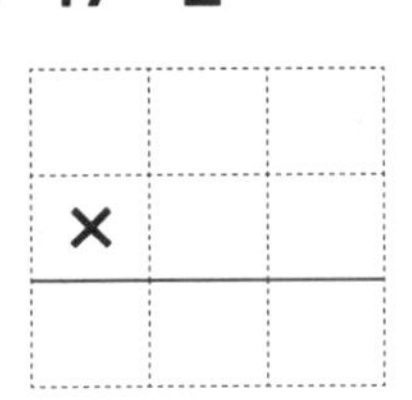

❽ 18×4

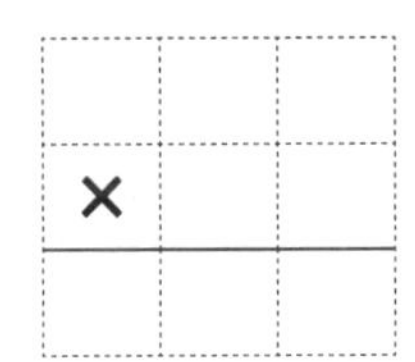

❾ 18×7

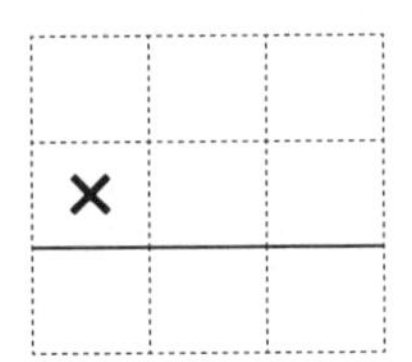

❿ 24×8

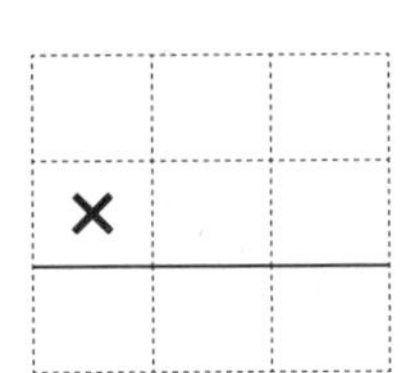

⓫ 53×6

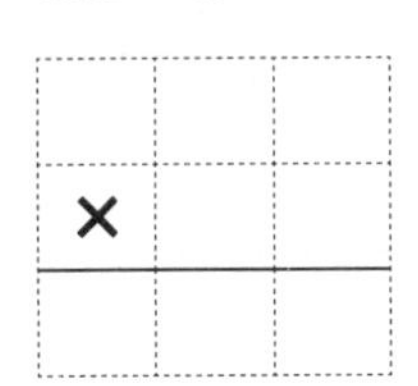

⓬ 46×7

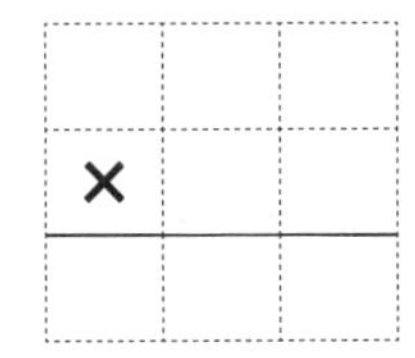

⓭ 72×9

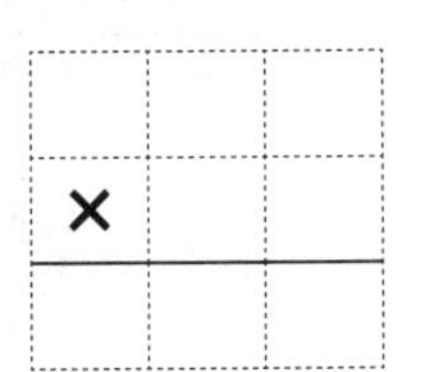

⓮ 68×4

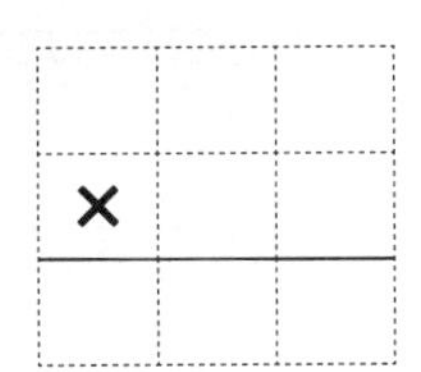

⓯ 37×5

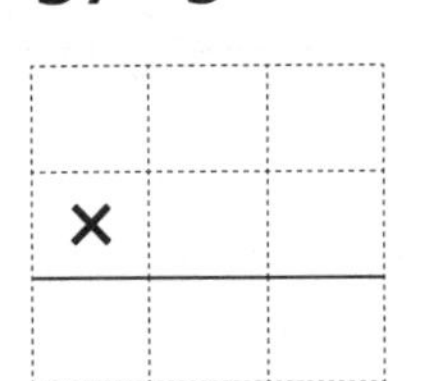

⓰ 45×8

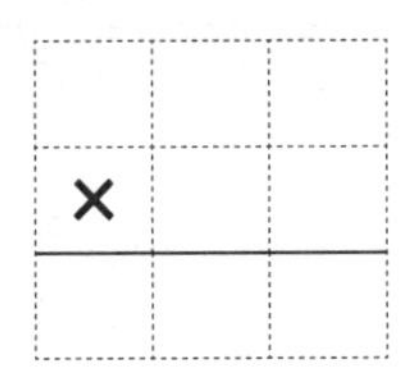

자기 점수에 ○표 하세요

맞힌 개수	8개 이하	9~12개	13~14개	15~16개
학습 방법	개념을 다시 공부하세요.	조금 더 노력 하세요.	실수하면 안 돼요.	참 잘했어요.

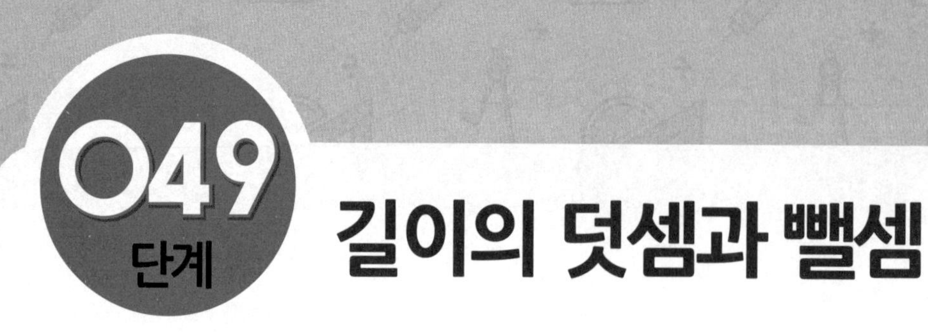

049단계 길이의 덧셈과 뺄셈

◆스스로 학습 관리표◆

- 매일 맞힌 개수를 적고, 걸린 시간만큼 색칠해 보세요.
  (눈금 1칸은 1분이며, 초는 표의 상단에 적으세요.)
- 하루하루 지날수록 실력이 자라고, 계산 속도가 빨라지는 것을 눈으로 직접 확인할 수 있습니다.

A

(초)	(초)	(초)	(초)	(초)
1일 차	2일 차	3일 차	4일 차	5일 차

30분 25분 20분 15분 10분 5분 0분

B

(초)	(초)	(초)	(초)	(초)
1일 차	2일 차	3일 차	4일 차	5일 차

·개념 포인트·

길이의 덧셈

mm는 mm끼리, cm는 cm끼리, m는 m끼리, km는 km끼리 각각 더합니다.
이때 1cm=10mm이므로 mm끼리 더한 값이 10보다 크면 10mm를 1cm로 받아올림하여 계산합니다. 마찬가지로 1km=1000m이므로 m끼리 더한 값이 1000보다 크면 1000m를 1km로 받아올림하여 계산합니다.

길이의 뺄셈

mm는 mm끼리, cm는 cm끼리, m는 m끼리, km는 km끼리 각각 뺍니다.
이때 mm끼리 뺄 수 없으면 1cm를 10mm로 받아내림하여 계산합니다. 마찬가지로 m끼리 뺄 수 없으면 1km를 1000m로 받아내림하여 계산합니다.

예시

길이의 덧셈과 뺄셈

	2cm	3mm
+	4cm	5mm
	6cm	8mm

	8cm	7mm
−	6cm	5mm
	2cm	2mm

	3km	200m
+	4km	300m
	7km	500m

	6km	800m
−	5km	200m
	1km	600m

같은 단위끼리 덧셈과 뺄셈을 하고 1cm=10mm, 1km=1000m임을 이용하여 받아올림과 받아내림하여 계산하도록 지도해 주세요.

길이의 덧셈과 뺄셈

월	일
분	초
	/12

✎ 계산을 하세요.

❶

	5cm	2mm
+	1cm	4mm
	cm	mm

❷

	3cm	6mm
+	2cm	3mm
	cm	mm

❸

	2cm	7mm
+	5cm	4mm
	cm	mm

❹

	3cm	5mm
−	1cm	2mm
	cm	mm

❺

	4cm	8mm
−	3cm	5mm
	cm	mm

❻

	5cm	4mm
−	2cm	9mm
	cm	mm

❼

	1km	300m
+	5km	400m
	km	m

❽

	4km	600m
+	3km	700m
	km	m

❾

	6km	200m
+	2km	300m
	km	m

❿

	9km	700m
−	3km	300m
	km	m

⓫

	7km	600m
−	5km	200m
	km	m

⓬

	4km	600m
−	2km	700m
	km	m

자기 점수에 ○표 하세요

맞힌 개수	7개 이하	8~9개	10~11개	12개
학습 방법	개념을 다시 공부하세요.	조금 더 노력하세요.	실수하면 안 돼요.	참 잘했어요.

1일차 B형

길이의 덧셈과 뺄셈

월 일
분 초
/5

같은 단위끼리 계산할 때 받아올림, 받아내림을 이용해!

정답 44쪽

빈칸에 알맞은 수를 넣으세요.

❶ 2cm 5mm+6cm 2mm=(□+□)cm (□+□)mm
=□cm □mm

❷ 4cm 8mm+4cm 5mm=(□+□)cm (□+□)mm
=□cm □mm
=□cm □mm

❸ 6cm 9mm−3cm 2mm=(□−□)cm (□−□)mm
=□cm □mm

❹ 3km 200m+4km 500m=(□+□)km (□+□)m
=□km □m

❺ 9km 400m−3km 500m=(□−□)km (□−□)m
=(□−□)km (□−□)m
=□km □m

자기 점수에 ○표 하세요

맞힌 개수	2개 이하	3개	4개	5개
학습 방법	개념을 다시 공부하세요.	조금 더 노력하세요.	실수하면 안 돼요.	참 잘했어요.

길이의 덧셈과 뺄셈

월 일
분 초
/12

✎ 계산을 하세요.

❶

	4cm	3mm
+	3cm	6mm
	cm	mm

❷

	3cm	7mm
+	4cm	8mm
	cm	mm

❸

	8cm	3mm
+	3cm	4mm
	cm	mm

❹

	7cm	9mm
−	3cm	6mm
	cm	mm

❺

	9cm	5mm
−	2cm	8mm
	cm	mm

❻

	4cm	1mm
−	1cm	2mm
	cm	mm

❼

	5km	300m
+	2km	100m
	km	m

❽

	4km	200m
+	3km	900m
	km	m

❾

	6km	300m
+	5km	200m
	km	m

❿

	5km	900m
−	2km	600m
	km	m

⓫

	7km	100m
−	3km	400m
	km	m

⓬

	9km	500m
−	2km	800m
	km	m

자기 점수에 ○표 하세요

맞힌 개수	7개 이하	8~9개	10~11개	12개
학습 방법	개념을 다시 공부하세요.	조금 더 노력하세요.	실수하면 안 돼요.	참 잘했어요.

2일차 B형 길이의 덧셈과 뺄셈

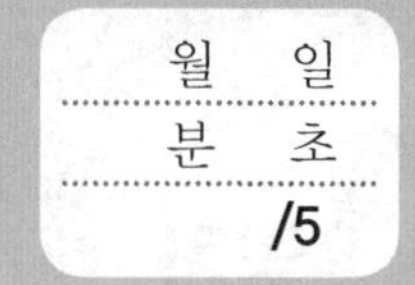

정답 45쪽

빈칸에 알맞은 수를 넣으세요.

❶ 5cm 7mm+2cm 9mm=(□+□)cm (□+□)mm
=□cm □mm
=□cm □mm

❷ 3cm 8mm−2cm 6mm=(□−□)cm (□−□)mm
=□cm □mm

❸ 5cm 6mm−2cm 7mm=(□−□)cm (□−□) mm
=(□−□)cm (□−□)mm
=□cm □mm

❹ 1km 500m+4km 300m=(□+□)km (□+□)m
=□km □m

❺ 4km 200m−1km 900m=(□−□)km (□−□)m
=(□−□)km (□−□)m
=□km □m

자기 점수에 ○표 하세요

맞힌 개수	2개 이하	3개	4개	5개
학습 방법	개념을 다시 공부하세요.	조금 더 노력 하세요.	실수하면 안 돼요.	참 잘했어요.

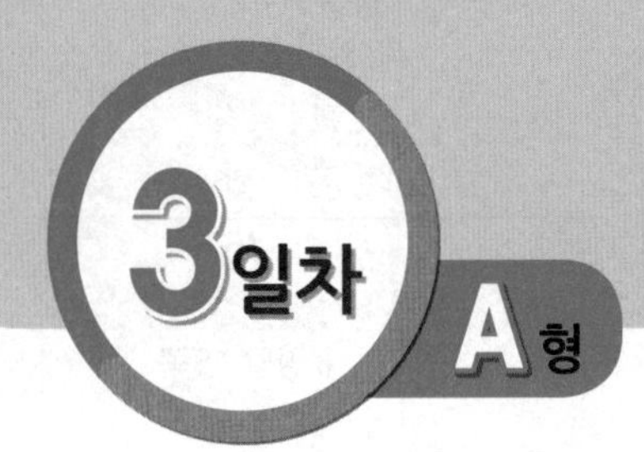

길이의 덧셈과 뺄셈

월 일
분 초
/12

✎ 계산을 하세요.

❶

	3cm	4mm
+	1cm	8mm
	cm	mm

❷

	5cm	9mm
+	2cm	7mm
	cm	mm

❸

	3cm	6mm
+	8cm	3mm
	cm	mm

❹

	8cm	2mm
−	6cm	8mm
	cm	mm

❺

	7cm	5mm
−	2cm	8mm
	cm	mm

❻

	6cm	5mm
−	1cm	9mm
	cm	mm

❼

	7km	300m
+	3km	600m
	km	m

❽

	5km	400m
+	2km	900m
	km	m

❾

	9km	300m
+	2km	800m
	km	m

❿

	8km	300m
−	3km	700m
	km	m

⓫

	6km	600m
−	3km	800m
	km	m

⓬

	9km	500m
−	5km	700m
	km	m

자기 점수에 ○표 하세요

맞힌 개수	7개 이하	8~9개	10~11개	12개
학습 방법	개념을 다시 공부하세요.	조금 더 노력하세요.	실수하면 안 돼요.	참 잘했어요.

길이의 덧셈과 뺄셈

월 일
분 초
/5

정답 46쪽

빈칸에 알맞은 수를 넣으세요.

❶ 5cm 6mm+2cm 8mm=(□+□)cm (□+□)mm
=□cm □mm
=□cm □mm

❷ 6cm 5mm−3cm 8mm=(□−□)cm (□−□) mm
=(□−□)cm (□−□)mm
=□cm □mm

❸ 3km 500m+9km 200m=(□+□)km (□+□)m
=□km □m

❹ 1km 700m+5km 700m=(□+□)km (□+□)m
=□km □m
=□km □m

❺ 9km 200m−3km 500m=(□−□)km (□−□) m
=(□−□)km (□−□)m
=□km □m

자기 점수에 ○표 하세요

맞힌 개수	2개 이하	3개	4개	5개
학습 방법	개념을 다시 공부하세요.	조금 더 노력 하세요.	실수하면 안 돼요.	참 잘했어요.

길이의 덧셈과 뺄셈

월 일
분 초
/12

✎ 계산을 하세요.

❶

	1cm	9mm
+	1cm	4mm
	cm	mm

❷

	9cm	3mm
+	5cm	4mm
	cm	mm

❸

	4cm	3mm
+	7cm	8mm
	cm	mm

❹

	9cm	1mm
−	7cm	9mm
	cm	mm

❺

	5cm	4mm
−	2cm	5mm
	cm	mm

❻

	8cm	7mm
−	3cm	9mm
	cm	mm

❼

	7km	500m
+	1km	700m
	km	m

❽

	6km	400m
+	1km	700m
	km	m

❾

	2km	800m
+	9km	400m
	km	m

❿

	5km	300m
−	2km	700m
	km	m

⓫

	6km	200m
−	2km	600m
	km	m

⓬

	7km	100m
−	5km	300m
	km	m

자기 점수에 ○표 하세요

맞힌 개수	7개 이하	8~9개	10~11개	12개
학습 방법	개념을 다시 공부하세요.	조금 더 노력하세요.	실수하면 안 돼요.	참 잘했어요.

길이의 덧셈과 뺄셈

월 일
분 초
/5

정답 47쪽

빈칸에 알맞은 수를 넣으세요.

① 4cm 3mm+1cm 9mm=(□+□)cm (□+□)mm
=□cm □mm
=□cm □mm

② 8cm 4mm−5cm 7mm=(□−□)cm (□−□) mm
=(□−□)cm (□−□)mm
=□cm □mm

③ 7cm 4mm−3cm 6mm=(□−□)cm (□−□) mm
=(□−□)cm (□−□)mm
=□cm □mm

④ 3km 500m+2km 700m=(□+□)km (□+□)m
=□km □m
=□km □m

⑤ 8km 800m−3km 900m=(□−□)km (□−□) m
=(□−□)km (□−□)m
=□km □m

자기 점수에 ○표 하세요

맞힌 개수	2개 이하	3개	4개	5개
학습 방법	개념을 다시 공부하세요.	조금 더 노력하세요.	실수하면 안 돼요.	참 잘했어요.

길이의 덧셈과 뺄셈

월	일
분	초
	/12

✎ 계산을 하세요.

❶

	3cm	6mm
+	2cm	8mm
	cm	mm

❷

	5cm	6mm
+	3cm	5mm
	cm	mm

❸

	1cm	8mm
+	9cm	5mm
	cm	mm

❹

	4cm	1mm
−	2cm	4mm
	cm	mm

❺

	8cm	5mm
−	3cm	7mm
	cm	mm

❻

	7cm	5mm
−	5cm	7mm
	cm	mm

❼

	6km	500m
+	5km	300m
	km	m

❽

	4km	900m
+	3km	500m
	km	m

❾

	7km	700m
+	6km	900m
	km	m

❿

	6km	200m
−	2km	300m
	km	m

⓫

	8km	200m
−	6km	400m
	km	m

⓬

	8km	300m
−	3km	900m
	km	m

자기 점수에 ○표 하세요

맞힌 개수	7개 이하	8~9개	10~11개	12개
학습 방법	개념을 다시 공부하세요.	조금 더 노력하세요.	실수하면 안 돼요.	참 잘했어요.

길이의 덧셈과 뺄셈

월 일
분 초
/5

정답 48쪽

빈칸에 알맞은 수를 넣으세요.

❶ 6cm 8mm+4cm 4mm=(□+□)cm (□+□)mm
=□cm □mm
=□cm □mm

❷ 7cm 2mm−4cm 7mm=(□−□)cm (□−□) mm
=(□−□)cm (□−□)mm
=□cm □mm

❸ 9cm 3mm−3cm 8mm=(□−□)cm (□−□) mm
=(□−□)cm (□−□)mm
=□cm □mm

❹ 4km 800m+5km 400m=(□+□)km (□+□)m
=□km □m
=□km □m

❺ 8km 100m−5km 900m=(□−□)km (□−□) m
=(□−□)km (□−□)m
=□km □m

자기 점수에 ○표 하세요

맞힌 개수	2개 이하	3개	4개	5개
학습 방법	개념을 다시 공부하세요.	조금 더 노력 하세요.	실수하면 안 돼요.	참 잘했어요.

세 단계 묶어 풀기 047 ~ 049단계
(두 자리 수)×(한 자리 수)

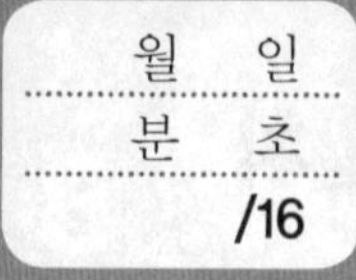

정답 49쪽

곱셈을 하세요.

❶ 10×9

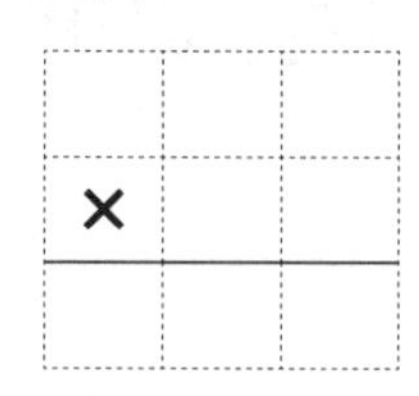

❷ 31×3

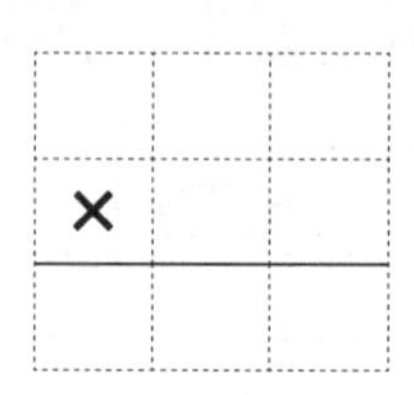

❸ 22×4

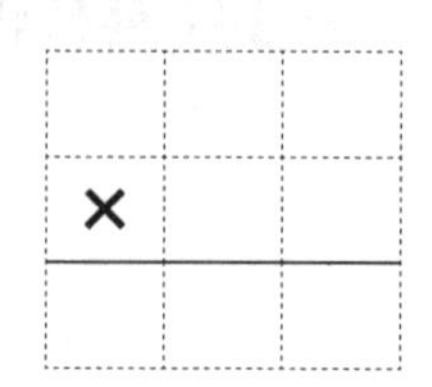

❹ 41×2

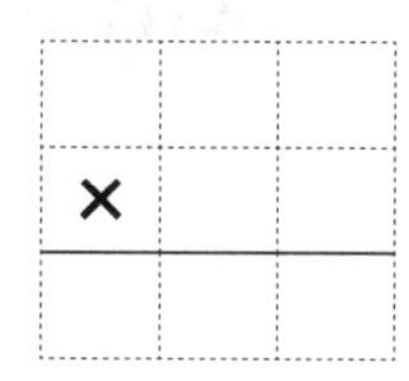

❺ 52×4

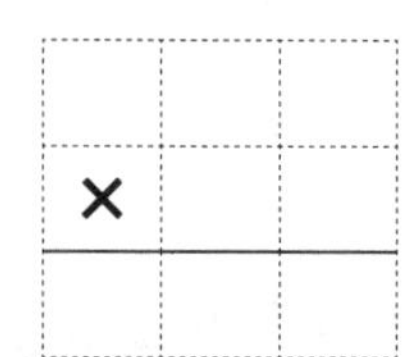

❻ 31×6

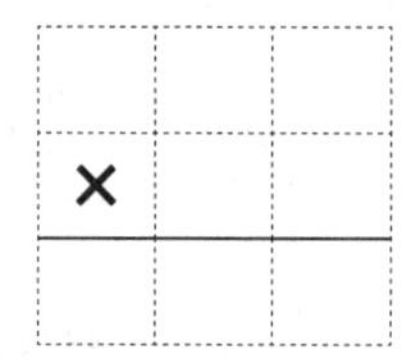

❼ 72×4

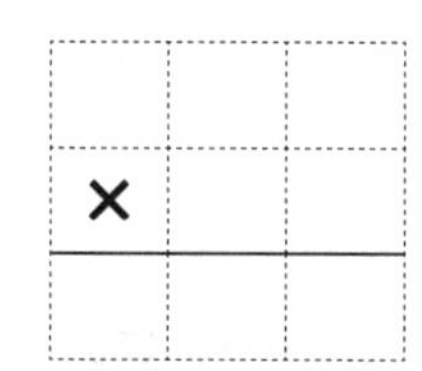

❽ 81×9

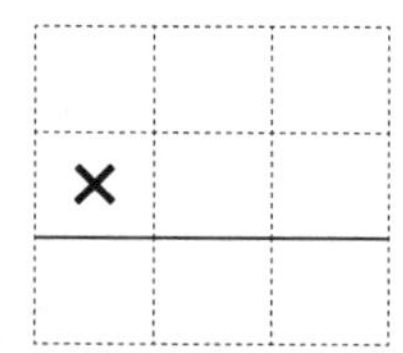

❾ 13×4

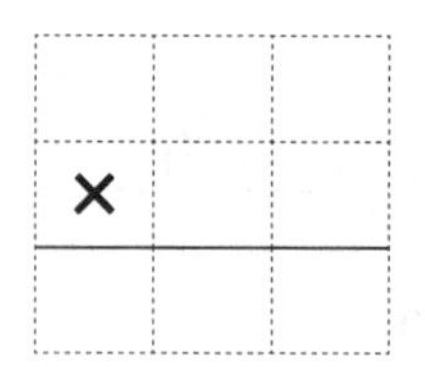

❿ 29×2

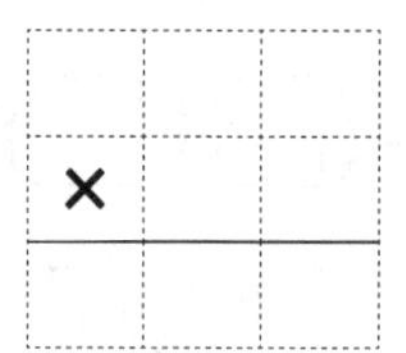

⓫ 37×2

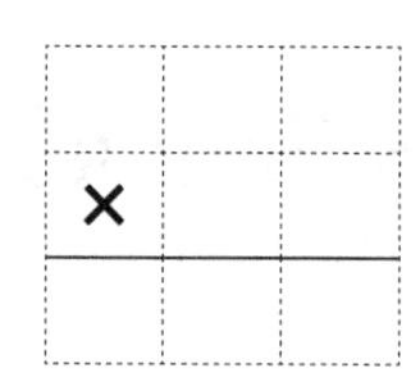

⓬ 48×2

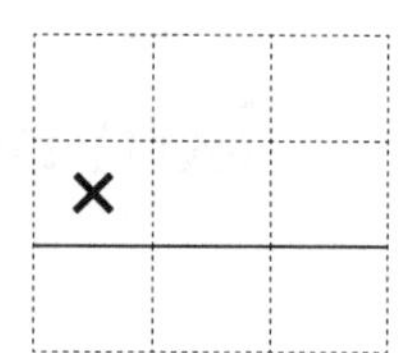

⓭ 65×3

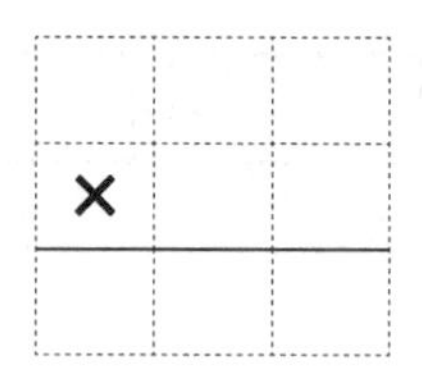

⓮ 34×7

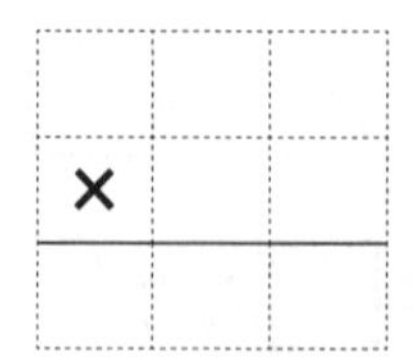

⓯ 74×4

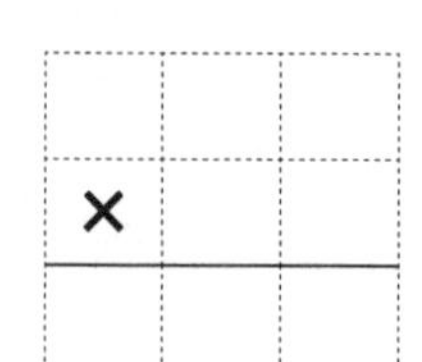

⓰ 57×4

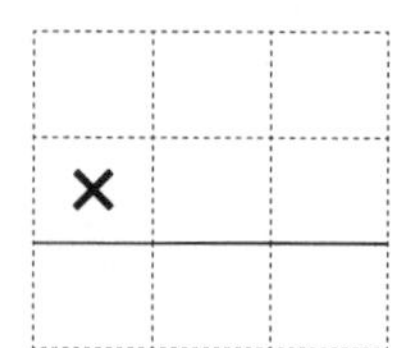

재미있는 수학이야기

인도에서 셈하는 법

인도에서는 덧셈과 곱셈을 아주 특이하게 했습니다.

	1	1	
	3	4	5
+	4	8	8
	8	3	3

(오늘날의 덧셈)

	4	6
	6	9
×		7
4	8	3

(오늘날의 곱셈)

8	3	
~~7~~	~~2~~	3
3	4	5
4	8	8

(인도의 덧셈)

	8			
4	~~2~~	3		
	6	9		7

(인도의 곱셈)

이처럼 오늘날 사용하는 방법이 아니라 답을 위쪽에 쓰는 방법이었습니다. 또 앞쪽에서 먼저 셈하고 받아올림이 있는 수는 다시 지우고 고쳐 썼습니다. 특이한 방법이지만 틀릴 확률이 적어 사용하기에도 편리한 방법입니다.

시간의 합과 차

◆스스로 학습 관리표◆

- 매일 맞힌 개수를 적고, 걸린 시간만큼 색칠해 보세요.
  (눈금 1칸은 1분이며, 초는 표의 상단에 적으세요.)
- 하루하루 지날수록 실력이 자라고, 계산 속도가 빨라지는 것을 눈으로 직접 확인할 수 있습니다.

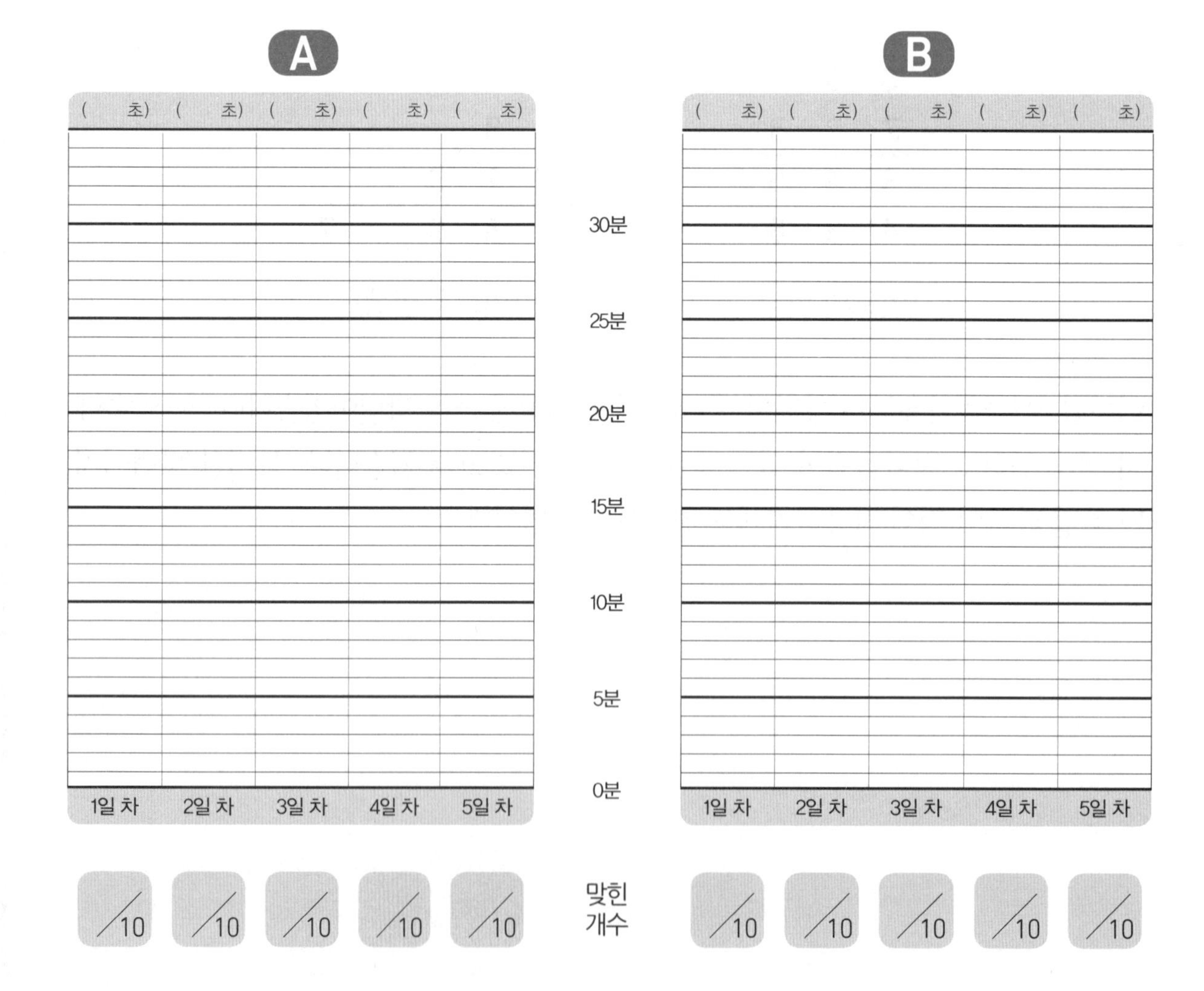

개념 포인트

시간의 합

시간의 합을 계산할 때는 같은 단위끼리 계산하여 시는 시끼리, 분은 분끼리, 초는 초끼리 더합니다. 이때 초끼리의 합이 60보다 크거나 같으면 60초를 1분으로 받아올림하고, 분끼리의 합이 60보다 크거나 같으면 60분을 1시간으로 받아올림하여 계산합니다.

시간의 차

시간의 차를 계산할 때도 같은 단위끼리 계산하여 시는 시끼리, 분은 분끼리, 초는 초끼리 뺍니다. 이때 초끼리 뺄 수 없으면 1분을 60초로 받아내림하여 계산하고, 분끼리 뺄 수 없으면 1시간을 60분으로 받아내림하여 계산합니다.

예시

시간의 합

(시간)+(시간)=(시간)

	1		
	1시간	30분	20초
+	2시간	40분	35초
	4시간	10분	55초
		70-60	

(시각)+(시간)=(시각)

	2시	15분	33초
+	3시간	10분	6초
	5시	25분	39초

시간의 차

(시각)−(시각)=(시간)

	10	60	
	~~11~~시	20분	40초
−	2시	35분	10초
	8시간	45분	30초

(시각)−(시간)=(시각)

		54	60
	7시	~~55~~분	20초
−	2시간	10분	40초
	5시	44분	40초

일상 생활에서 사용하는 시간의 합과 차를 배우는 단계로 시, 분, 초의 단위의 정확한 이해와 함께 그동안 배웠던 덧셈과 뺄셈을 적용하는 과정입니다. 시간과 시각의 차이를 이해하고 시간과 시각의 합과 차의 결과가 어떤 단위로 나오는지 아이들에게 확실하게 이해시켜 주세요.

시간의 합과 차

월	일
분	초
	/10

합이 60초보다 크면 받아올림을 하자!

✎ 다음을 계산하세요.

❶
	25분	40초
+	15분	10초
	분	초

❷
	1시	12분	22초
+		34분	36초
	시	분	초

❸
	3시간	41분	5초
+		16분	10초
	시간	분	초

❹
	7시	13분	14초
+	2시간	38분	45초
	시	분	초

❺
	1시간	27분	23초
+	4시간	23분	24초
	시간	분	초

❻
	6시	47분	38초
+	4시간	15분	11초
	시	분	초

❼
		19분	44초
+	5시간	26분	52초
	시간	분	초

❽
	4시	25분	7초
+	2시간	55분	26초
	시	분	초

❾
	2시간		29초
+	3시간	17분	48초
	시간	분	초

❿
	2시	51분	17초
+	1시간	38분	47초
	시	분	초

자기 점수에 ○표 하세요

맞힌 개수	5개 이하	6~7개	8~9개	10개
학습 방법	개념을 다시 공부하세요.	조금 더 노력하세요.	실수하면 안 돼요.	참 잘했어요.

시간의 합과 차

월 일
분 초
/10

같은 단위끼리 뺄 수 없으면 60을 받아내림해 줘!

정답 50쪽

다음을 계산하세요.

❶
```
    4시    50분
-   2시    25분
─────────────
     시간    분
```

❷
```
    5시    42분   30초
-          11분   23초
────────────────────
     시      분     초
```

❸
```
    8시    58분   36초
-   2시    14분   27초
────────────────────
     시간    분     초
```

❹
```
    6시    37분   54초
-   4시간  19분   11초
────────────────────
     시      분     초
```

❺
```
    3시    42분   13초
-   1시     8분   10초
────────────────────
     시간    분     초
```

❻
```
    7시    12분   44초
-   3시간  40분    2초
────────────────────
     시      분     초
```

❼
```
    4시    38분
-   2시간  16분   24초
────────────────────
     시      분     초
```

❽
```
    6시    56분   29초
-   5시간  49분   53초
────────────────────
     시      분     초
```

❾
```
    8시간          16초
-   4시간  31분   20초
────────────────────
     시간    분     초
```

❿
```
   11시    12분   32초
-   7시간  45분   50초
────────────────────
     시      분     초
```

자기 점수에 ○표 하세요

맞힌 개수	5개 이하	6~7개	8~9개	10개
학습 방법	개념을 다시 공부하세요.	조금 더 노력하세요.	실수하면 안 돼요.	참 잘했어요.

2일차 A형 시간의 합과 차

월 일
분 초
/10

다음을 계산하세요.

❶
16분 32초
+ 43분 24초
분 초

❷
3시 28분 40초
+ 20분 17초
시 분 초

❸
2시간 28분 21초
+ 24분 33초
시간 분 초

❹
5시 36분 29초
+ 4시간 4분 15초
시 분 초

❺
5시간 16분 36초
+ 1시간 17분 15초
시간 분 초

❻
1시 57분 20초
+ 6시간 32분 31초
시 분 초

❼
28분 16초
+ 3시간 55분 27초
시간 분 초

❽
9시 10분 31초
+ 2시간 56분 19초
시 분 초

❾
5시간 12분
+ 5시간 58분 22초
시간 분 초

❿
4시 45분 18초
+ 3시간 48분 52초
시 분 초

자기 점수에 ○표 하세요

맞힌 개수	5개 이하	6~7개	8~9개	10개
학습 방법	개념을 다시 공부하세요.	조금 더 노력하세요.	실수하면 안 돼요.	참 잘했어요.

시간의 합과 차

월	일
분	초
	/10

정답 51쪽

다음을 계산하세요.

❶
3시 47분
− 1시 16분
시간 분

❷
7시 30분 44초
− 15분 33초
시 분 초

❸
5시 51분 21초
− 4시 10분 11초
시간 분 초

❹
9시 48분 50초
− 2시간 25분 31초
시 분 초

❺
4시 34분 42초
− 2시 17분 29초
시간 분 초

❻
8시 40분 56초
− 5시간 58분 17초
시 분 초

❼
7시 56분
− 3시간 42분 44초
시 분 초

❽
10시 31분 34초
− 6시간 54분 48초
시 분 초

❾
6시간 23초
− 1시간 52분 46초
시간 분 초

❿
9시 33분 8초
− 2시간 49분 27초
시 분 초

자기 점수에 ○표 하세요.

맞힌 개수	5개 이하	6~7개	8~9개	10개
학습 방법	개념을 다시 공부하세요.	조금 더 노력하세요.	실수하면 안 돼요.	참 잘했어요.

3일차 A형

시간의 합과 차

월 일
분 초
/10

✎ 다음을 계산하세요.

❶
35분 13초
+ 21분 42초
분 초

❷
4시 18분 16초
+ 26분 31초
시 분 초

❸
6시간 20분 2초
+ 26분 50초
시간 분 초

❹
1시 42분 30초
+ 3시간 17분 22초
시 분 초

❺
4시간 14분 32초
+ 5시간 33분 24초
시간 분 초

❻
2시 36분 45초
+ 2시간 11분 52초
시 분 초

❼
37분 42초
+ 1시간 18분 36초
시간 분 초

❽
1시 54분 28초
+ 7시간 32분 25초
시 분 초

❾
3시간 43분
+ 4시간 51분 15초
시간 분 초

❿
2시 9분 56초
+ 6시간 57분 47초
시 분 초

자기 점수에 ○표 하세요

맞힌 개수	5개 이하	6~7개	8~9개	10개
학습 방법	개념을 다시 공부하세요.	조금 더 노력 하세요.	실수하면 안 돼요.	참 잘했어요.

시간의 합과 차

월 일
분 초
/10

정답 52쪽

다음을 계산하세요.

❶
5시 24분
− 3시 11분
시간 분

❷
8시 52분 38초
− 31분 25초
시 분 초

❸
6시 47분 38초
− 2시 25분 26초
시간 분 초

❹
3시 22분 51초
− 1시간 14분 22초
시 분 초

❺
7시 34분 42초
− 2시 20분 19초
시간 분 초

❻
4시 30분 21초
− 2시간 13분 45초
시 분 초

❼
8시 12분
− 6시간 36분 23초
시 분 초

❽
9시 15분 36초
− 4시간 35분 29초
시 분 초

❾
10시간 10초
− 5시간 41분 34초
시간 분 초

❿
5시 14분 22초
− 1시간 36분 41초
시 분 초

자기 점수에 ○표 하세요.

맞힌 개수	5개 이하	6~7개	8~9개	10개
학습 방법	개념을 다시 공부하세요.	조금 더 노력하세요.	실수하면 안 돼요.	참 잘했어요.

4일차 A형

시간의 합과 차

월 일
분 초
/10

다음을 계산하세요.

❶
42분 16초
+ 13분 32초
분 초

❷
11시 27분 30초
+ 16분 19초
시 분 초

❸
3시간 42분 36초
+ 11분 21초
시간 분 초

❹
2시 33분 15초
+ 2시간 19분 38초
시 분 초

❺
1시간 31분 9초
+ 3시간 25분 41초
시간 분 초

❻
5시 25분 27초
+ 4시간 56분 26초
시 분 초

❼
56분 39초
+ 7시간 33분 40초
시간 분 초

❽
6시 37분 24초
+ 4시간 41분 56초
시 분 초

❾
2시간 13분
+ 6시간 59분 47초
시간 분 초

❿
3시 58분 41초
+ 8시간 41분 36초
시 분 초

자기 점수에 ○표 하세요

맞힌 개수	5개 이하	6~7개	8~9개	10개
학습 방법	개념을 다시 공부하세요.	조금 더 노력하세요.	실수하면 안 돼요.	참 잘했어요.

시간의 합과 차

월	일
분	초
	/10

정답 53쪽

다음을 계산하세요.

❶
```
   7시   38분
 - 1시   26분
 ─────────────
    시간    분
```

❷
```
   2시   46분  26초
 -       15분   5초
 ──────────────────
     시     분    초
```

❸
```
   8시   52분  39초
 - 3시   10분  17초
 ──────────────────
    시간    분    초
```

❹
```
   6시     17분  48초
 - 2시간   12분  31초
 ────────────────────
     시      분    초
```

❺
```
   5시   34분  55초
 - 3시   16분  47초
 ──────────────────
    시간    분    초
```

❻
```
   7시     14분  44초
 - 1시간   35분  22초
 ────────────────────
     시      분    초
```

❼
```
   12시    25분
 - 9시간   40분  56초
 ────────────────────
     시      분    초
```

❽
```
   3시     17분  51초
 - 1시간   58분  33초
 ────────────────────
     시      분    초
```

❾
```
   9시간         42초
 - 6시간   24분  37초
 ────────────────────
    시간     분    초
```

❿
```
   8시     25분  37초
 - 3시간   41분  52초
 ────────────────────
     시      분    초
```

자기 점수에 ○표 하세요

맞힌 개수	5개 이하	6~7개	8~9개	10개
학습 방법	개념을 다시 공부하세요.	조금 더 노력하세요.	실수하면 안 돼요.	참 잘했어요.

시간의 합과 차

월 일
분 초
/10

다음을 계산하세요.

❶
```
   17분  43초
 + 23분  15초
 ───────────
     분    초
```

❷
```
    9시   40분  21초
 +         6분  33초
 ─────────────────
     시     분    초
```

❸
```
   2시간  38분  17초
 +        19분  34초
 ─────────────────
     시간    분    초
```

❹
```
    4시   28분  36초
 + 1시간  29분  16초
 ─────────────────
     시     분    초
```

❺
```
   2시간  19분  45초
 + 4시간  33분   7초
 ─────────────────
     시간    분    초
```

❻
```
    8시   50분  14초
 + 2시간  53분  28초
 ─────────────────
     시     분    초
```

❼
```
          48분  25초
 + 2시간  41분  37초
 ─────────────────
     시간    분    초
```

❽
```
    5시   34분  43초
 + 3시간  52분  27초
 ─────────────────
     시     분    초
```

❾
```
    6시   29분
 + 4시간  34분  15초
 ─────────────────
     시간    분    초
```

❿
```
    4시   41분  38초
 + 4시간  25분  52초
 ─────────────────
     시     분    초
```

자기 점수에 ○표 하세요

맞힌 개수	5개 이하	6~7개	8~9개	10개
학습 방법	개념을 다시 공부하세요.	조금 더 노력 하세요.	실수하면 안 돼요.	참 잘했어요.

시간의 합과 차

월	일
분	초
	/10

정답 54쪽

다음을 계산하세요.

❶
```
   6시    57분
 - 4시    51분
 ─────────────
     시간    분
```

❷
```
   1시   34분  41초
 -       21분  10초
 ──────────────────
     시     분    초
```

❸
```
   5시    47분  15초
 - 3시    35분   6초
 ───────────────────
     시간    분    초
```

❹
```
   8시    51분  33초
 - 4시간  29분  15초
 ───────────────────
     시      분    초
```

❺
```
   7시    26분  42초
 - 1시    18분  34초
 ───────────────────
     시간    분    초
```

❻
```
  10시    32분  27초
 - 5시간  38분   8초
 ───────────────────
     시      분    초
```

❼
```
   6시    47분
 - 2시간  52분  36초
 ───────────────────
     시      분    초
```

❽
```
   4시    22분  35초
 - 1시간  45분  50초
 ───────────────────
     시      분    초
```

❾
```
  11시간        12초
 - 3시간  31분  49초
 ───────────────────
     시간    분    초
```

❿
```
   3시    17분  24초
 - 1시간  52분  37초
 ───────────────────
     시      분    초
```

자기 점수에 ○표 하세요

맞힌 개수	5개 이하	6~7개	8~9개	10개
학습 방법	개념을 다시 공부하세요.	조금 더 노력하세요.	실수하면 안 돼요.	참 잘했어요.

전체 묶어 풀기 041~050단계
자연수의 덧셈과 뺄셈 심화/곱셈과 나눗셈

월 일
분 초
/15

정답 55쪽

계산을 하세요.

❶
	4	8	2
+	3	1	4

❷
	2	3	7
+	1	3	5

❸
	3	4	9
+	2	5	4

❹
	7	8	4
−	2	4	8

❺
	6	0	0
−	4	5	7

❻
	8	1	5
−	5	3	6

❼ $6 \times \square = 18$ ⇨ $18 \div 6 = \square$

❽ $7 \times \square = 28$ ⇨ $28 \div 7 = \square$

❾ 8)48

❿ 9)27

⓫ 5)40

⓬
	3	9
×		7

⓭
	2	8
×		6

⓮
	4	2
×		9

⓯
	7	4
×		6

창의력 쑥쑥! 수학 퀴즈

1부터 9까지의 숫자를 한 번씩만
빈칸에 넣어서 계산을 완성하세요.

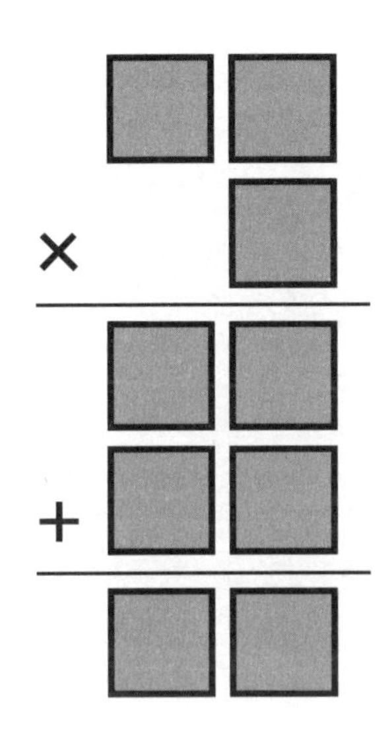

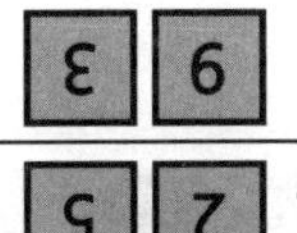

답 빈칸을 보면 두 자리 수와 한 자리 수의 곱은 두 자리 수여야 합니다. 그 곱에 두 자리 수를 더한 결과 역시 두 자리 수여야 합니다. 20×5=100으로 세 자리 수가 되니까 처음의 두 자리 수는 20보다 작은 두 자리 수여야 하고, 한 자리 수와 곱했을 때, 똑같은 수가 나오면 안 되기 때문에 올림이 있는 곱셈이어야 합니다. 이런 조건을 생각하면서 숫자들을 넣어 계산해 보세요. 이제까지 덧셈과 곱셈을 잘 공부했다면 다음과 같은 답을 찾을 수 있을 거예요.

$$\begin{array}{r} 17 \\ \times\ \ 4 \\ \hline 68 \\ +\ 25 \\ \hline 93 \end{array}$$

우와~ 벌써 한 권을 다 풀었어요!
실력과 성적이 쑥쑥 올라가는 소리 들리죠?

《계산의 신》 6권에서는 조금 더 큰 수의 곱셈과 나눗셈을 배워요. 그러나 미리 겁먹을 필요는 없어요! 차근차근 계산하면 충분히 잘할 수 있어요.^^

친구들,
《계산의 신》 6권에서
만나요~

개발 책임 이운영
편집 관리 이채원
디자인 이현지 임성자
온라인 강진식
마케팅 박진용
관리 장희정
용지 영지페이퍼
인쇄 제본 벽호·GKC
유통 북앤북

학부모 체험단의 교재 Review

강현아 (서울_신중초)	**김명진** (서울_신도초)	**김정선** (원주_문막초)	**김진영** (서울_백운초)
나현경 (인천_원당초)	**방윤정** (서울_강서초)	**안조혁** (전주_온빛초)	**오정화** (광주_양산초)
이향숙 (서울_금양초)	**이혜선** (서울_홍파초)	**전예원** (서울_금양초)	

♥ <계산의 신>은 초등학교 학생들의 기본 계산력을 향상시킬 수 있는 최적의 교재입니다. 처음에는 반복 계산이 많아 아이가 지루해하고 계산 실수를 많이 하는 것 같았는데, 점점 계산 속도가 빨라지고 실수도 확연히 줄어 아주 좋았어요.^^

- 서울 서초구 신중초등학교 학부모 강현아

♥ 우리 아이는 수학을 싫어해서 수학 문제집을 좀처럼 풀지 않으려 했는데, 의외로 <계산의 신>은 하루에 2쪽씩 꾸준히 푸네요. 너무 신기하고 뿌듯하여 아이에게 물었더니 "이 책은 숫자만 있어서 쉬운 것 같고, 빨리빨리 풀 수 있어서 좋아요." 라고 하네요. 요즘은 일반 문제집도 집중하여 잘 푸는 것 같아 기특합니다.^^ <계산의 신>은 우리 아이에게 수학에 대한 흥미와 재미를 주는 고마운 책입니다.

- 전주 덕진구 온빛초등학교 학부모 안조혁

♥ 초등 3학년인 우리 아이는 수학을 잘하는 편은 아니지만 제 나름대로 하루에 4~6쪽을 풀었어요. 그러면서 "엄마, 이 책 다 풀고 책 제목처럼 계산의 신이 될 거예요~" 하며 능청떠는 아이의 모습이 정말 예쁘고 대견하네요. <계산의 신>이 비록 계산력을 연습시키는 쉬운 교재이지만 이 교재로 인해 우리 아이가 수학에 관심을 갖고, 앞으로도 수학을 계속 좋아했으면 하는 바람입니다.

- 광주 북구 양산초등학교 학부모 오정화

♥ <계산의 신>은 학부모의 마음까지 헤아려 만든 좋은 책인 것 같아요. 아이가 평소 '시간의 합과 차'를 어려워하여 걱정을 많이 했었는데, <계산의 신>은 그 부분까지 상세하게 다루고 있어 무척 좋았어요. 학생들이 힘들어하는 부분까지 세심하게 파악하여 만든 문제집이라고 생각해요.

- 서울 용산구 금양초등학교 학부모 이향숙

《계산의 신》은

★ 최신 교육과정에 맞춘 단계별 계산 프로그램으로 계산법 완벽 습득
★ '단계별 묶어 풀기', '전체 묶어 풀기'로 체계적 복습까지 한 번에!
★ 좌뇌와 우뇌를 고르게 계발하는 수학 이야기와 수학 퀴즈로 창의성 쑥쑥!

아이들이 수학 문제를 풀 때 자꾸 실수하는 이유는 바로 계산력이 부족하기 때문입니다.
계산 문제에서 실수를 줄이면 점수가 오르고, 점수가 오르면 수학에 자신감이 생깁니다.
아이들에게 《계산의 신》으로 수학의 재미와 자신감을 심어 주세요.

	《계산의 신》 권별 핵심 내용		
초등 1학년	1권	자연수의 덧셈과 뺄셈 기본(1)	합과 차가 9까지인 덧셈과 뺄셈 받아올림/내림이 없는 (두 자리 수)±(한 자리 수)
	2권	자연수의 덧셈과 뺄셈 기본(2)	받아올림/내림이 없는 (두 자리 수)±(두 자리 수) 받아올림/내림이 있는 (한/두 자리 수)±(한 자리 수)
초등 2학년	3권	자연수의 덧셈과 뺄셈 발전	(두 자리 수)±(한 자리 수) (두 자리 수)±(두 자리 수)
	4권	네 자리 수/곱셈구구	네 자리 수 곱셈구구
초등 3학년	5권	자연수의 덧셈과 뺄셈/곱셈과 나눗셈	(세 자리 수)±(세 자리 수), (두 자리 수)×(한 자리 수) 곱셈구구 범위에서의 나눗셈
	6권	자연수의 곱셈과 나눗셈 발전	(세 자리 수)×(한 자리 수), (두 자리 수)×(두 자리 수) (두/세 자리 수)÷(한 자리 수)
초등 4학년	7권	자연수의 곱셈과 나눗셈 심화	(세 자리 수)×(두 자리 수) (두/세 자리 수)÷(두 자리 수)
	8권	분수와 소수의 덧셈과 뺄셈 기본	분모가 같은 분수의 덧셈과 뺄셈 소수의 덧셈과 뺄셈
초등 5학년	9권	자연수의 혼합 계산/분수의 덧셈과 뺄셈	자연수의 혼합 계산, 약수와 배수, 약분과 통분 분모가 다른 분수의 덧셈과 뺄셈
	10권	분수와 소수의 곱셈	(분수)×(자연수), (분수)×(분수) (소수)×(자연수), (소수)×(소수)
초등 6학년	11권	분수와 소수의 나눗셈 기본	(분수)÷(자연수), (소수)÷(자연수) (자연수)÷(자연수)
	12권	분수와 소수의 나눗셈 발전	(분수)÷(분수), (자연수)÷(분수), (소수)÷(소수), (자연수)÷(소수), 비례식과 비례배분

KAIST 출신 수학 선생님들이 집필한

송명진·박종하 지음

5
초등 3-1

자연수의 덧셈과 뺄셈 / 곱셈과 나눗셈

정답 및 풀이

송명진·박종하 지음

5 초등 3학년 1학기

정 답

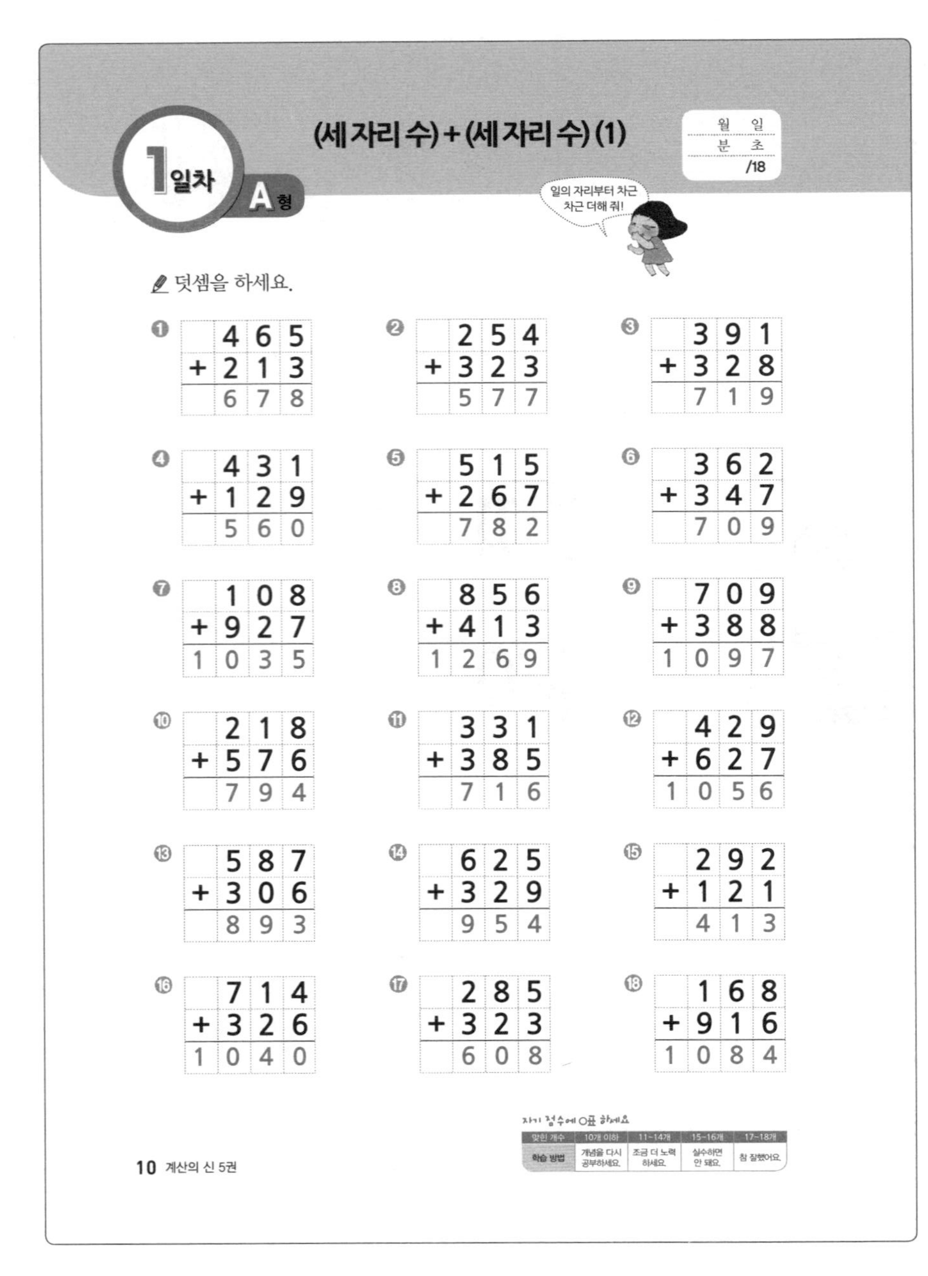

1일차 A형

(세 자리 수)+(세 자리 수) (1)

월 일 / 분 초 / /18

일의 자리부터 차근
차근 더해 줘!

덧셈을 하세요.

1. 465 + 213 = 678
2. 254 + 323 = 577
3. 391 + 328 = 719
4. 431 + 129 = 560
5. 515 + 267 = 782
6. 362 + 347 = 709
7. 108 + 927 = 1035
8. 856 + 413 = 1269
9. 709 + 388 = 1097
10. 218 + 576 = 794
11. 331 + 385 = 716
12. 429 + 627 = 1056
13. 587 + 306 = 893
14. 625 + 329 = 954
15. 292 + 121 = 413
16. 714 + 326 = 1040
17. 285 + 323 = 608
18. 168 + 916 = 1084

자기 점수에 ○표 하세요.

맞힌 개수	10개 이하	11~14개	15~16개	17~18개
학습 방법	개념을 다시 공부하세요.	조금 더 노력 하세요.	실수하면 안 돼요.	참 잘했어요.

10 계산의 신 5권

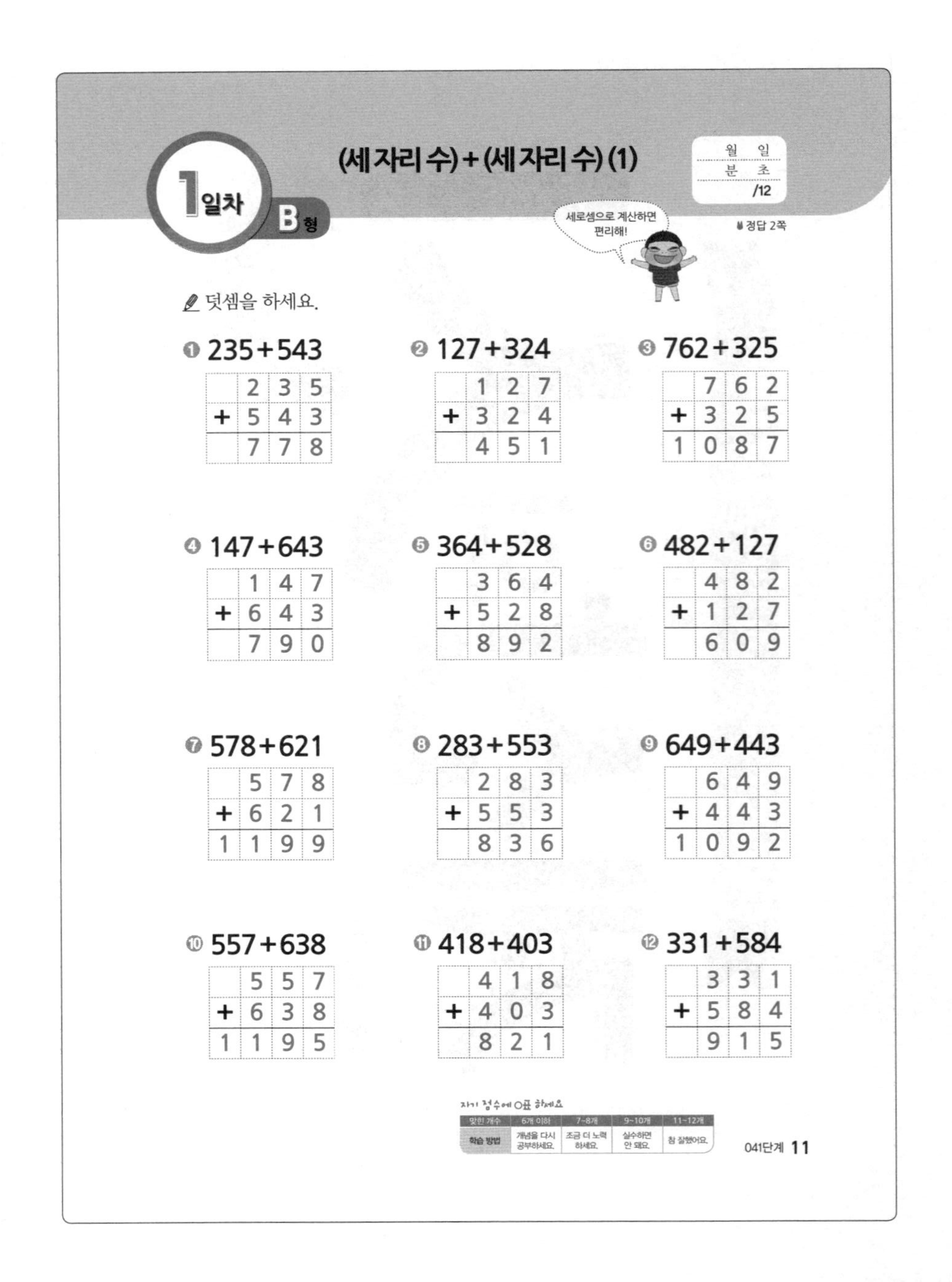

1일차 B형

(세 자리 수)+(세 자리 수) (1)

월 일 / 분 초 / /12

세로셈으로 계산하면
편리해!

정답 2쪽

덧셈을 하세요.

1. 235+543: 235 + 543 = 778
2. 127+324: 127 + 324 = 451
3. 762+325: 762 + 325 = 1087
4. 147+643: 147 + 643 = 790
5. 364+528: 364 + 528 = 892
6. 482+127: 482 + 127 = 609
7. 578+621: 578 + 621 = 1199
8. 283+553: 283 + 553 = 836
9. 649+443: 649 + 443 = 1092
10. 557+638: 557 + 638 = 1195
11. 418+403: 418 + 403 = 821
12. 331+584: 331 + 584 = 915

자기 점수에 ○표 하세요.

맞힌 개수	6개 이하	7~8개	9~10개	11~12개
학습 방법	개념을 다시 공부하세요.	조금 더 노력 하세요.	실수하면 안 돼요.	참 잘했어요.

041단계 11

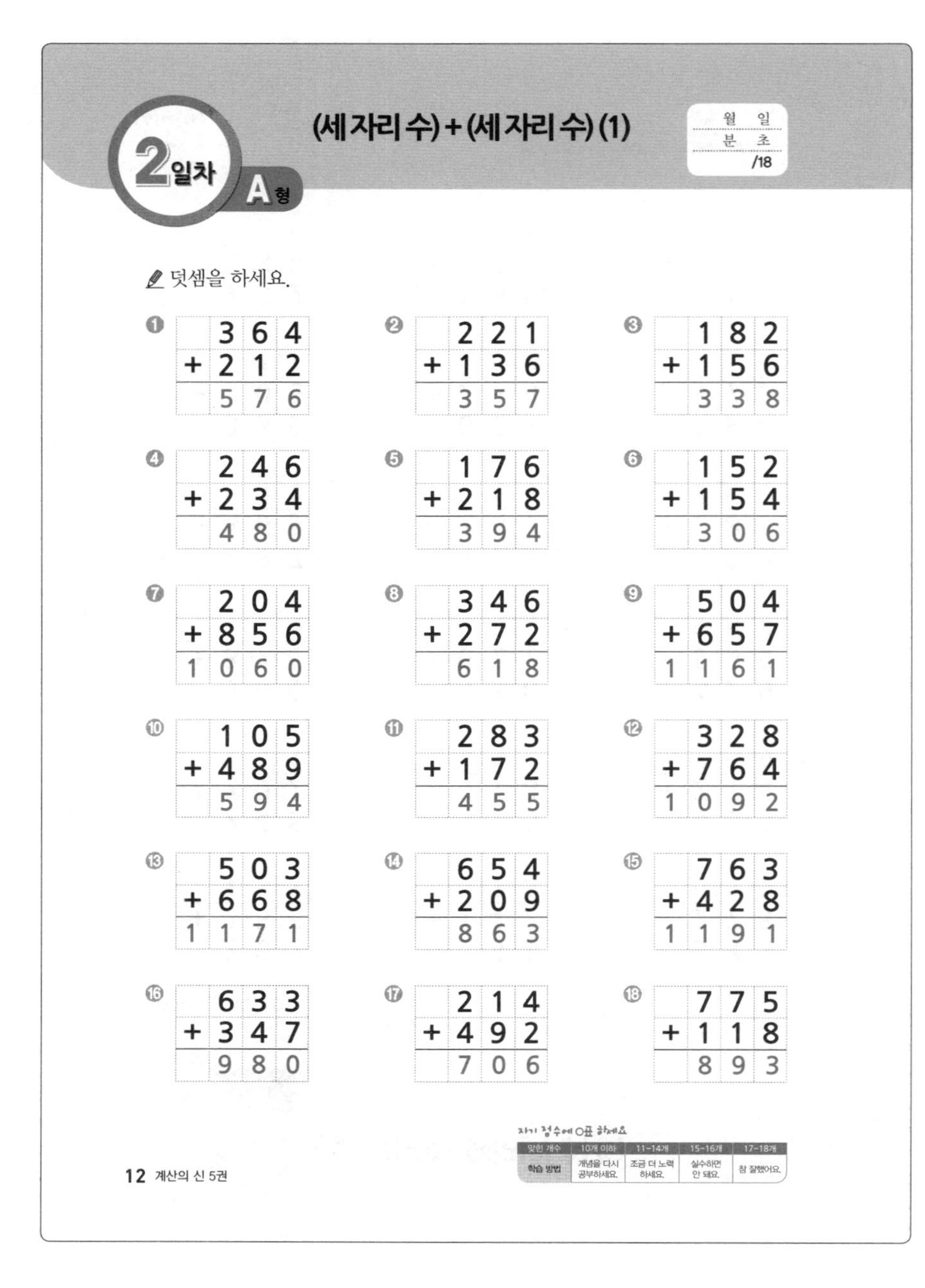

2일차 A형

(세 자리 수)+(세 자리 수)(1)

월 일
분 초
/18

덧셈을 하세요.

1. 364 + 212 = 576
2. 221 + 136 = 357
3. 182 + 156 = 338
4. 246 + 234 = 480
5. 176 + 218 = 394
6. 152 + 154 = 306
7. 204 + 856 = 1060
8. 346 + 272 = 618
9. 504 + 657 = 1161
10. 105 + 489 = 594
11. 283 + 172 = 455
12. 328 + 764 = 1092
13. 503 + 668 = 1171
14. 654 + 209 = 863
15. 763 + 428 = 1191
16. 633 + 347 = 980
17. 214 + 492 = 706
18. 775 + 118 = 893

자기 점수에 ○표 하세요

맞힌 개수	10개 이하	11~14개	15~16개	17~18개
학습 방법	개념을 다시 공부하세요.	조금 더 노력 하세요.	실수하면 안 돼요.	참 잘했어요.

12 계산의 신 5권

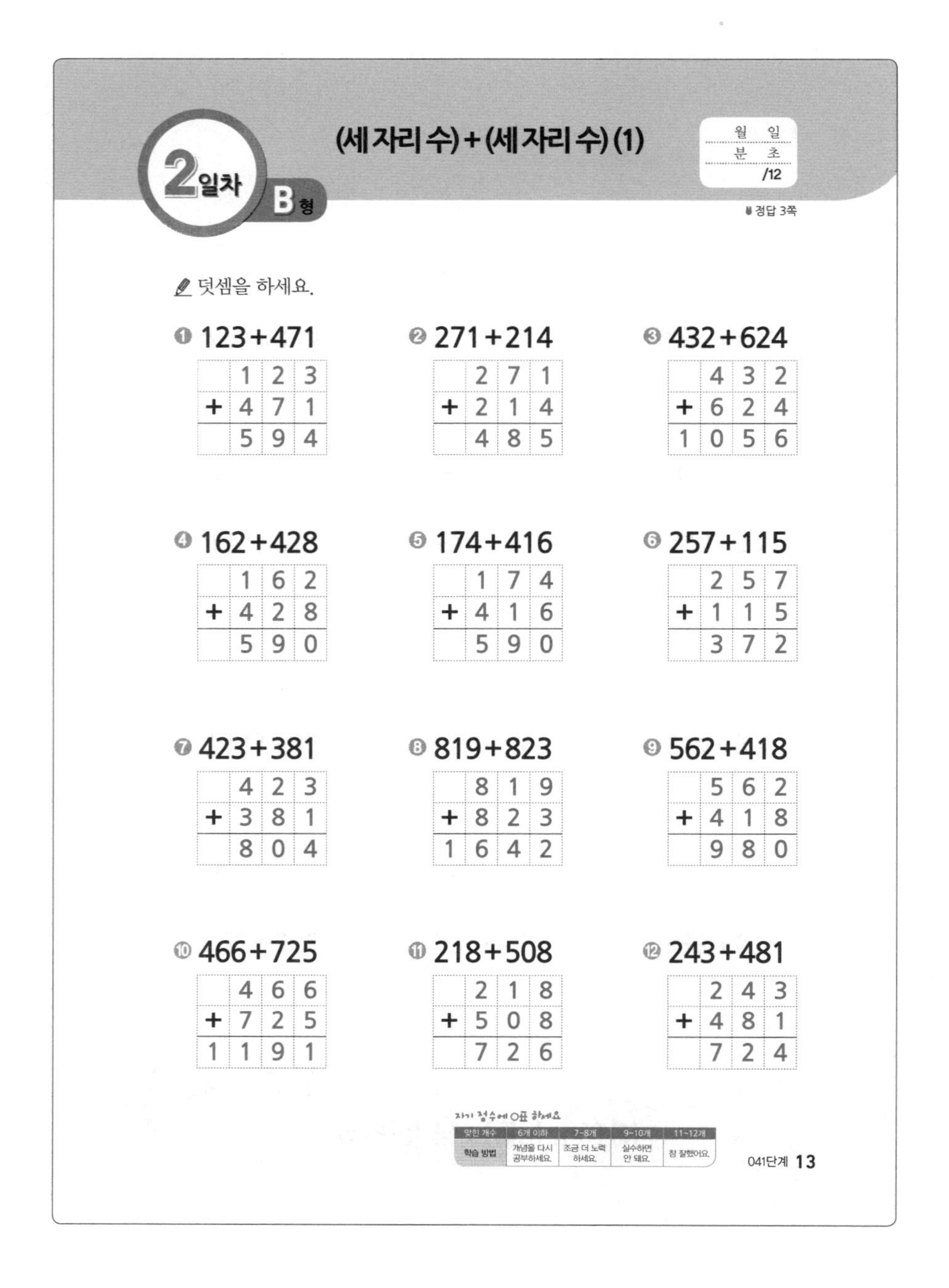

2일차 B형

(세 자리 수)+(세 자리 수)(1)

월 일
분 초
/12

정답 3쪽

덧셈을 하세요.

1. 123+471 = 594
2. 271+214 = 485
3. 432+624 = 1056
4. 162+428 = 590
5. 174+416 = 590
6. 257+115 = 372
7. 423+381 = 804
8. 819+823 = 1642
9. 562+418 = 980
10. 466+725 = 1191
11. 218+508 = 726
12. 243+481 = 724

자기 점수에 ○표 하세요

맞힌 개수	6개 이하	7~8개	9~10개	11~12개
학습 방법	개념을 다시 공부하세요.	조금 더 노력 하세요.	실수하면 안 돼요.	참 잘했어요.

041단계 13

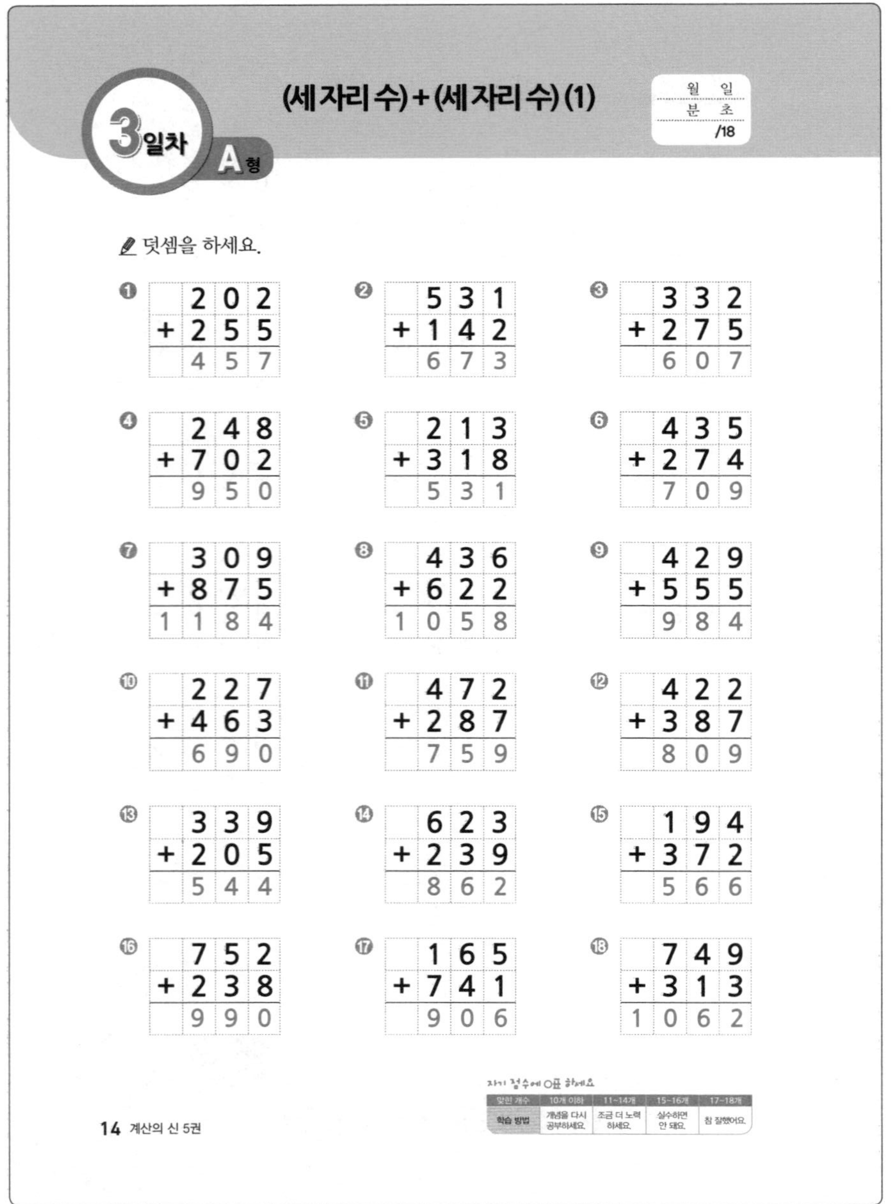

3일차 A형

(세 자리 수)+(세 자리 수)(1)

월 일 / 분 초 / /18

✎ 덧셈을 하세요.

❶ 202 + 255 = 457
❷ 531 + 142 = 673
❸ 332 + 275 = 607
❹ 248 + 702 = 950
❺ 213 + 318 = 531
❻ 435 + 274 = 709
❼ 309 + 875 = 1184
❽ 436 + 622 = 1058
❾ 429 + 555 = 984
❿ 227 + 463 = 690
⓫ 472 + 287 = 759
⓬ 422 + 387 = 809
⓭ 339 + 205 = 544
⓮ 623 + 239 = 862
⓯ 194 + 372 = 566
⓰ 752 + 238 = 990
⓱ 165 + 741 = 906
⓲ 749 + 313 = 1062

자기 점수에 ○표 하세요

맞힌 개수	10개 이하	11~14개	15~16개	17~18개
학습 방법	개념을 다시 공부하세요.	조금 더 노력 하세요.	실수하면 안 돼요.	참 잘했어요.

14 계산의 신 5권

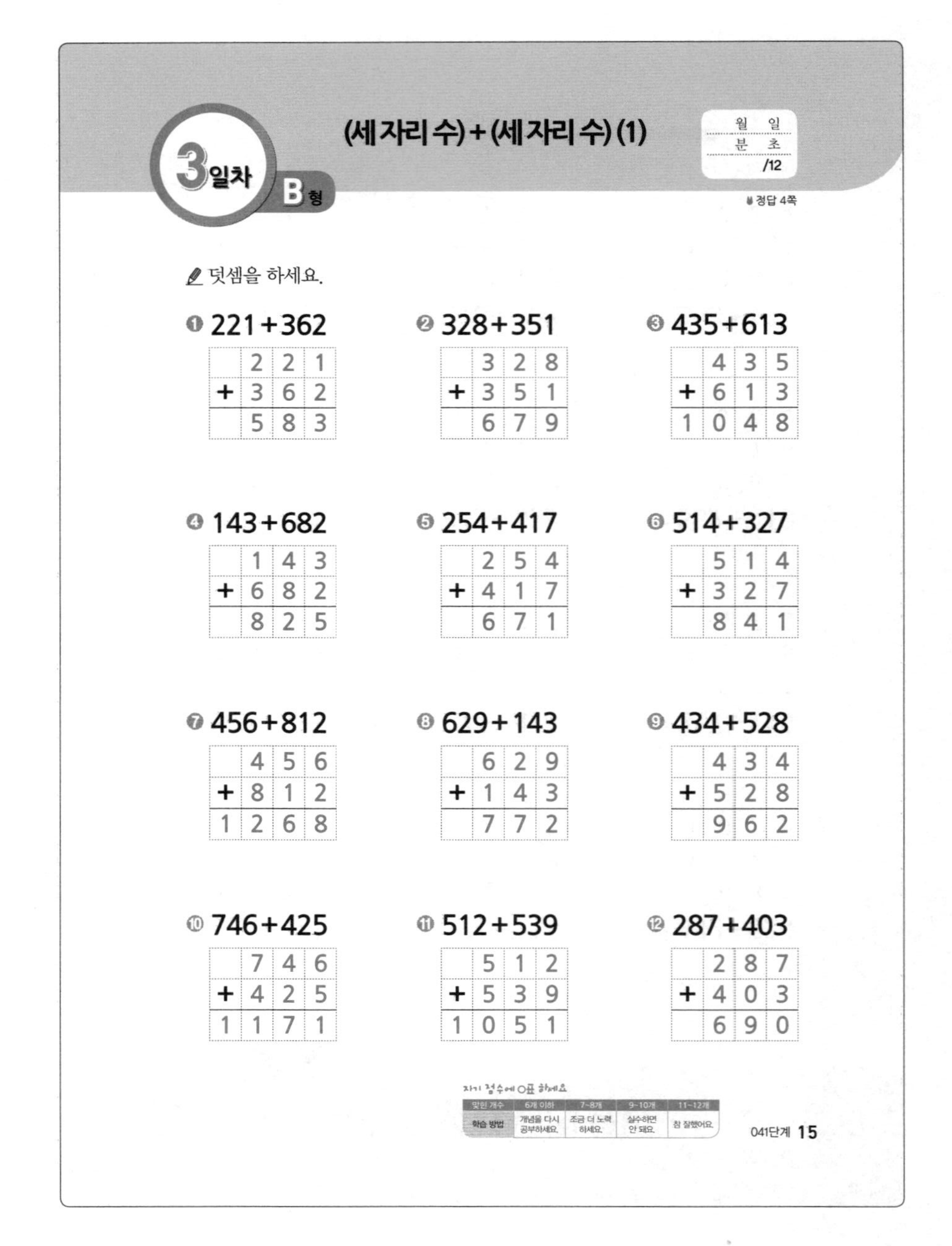

3일차 B형

(세 자리 수)+(세 자리 수)(1)

월 일 / 분 초 / /12

정답 4쪽

✎ 덧셈을 하세요.

❶ 221+362 = 583
❷ 328+351 = 679
❸ 435+613 = 1048
❹ 143+682 = 825
❺ 254+417 = 671
❻ 514+327 = 841
❼ 456+812 = 1268
❽ 629+143 = 772
❾ 434+528 = 962
❿ 746+425 = 1171
⓫ 512+539 = 1051
⓬ 287+403 = 690

자기 점수에 ○표 하세요

맞힌 개수	6개 이하	7~8개	9~10개	11~12개
학습 방법	개념을 다시 공부하세요.	조금 더 노력 하세요.	실수하면 안 돼요.	참 잘했어요.

041단계 15

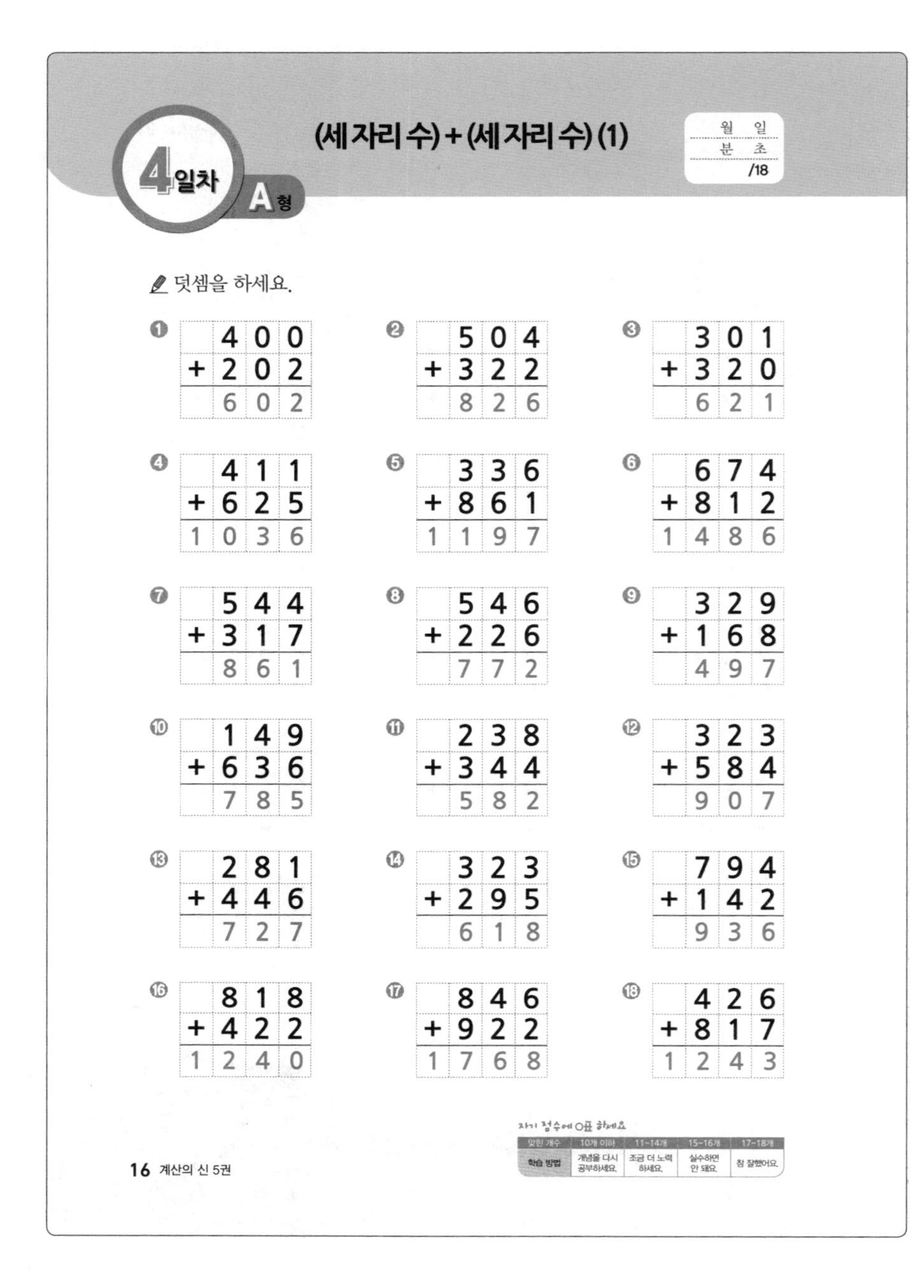

4일차 A형

(세 자리 수)+(세 자리 수) (1)

월 일 / 분 초 / /18

덧셈을 하세요.

❶ 400 + 202 = 602

❷ 504 + 322 = 826

❸ 301 + 320 = 621

❹ 411 + 625 = 1036

❺ 336 + 861 = 1197

❻ 674 + 812 = 1486

❼ 544 + 317 = 861

❽ 546 + 226 = 772

❾ 329 + 168 = 497

❿ 149 + 636 = 785

⓫ 238 + 344 = 582

⓬ 323 + 584 = 907

⓭ 281 + 446 = 727

⓮ 323 + 295 = 618

⓯ 794 + 142 = 936

⓰ 818 + 422 = 1240

⓱ 846 + 922 = 1768

⓲ 426 + 817 = 1243

자기 점수에 ○표 하세요.

맞힌 개수	10개 이하	11~14개	15~16개	17~18개
학습 방법	개념을 다시 공부하세요.	조금 더 노력하세요.	실수하면 안 돼요.	참 잘했어요.

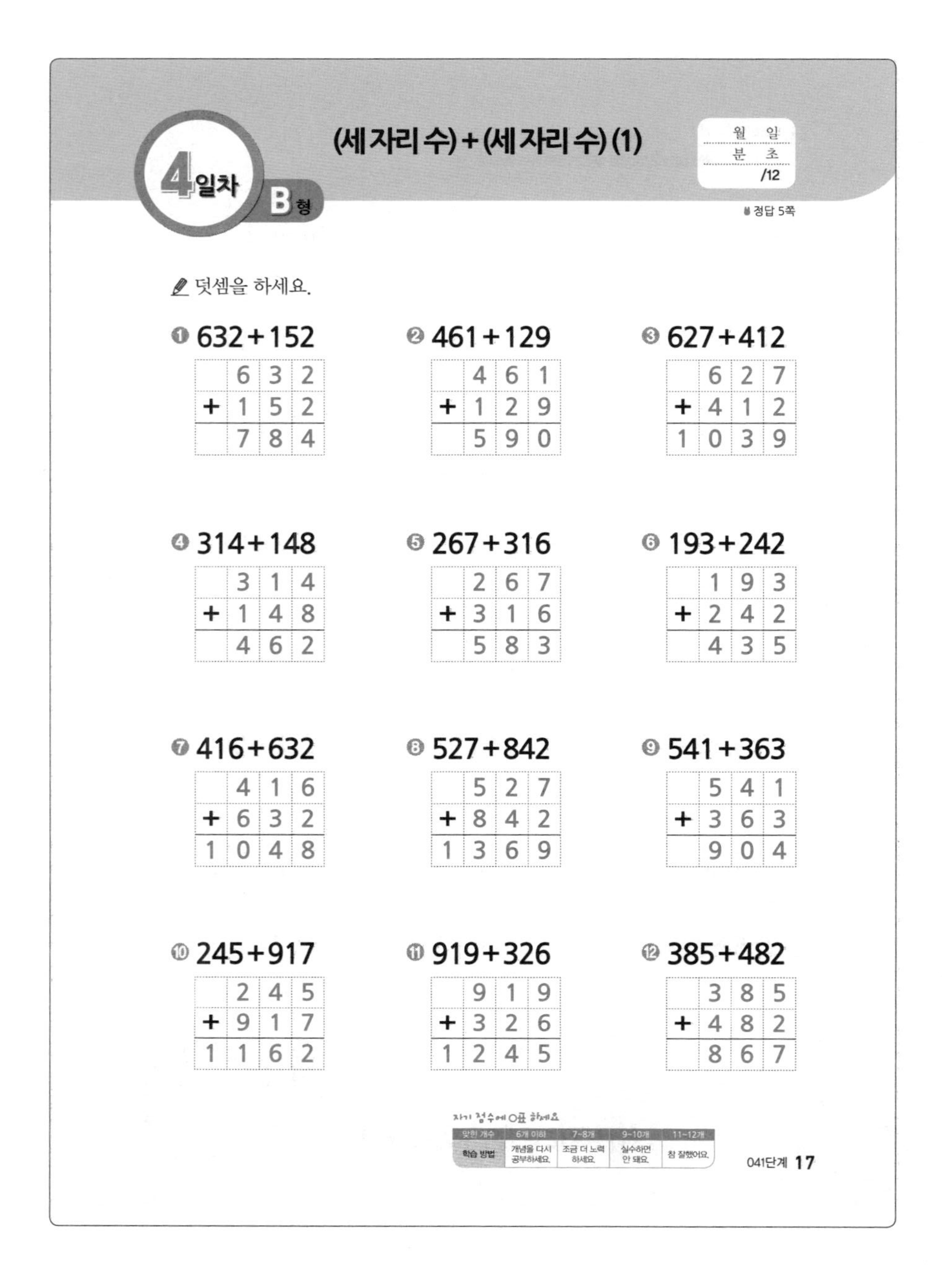

4일차 B형

(세 자리 수)+(세 자리 수) (1)

월 일 / 분 초 / /12

정답 5쪽

덧셈을 하세요.

❶ 632+152 = 784

❷ 461+129 = 590

❸ 627+412 = 1039

❹ 314+148 = 462

❺ 267+316 = 583

❻ 193+242 = 435

❼ 416+632 = 1048

❽ 527+842 = 1369

❾ 541+363 = 904

❿ 245+917 = 1162

⓫ 919+326 = 1245

⓬ 385+482 = 867

자기 점수에 ○표 하세요.

맞힌 개수	6개 이하	7~8개	9~10개	11~12개
학습 방법	개념을 다시 공부하세요.	조금 더 노력하세요.	실수하면 안 돼요.	참 잘했어요.

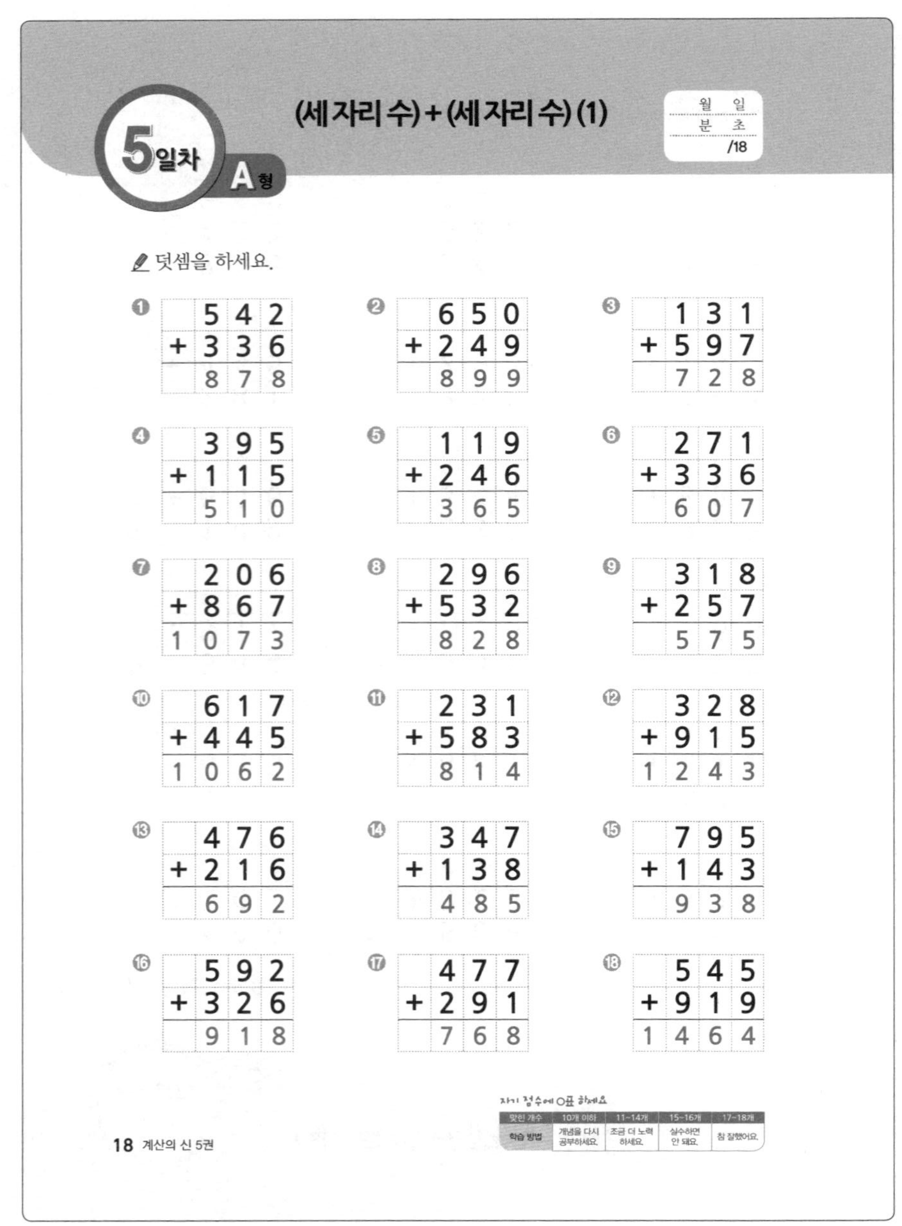

5일차 A형 (세 자리 수)+(세 자리 수) (1)

월 일 / 분 초 / /18

덧셈을 하세요.

1. 542 + 336 = 878
2. 650 + 249 = 899
3. 131 + 597 = 728
4. 395 + 115 = 510
5. 119 + 246 = 365
6. 271 + 336 = 607
7. 206 + 867 = 1073
8. 296 + 532 = 828
9. 318 + 257 = 575
10. 617 + 445 = 1062
11. 231 + 583 = 814
12. 328 + 915 = 1243
13. 476 + 216 = 692
14. 347 + 138 = 485
15. 795 + 143 = 938
16. 592 + 326 = 918
17. 477 + 291 = 768
18. 545 + 919 = 1464

자기 점수에 ○표 하세요

맞힌 개수	10개 이하	11~14개	15~16개	17~18개
학습 방법	개념을 다시 공부하세요.	조금 더 노력하세요.	실수하면 안 돼요.	참 잘했어요.

18 계산의 신 5권

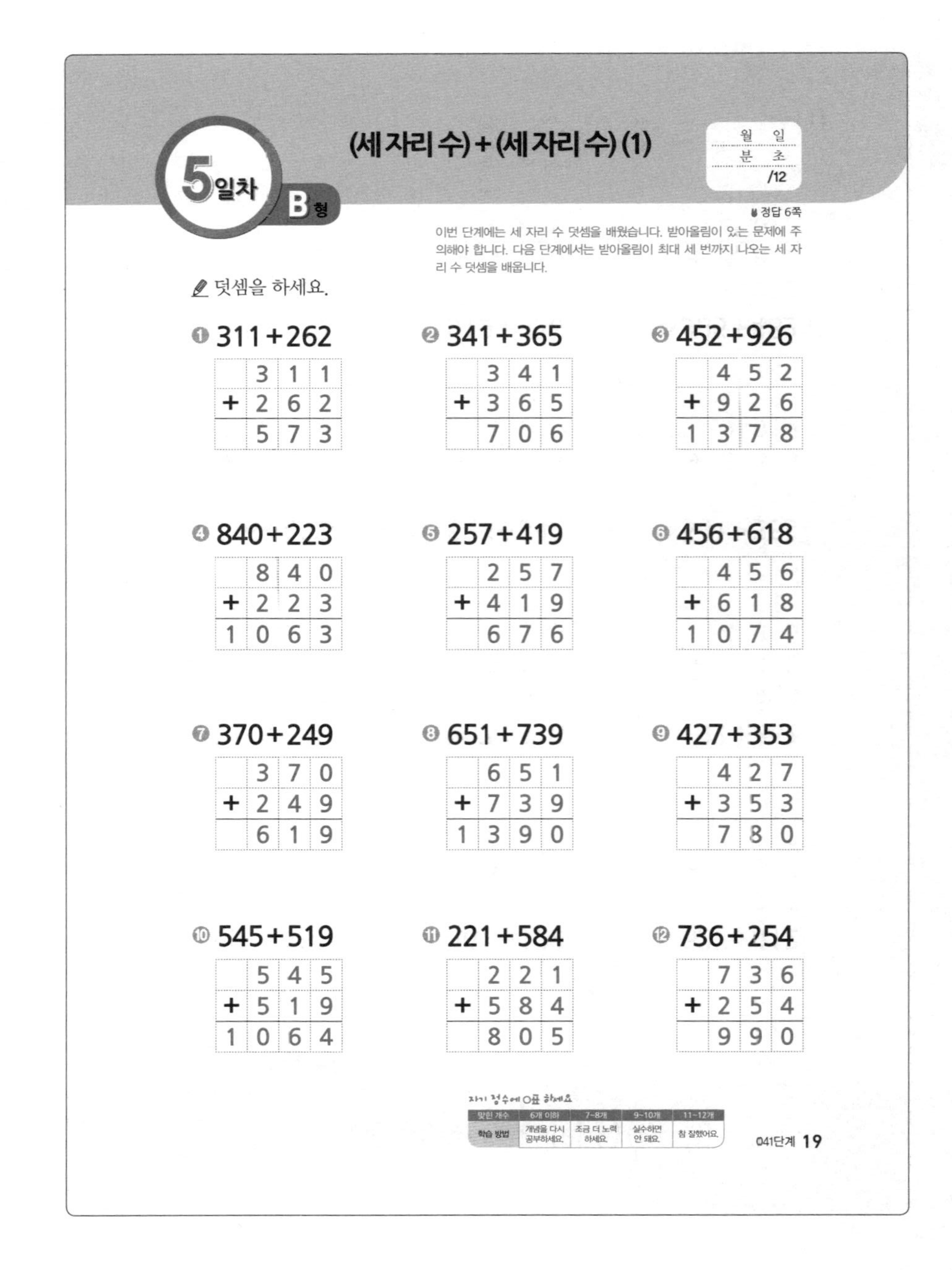

5일차 B형 (세 자리 수)+(세 자리 수) (1)

월 일 / 분 초 / /12

정답 6쪽

이번 단계에는 세 자리 수 덧셈을 배웠습니다. 받아올림이 있는 문제에 주의해야 합니다. 다음 단계에서는 받아올림이 최대 세 번까지 나오는 세 자리 수 덧셈을 배웁니다.

덧셈을 하세요.

1. 311+262 = 573
2. 341+365 = 706
3. 452+926 = 1378
4. 840+223 = 1063
5. 257+419 = 676
6. 456+618 = 1074
7. 370+249 = 619
8. 651+739 = 1390
9. 427+353 = 780
10. 545+519 = 1064
11. 221+584 = 805
12. 736+254 = 990

자기 점수에 ○표 하세요

맞힌 개수	6개 이하	7~8개	9~10개	11~12개
학습 방법	개념을 다시 공부하세요.	조금 더 노력하세요.	실수하면 안 돼요.	참 잘했어요.

041단계 19

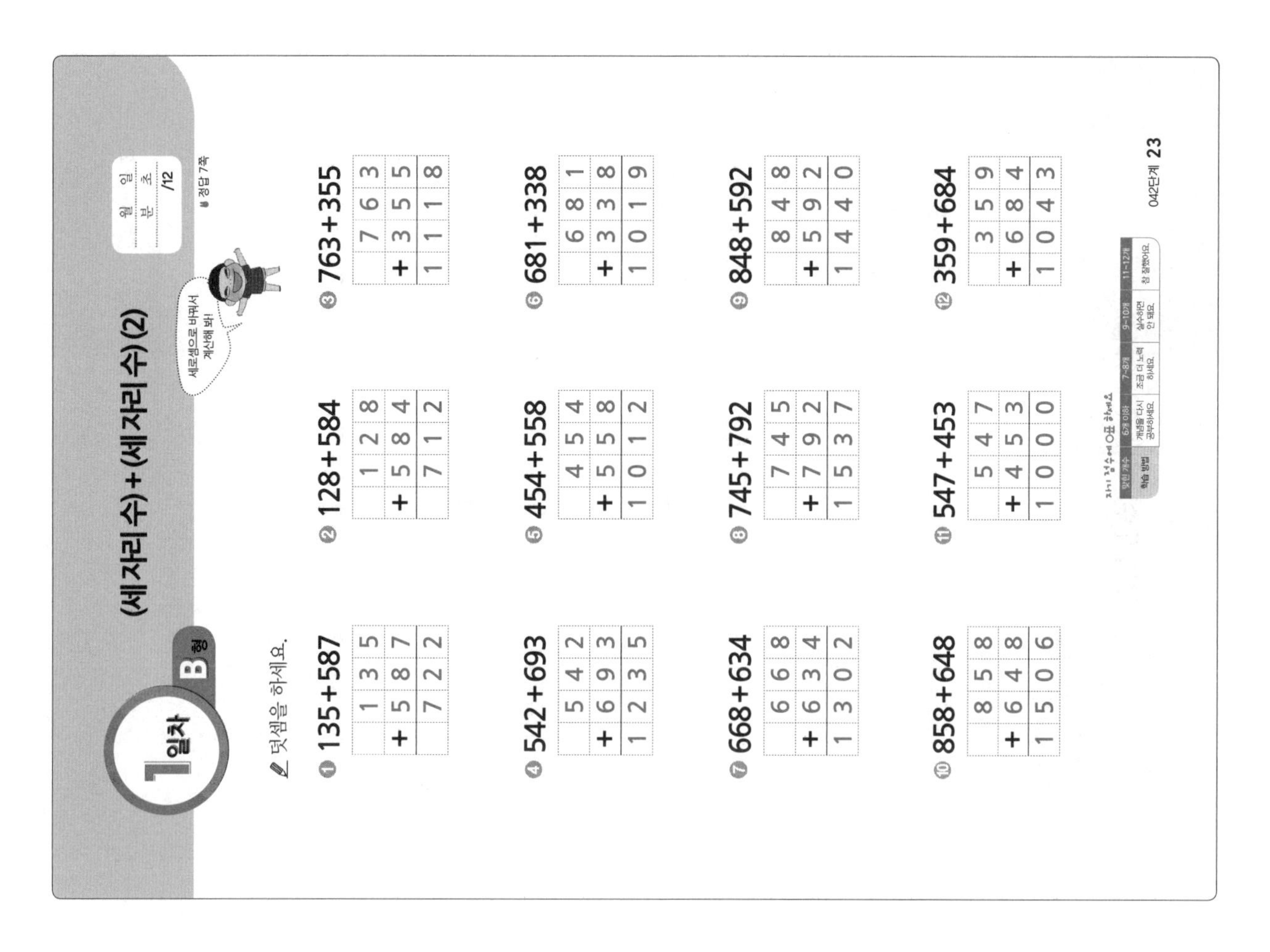

1일차 B형 (세 자리 수)+(세 자리 수) (2)

월 일 / 분 초 / /12

세로셈으로 바꿔서 계산해 봐!

정답 7쪽

덧셈을 하세요.

① 135+587 = 722

② 128+584 = 712

③ 763+355 = 1118

④ 542+693 = 1235

⑤ 454+558 = 1012

⑥ 681+338 = 1019

⑦ 668+634 = 1302

⑧ 745+792 = 1537

⑨ 848+592 = 1440

⑩ 858+648 = 1506

⑪ 547+453 = 1000

⑫ 359+684 = 1043

자기 점수에 ○표 하세요.

맞힌 개수	6개 이하	7~8개	9~10개	11~12개
학습 방법	개념을 다시 공부하세요.	조금 더 노력하세요.	실수하면 안 돼요.	참 잘했어요.

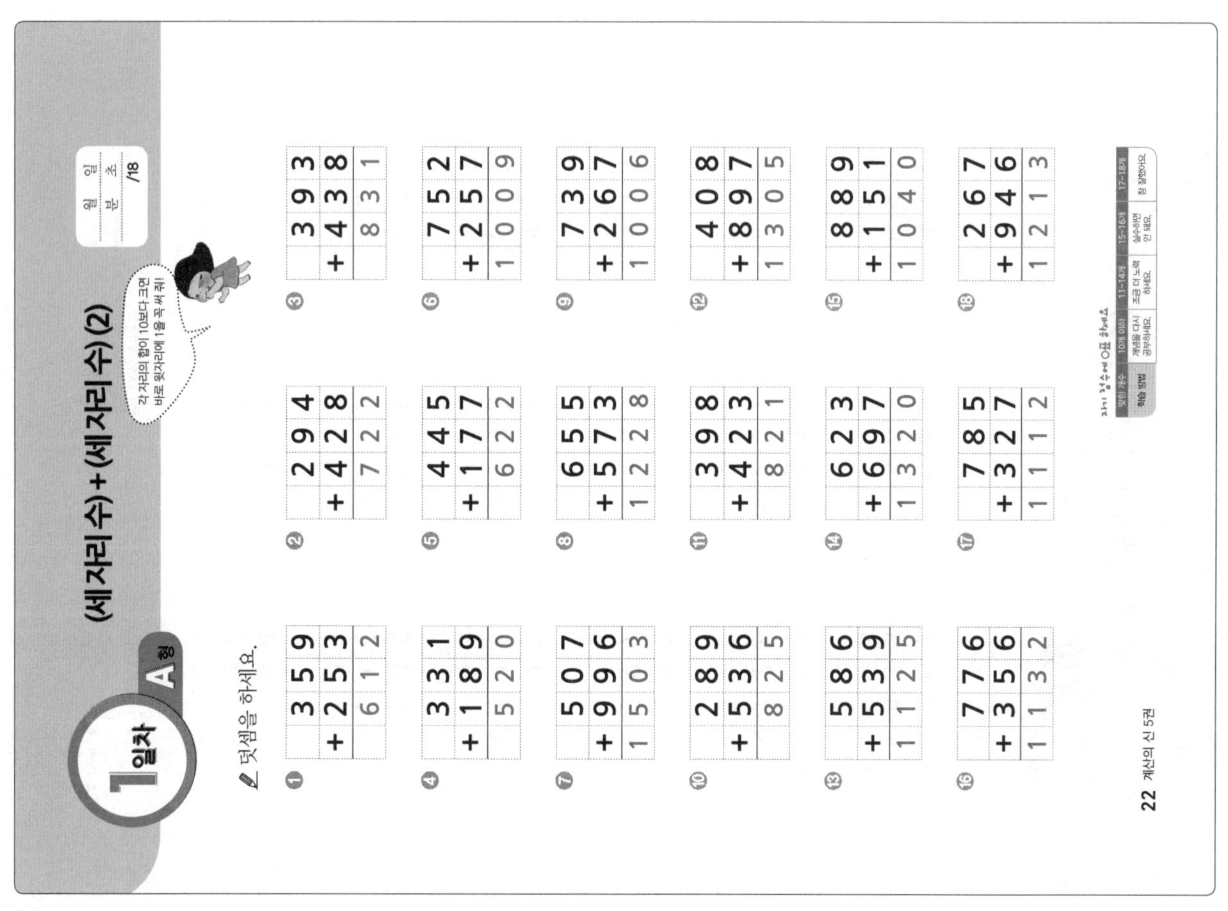

1일차 A형 (세 자리 수)+(세 자리 수) (2)

월 일 / 분 초 / /18

각 자리의 합이 10보다 크면 바로 윗자리에 1을 꼭 써 줘!

덧셈을 하세요.

① 359 + 253 = 612

② 294 + 428 = 722

③ 393 + 438 = 831

④ 331 + 189 = 520

⑤ 445 + 177 = 622

⑥ 752 + 257 = 1009

⑦ 507 + 996 = 1503

⑧ 655 + 573 = 1228

⑨ 739 + 267 = 1006

⑩ 289 + 536 = 825

⑪ 398 + 423 = 821

⑫ 408 + 897 = 1305

⑬ 586 + 539 = 1125

⑭ 623 + 697 = 1320

⑮ 889 + 151 = 1040

⑯ 776 + 356 = 1132

⑰ 785 + 327 = 1112

⑱ 267 + 946 = 1213

자기 점수에 ○표 하세요.

맞힌 개수	10개 이하	11~14개	15~16개	17~18개
학습 방법	개념을 다시 공부하세요.	조금 더 노력하세요.	실수하면 안 돼요.	참 잘했어요.

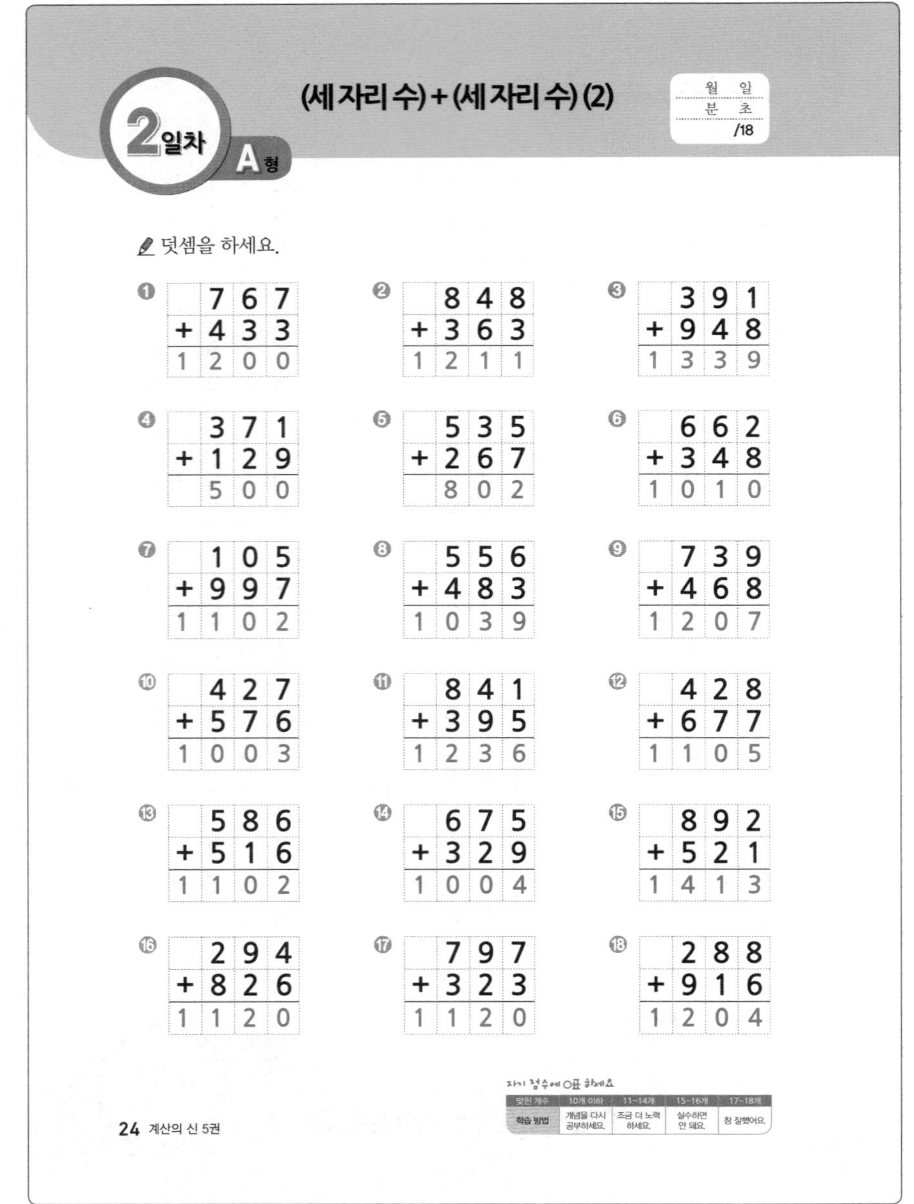

2일차 A형

(세 자리 수)+(세 자리 수)(2)

월 일 / 분 초 / /18

덧셈을 하세요.

① 767+433=1200
② 848+363=1211
③ 391+948=1339
④ 371+129=500
⑤ 535+267=802
⑥ 662+348=1010
⑦ 105+997=1102
⑧ 556+483=1039
⑨ 739+468=1207
⑩ 427+576=1003
⑪ 841+395=1236
⑫ 428+677=1105
⑬ 586+516=1102
⑭ 675+329=1004
⑮ 892+521=1413
⑯ 294+826=1120
⑰ 797+323=1120
⑱ 288+916=1204

자기 점수에 ○표 하세요

맞힌 개수	10개 이하	11~14개	15~16개	17~18개
학습 방법	개념을 다시 공부하세요.	조금 더 노력하세요.	실수하면 안 돼요.	참 잘했어요.

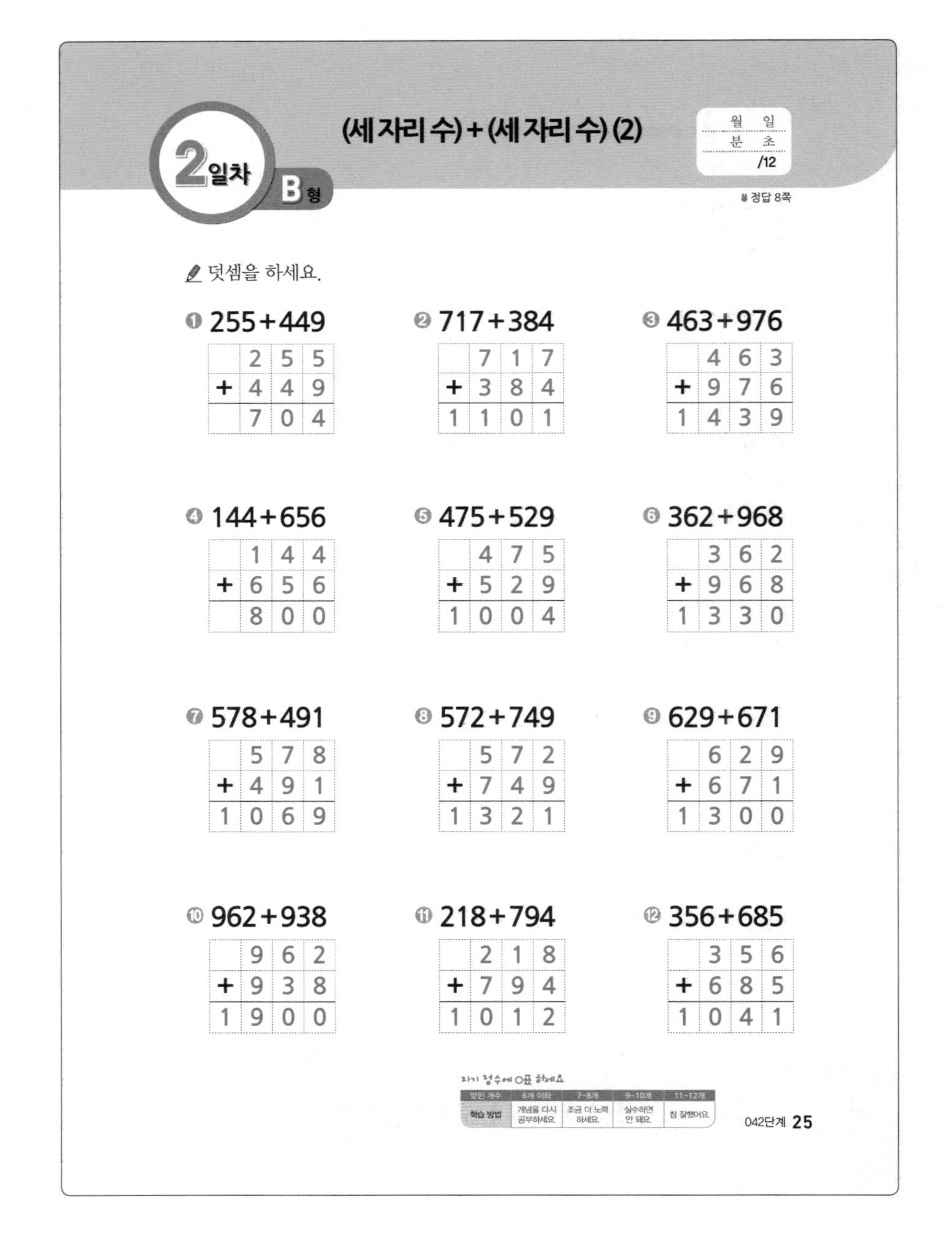

2일차 B형

(세 자리 수)+(세 자리 수)(2)

월 일 / 분 초 / /12

정답 8쪽

덧셈을 하세요.

① 255+449=704
② 717+384=1101
③ 463+976=1439
④ 144+656=800
⑤ 475+529=1004
⑥ 362+968=1330
⑦ 578+491=1069
⑧ 572+749=1321
⑨ 629+671=1300
⑩ 962+938=1900
⑪ 218+794=1012
⑫ 356+685=1041

자기 점수에 ○표 하세요

맞힌 개수	6개 이하	7~8개	9~10개	11~12개
학습 방법	개념을 다시 공부하세요.	조금 더 노력하세요.	실수하면 안 돼요.	참 잘했어요.

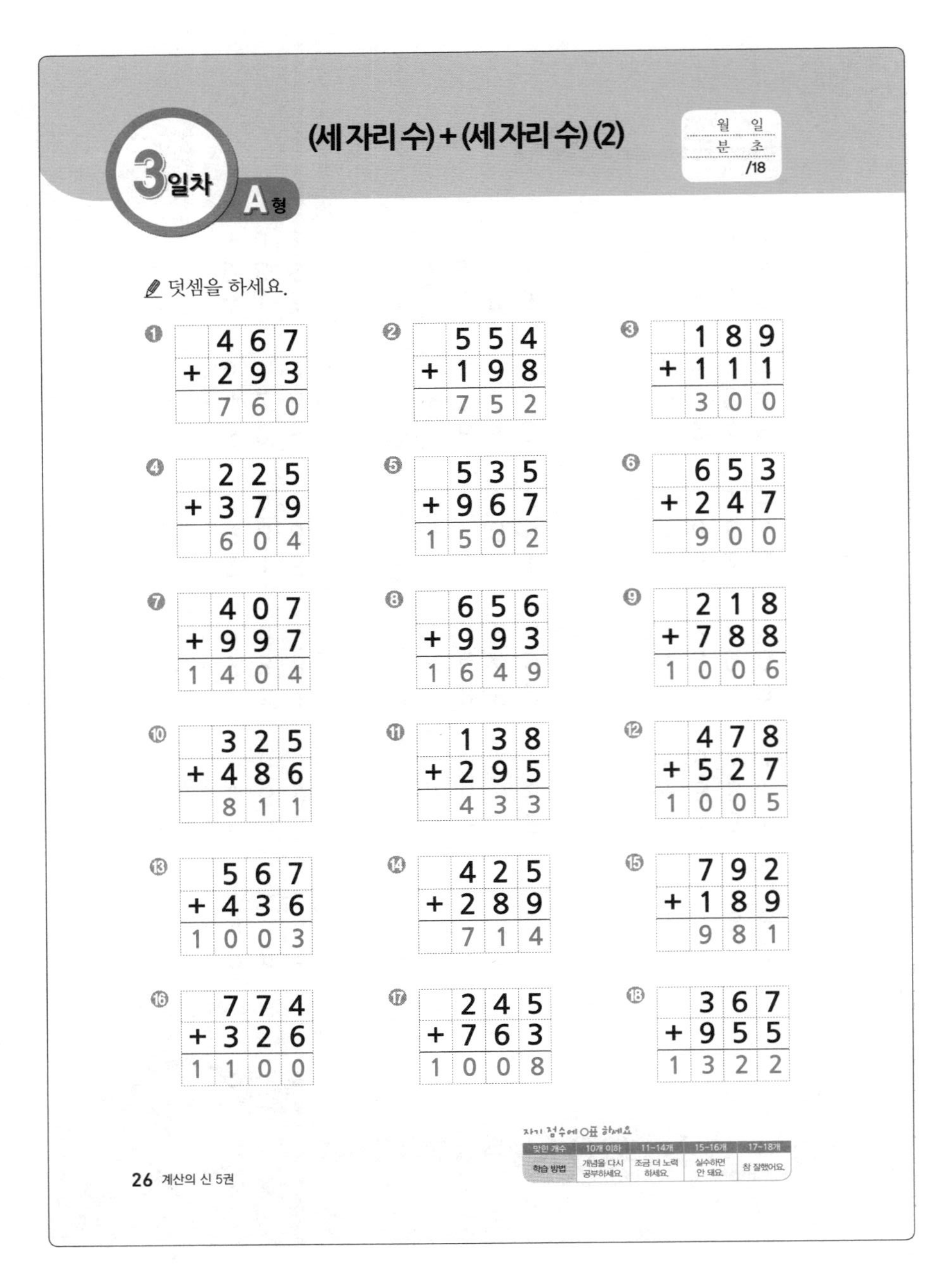

3일차 A형 (세 자리 수)+(세 자리 수) (2)

월 일 / 분 초 / /18

덧셈을 하세요.

① 467 + 293 = 760
② 554 + 198 = 752
③ 189 + 111 = 300
④ 225 + 379 = 604
⑤ 535 + 967 = 1502
⑥ 653 + 247 = 900
⑦ 407 + 997 = 1404
⑧ 656 + 993 = 1649
⑨ 218 + 788 = 1006
⑩ 325 + 486 = 811
⑪ 138 + 295 = 433
⑫ 478 + 527 = 1005
⑬ 567 + 436 = 1003
⑭ 425 + 289 = 714
⑮ 792 + 189 = 981
⑯ 774 + 326 = 1100
⑰ 245 + 763 = 1008
⑱ 367 + 955 = 1322

자기 점수에 ○표 하세요

맞힌 개수	10개 이하	11~14개	15~16개	17~18개
학습 방법	개념을 다시 공부하세요.	조금 더 노력하세요.	실수하면 안 돼요.	참 잘했어요.

26 계산의 신 5권

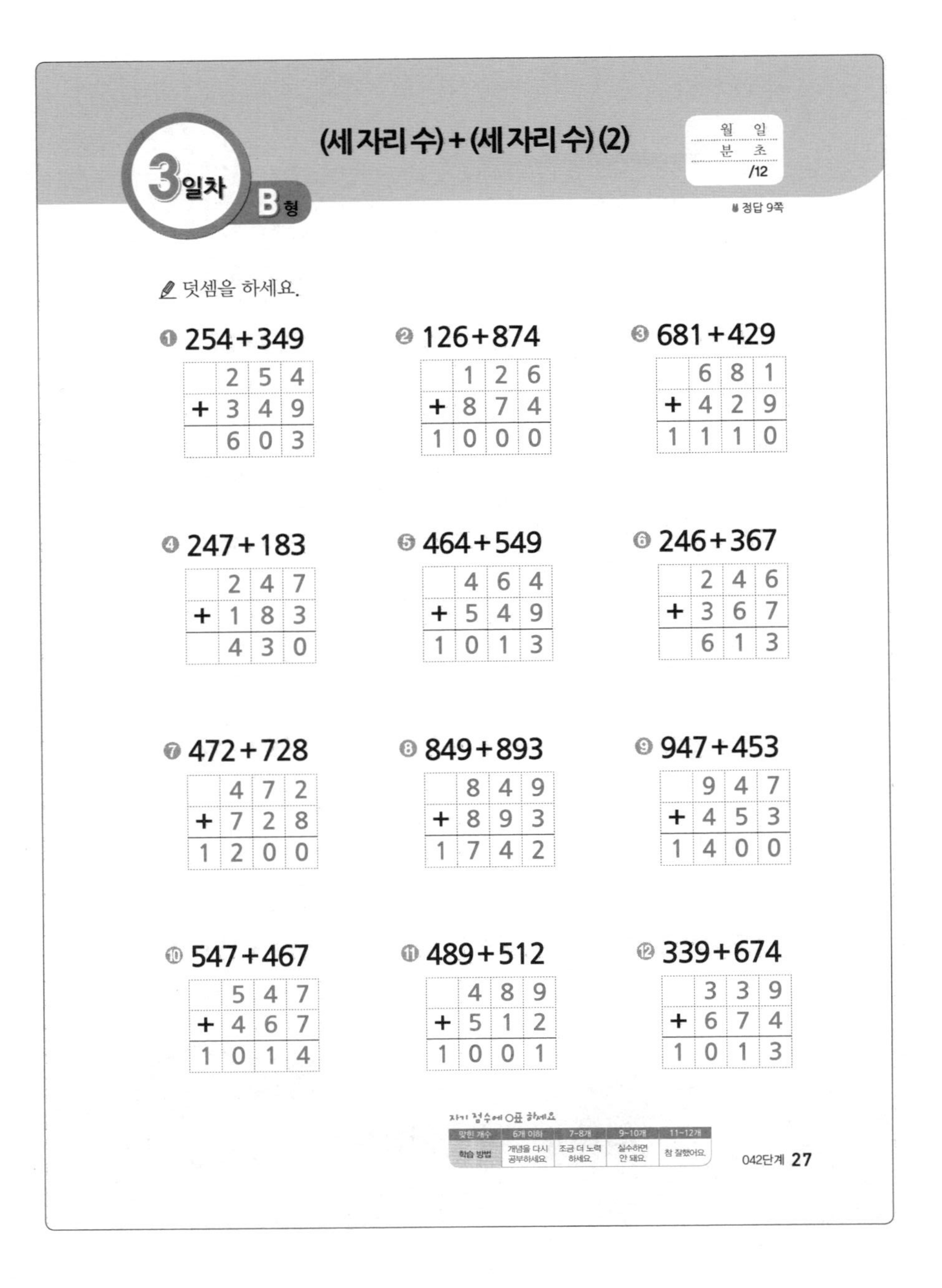

3일차 B형 (세 자리 수)+(세 자리 수) (2)

월 일 / 분 초 / /12

정답 9쪽

덧셈을 하세요.

① 254+349 = 603
② 126+874 = 1000
③ 681+429 = 1110
④ 247+183 = 430
⑤ 464+549 = 1013
⑥ 246+367 = 613
⑦ 472+728 = 1200
⑧ 849+893 = 1742
⑨ 947+453 = 1400
⑩ 547+467 = 1014
⑪ 489+512 = 1001
⑫ 339+674 = 1013

자기 점수에 ○표 하세요

맞힌 개수	6개 이하	7~8개	9~10개	11~12개
학습 방법	개념을 다시 공부하세요.	조금 더 노력하세요.	실수하면 안 돼요.	참 잘했어요.

042단계 27

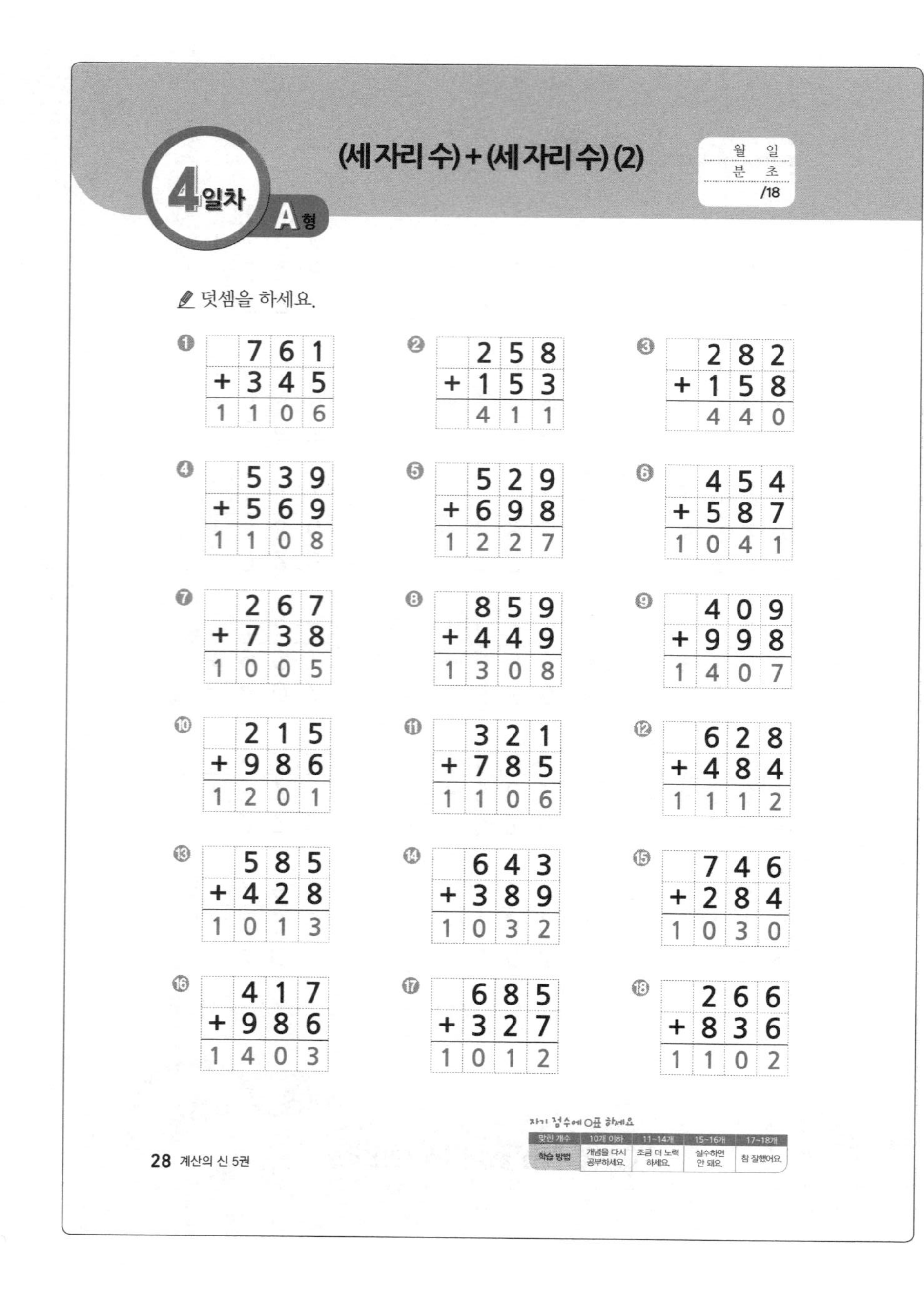

4일차 A형 (세 자리 수)+(세 자리 수) (2)

월 일 / 분 초 / /18

덧셈을 하세요.

① 761 + 345 = 1106
② 258 + 153 = 411
③ 282 + 158 = 440
④ 539 + 569 = 1108
⑤ 529 + 698 = 1227
⑥ 454 + 587 = 1041
⑦ 267 + 738 = 1005
⑧ 859 + 449 = 1308
⑨ 409 + 998 = 1407
⑩ 215 + 986 = 1201
⑪ 321 + 785 = 1106
⑫ 628 + 484 = 1112
⑬ 585 + 428 = 1013
⑭ 643 + 389 = 1032
⑮ 746 + 284 = 1030
⑯ 417 + 986 = 1403
⑰ 685 + 327 = 1012
⑱ 266 + 836 = 1102

자기 점수에 ○표 하세요

맞힌 개수	10개 이하	11~14개	15~16개	17~18개
학습 방법	개념을 다시 공부하세요.	조금 더 노력 하세요.	실수하면 안 돼요.	참 잘했어요.

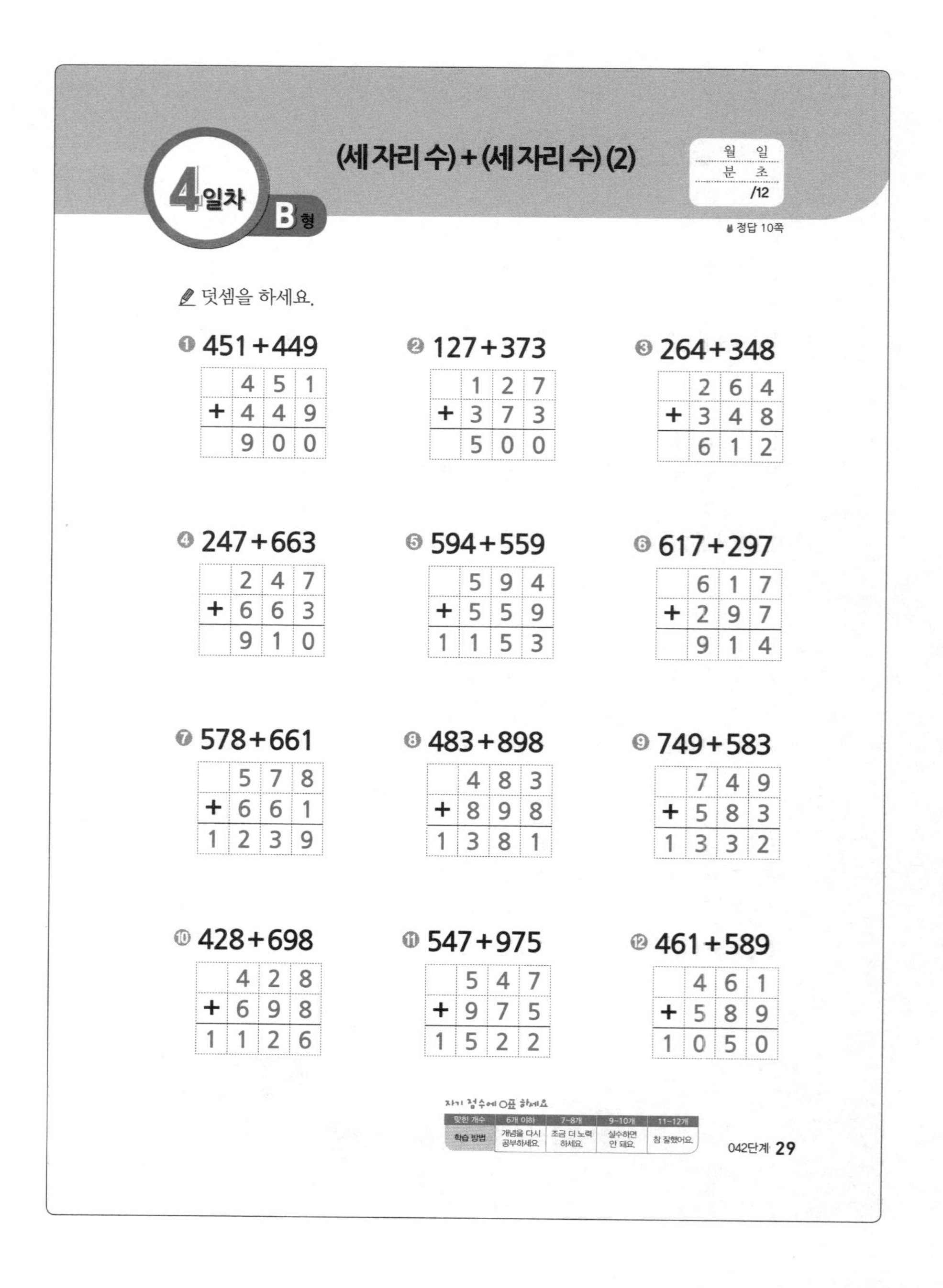

4일차 B형 (세 자리 수)+(세 자리 수) (2)

월 일 / 분 초 / /12

정답 10쪽

덧셈을 하세요.

① 451+449 = 900
② 127+373 = 500
③ 264+348 = 612
④ 247+663 = 910
⑤ 594+559 = 1153
⑥ 617+297 = 914
⑦ 578+661 = 1239
⑧ 483+898 = 1381
⑨ 749+583 = 1332
⑩ 428+698 = 1126
⑪ 547+975 = 1522
⑫ 461+589 = 1050

자기 점수에 ○표 하세요

맞힌 개수	6개 이하	7~8개	9~10개	11~12개
학습 방법	개념을 다시 공부하세요.	조금 더 노력 하세요.	실수하면 안 돼요.	참 잘했어요.

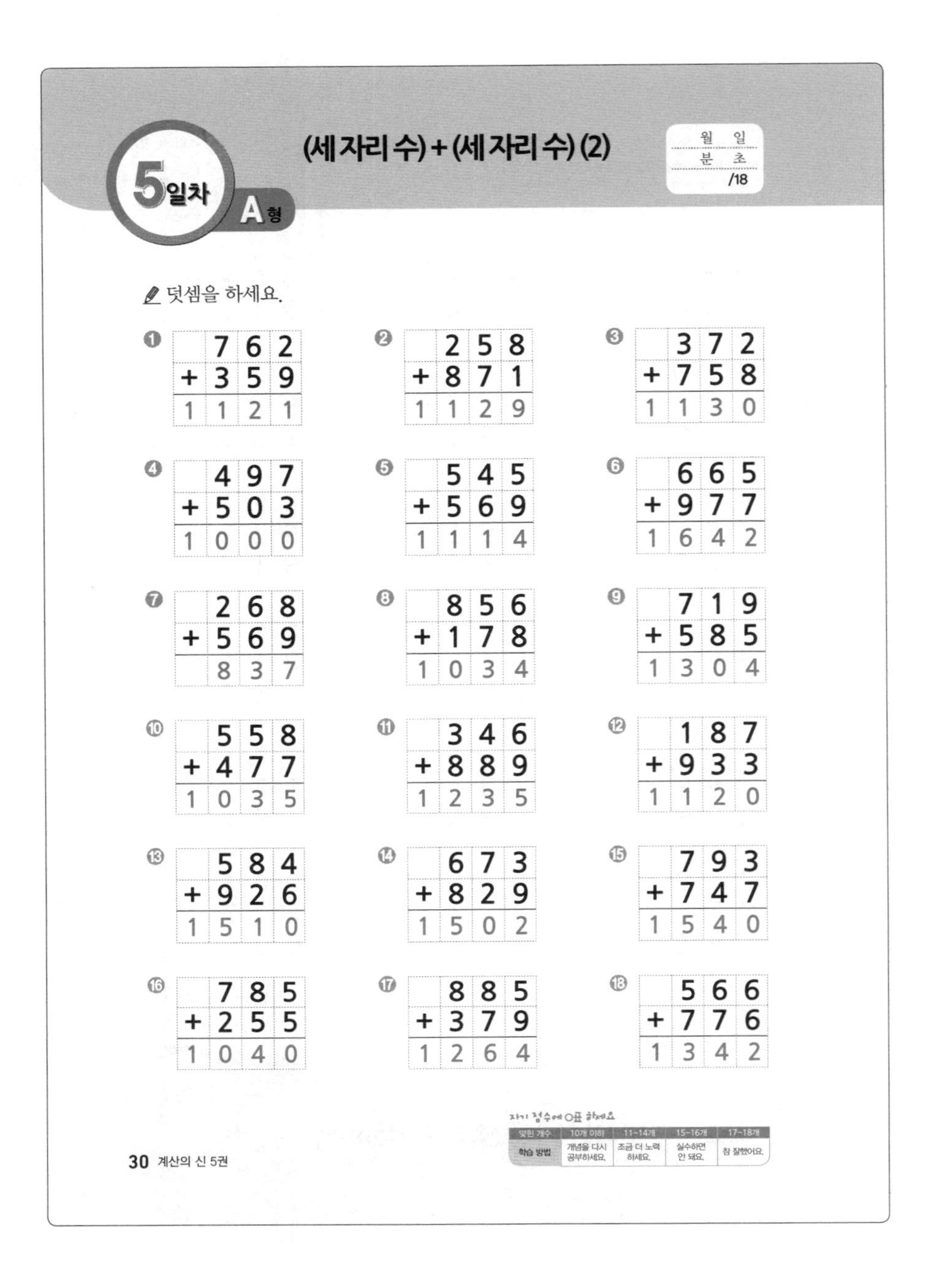

5일차 A형

(세 자리 수)+(세 자리 수)(2)

월 일 분 초 /18

덧셈을 하세요.

① 762+359 = 1121

② 258+871 = 1129

③ 372+758 = 1130

④ 497+503 = 1000

⑤ 545+569 = 1114

⑥ 665+977 = 1642

⑦ 268+569 = 837

⑧ 856+178 = 1034

⑨ 719+585 = 1304

⑩ 558+477 = 1035

⑪ 346+889 = 1235

⑫ 187+933 = 1120

⑬ 584+926 = 1510

⑭ 673+829 = 1502

⑮ 793+747 = 1540

⑯ 785+255 = 1040

⑰ 885+379 = 1264

⑱ 566+776 = 1342

자기 점수에 ○표 하세요

맞힌 개수	10개 이하	11~14개	15~16개	17~18개
학습 방법	개념을 다시 공부하세요.	조금 더 노력하세요.	실수하면 안 돼요.	참 잘했어요.

30 계산의 신 5권

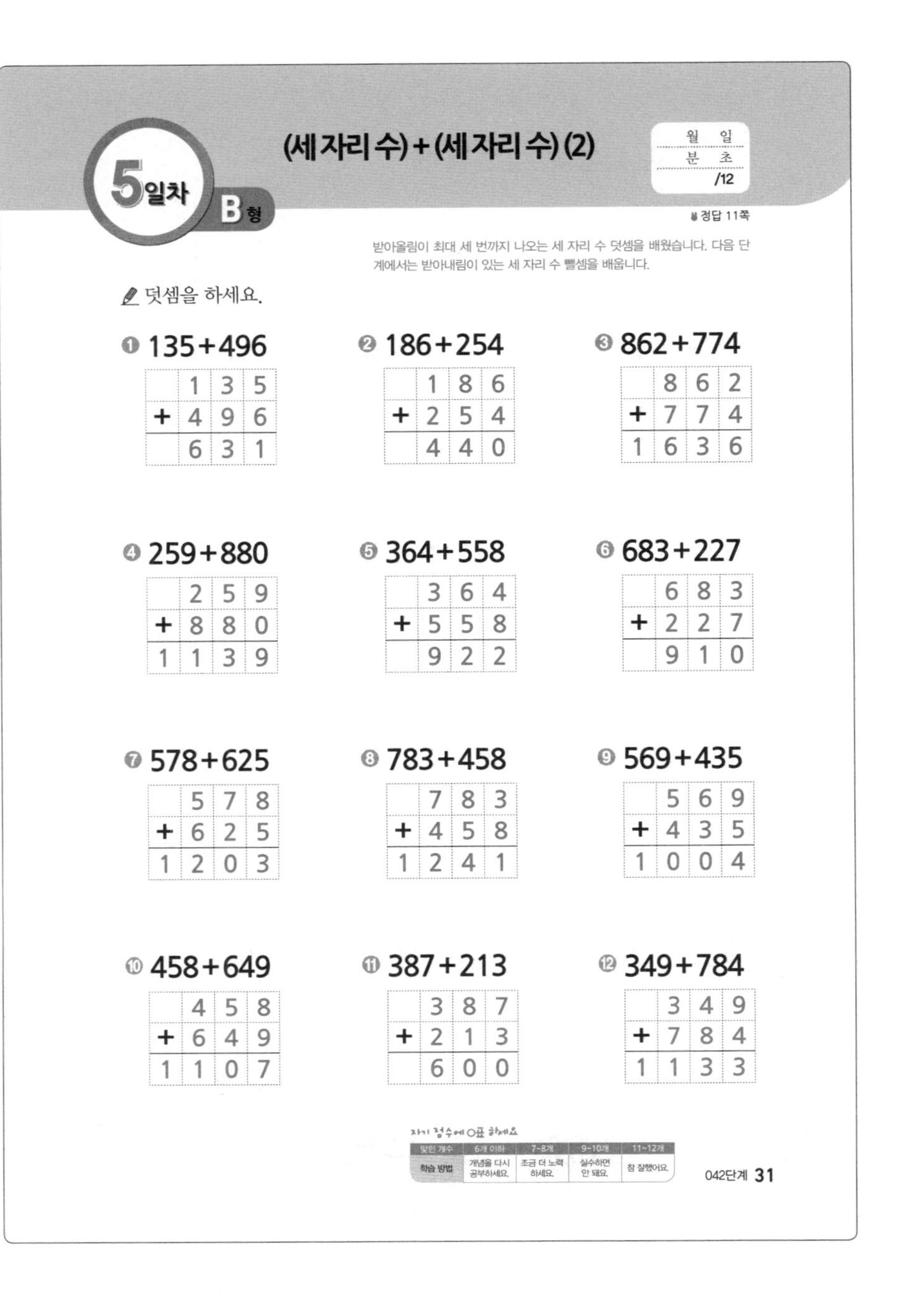

5일차 B형

(세 자리 수)+(세 자리 수)(2)

월 일 분 초 /12

정답 11쪽

받아올림이 최대 세 번까지 나오는 세 자리 수 덧셈을 배웠습니다. 다음 단계에서는 받아내림이 있는 세 자리 수 뺄셈을 배웁니다.

덧셈을 하세요.

① 135+496 = 631

② 186+254 = 440

③ 862+774 = 1636

④ 259+880 = 1139

⑤ 364+558 = 922

⑥ 683+227 = 910

⑦ 578+625 = 1203

⑧ 783+458 = 1241

⑨ 569+435 = 1004

⑩ 458+649 = 1107

⑪ 387+213 = 600

⑫ 349+784 = 1133

자기 점수에 ○표 하세요

맞힌 개수	6개 이하	7~8개	9~10개	11~12개
학습 방법	개념을 다시 공부하세요.	조금 더 노력하세요.	실수하면 안 돼요.	참 잘했어요.

042단계 31

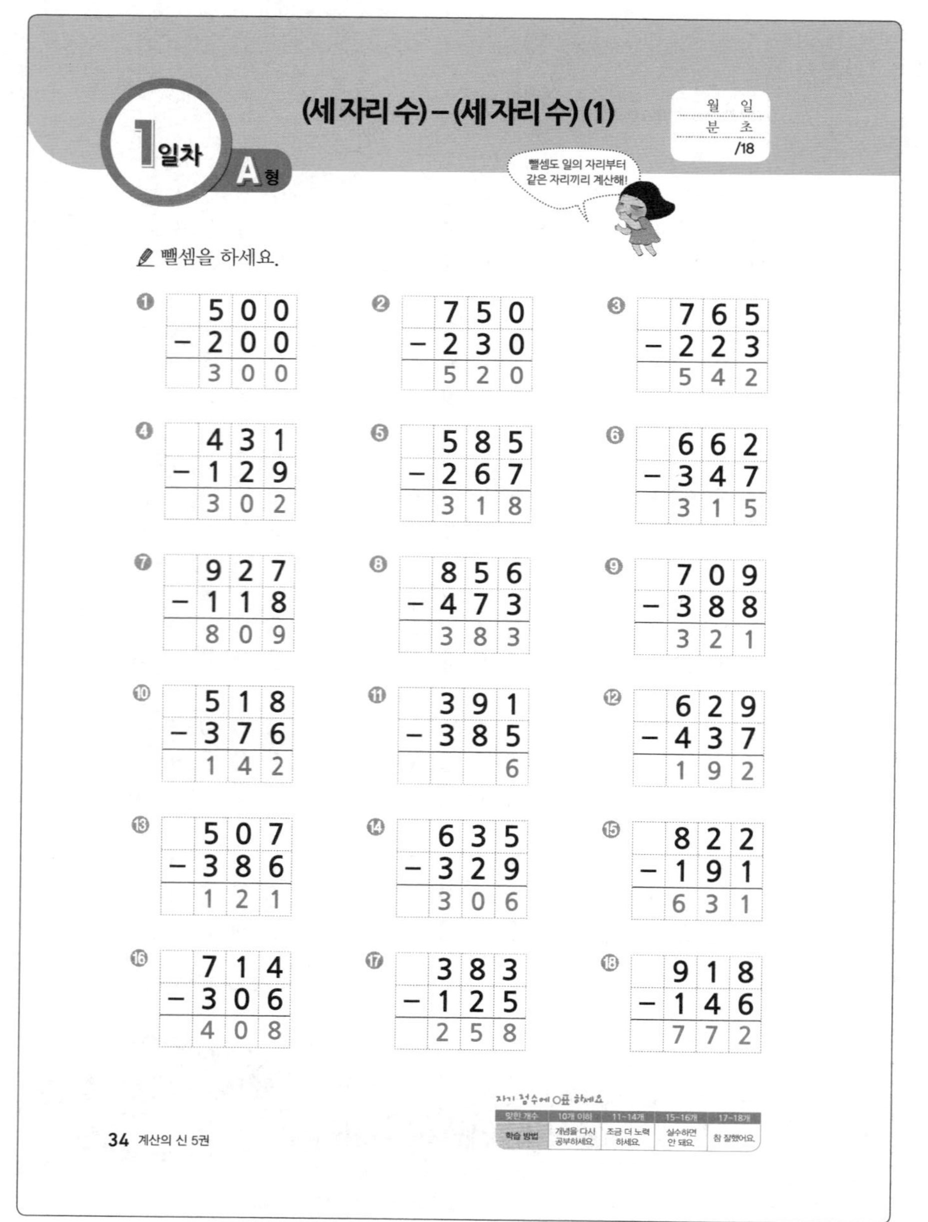

1일차 A형 (세 자리 수)−(세 자리 수)(1)

월 일 / 분 초 / /18

뺄셈을 하세요.

① 500 − 200 = 300
② 750 − 230 = 520
③ 765 − 223 = 542
④ 431 − 129 = 302
⑤ 585 − 267 = 318
⑥ 662 − 347 = 315
⑦ 927 − 118 = 809
⑧ 856 − 473 = 383
⑨ 709 − 388 = 321
⑩ 518 − 376 = 142
⑪ 391 − 385 = 6
⑫ 629 − 437 = 192
⑬ 507 − 386 = 121
⑭ 635 − 329 = 306
⑮ 822 − 191 = 631
⑯ 714 − 306 = 408
⑰ 383 − 125 = 258
⑱ 918 − 146 = 772

자기 점수에 ○표 하세요

맞힌 개수	10개 이하	11~14개	15~16개	17~18개
학습 방법	개념을 다시 공부하세요.	조금 더 노력하세요.	실수하면 안 돼요.	참 잘했어요.

34 계산의 신 5권

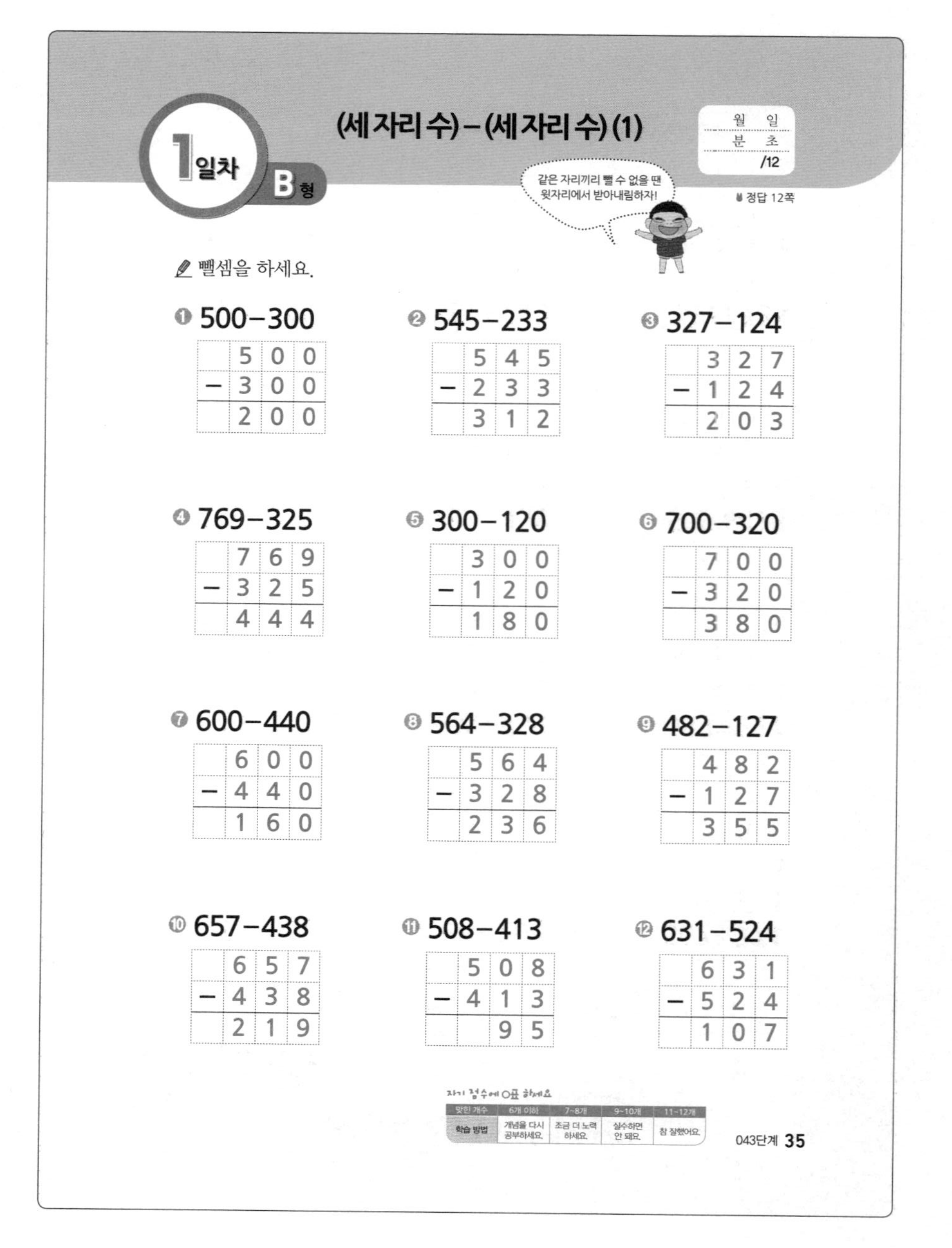

1일차 B형 (세 자리 수)−(세 자리 수)(1)

월 일 / 분 초 / /12

정답 12쪽

뺄셈을 하세요.

① 500−300 = 200
② 545−233 = 312
③ 327−124 = 203
④ 769−325 = 444
⑤ 300−120 = 180
⑥ 700−320 = 380
⑦ 600−440 = 160
⑧ 564−328 = 236
⑨ 482−127 = 355
⑩ 657−438 = 219
⑪ 508−413 = 95
⑫ 631−524 = 107

자기 점수에 ○표 하세요

맞힌 개수	6개 이하	7~8개	9~10개	11~12개
학습 방법	개념을 다시 공부하세요.	조금 더 노력하세요.	실수하면 안 돼요.	참 잘했어요.

043단계 35

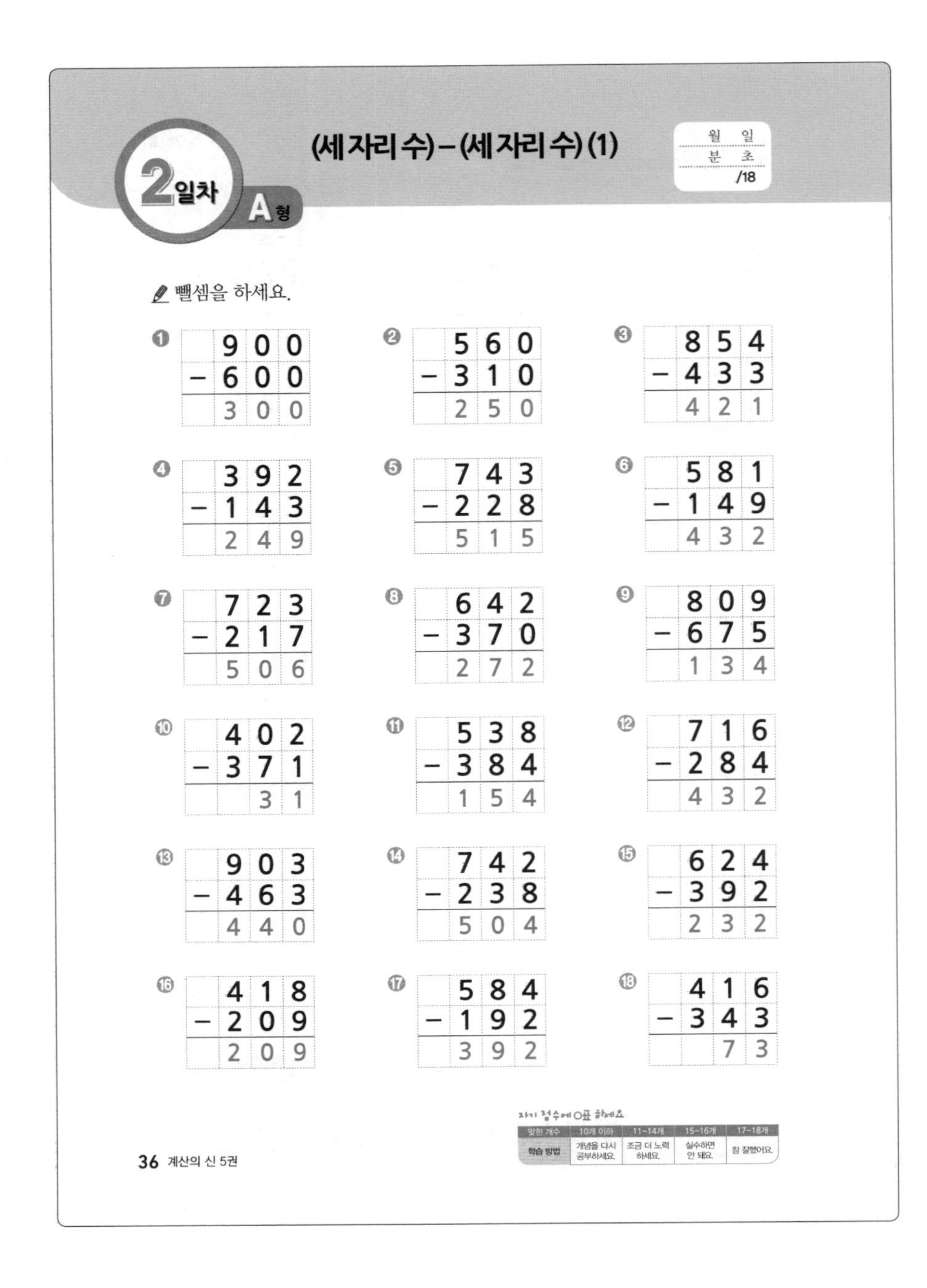

2일차 A형 (세 자리 수)-(세 자리 수)(1)

월 일 / 분 초 / /18

빼셈을 하세요.

❶ 900 − 600 = 300

❷ 560 − 310 = 250

❸ 854 − 433 = 421

❹ 392 − 143 = 249

❺ 743 − 228 = 515

❻ 581 − 149 = 432

❼ 723 − 217 = 506

❽ 642 − 370 = 272

❾ 809 − 675 = 134

❿ 402 − 371 = 31

⓫ 538 − 384 = 154

⓬ 716 − 284 = 432

⓭ 903 − 463 = 440

⓮ 742 − 238 = 504

⓯ 624 − 392 = 232

⓰ 418 − 209 = 209

⓱ 584 − 192 = 392

⓲ 416 − 343 = 73

자기 점수에 ○표 하세요

맞힌 개수	10개 이하	11~14개	15~16개	17~18개
학습 방법	개념을 다시 공부하세요.	조금 더 노력하세요.	실수하면 안 돼요.	참 잘했어요.

36 계산의 신 5권

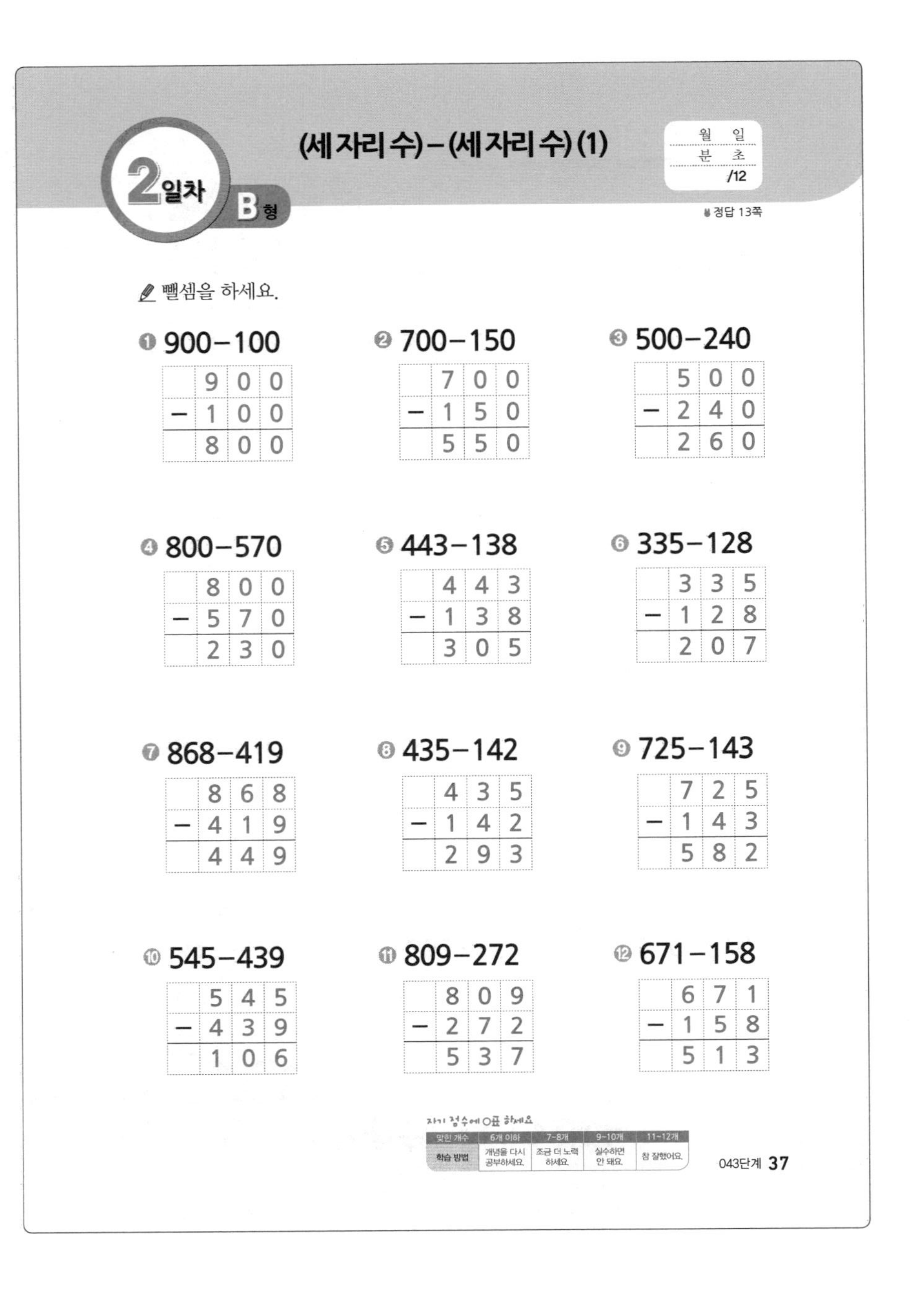

2일차 B형 (세 자리 수)-(세 자리 수)(1)

월 일 / 분 초 / /12

정답 13쪽

빼셈을 하세요.

❶ 900−100 = 800

❷ 700−150 = 550

❸ 500−240 = 260

❹ 800−570 = 230

❺ 443−138 = 305

❻ 335−128 = 207

❼ 868−419 = 449

❽ 435−142 = 293

❾ 725−143 = 582

❿ 545−439 = 106

⓫ 809−272 = 537

⓬ 671−158 = 513

자기 점수에 ○표 하세요

맞힌 개수	6개 이하	7~8개	9~10개	11~12개
학습 방법	개념을 다시 공부하세요.	조금 더 노력하세요.	실수하면 안 돼요.	참 잘했어요.

043단계 37

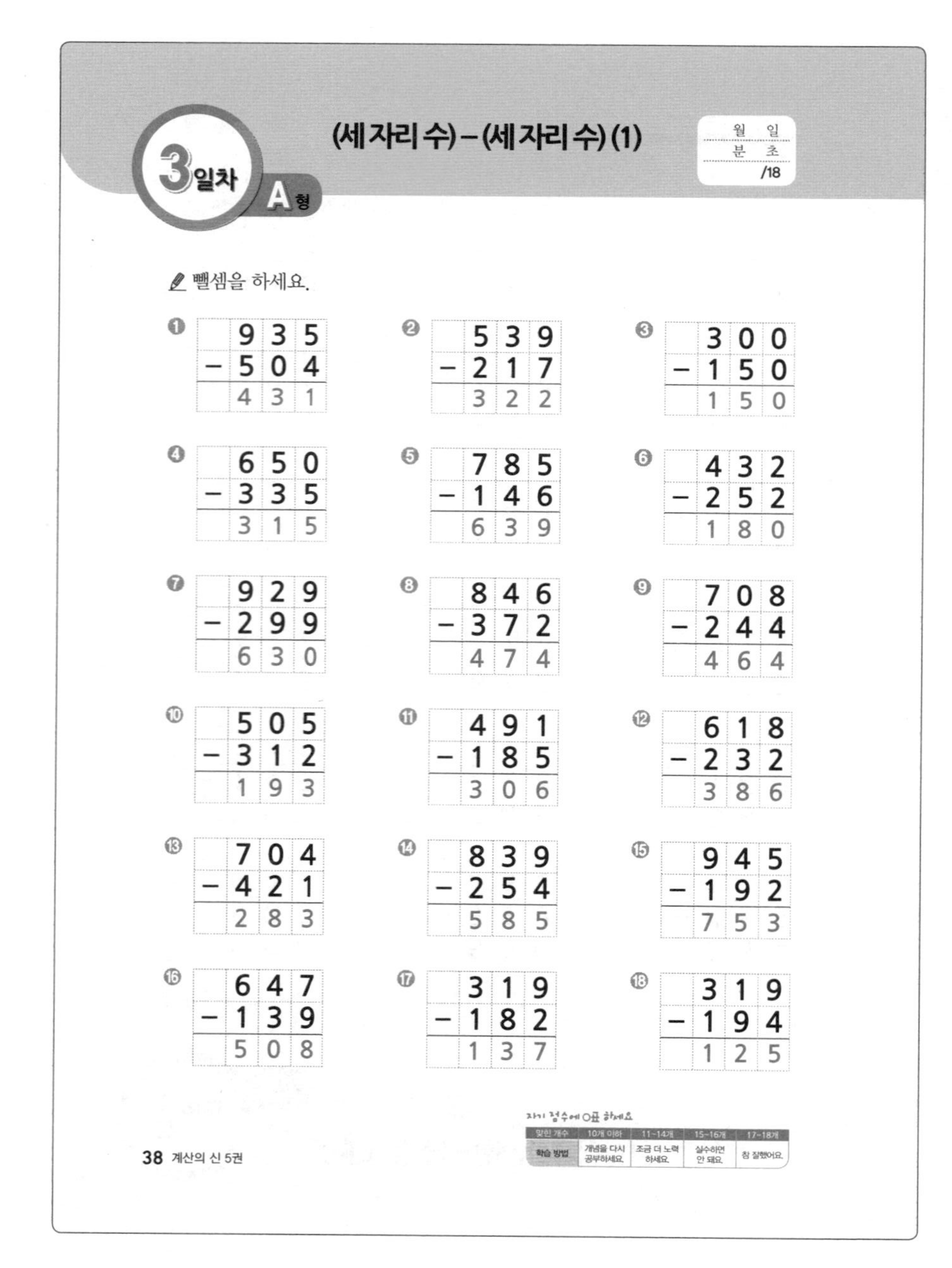

3일차 A형 (세 자리 수)-(세 자리 수)(1)

월 일 / 분 초 / /18

빼셈을 하세요.

1. 935 − 504 = 431
2. 539 − 217 = 322
3. 300 − 150 = 150
4. 650 − 335 = 315
5. 785 − 146 = 639
6. 432 − 252 = 180
7. 929 − 299 = 630
8. 846 − 372 = 474
9. 708 − 244 = 464
10. 505 − 312 = 193
11. 491 − 185 = 306
12. 618 − 232 = 386
13. 704 − 421 = 283
14. 839 − 254 = 585
15. 945 − 192 = 753
16. 647 − 139 = 508
17. 319 − 182 = 137
18. 319 − 194 = 125

자기 점수에 ○표 하세요

맞힌 개수	10개 이하	11~14개	15~16개	17~18개
학습 방법	개념을 다시 공부하세요.	조금 더 노력하세요.	실수하면 안 돼요.	참 잘했어요.

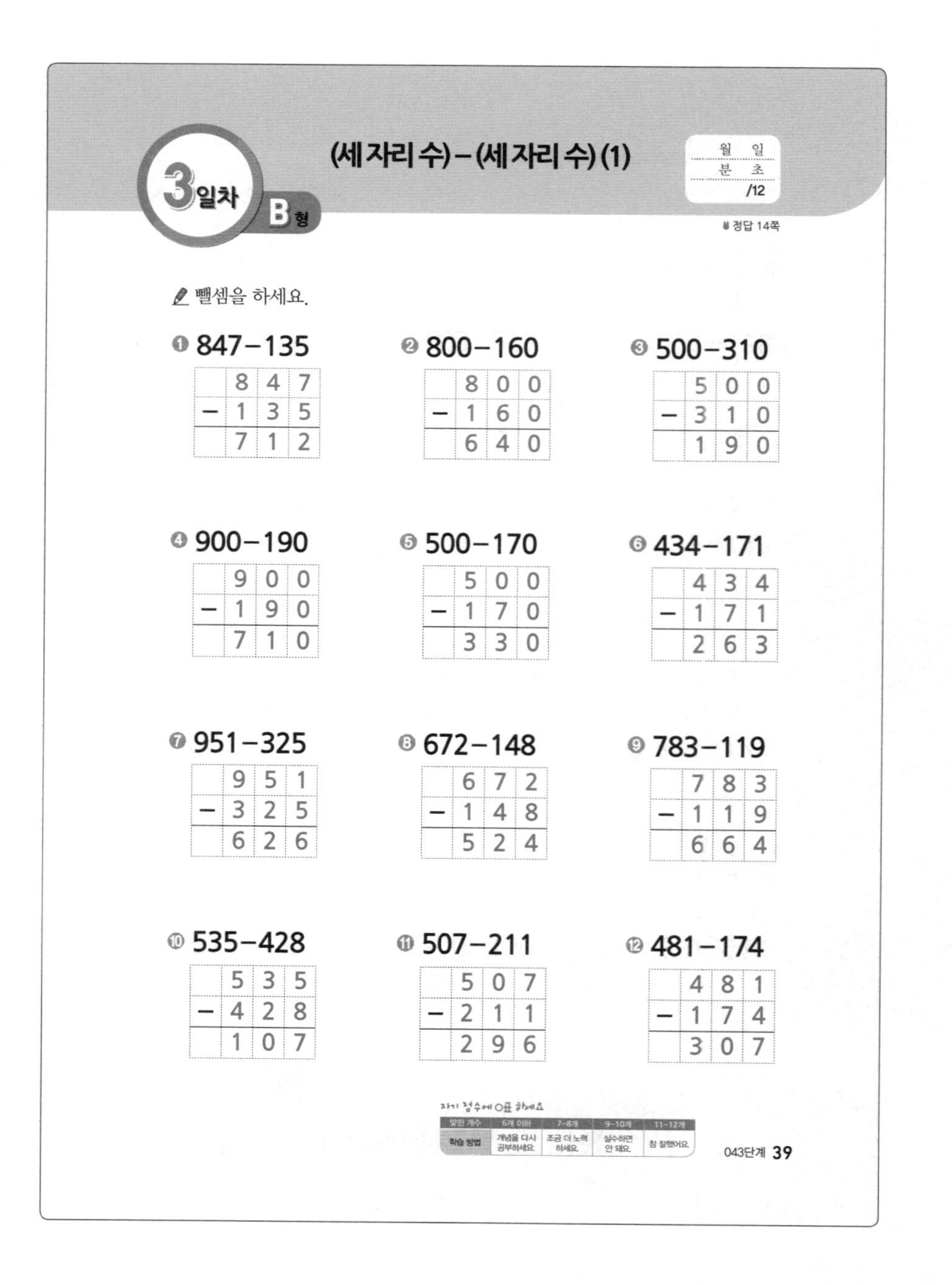

3일차 B형 (세 자리 수)-(세 자리 수)(1)

월 일 / 분 초 / /12

정답 14쪽

빼셈을 하세요.

1. 847−135 = 712
2. 800−160 = 640
3. 500−310 = 190
4. 900−190 = 710
5. 500−170 = 330
6. 434−171 = 263
7. 951−325 = 626
8. 672−148 = 524
9. 783−119 = 664
10. 535−428 = 107
11. 507−211 = 296
12. 481−174 = 307

자기 점수에 ○표 하세요

맞힌 개수	6개 이하	7~8개	9~10개	11~12개
학습 방법	개념을 다시 공부하세요.	조금 더 노력하세요.	실수하면 안 돼요.	참 잘했어요.

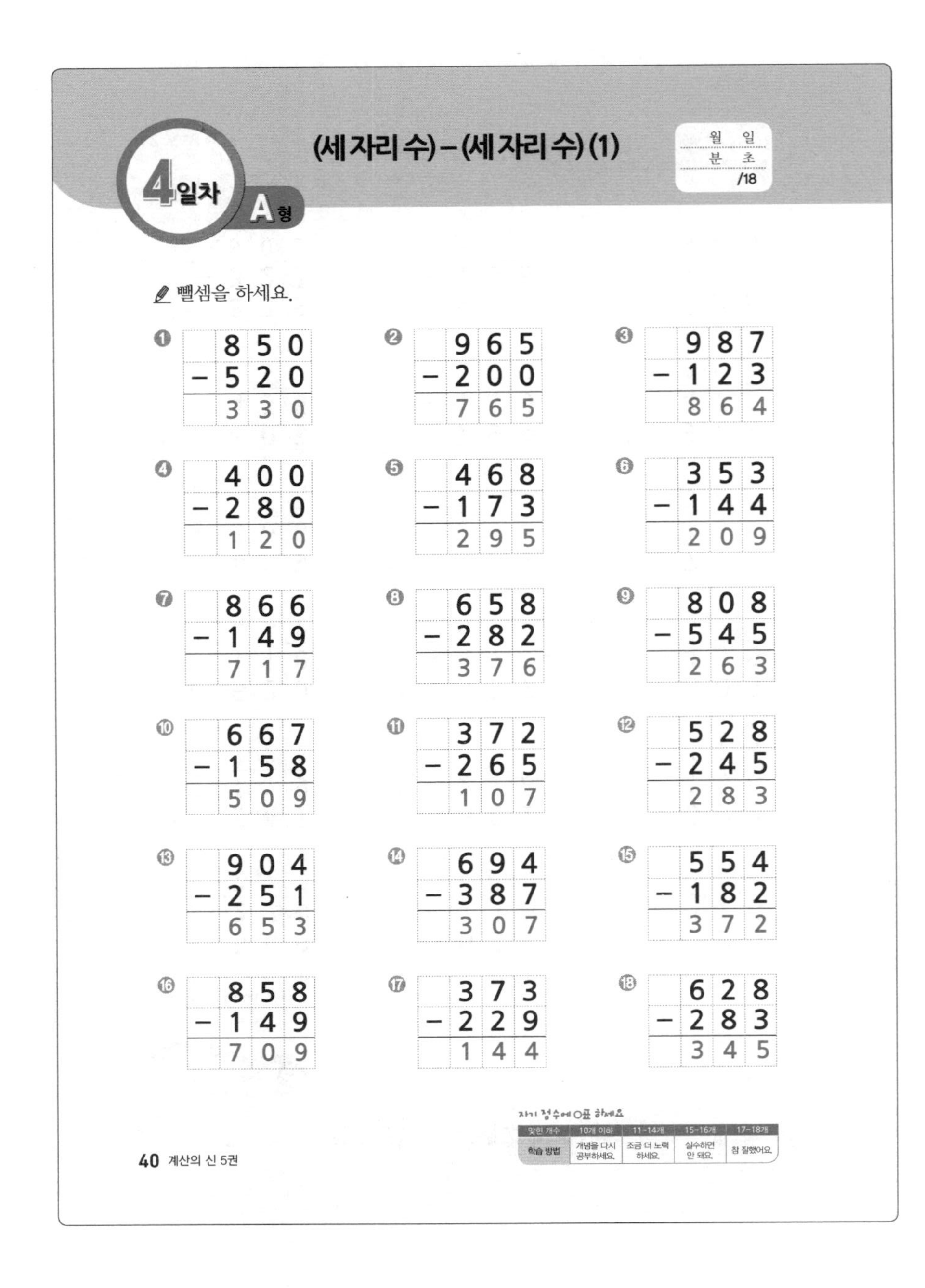

4일차 A형 (세 자리 수)-(세 자리 수)(1)

월 일 / 분 초 / /18

뺄셈을 하세요.

① 850 − 520 = 330

② 965 − 200 = 765

③ 987 − 123 = 864

④ 400 − 280 = 120

⑤ 468 − 173 = 295

⑥ 353 − 144 = 209

⑦ 866 − 149 = 717

⑧ 658 − 282 = 376

⑨ 808 − 545 = 263

⑩ 667 − 158 = 509

⑪ 372 − 265 = 107

⑫ 528 − 245 = 283

⑬ 904 − 251 = 653

⑭ 694 − 387 = 307

⑮ 554 − 182 = 372

⑯ 858 − 149 = 709

⑰ 373 − 229 = 144

⑱ 628 − 283 = 345

자기 점수에 ○표 하세요

맞힌 개수	10개 이하	11~14개	15~16개	17~18개
학습 방법	개념을 다시 공부하세요.	조금 더 노력 하세요.	실수하면 안 돼요.	참 잘했어요.

40 계산의 신 5권

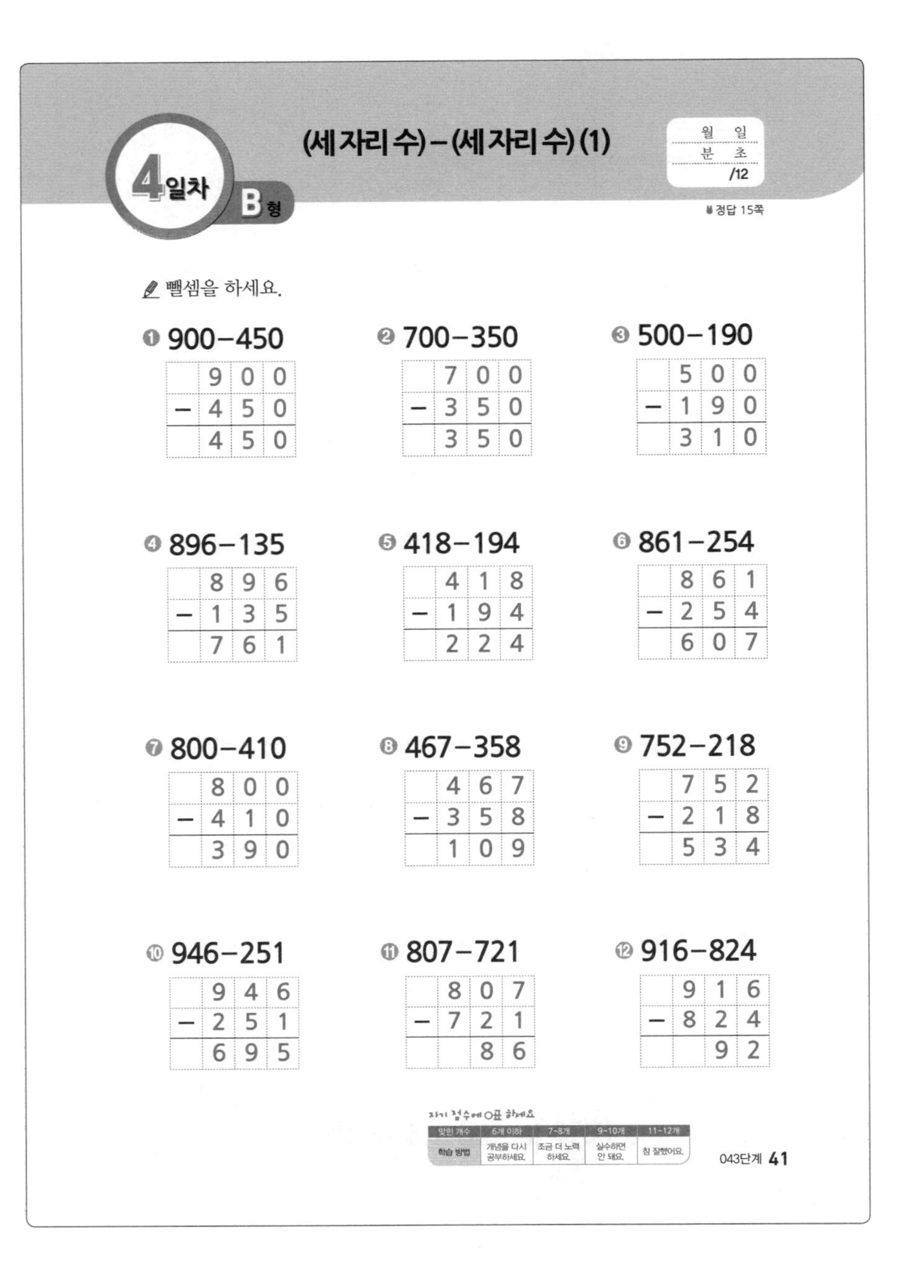

4일차 B형 (세 자리 수)-(세 자리 수)(1)

월 일 / 분 초 / /12

정답 15쪽

뺄셈을 하세요.

① 900−450 = 450

② 700−350 = 350

③ 500−190 = 310

④ 896−135 = 761

⑤ 418−194 = 224

⑥ 861−254 = 607

⑦ 800−410 = 390

⑧ 467−358 = 109

⑨ 752−218 = 534

⑩ 946−251 = 695

⑪ 807−721 = 86

⑫ 916−824 = 92

자기 점수에 ○표 하세요

맞힌 개수	6개 이하	7~8개	9~10개	11~12개
학습 방법	개념을 다시 공부하세요.	조금 더 노력 하세요.	실수하면 안 돼요.	참 잘했어요.

043단계 41

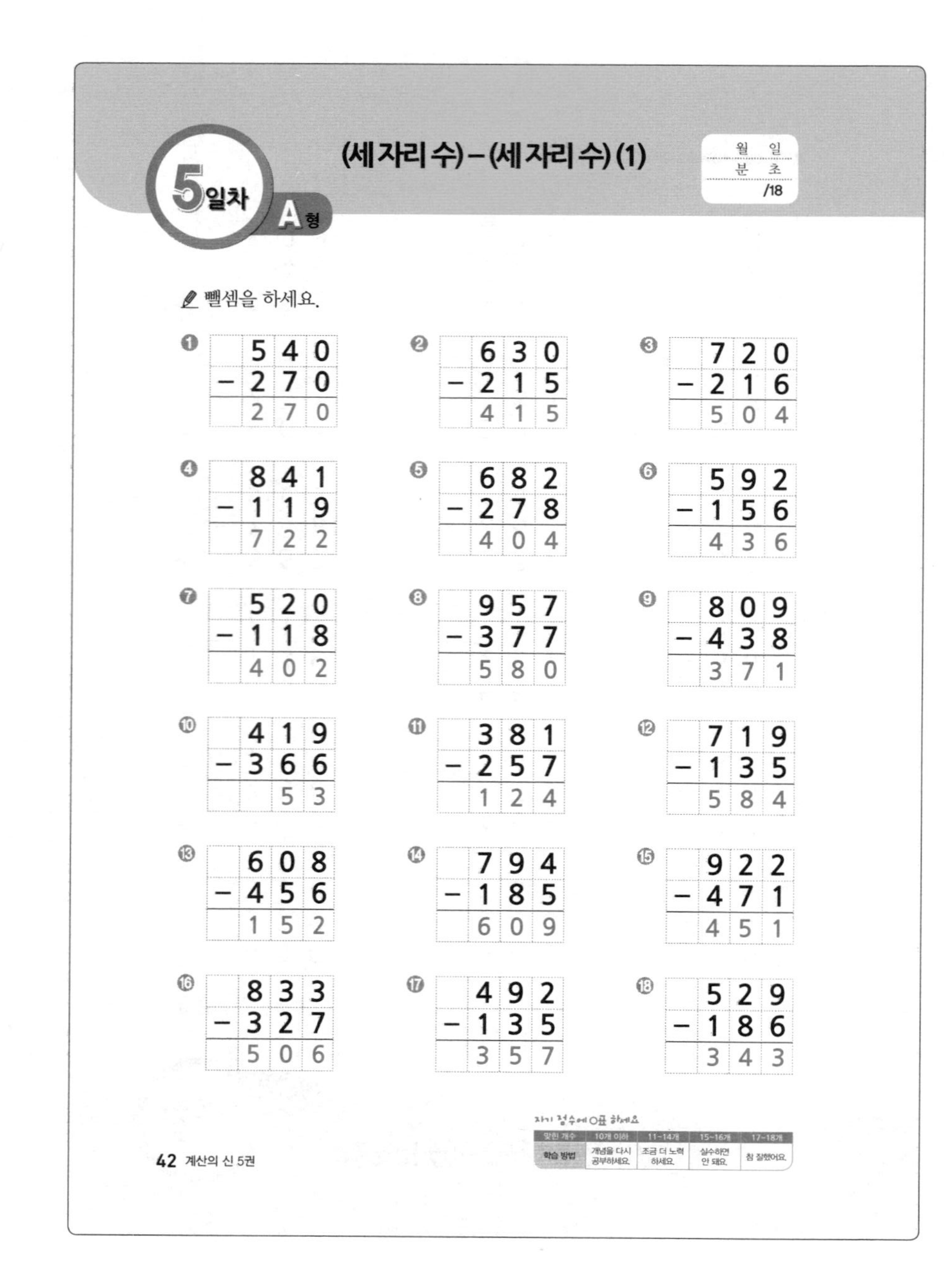

5일차 A형 (세 자리 수)-(세 자리 수)(1)

월 일 / 분 초 / /18

빨셈을 하세요.

① 540 − 270 = 270
② 630 − 215 = 415
③ 720 − 216 = 504
④ 841 − 119 = 722
⑤ 682 − 278 = 404
⑥ 592 − 156 = 436
⑦ 520 − 118 = 402
⑧ 957 − 377 = 580
⑨ 809 − 438 = 371
⑩ 419 − 366 = 53
⑪ 381 − 257 = 124
⑫ 719 − 135 = 584
⑬ 608 − 456 = 152
⑭ 794 − 185 = 609
⑮ 922 − 471 = 451
⑯ 833 − 327 = 506
⑰ 492 − 135 = 357
⑱ 529 − 186 = 343

자기 점수에 ○표 하세요

맞힌 개수	10개 이하	11~14개	15~16개	17~18개
학습 방법	개념을 다시 공부하세요.	조금 더 노력 하세요.	실수하면 안 돼요.	참 잘했어요.

42 계산의 신 5권

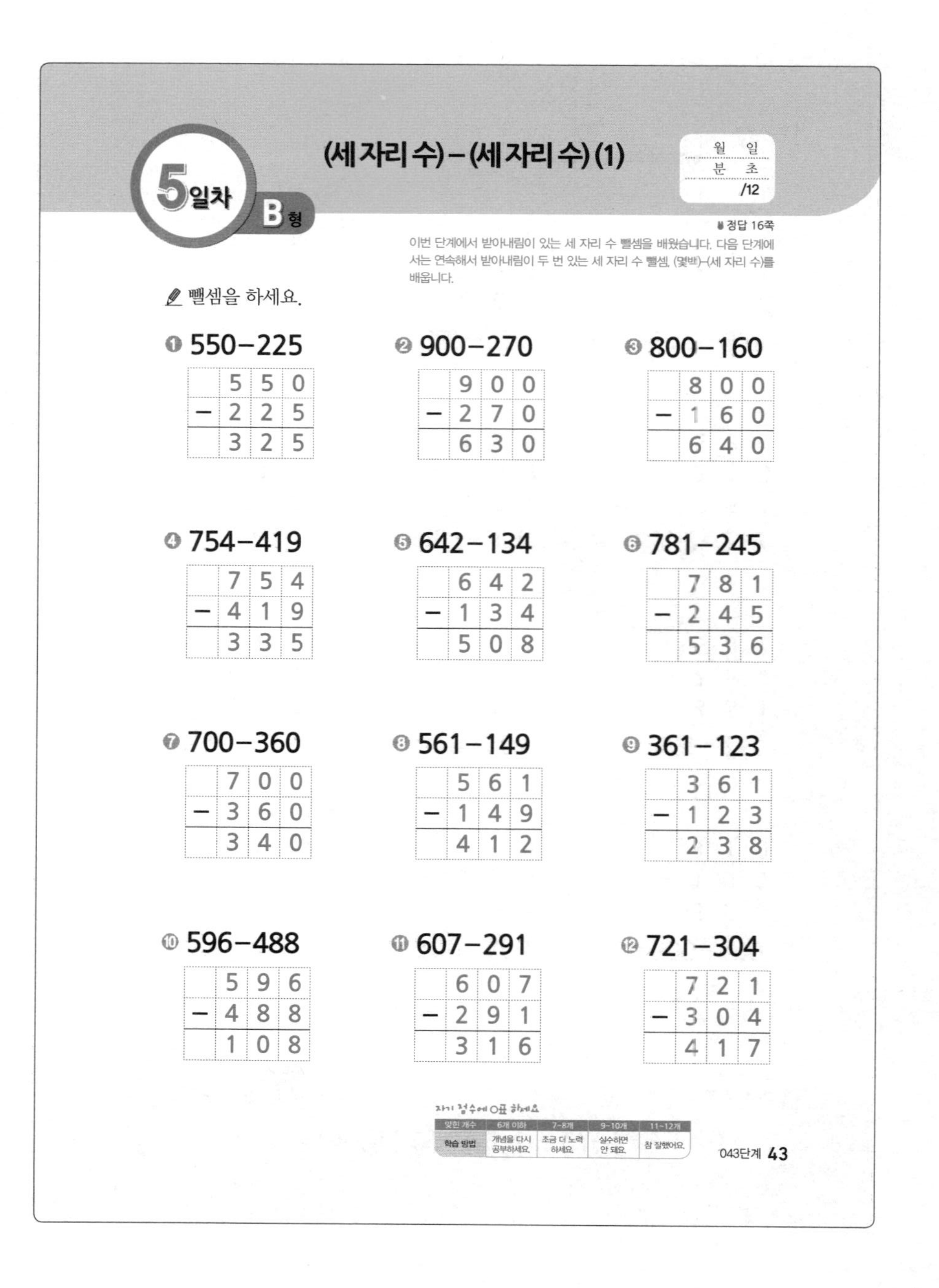

5일차 B형 (세 자리 수)-(세 자리 수)(1)

월 일 / 분 초 / /12

정답 16쪽

이번 단계에서 받아내림이 있는 세 자리 수 빨셈을 배웠습니다. 다음 단계에서는 연속해서 받아내림이 두 번 있는 세 자리 수 빨셈, (몇백)-(세 자리 수)를 배웁니다.

빨셈을 하세요.

① 550−225 = 325
② 900−270 = 630
③ 800−160 = 640
④ 754−419 = 335
⑤ 642−134 = 508
⑥ 781−245 = 536
⑦ 700−360 = 340
⑧ 561−149 = 412
⑨ 361−123 = 238
⑩ 596−488 = 108
⑪ 607−291 = 316
⑫ 721−304 = 417

자기 점수에 ○표 하세요

맞힌 개수	6개 이하	7~8개	9~10개	11~12개
학습 방법	개념을 다시 공부하세요.	조금 더 노력 하세요.	실수하면 안 돼요.	참 잘했어요.

043단계 43

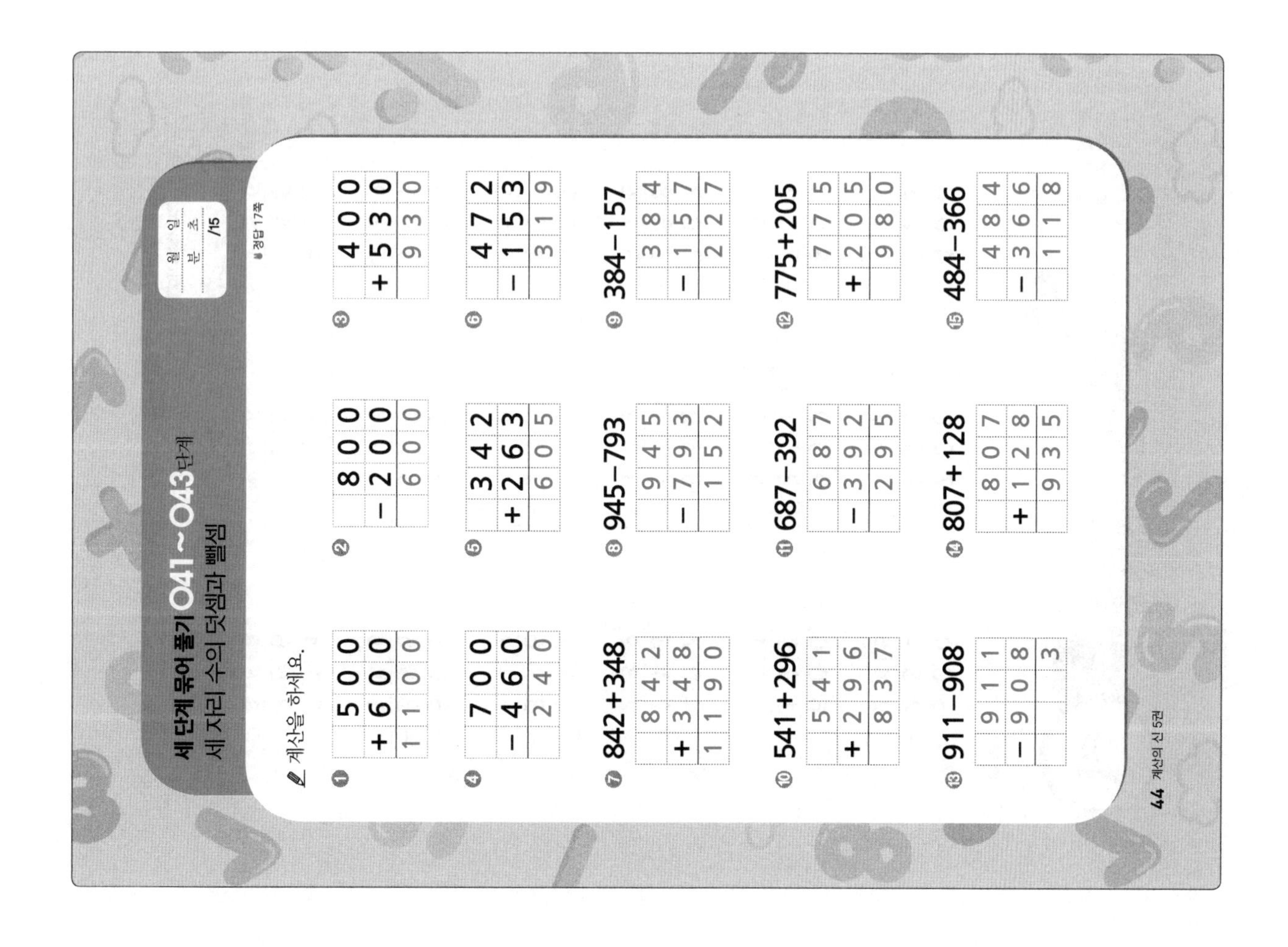

세 단계 묶어 풀기 O41~O43단계
세 자리 수의 덧셈과 뺄셈

월 일
분 초
/15

정답 17쪽

계산을 하세요.

① 500 + 600 = 1100

② 800 − 200 = 600

③ 400 + 530 = 930

④ 700 − 460 = 240

⑤ 342 + 263 = 605

⑥ 472 − 153 = 319

⑦ 842+348 = 1190

⑧ 945−793 = 152

⑨ 384−157 = 227

⑩ 541+296 = 837

⑪ 687−392 = 295

⑫ 775+205 = 980

⑬ 911−908 = 3

⑭ 807+128 = 935

⑮ 484−366 = 118

44 계산의 신 5권

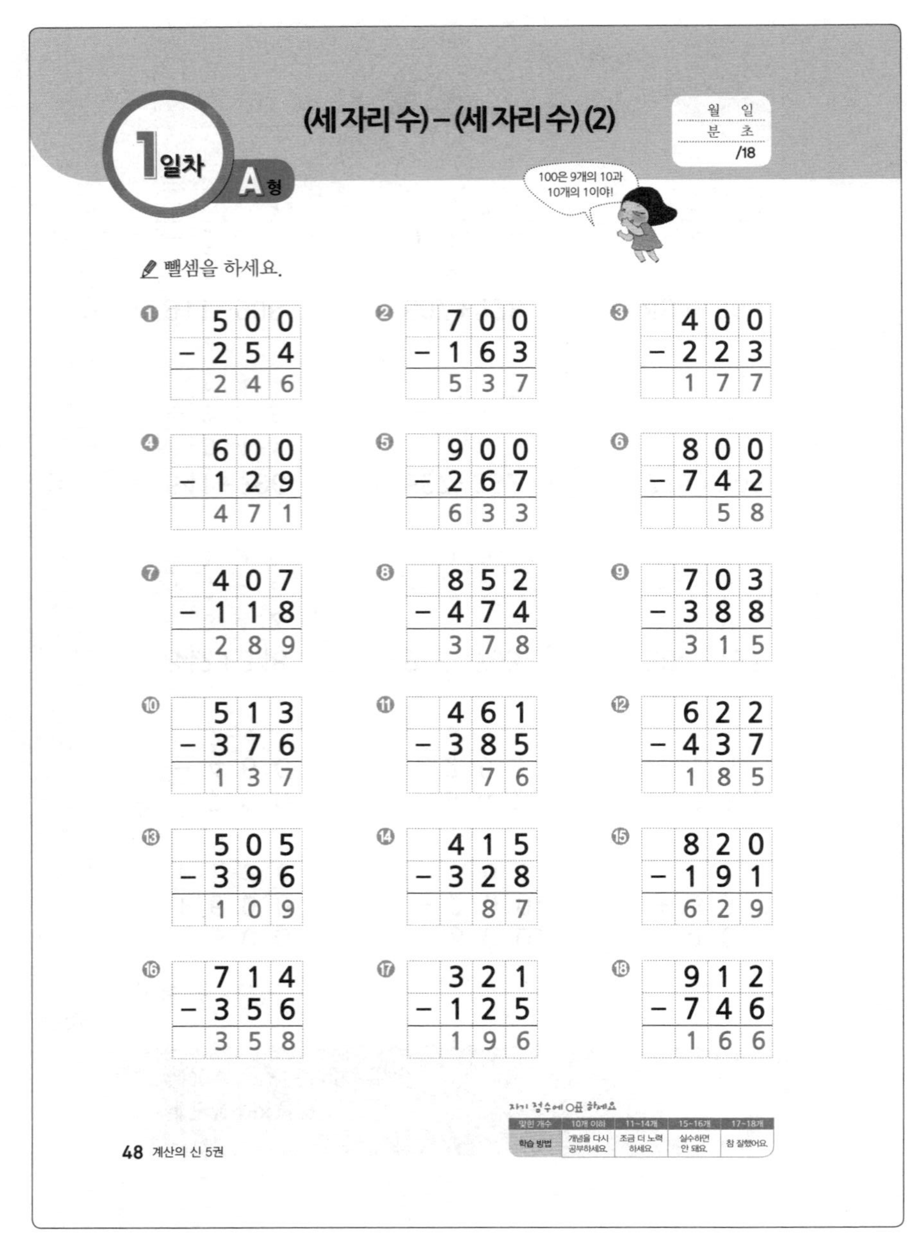

1일차 A형 (세 자리 수)−(세 자리 수) (2)

월 일
분 초
/18

100은 9개의 10과
10개의 1이야!

빨셈을 하세요.

① 500 − 254 = 246
② 700 − 163 = 537
③ 400 − 223 = 177
④ 600 − 129 = 471
⑤ 900 − 267 = 633
⑥ 800 − 742 = 58
⑦ 407 − 118 = 289
⑧ 852 − 474 = 378
⑨ 703 − 388 = 315
⑩ 513 − 376 = 137
⑪ 461 − 385 = 76
⑫ 622 − 437 = 185
⑬ 505 − 396 = 109
⑭ 415 − 328 = 87
⑮ 820 − 191 = 629
⑯ 714 − 356 = 358
⑰ 321 − 125 = 196
⑱ 912 − 746 = 166

자기 점수에 ○표 하세요

맞힌 개수	10개 이하	11~14개	15~16개	17~18개
학습 방법	개념을 다시 공부하세요.	조금 더 노력하세요.	실수하면 안 돼요.	참 잘했어요.

48 계산의 신 5권

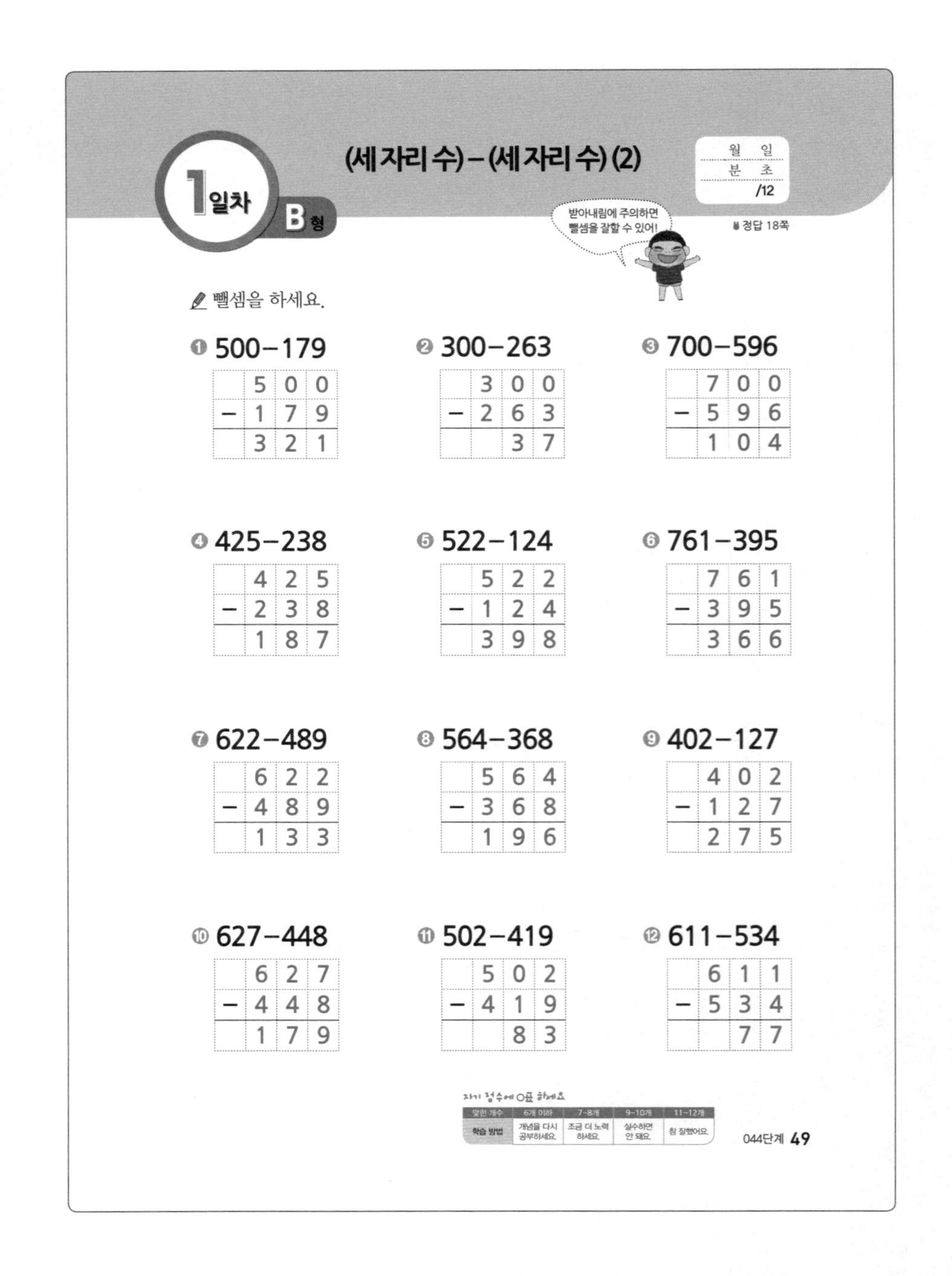

1일차 B형 (세 자리 수)−(세 자리 수) (2)

월 일
분 초
/12

받아내림에 주의하면
뺄셈을 잘할 수 있어!

정답 18쪽

빨셈을 하세요.

① 500−179 = 321
② 300−263 = 37
③ 700−596 = 104
④ 425−238 = 187
⑤ 522−124 = 398
⑥ 761−395 = 366
⑦ 622−489 = 133
⑧ 564−368 = 196
⑨ 402−127 = 275
⑩ 627−448 = 179
⑪ 502−419 = 83
⑫ 611−534 = 77

자기 점수에 ○표 하세요

맞힌 개수	6개 이하	7~8개	9~10개	11~12개
학습 방법	개념을 다시 공부하세요.	조금 더 노력하세요.	실수하면 안 돼요.	참 잘했어요.

044단계 49

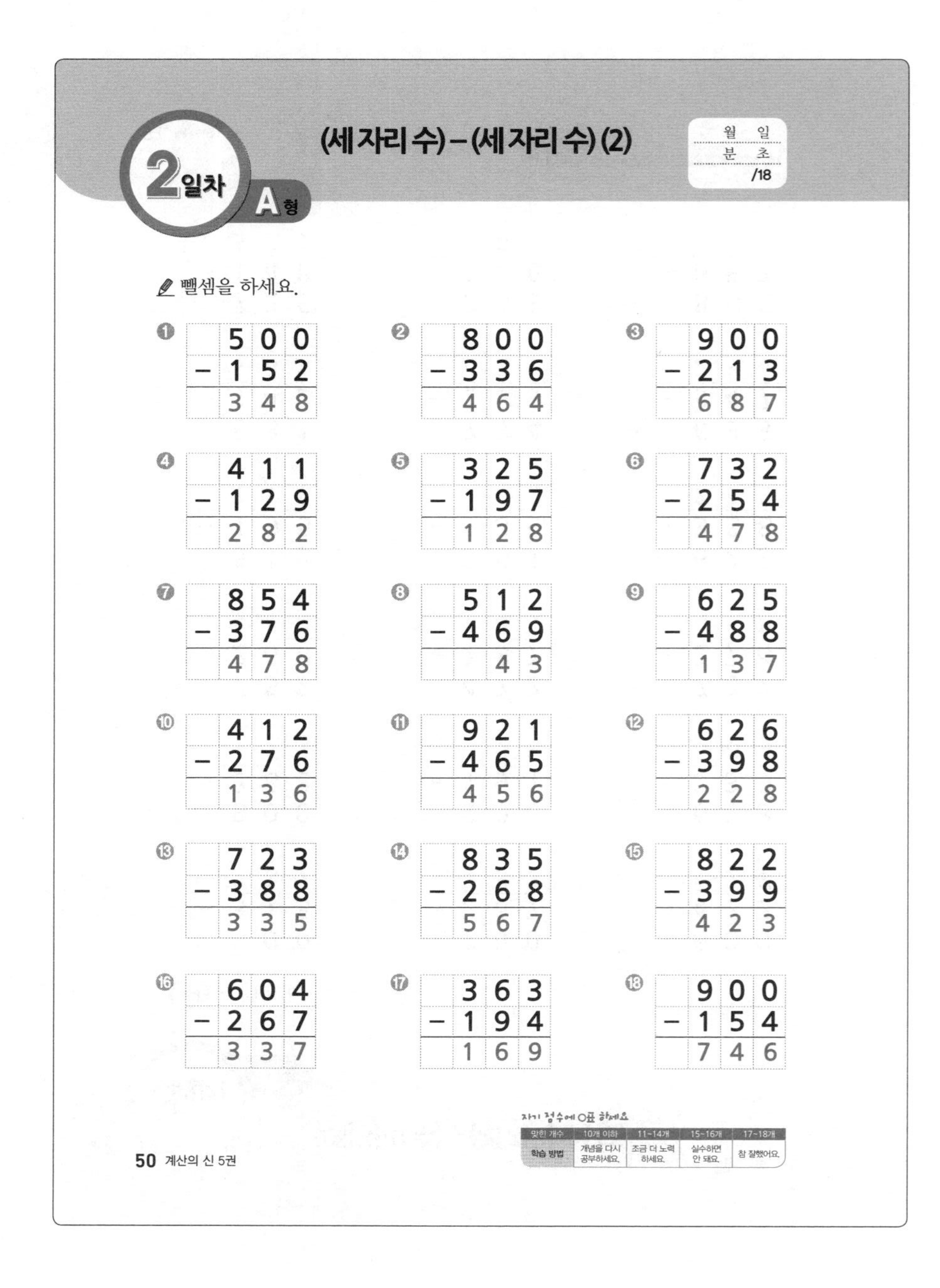

2일차 A형

(세 자리 수)-(세 자리 수)(2)

월 일 / 분 초 / /18

뺄셈을 하세요.

❶ 500 − 152 = 348

❷ 800 − 336 = 464

❸ 900 − 213 = 687

❹ 411 − 129 = 282

❺ 325 − 197 = 128

❻ 732 − 254 = 478

❼ 854 − 376 = 478

❽ 512 − 469 = 43

❾ 625 − 488 = 137

❿ 412 − 276 = 136

⓫ 921 − 465 = 456

⓬ 626 − 398 = 228

⓭ 723 − 388 = 335

⓮ 835 − 268 = 567

⓯ 822 − 399 = 423

⓰ 604 − 267 = 337

⓱ 363 − 194 = 169

⓲ 900 − 154 = 746

자기 점수에 ○표 하세요

맞힌 개수	10개 이하	11~14개	15~16개	17~18개
학습 방법	개념을 다시 공부하세요.	조금 더 노력하세요.	실수하면 안 돼요.	참 잘했어요.

50 계산의 신 5권

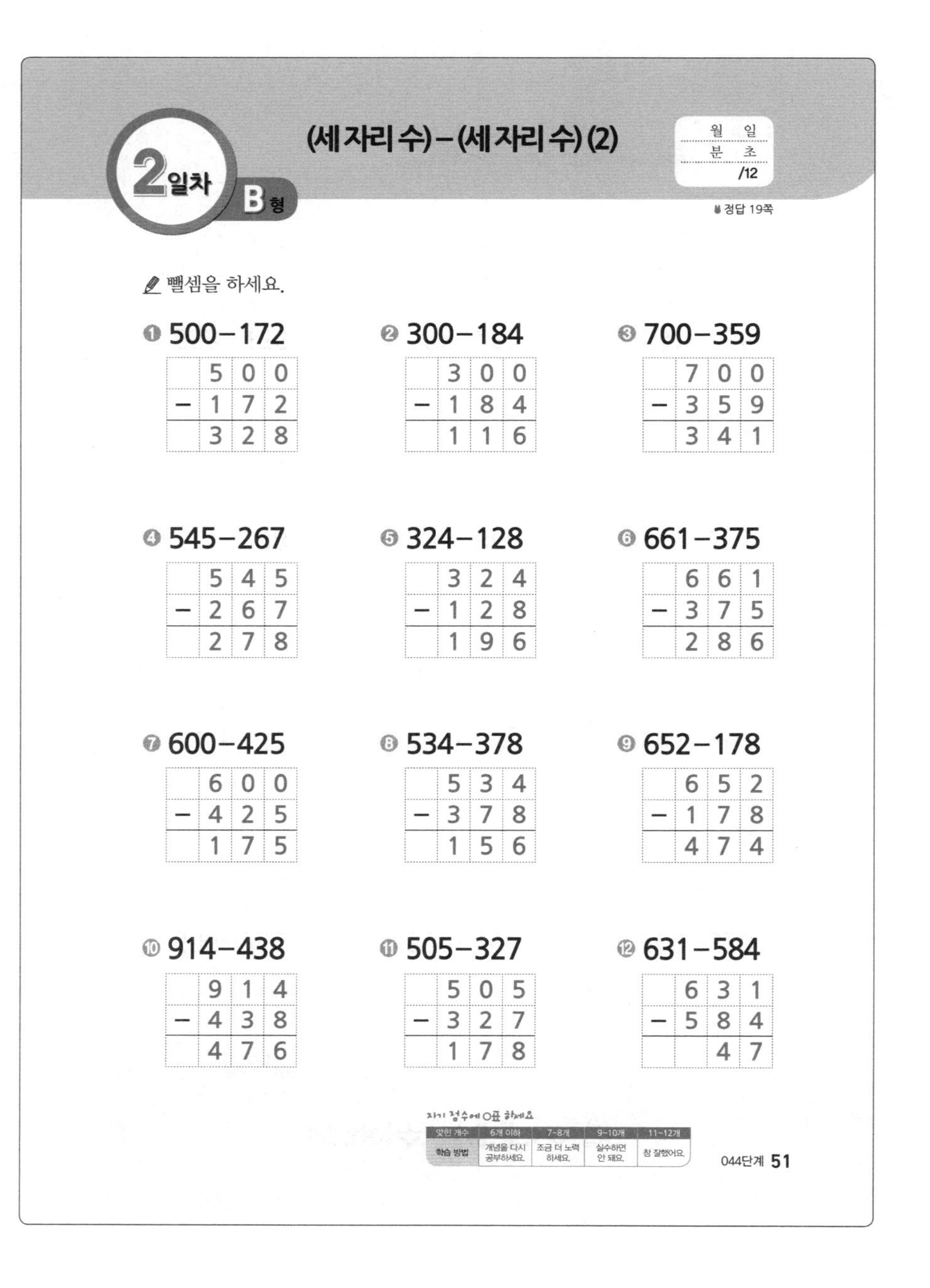

2일차 B형

(세 자리 수)-(세 자리 수)(2)

월 일 / 분 초 / /12

정답 19쪽

뺄셈을 하세요.

❶ 500−172 = 328

❷ 300−184 = 116

❸ 700−359 = 341

❹ 545−267 = 278

❺ 324−128 = 196

❻ 661−375 = 286

❼ 600−425 = 175

❽ 534−378 = 156

❾ 652−178 = 474

❿ 914−438 = 476

⓫ 505−327 = 178

⓬ 631−584 = 47

자기 점수에 ○표 하세요

맞힌 개수	6개 이하	7~8개	9~10개	11~12개
학습 방법	개념을 다시 공부하세요.	조금 더 노력하세요.	실수하면 안 돼요.	참 잘했어요.

044단계 51

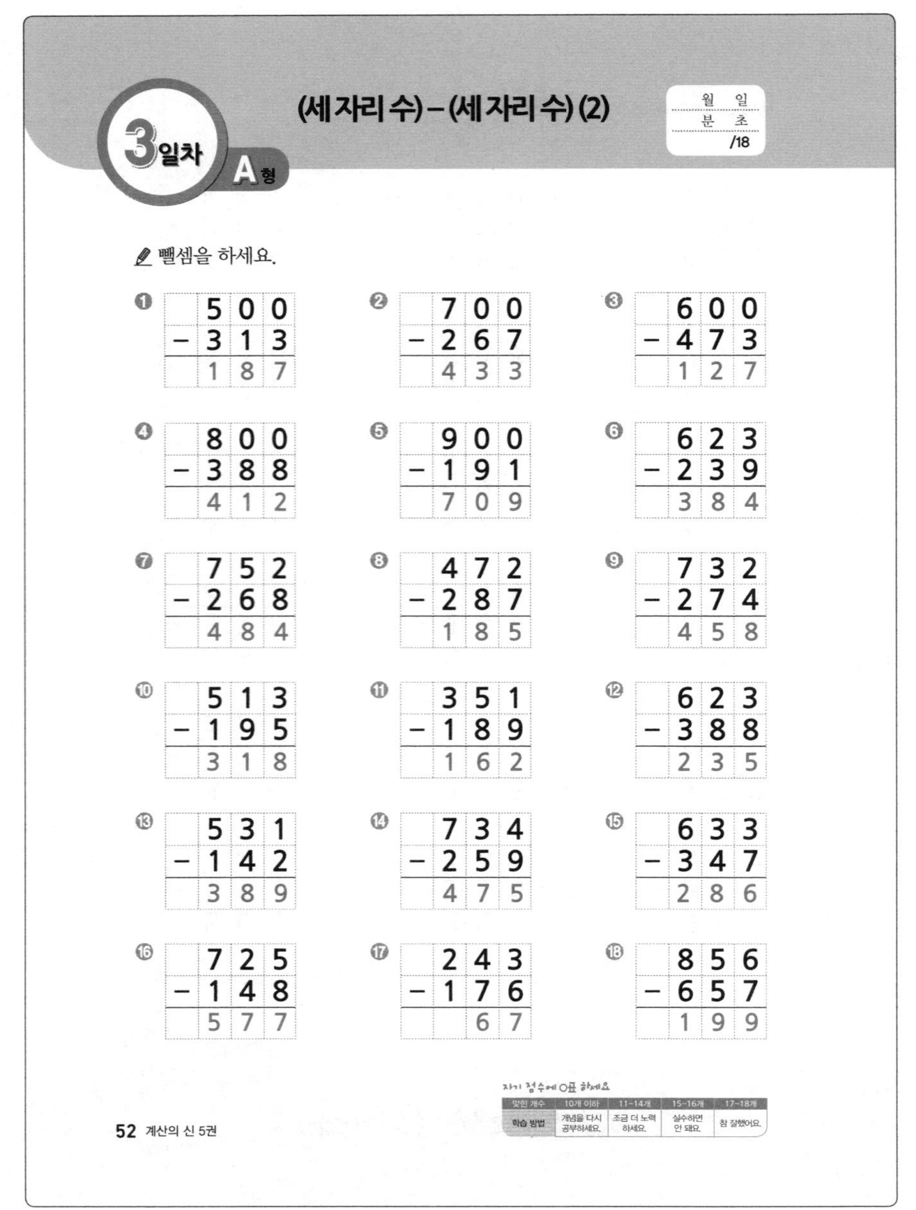

3일차 A형 (세 자리 수)−(세 자리 수)(2)

월 일
분 초
/18

✎ 뺄셈을 하세요.

❶ 500 − 313 = 187
❷ 700 − 267 = 433
❸ 600 − 473 = 127
❹ 800 − 388 = 412
❺ 900 − 191 = 709
❻ 623 − 239 = 384
❼ 752 − 268 = 484
❽ 472 − 287 = 185
❾ 732 − 274 = 458
❿ 513 − 195 = 318
⓫ 351 − 189 = 162
⓬ 623 − 388 = 235
⓭ 531 − 142 = 389
⓮ 734 − 259 = 475
⓯ 633 − 347 = 286
⓰ 725 − 148 = 577
⓱ 243 − 176 = 67
⓲ 856 − 657 = 199

자기 점수에 ○표 하세요.

맞힌 개수	10개 이하	11~14개	15~16개	17~18개
학습 방법	개념을 다시 공부하세요.	조금 더 노력하세요.	실수하면 안 돼요.	참 잘했어요.

52 계산의 신 5권

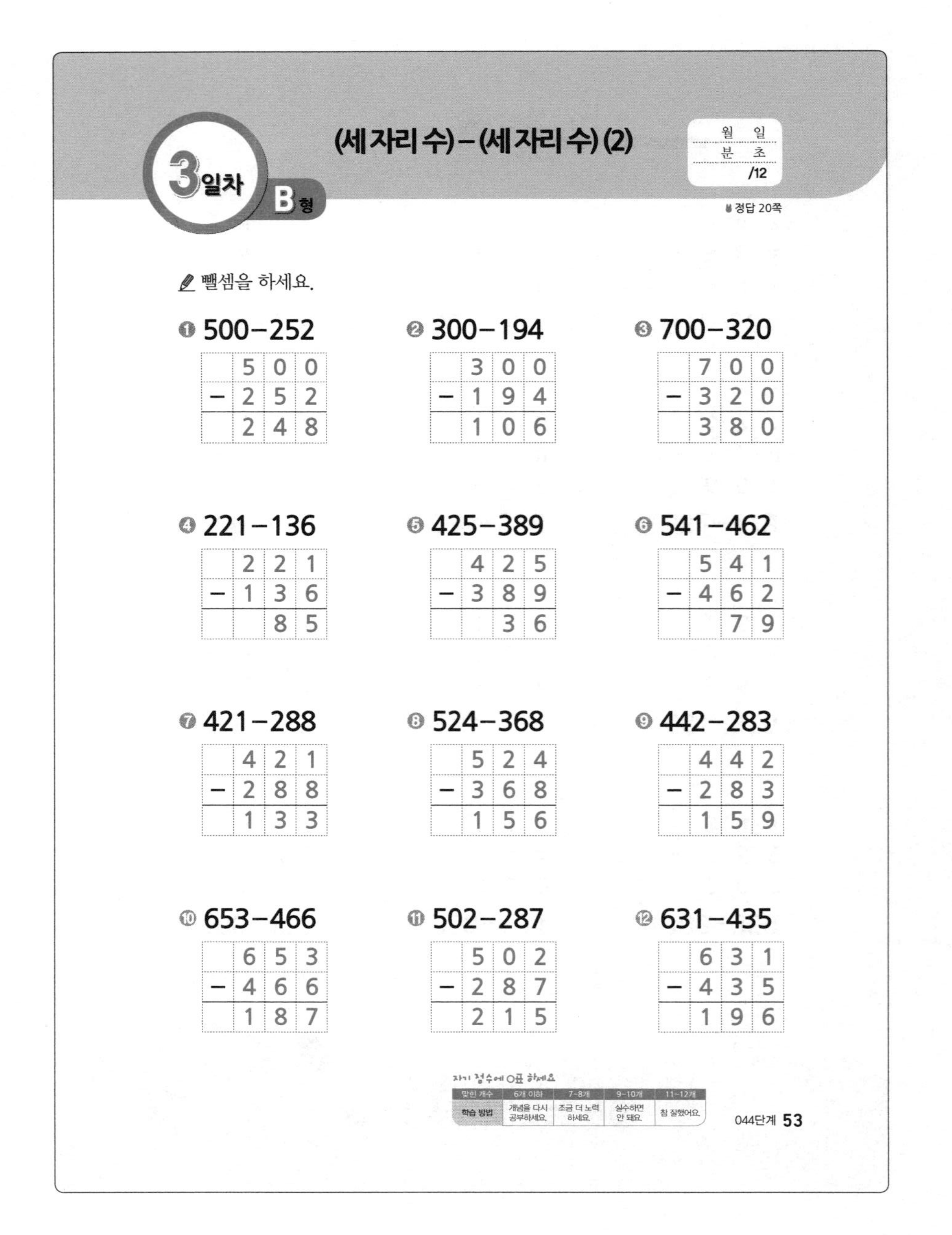

3일차 B형 (세 자리 수)−(세 자리 수)(2)

월 일
분 초
/12

▮정답 20쪽

✎ 뺄셈을 하세요.

❶ 500−252 = 248
❷ 300−194 = 106
❸ 700−320 = 380
❹ 221−136 = 85
❺ 425−389 = 36
❻ 541−462 = 79
❼ 421−288 = 133
❽ 524−368 = 156
❾ 442−283 = 159
❿ 653−466 = 187
⓫ 502−287 = 215
⓬ 631−435 = 196

자기 점수에 ○표 하세요.

맞힌 개수	6개 이하	7~8개	9~10개	11~12개
학습 방법	개념을 다시 공부하세요.	조금 더 노력하세요.	실수하면 안 돼요.	참 잘했어요.

044단계 53

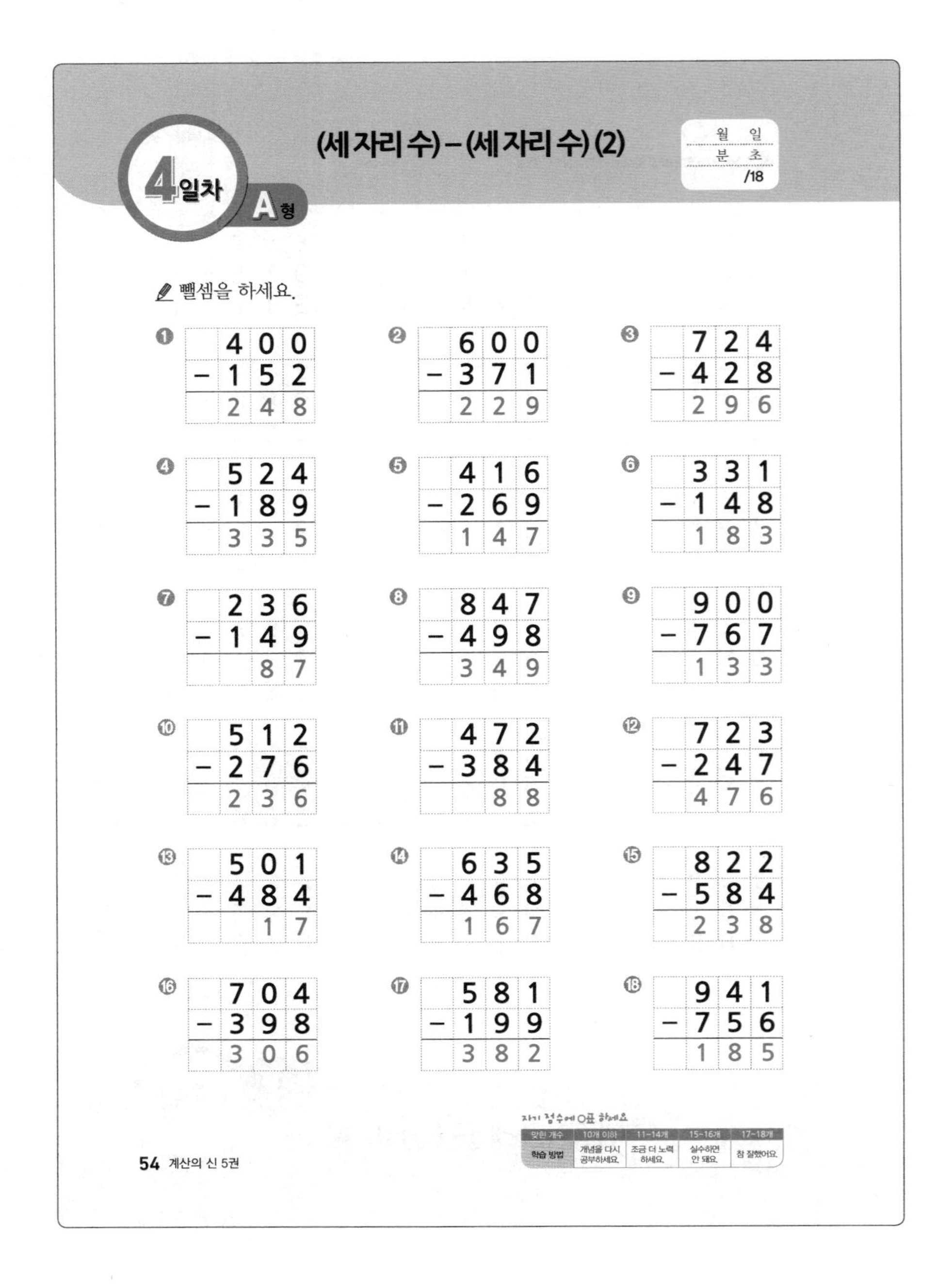

4일차 A형

(세 자리 수)-(세 자리 수)(2)

월 일
분 초
/18

빨셈을 하세요.

① 400 − 152 = 248

② 600 − 371 = 229

③ 724 − 428 = 296

④ 524 − 189 = 335

⑤ 416 − 269 = 147

⑥ 331 − 148 = 183

⑦ 236 − 149 = 87

⑧ 847 − 498 = 349

⑨ 900 − 767 = 133

⑩ 512 − 276 = 236

⑪ 472 − 384 = 88

⑫ 723 − 247 = 476

⑬ 501 − 484 = 17

⑭ 635 − 468 = 167

⑮ 822 − 584 = 238

⑯ 704 − 398 = 306

⑰ 581 − 199 = 382

⑱ 941 − 756 = 185

자기 점수에 ○표 하세요

맞힌 개수	10개 이하	11~14개	15~16개	17~18개
학습 방법	개념을 다시 공부하세요.	조금 더 노력하세요.	실수하면 안 돼요.	참 잘했어요.

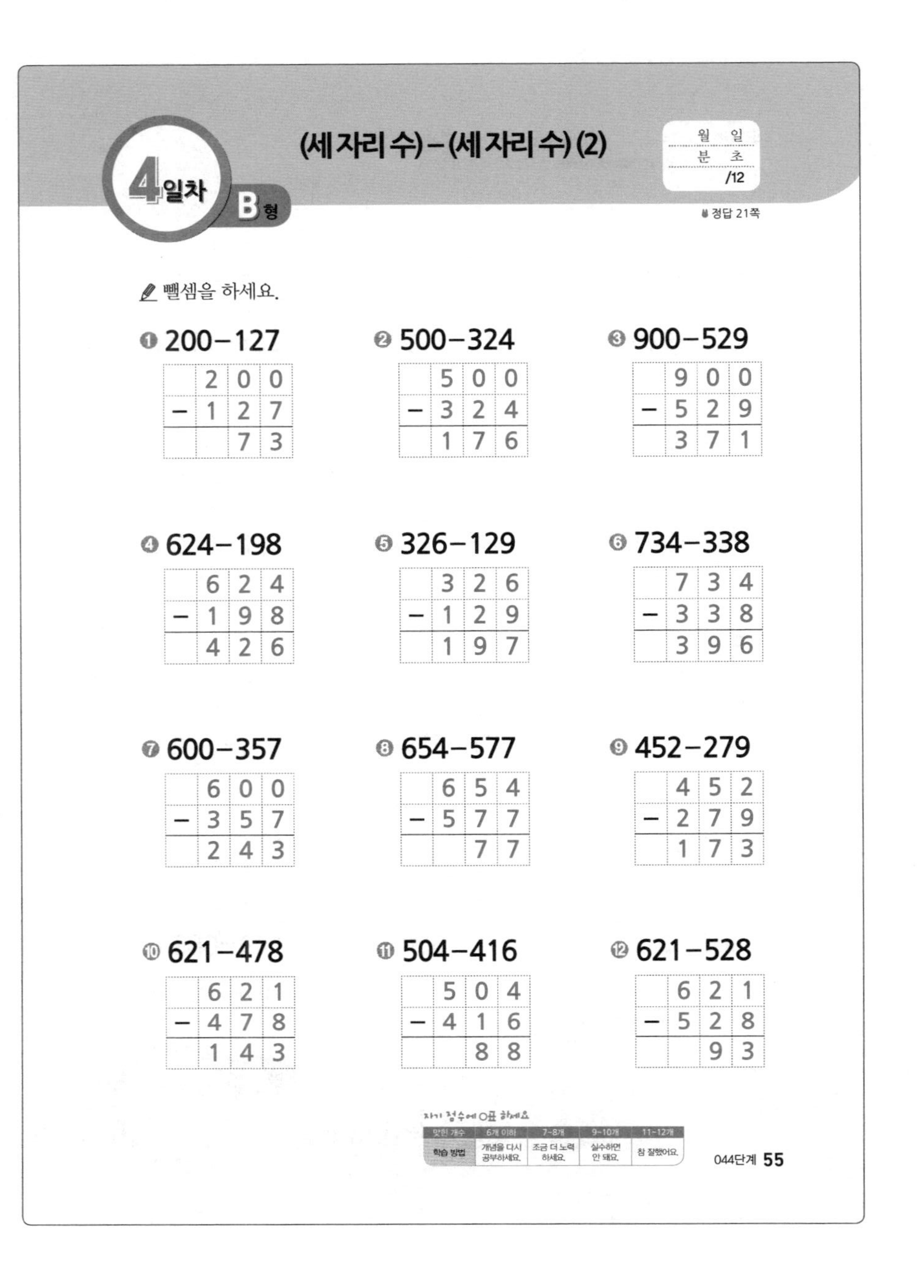

4일차 B형

(세 자리 수)-(세 자리 수)(2)

월 일
분 초
/12

정답 21쪽

빨셈을 하세요.

① 200−127 = 73

② 500−324 = 176

③ 900−529 = 371

④ 624−198 = 426

⑤ 326−129 = 197

⑥ 734−338 = 396

⑦ 600−357 = 243

⑧ 654−577 = 77

⑨ 452−279 = 173

⑩ 621−478 = 143

⑪ 504−416 = 88

⑫ 621−528 = 93

자기 점수에 ○표 하세요

맞힌 개수	6개 이하	7~8개	9~10개	11~12개
학습 방법	개념을 다시 공부하세요.	조금 더 노력하세요.	실수하면 안 돼요.	참 잘했어요.

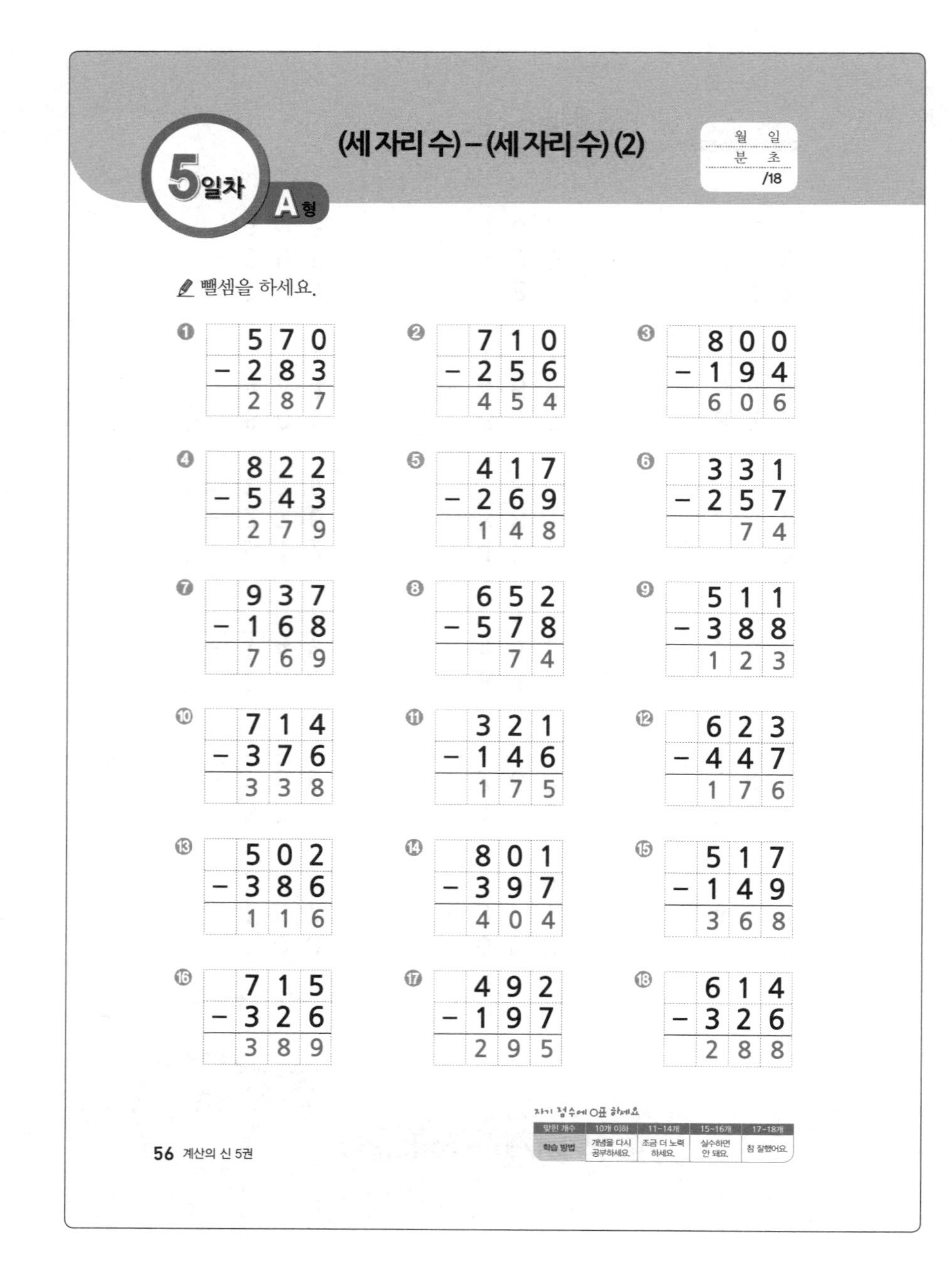

5일차 A형

(세 자리 수)-(세 자리 수) (2)

월 일 / 분 초 / /18

빨셈을 하세요.

① 570 − 283 = 287
② 710 − 256 = 454
③ 800 − 194 = 606
④ 822 − 543 = 279
⑤ 417 − 269 = 148
⑥ 331 − 257 = 74
⑦ 937 − 168 = 769
⑧ 652 − 578 = 74
⑨ 511 − 388 = 123
⑩ 714 − 376 = 338
⑪ 321 − 146 = 175
⑫ 623 − 447 = 176
⑬ 502 − 386 = 116
⑭ 801 − 397 = 404
⑮ 517 − 149 = 368
⑯ 715 − 326 = 389
⑰ 492 − 197 = 295
⑱ 614 − 326 = 288

자기 점수에 ○표 하세요

맞힌 개수	10개 이하	11~14개	15~16개	17~18개
학습 방법	개념을 다시 공부하세요.	조금 더 노력하세요.	실수하면 안 돼요.	참 잘했어요.

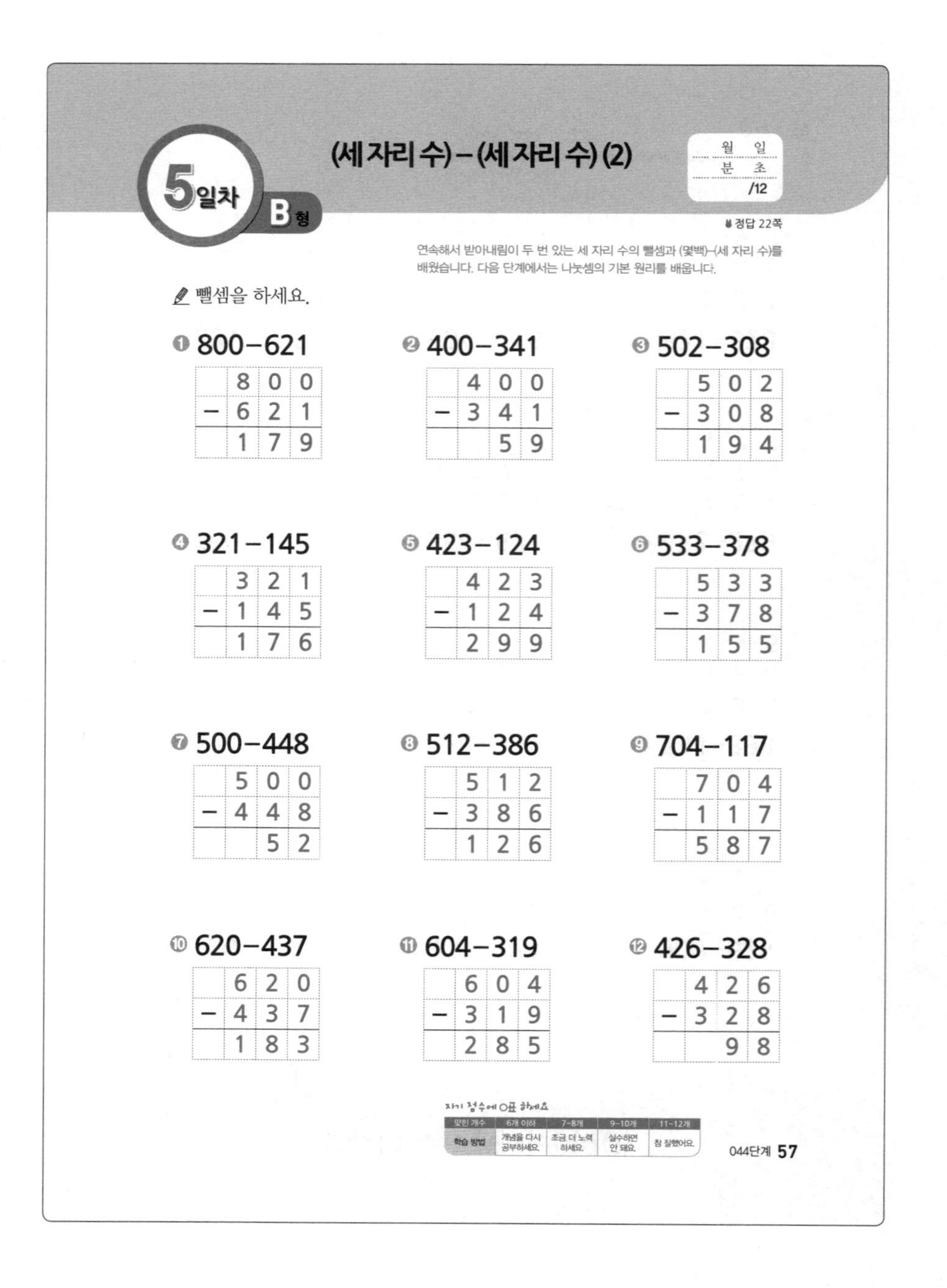

5일차 B형

(세 자리 수)-(세 자리 수) (2)

월 일 / 분 초 / /12

정답 22쪽

연속해서 받아내림이 두 번 있는 세 자리 수의 뺄셈과 (몇백)-(세 자리 수)를 배웠습니다. 다음 단계에서는 나눗셈의 기본 원리를 배웁니다.

뺄셈을 하세요.

① 800−621 = 179
② 400−341 = 59
③ 502−308 = 194
④ 321−145 = 176
⑤ 423−124 = 299
⑥ 533−378 = 155
⑦ 500−448 = 52
⑧ 512−386 = 126
⑨ 704−117 = 587
⑩ 620−437 = 183
⑪ 604−319 = 285
⑫ 426−328 = 98

자기 점수에 ○표 하세요

맞힌 개수	6개 이하	7~8개	9~10개	11~12개
학습 방법	개념을 다시 공부하세요.	조금 더 노력하세요.	실수하면 안 돼요.	참 잘했어요.

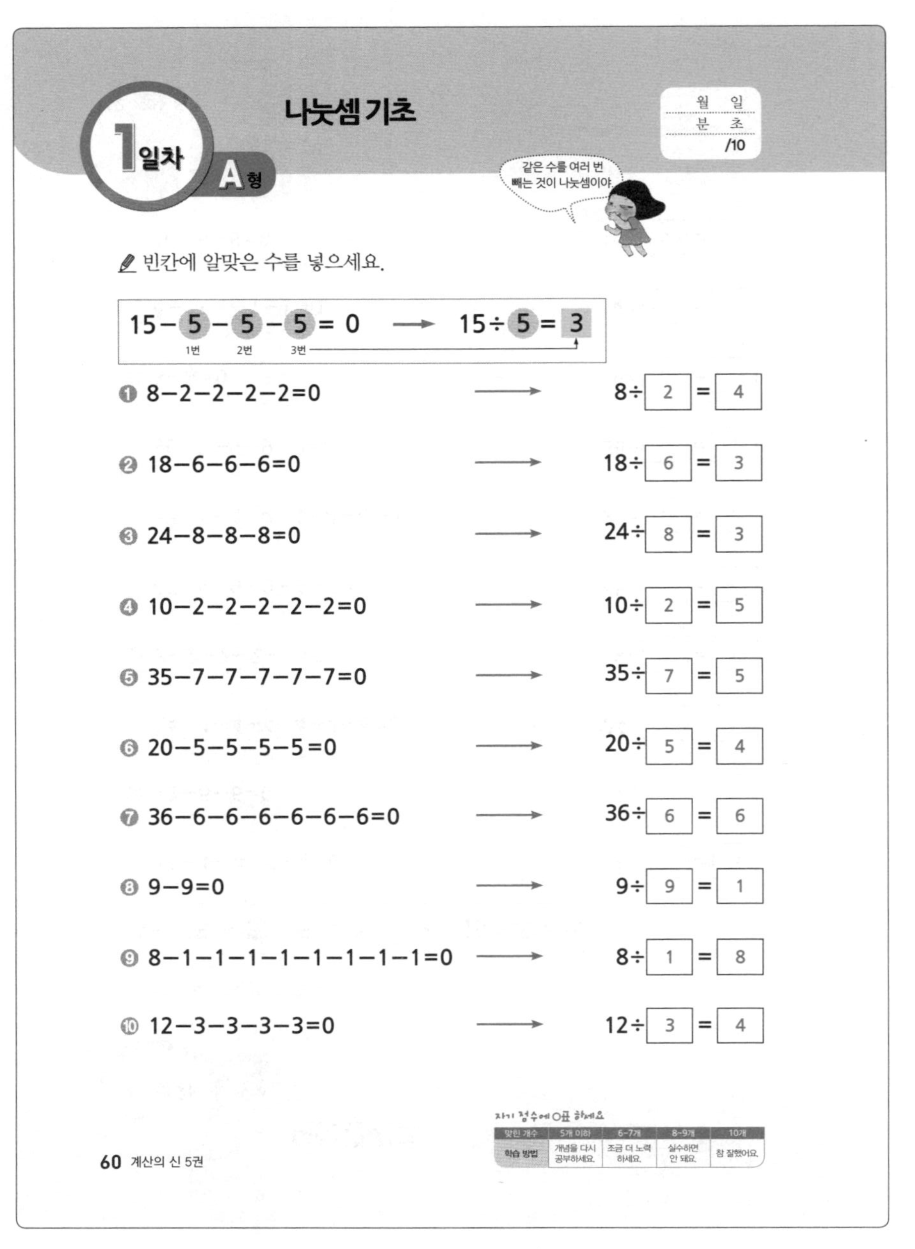

1일차 A형

나눗셈 기초

월 일
분 초
/10

같은 수를 여러 번 빼는 것이 나눗셈이야.

빈칸에 알맞은 수를 넣으세요.

15−5−5−5=0 ⟶ 15÷5=3 (1번, 2번, 3번)

❶ 8−2−2−2−2=0 ⟶ 8÷2=4

❷ 18−6−6−6=0 ⟶ 18÷6=3

❸ 24−8−8−8=0 ⟶ 24÷8=3

❹ 10−2−2−2−2−2=0 ⟶ 10÷2=5

❺ 35−7−7−7−7−7=0 ⟶ 35÷7=5

❻ 20−5−5−5−5=0 ⟶ 20÷5=4

❼ 36−6−6−6−6−6−6=0 ⟶ 36÷6=6

❽ 9−9=0 ⟶ 9÷9=1

❾ 8−1−1−1−1−1−1−1−1=0 ⟶ 8÷1=8

❿ 12−3−3−3−3=0 ⟶ 12÷3=4

자기 점수에 ○표 하세요.

맞힌 개수	5개 이하	6~7개	8~9개	10개
학습 방법	개념을 다시 공부하세요.	조금 더 노력하세요.	실수하면 안 돼요.	참 잘했어요.

60 계산의 신 5권

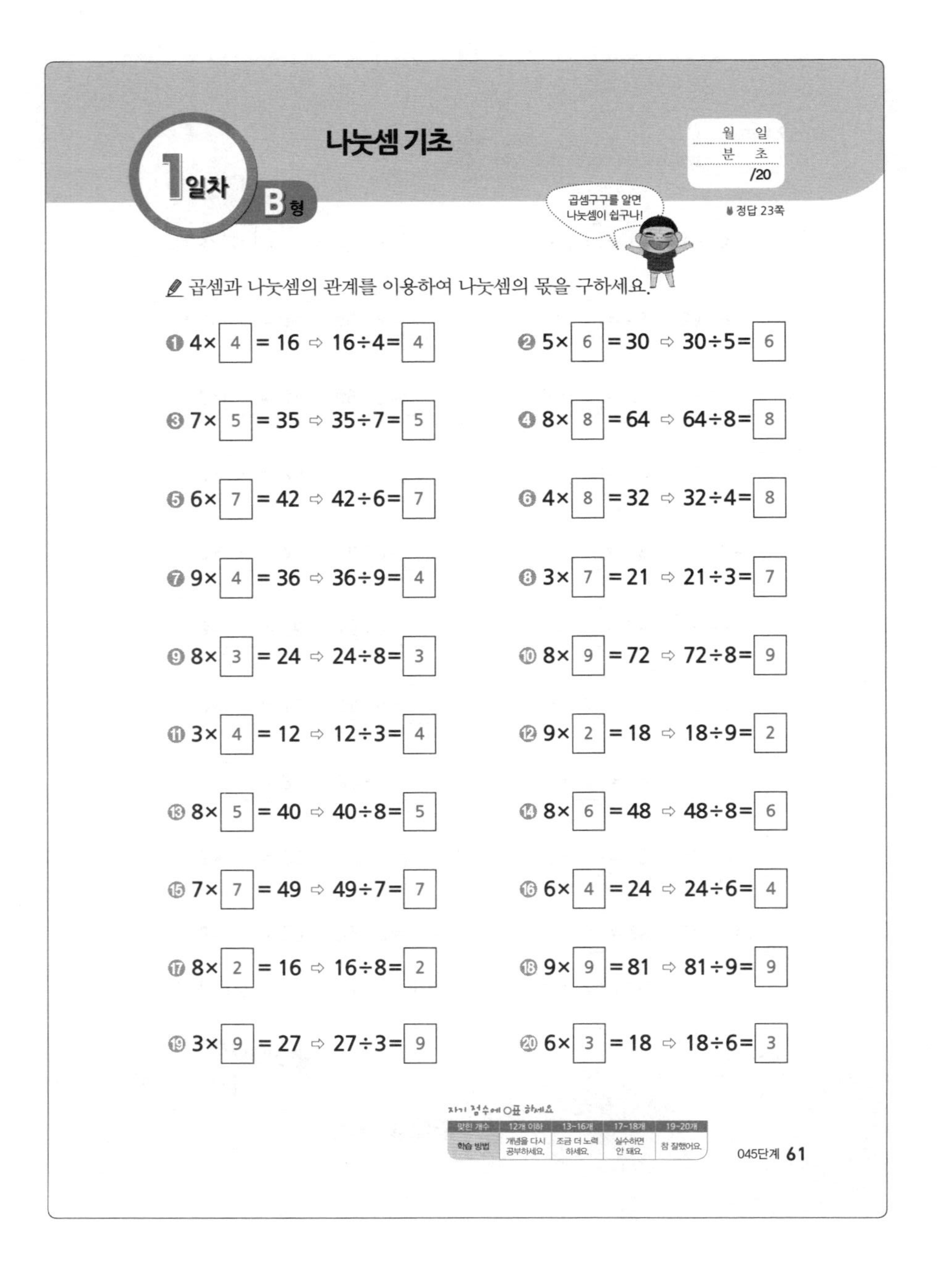

1일차 B형

나눗셈 기초

월 일
분 초
/20

곱셈구구를 알면 나눗셈이 쉽구나!

정답 23쪽

곱셈과 나눗셈의 관계를 이용하여 나눗셈의 몫을 구하세요.

❶ 4×4=16 ⇨ 16÷4=4

❷ 5×6=30 ⇨ 30÷5=6

❸ 7×5=35 ⇨ 35÷7=5

❹ 8×8=64 ⇨ 64÷8=8

❺ 6×7=42 ⇨ 42÷6=7

❻ 4×8=32 ⇨ 32÷4=8

❼ 9×4=36 ⇨ 36÷9=4

❽ 3×7=21 ⇨ 21÷3=7

❾ 8×3=24 ⇨ 24÷8=3

❿ 8×9=72 ⇨ 72÷8=9

⓫ 3×4=12 ⇨ 12÷3=4

⓬ 9×2=18 ⇨ 18÷9=2

⓭ 8×5=40 ⇨ 40÷8=5

⓮ 8×6=48 ⇨ 48÷8=6

⓯ 7×7=49 ⇨ 49÷7=7

⓰ 6×4=24 ⇨ 24÷6=4

⓱ 8×2=16 ⇨ 16÷8=2

⓲ 9×9=81 ⇨ 81÷9=9

⓳ 3×9=27 ⇨ 27÷3=9

⓴ 6×3=18 ⇨ 18÷6=3

자기 점수에 ○표 하세요.

맞힌 개수	12개 이하	13~16개	17~18개	19~20개
학습 방법	개념을 다시 공부하세요.	조금 더 노력하세요.	실수하면 안 돼요.	참 잘했어요.

045단계 61

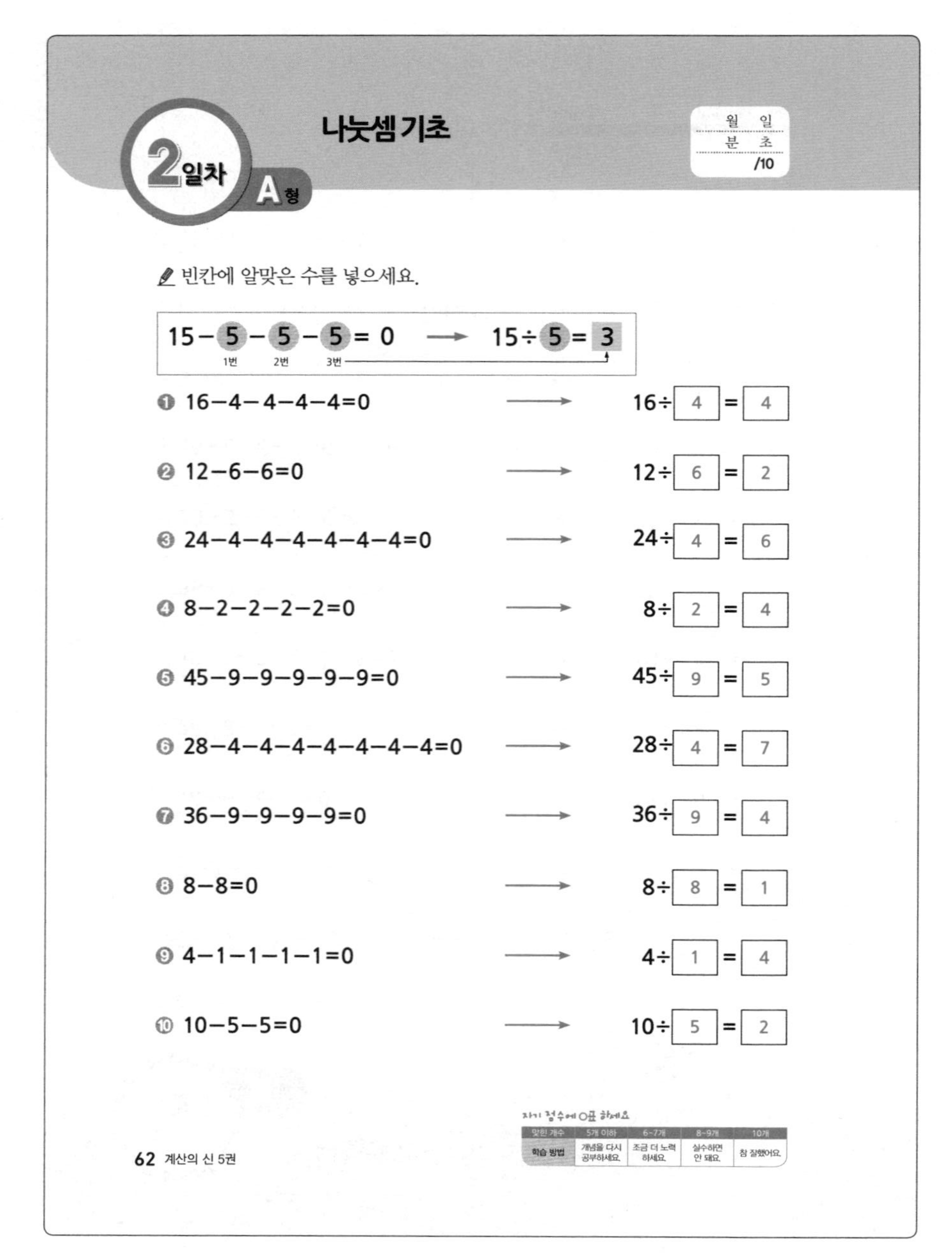

2일차 A형

나눗셈 기초

월 일 / 분 초 / /10

빈칸에 알맞은 수를 넣으세요.

15 − 5 − 5 − 5 = 0 → 15 ÷ 5 = 3 (1번 2번 3번)

1. 16−4−4−4−4=0 → 16÷ 4 = 4
2. 12−6−6=0 → 12÷ 6 = 2
3. 24−4−4−4−4−4−4=0 → 24÷ 4 = 6
4. 8−2−2−2−2=0 → 8÷ 2 = 4
5. 45−9−9−9−9−9=0 → 45÷ 9 = 5
6. 28−4−4−4−4−4−4−4=0 → 28÷ 4 = 7
7. 36−9−9−9−9=0 → 36÷ 9 = 4
8. 8−8=0 → 8÷ 8 = 1
9. 4−1−1−1−1=0 → 4÷ 1 = 4
10. 10−5−5=0 → 10÷ 5 = 2

자기 점수에 ○표 하세요

맞힌 개수	5개 이하	6~7개	8~9개	10개
학습 방법	개념을 다시 공부하세요.	조금 더 노력하세요.	실수하면 안 돼요.	참 잘했어요.

62 계산의 신 5권

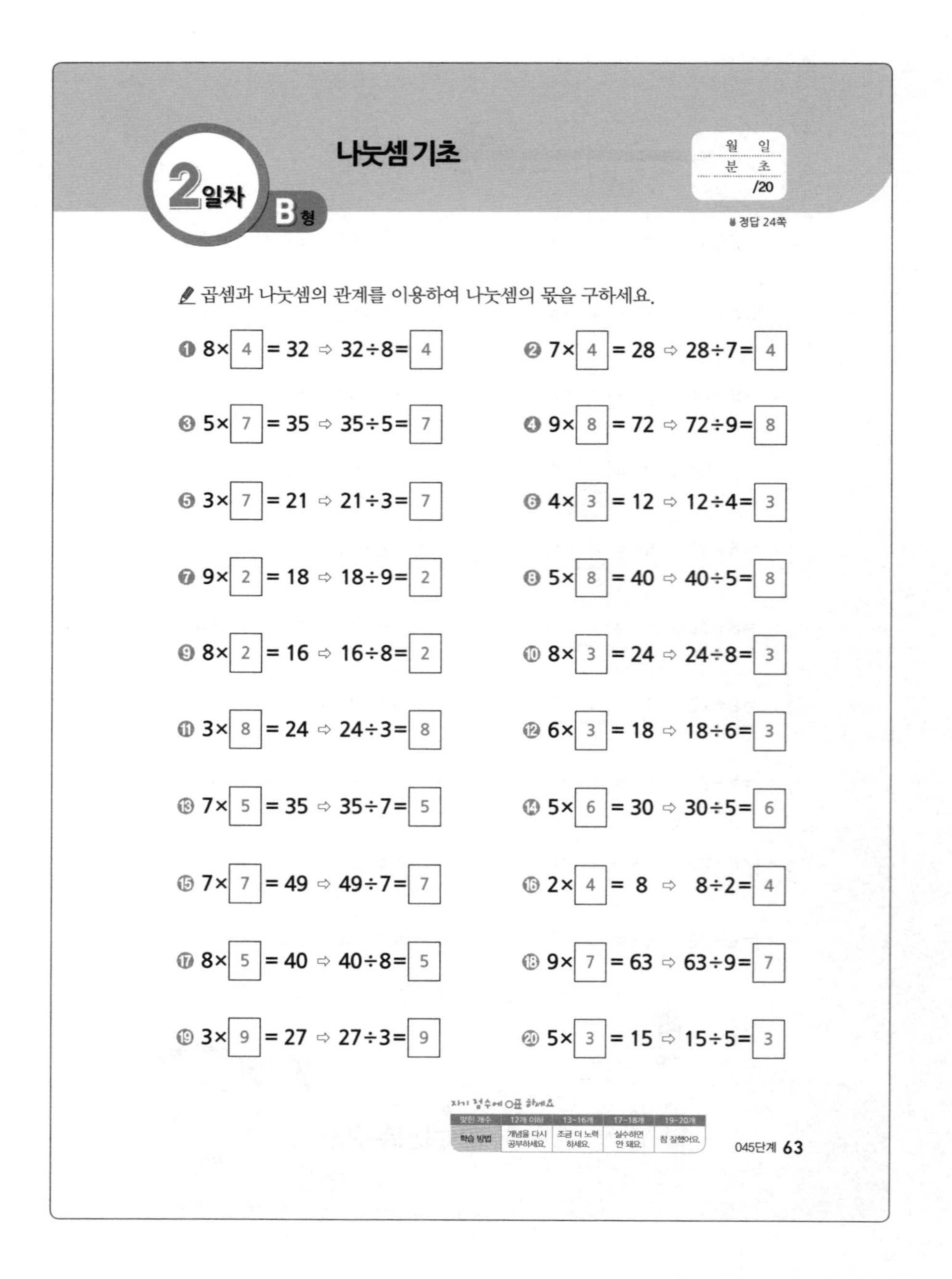

2일차 B형

나눗셈 기초

월 일 / 분 초 / /20

정답 24쪽

곱셈과 나눗셈의 관계를 이용하여 나눗셈의 몫을 구하세요.

1. 8× 4 = 32 ⇨ 32÷8= 4
2. 7× 4 = 28 ⇨ 28÷7= 4
3. 5× 7 = 35 ⇨ 35÷5= 7
4. 9× 8 = 72 ⇨ 72÷9= 8
5. 3× 7 = 21 ⇨ 21÷3= 7
6. 4× 3 = 12 ⇨ 12÷4= 3
7. 9× 2 = 18 ⇨ 18÷9= 2
8. 5× 8 = 40 ⇨ 40÷5= 8
9. 8× 2 = 16 ⇨ 16÷8= 2
10. 8× 3 = 24 ⇨ 24÷8= 3
11. 3× 8 = 24 ⇨ 24÷3= 8
12. 6× 3 = 18 ⇨ 18÷6= 3
13. 7× 5 = 35 ⇨ 35÷7= 5
14. 5× 6 = 30 ⇨ 30÷5= 6
15. 7× 7 = 49 ⇨ 49÷7= 7
16. 2× 4 = 8 ⇨ 8÷2= 4
17. 8× 5 = 40 ⇨ 40÷8= 5
18. 9× 7 = 63 ⇨ 63÷9= 7
19. 3× 9 = 27 ⇨ 27÷3= 9
20. 5× 3 = 15 ⇨ 15÷5= 3

자기 점수에 ○표 하세요

맞힌 개수	12개 이하	13~16개	17~18개	19~20개
학습 방법	개념을 다시 공부하세요.	조금 더 노력하세요.	실수하면 안 돼요.	참 잘했어요.

045단계 63

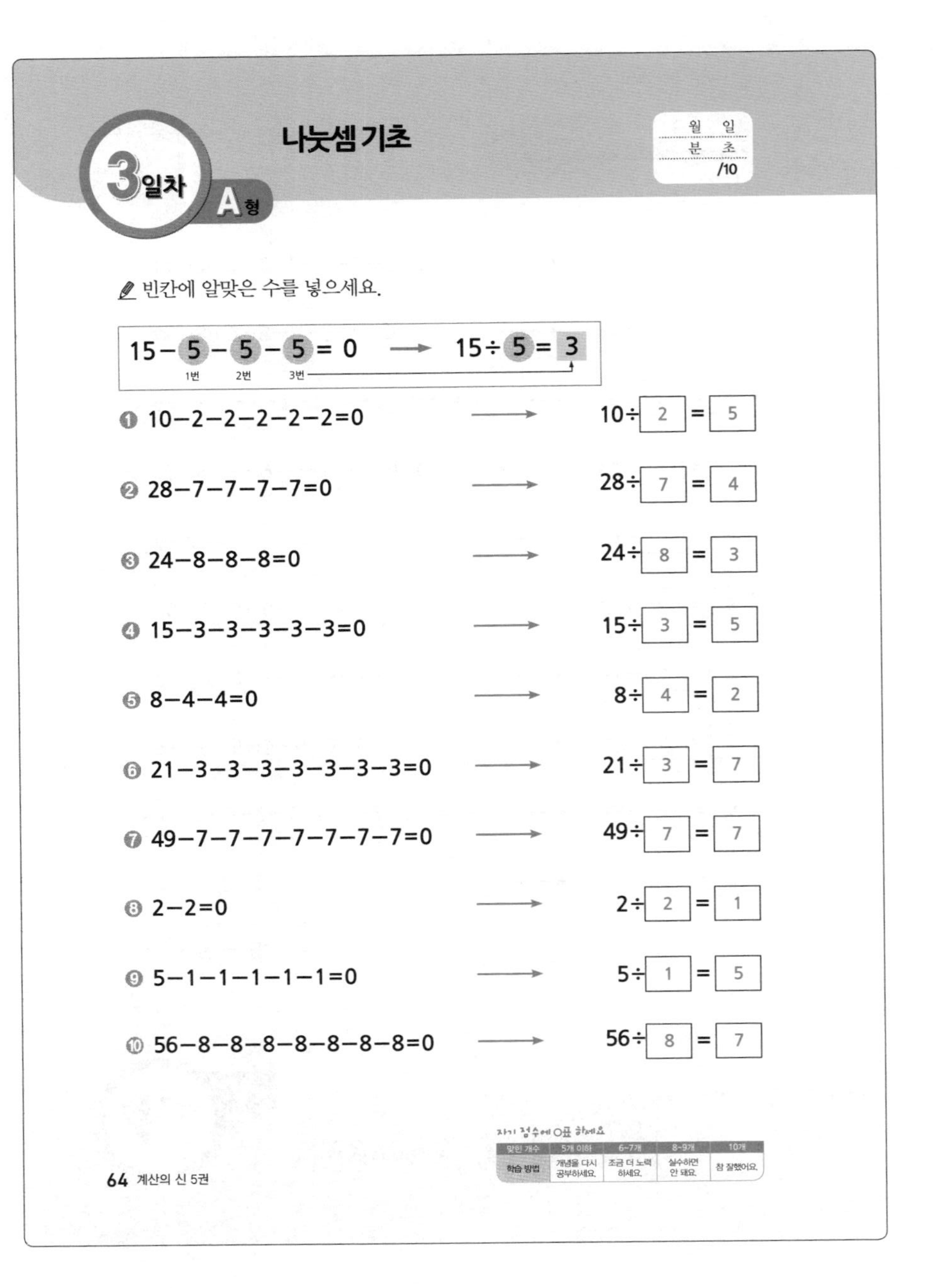

3일차 A형 나눗셈 기초

월 일 / 분 초 / /10

빈칸에 알맞은 수를 넣으세요.

15−5−5−5=0 → 15÷5=3 (1번, 2번, 3번)

1. 10−2−2−2−2−2=0 → 10÷2=5
2. 28−7−7−7−7=0 → 28÷7=4
3. 24−8−8−8=0 → 24÷8=3
4. 15−3−3−3−3−3=0 → 15÷3=5
5. 8−4−4=0 → 8÷4=2
6. 21−3−3−3−3−3−3−3=0 → 21÷3=7
7. 49−7−7−7−7−7−7−7=0 → 49÷7=7
8. 2−2=0 → 2÷2=1
9. 5−1−1−1−1−1=0 → 5÷1=5
10. 56−8−8−8−8−8−8−8=0 → 56÷8=7

자기 점수에 ○표 하세요

맞힌 개수	5개 이하	6~7개	8~9개	10개
학습 방법	개념을 다시 공부하세요.	조금 더 노력 하세요.	실수하면 안 돼요.	참 잘했어요.

64 계산의 신 5권

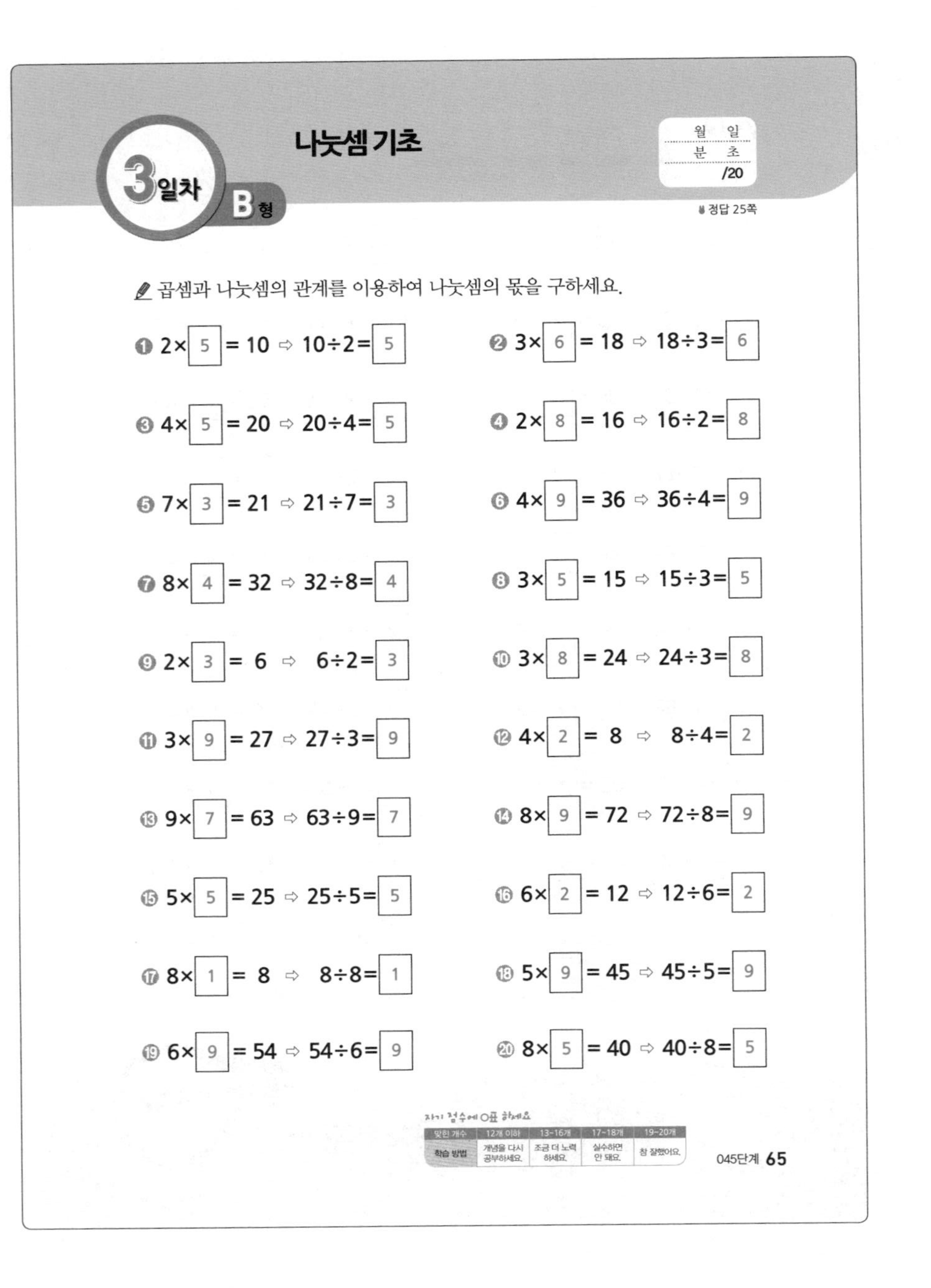

3일차 B형 나눗셈 기초

월 일 / 분 초 / /20

정답 25쪽

곱셈과 나눗셈의 관계를 이용하여 나눗셈의 몫을 구하세요.

1. 2×5=10 ⇨ 10÷2=5
2. 3×6=18 ⇨ 18÷3=6
3. 4×5=20 ⇨ 20÷4=5
4. 2×8=16 ⇨ 16÷2=8
5. 7×3=21 ⇨ 21÷7=3
6. 4×9=36 ⇨ 36÷4=9
7. 8×4=32 ⇨ 32÷8=4
8. 3×5=15 ⇨ 15÷3=5
9. 2×3=6 ⇨ 6÷2=3
10. 3×8=24 ⇨ 24÷3=8
11. 3×9=27 ⇨ 27÷3=9
12. 4×2=8 ⇨ 8÷4=2
13. 9×7=63 ⇨ 63÷9=7
14. 8×9=72 ⇨ 72÷8=9
15. 5×5=25 ⇨ 25÷5=5
16. 6×2=12 ⇨ 12÷6=2
17. 8×1=8 ⇨ 8÷8=1
18. 5×9=45 ⇨ 45÷5=9
19. 6×9=54 ⇨ 54÷6=9
20. 8×5=40 ⇨ 40÷8=5

자기 점수에 ○표 하세요

맞힌 개수	12개 이하	13~16개	17~18개	19~20개
학습 방법	개념을 다시 공부하세요.	조금 더 노력 하세요.	실수하면 안 돼요.	참 잘했어요.

045단계 65

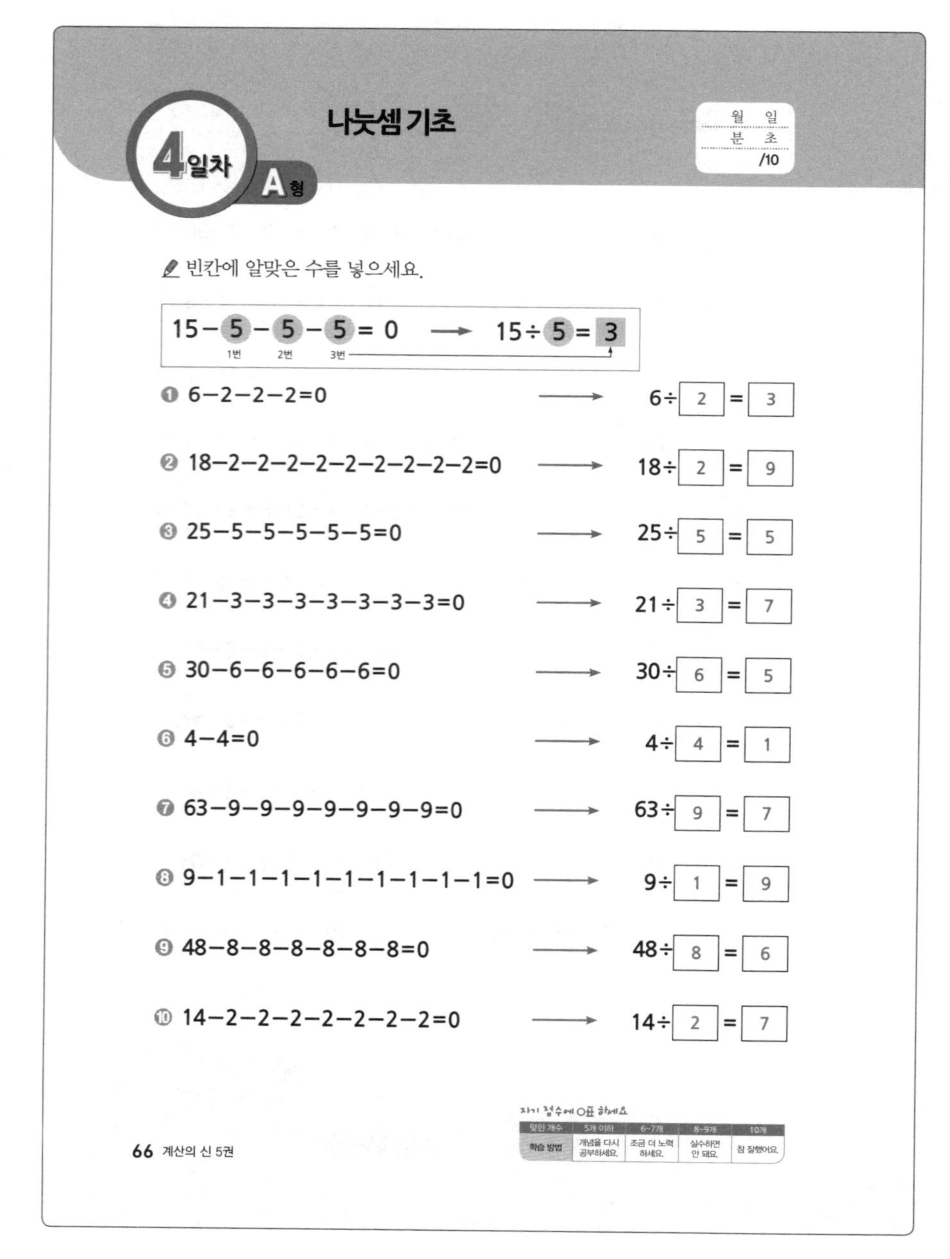

4일차 A형 나눗셈 기초

월 일 / 분 초 / /10

✎ 빈칸에 알맞은 수를 넣으세요.

15−5−5−5=0 (1번, 2번, 3번) ⟶ 15÷5=3

❶ 6−2−2−2=0 ⟶ 6÷2=3

❷ 18−2−2−2−2−2−2−2−2−2=0 ⟶ 18÷2=9

❸ 25−5−5−5−5−5=0 ⟶ 25÷5=5

❹ 21−3−3−3−3−3−3−3=0 ⟶ 21÷3=7

❺ 30−6−6−6−6−6=0 ⟶ 30÷6=5

❻ 4−4=0 ⟶ 4÷4=1

❼ 63−9−9−9−9−9−9−9=0 ⟶ 63÷9=7

❽ 9−1−1−1−1−1−1−1−1−1=0 ⟶ 9÷1=9

❾ 48−8−8−8−8−8−8=0 ⟶ 48÷8=6

❿ 14−2−2−2−2−2−2−2=0 ⟶ 14÷2=7

자기 점수에 ○표 하세요

맞힌 개수	5개 이하	6~7개	8~9개	10개
학습 방법	개념을 다시 공부하세요.	조금 더 노력하세요.	실수하면 안 돼요.	참 잘했어요.

66 계산의 신 5권

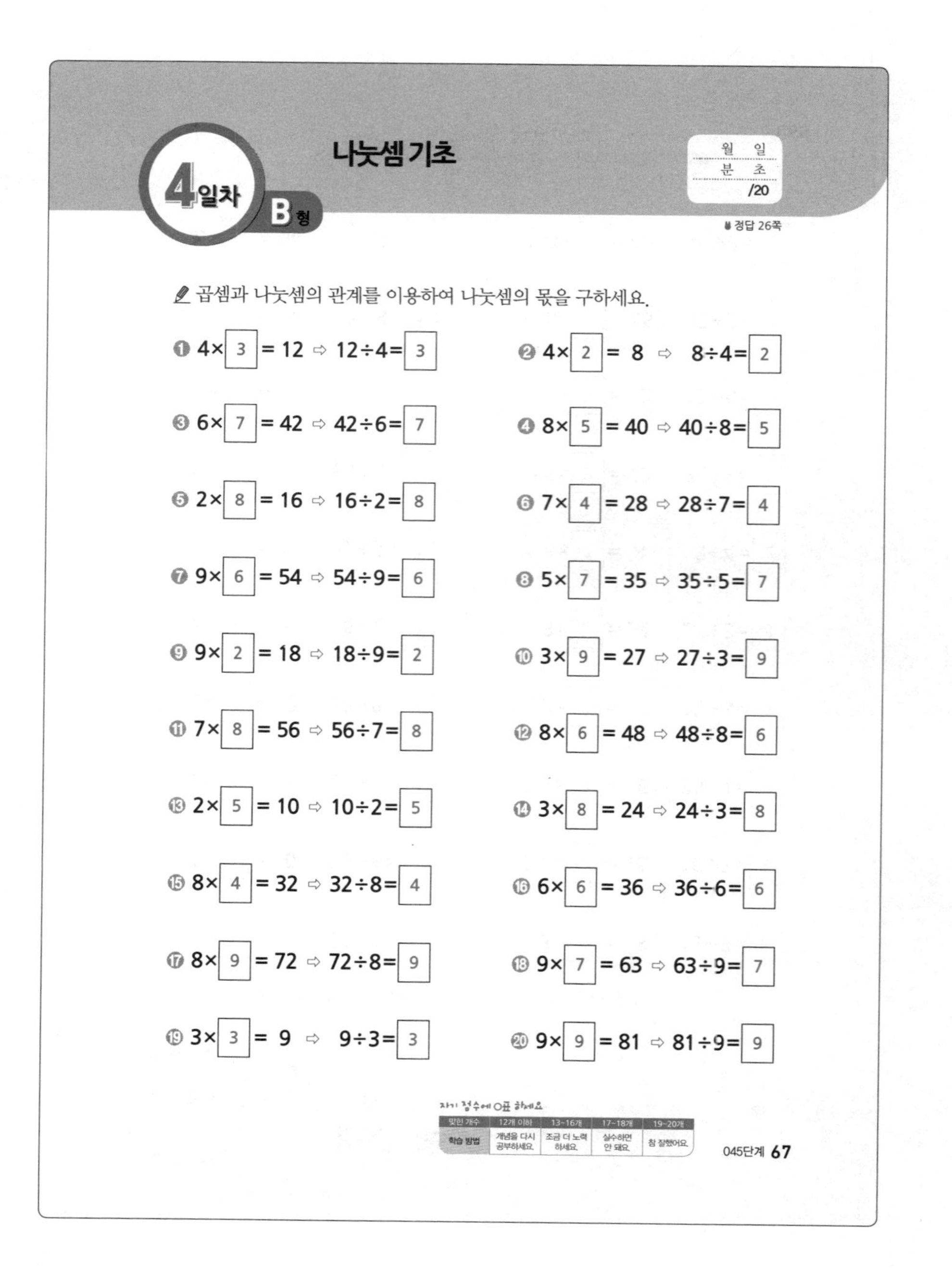

4일차 B형 나눗셈 기초

월 일 / 분 초 / /20

정답 26쪽

✎ 곱셈과 나눗셈의 관계를 이용하여 나눗셈의 몫을 구하세요.

❶ 4×3=12 ⇨ 12÷4=3

❷ 4×2=8 ⇨ 8÷4=2

❸ 6×7=42 ⇨ 42÷6=7

❹ 8×5=40 ⇨ 40÷8=5

❺ 2×8=16 ⇨ 16÷2=8

❻ 7×4=28 ⇨ 28÷7=4

❼ 9×6=54 ⇨ 54÷9=6

❽ 5×7=35 ⇨ 35÷5=7

❾ 9×2=18 ⇨ 18÷9=2

❿ 3×9=27 ⇨ 27÷3=9

⓫ 7×8=56 ⇨ 56÷7=8

⓬ 8×6=48 ⇨ 48÷8=6

⓭ 2×5=10 ⇨ 10÷2=5

⓮ 3×8=24 ⇨ 24÷3=8

⓯ 8×4=32 ⇨ 32÷8=4

⓰ 6×6=36 ⇨ 36÷6=6

⓱ 8×9=72 ⇨ 72÷8=9

⓲ 9×7=63 ⇨ 63÷9=7

⓳ 3×3=9 ⇨ 9÷3=3

⓴ 9×9=81 ⇨ 81÷9=9

자기 점수에 ○표 하세요

맞힌 개수	12개 이하	13~16개	17~18개	19~20개
학습 방법	개념을 다시 공부하세요.	조금 더 노력하세요.	실수하면 안 돼요.	참 잘했어요.

045단계 67

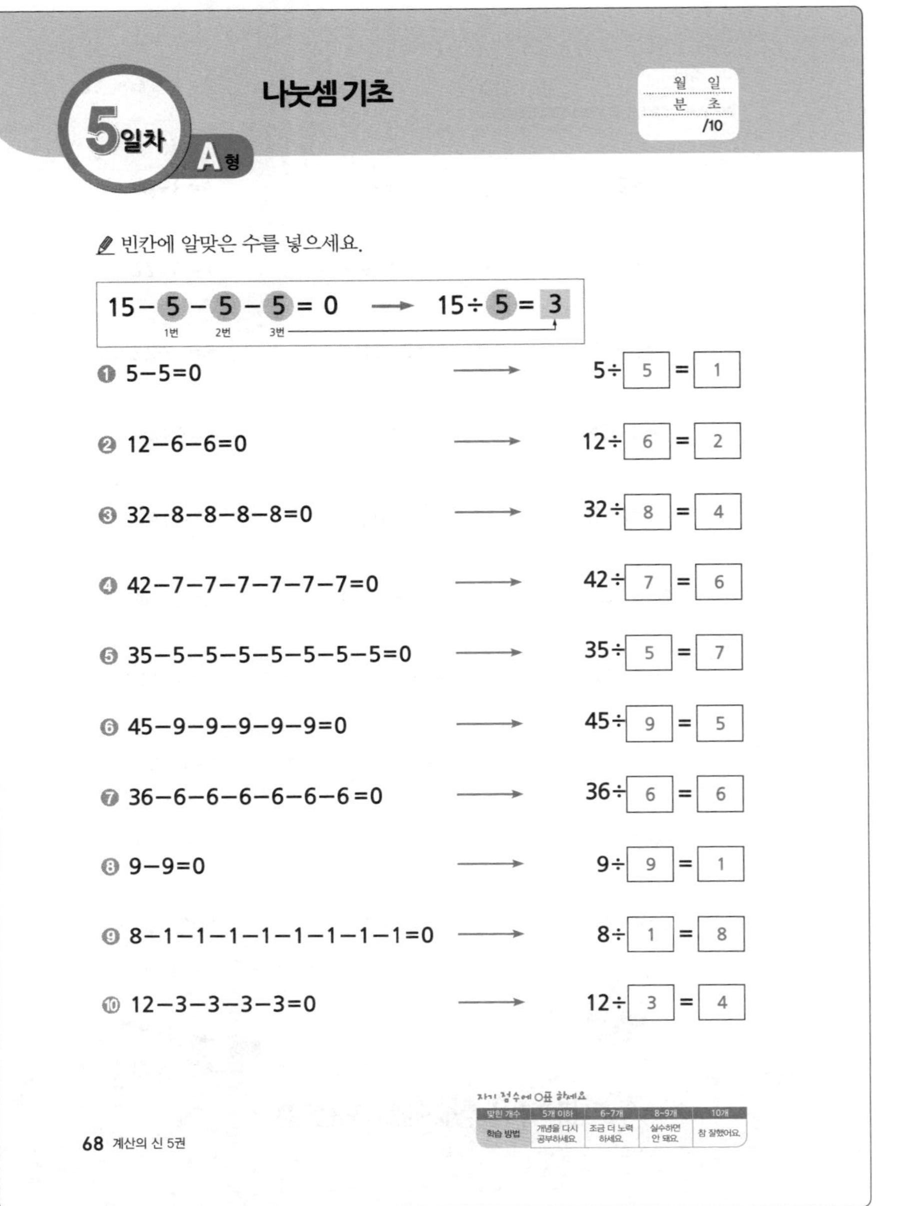

5일차 A형

나눗셈 기초

월 일 / 분 초 / /10

빈칸에 알맞은 수를 넣으세요.

15−5−5−5=0 ⟶ 15÷5=3 (1번, 2번, 3번)

1. 5−5=0 ⟶ 5÷5=1
2. 12−6−6=0 ⟶ 12÷6=2
3. 32−8−8−8−8=0 ⟶ 32÷8=4
4. 42−7−7−7−7−7−7=0 ⟶ 42÷7=6
5. 35−5−5−5−5−5−5−5=0 ⟶ 35÷5=7
6. 45−9−9−9−9−9=0 ⟶ 45÷9=5
7. 36−6−6−6−6−6−6=0 ⟶ 36÷6=6
8. 9−9=0 ⟶ 9÷9=1
9. 8−1−1−1−1−1−1−1−1=0 ⟶ 8÷1=8
10. 12−3−3−3−3=0 ⟶ 12÷3=4

자기 점수에 ○표 하세요

맞은 개수	5개 이하	6~7개	8~9개	10개
학습 방법	개념을 다시 공부하세요.	조금 더 노력하세요.	실수하면 안 돼요.	참 잘했어요.

68 계산의 신 5권

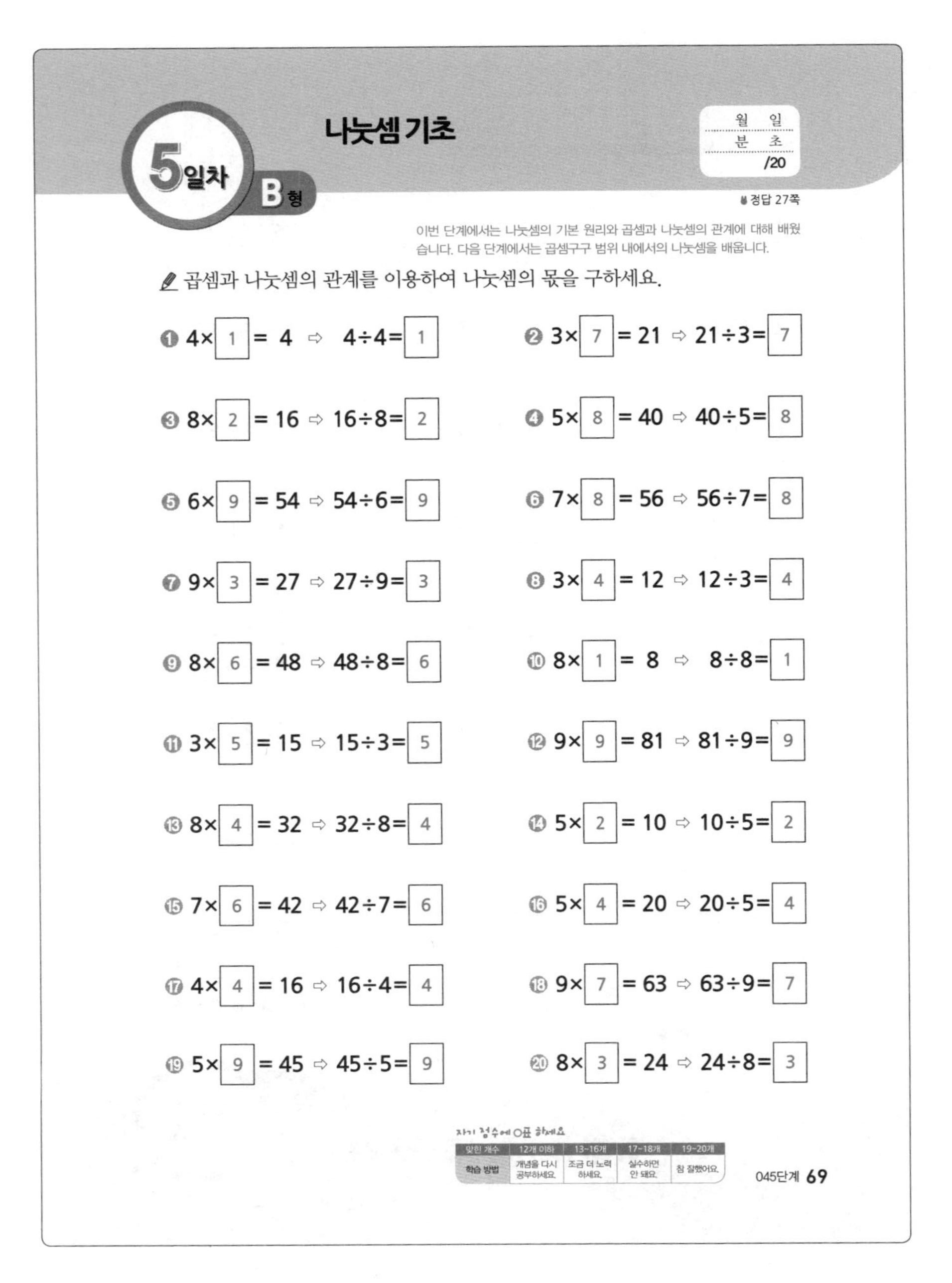

5일차 B형

나눗셈 기초

월 일 / 분 초 / /20

정답 27쪽

이번 단계에서는 나눗셈의 기본 원리와 곱셈과 나눗셈의 관계에 대해 배웠습니다. 다음 단계에서는 곱셈구구 범위 내에서의 나눗셈을 배웁니다.

곱셈과 나눗셈의 관계를 이용하여 나눗셈의 몫을 구하세요.

1. 4×1=4 ⇨ 4÷4=1
2. 3×7=21 ⇨ 21÷3=7
3. 8×2=16 ⇨ 16÷8=2
4. 5×8=40 ⇨ 40÷5=8
5. 6×9=54 ⇨ 54÷6=9
6. 7×8=56 ⇨ 56÷7=8
7. 9×3=27 ⇨ 27÷9=3
8. 3×4=12 ⇨ 12÷3=4
9. 8×6=48 ⇨ 48÷8=6
10. 8×1=8 ⇨ 8÷8=1
11. 3×5=15 ⇨ 15÷3=5
12. 9×9=81 ⇨ 81÷9=9
13. 8×4=32 ⇨ 32÷8=4
14. 5×2=10 ⇨ 10÷5=2
15. 7×6=42 ⇨ 42÷7=6
16. 5×4=20 ⇨ 20÷5=4
17. 4×4=16 ⇨ 16÷4=4
18. 9×7=63 ⇨ 63÷9=7
19. 5×9=45 ⇨ 45÷5=9
20. 8×3=24 ⇨ 24÷8=3

자기 점수에 ○표 하세요

맞은 개수	12개 이하	13~16개	17~18개	19~20개
학습 방법	개념을 다시 공부하세요.	조금 더 노력하세요.	실수하면 안 돼요.	참 잘했어요.

045단계 69

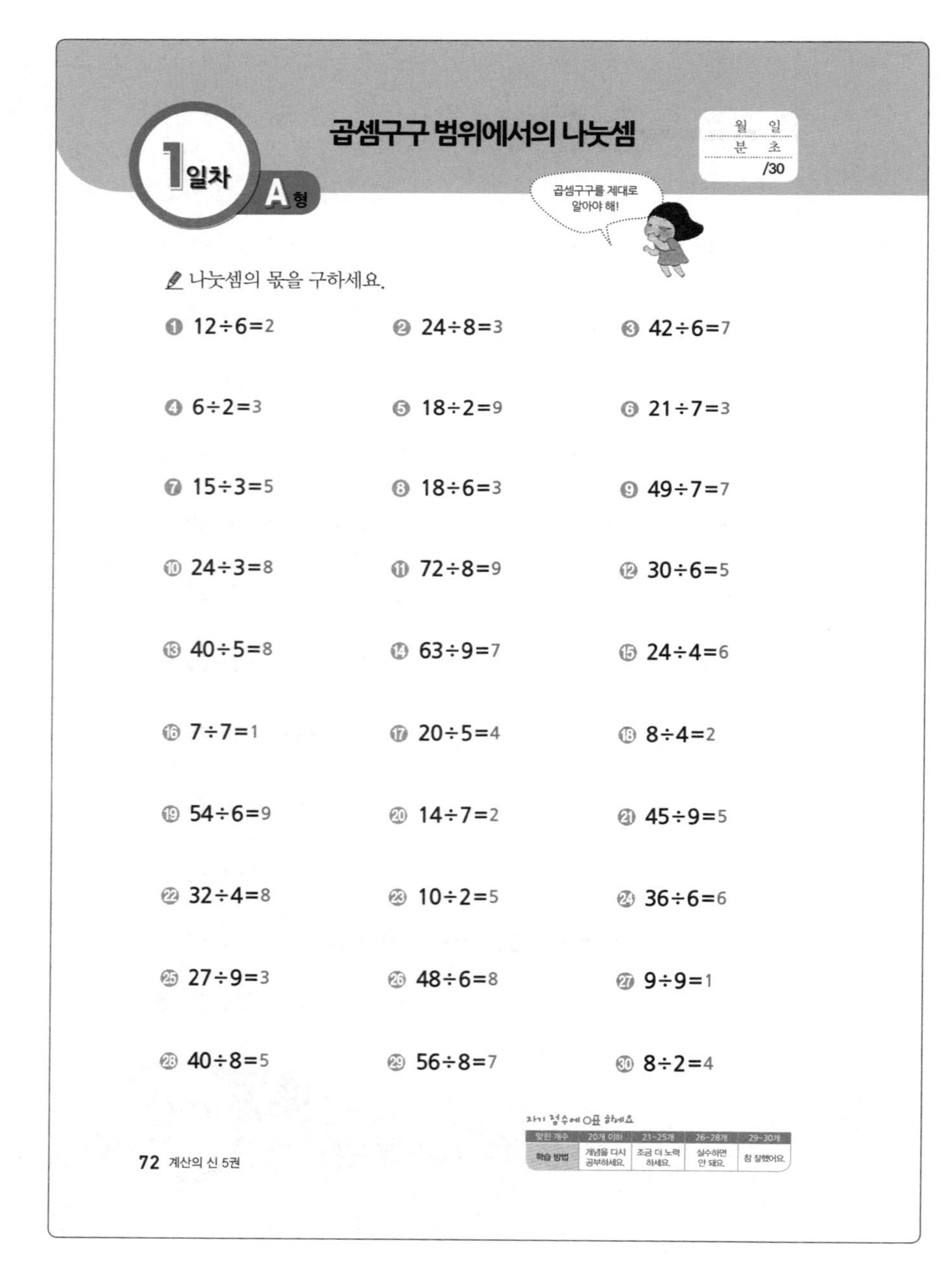

1일차 A형

곱셈구구 범위에서의 나눗셈

월 일 / 분 초 / /30

나눗셈의 몫을 구하세요.

① 12÷6=2　② 24÷8=3　③ 42÷6=7

④ 6÷2=3　⑤ 18÷2=9　⑥ 21÷7=3

⑦ 15÷3=5　⑧ 18÷6=3　⑨ 49÷7=7

⑩ 24÷3=8　⑪ 72÷8=9　⑫ 30÷6=5

⑬ 40÷5=8　⑭ 63÷9=7　⑮ 24÷4=6

⑯ 7÷7=1　⑰ 20÷5=4　⑱ 8÷4=2

⑲ 54÷6=9　⑳ 14÷7=2　㉑ 45÷9=5

㉒ 32÷4=8　㉓ 10÷2=5　㉔ 36÷6=6

㉕ 27÷9=3　㉖ 48÷6=8　㉗ 9÷9=1

㉘ 40÷8=5　㉙ 56÷8=7　㉚ 8÷2=4

자기 점수에 ○표 하세요

맞힌 개수	20개 이하	21~25개	26~28개	29~30개
학습 방법	개념을 다시 공부하세요.	조금 더 노력하세요.	실수하면 안 돼요.	참 잘했어요.

72 계산의 신 5권

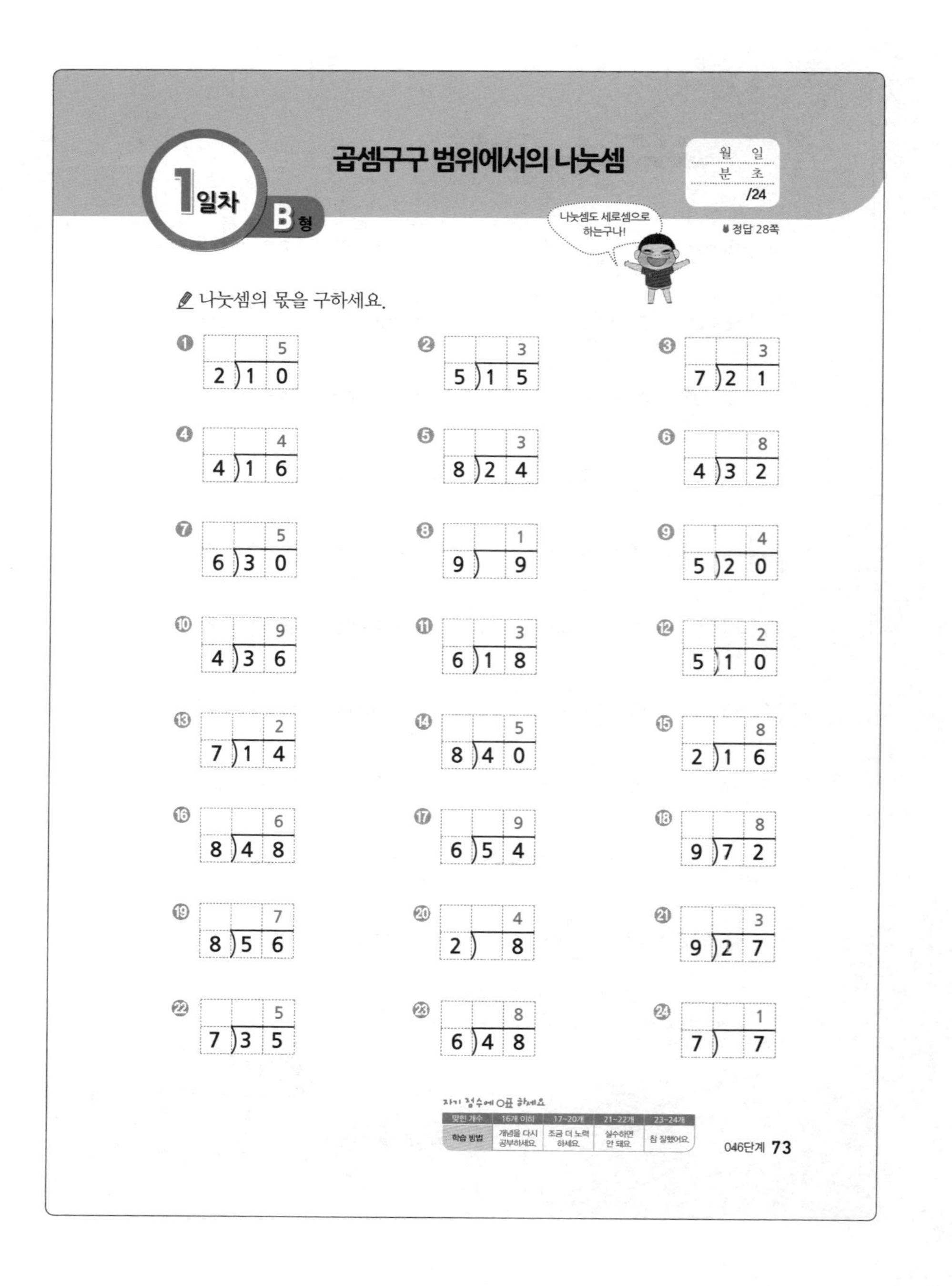

1일차 B형

곱셈구구 범위에서의 나눗셈

월 일 / 분 초 / /24

정답 28쪽

나눗셈의 몫을 구하세요.

① 2)10 몫 5　② 5)15 몫 3　③ 7)21 몫 3

④ 4)16 몫 4　⑤ 8)24 몫 3　⑥ 4)32 몫 8

⑦ 6)30 몫 5　⑧ 9)9 몫 1　⑨ 5)20 몫 4

⑩ 4)36 몫 9　⑪ 6)18 몫 3　⑫ 5)10 몫 2

⑬ 7)14 몫 2　⑭ 8)40 몫 5　⑮ 2)16 몫 8

⑯ 8)48 몫 6　⑰ 6)54 몫 9　⑱ 9)72 몫 8

⑲ 8)56 몫 7　⑳ 2)8 몫 4　㉑ 9)27 몫 3

㉒ 7)35 몫 5　㉓ 6)48 몫 8　㉔ 7)7 몫 1

자기 점수에 ○표 하세요

맞힌 개수	16개 이하	17~20개	21~22개	23~24개
학습 방법	개념을 다시 공부하세요.	조금 더 노력하세요.	실수하면 안 돼요.	참 잘했어요.

046단계 73

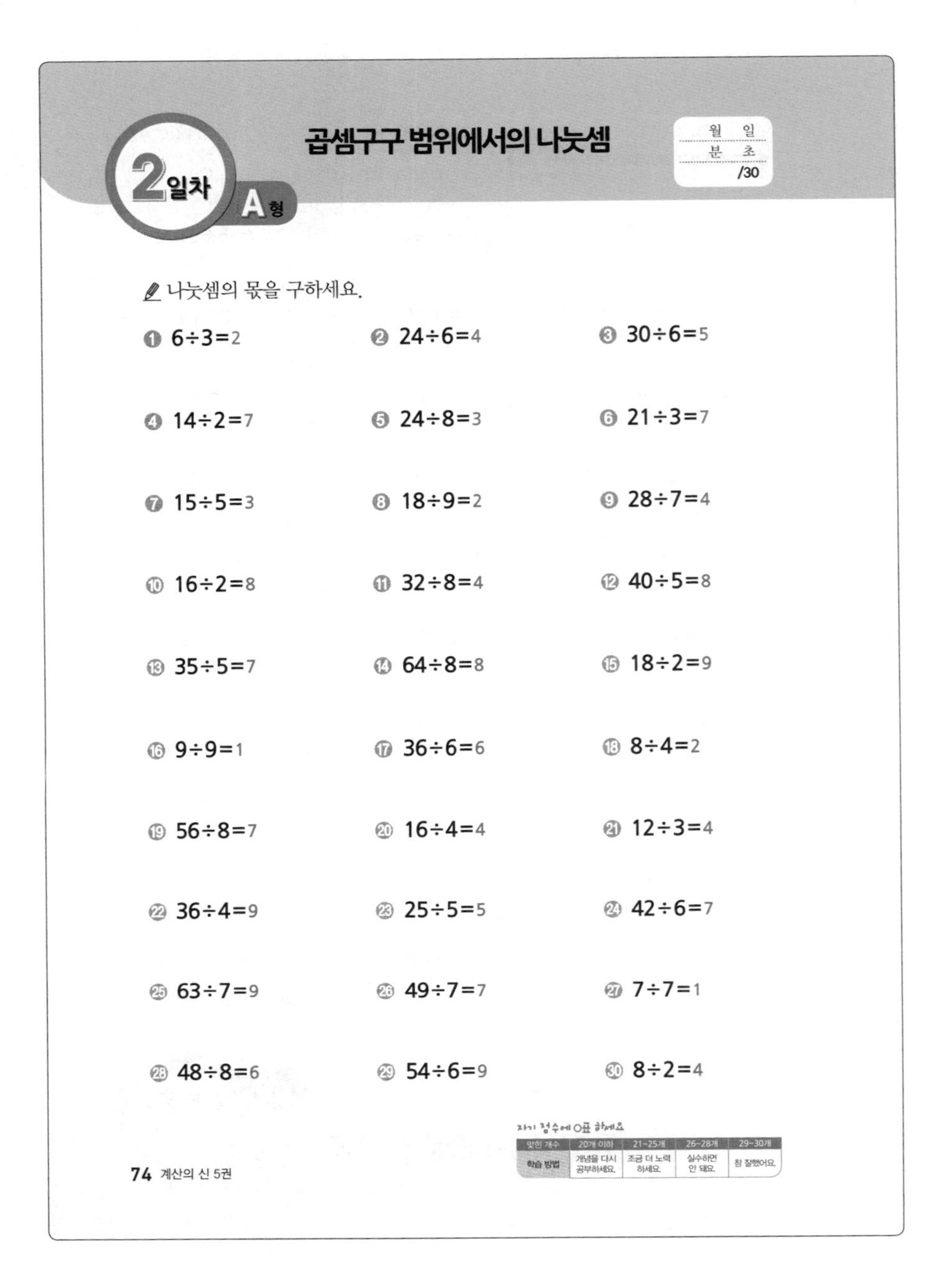

2일차 A형

곱셈구구 범위에서의 나눗셈

월 일 / 분 초 / /30

나눗셈의 몫을 구하세요.

1. $6 \div 3 = 2$
2. $24 \div 6 = 4$
3. $30 \div 6 = 5$
4. $14 \div 2 = 7$
5. $24 \div 8 = 3$
6. $21 \div 3 = 7$
7. $15 \div 5 = 3$
8. $18 \div 9 = 2$
9. $28 \div 7 = 4$
10. $16 \div 2 = 8$
11. $32 \div 8 = 4$
12. $40 \div 5 = 8$
13. $35 \div 5 = 7$
14. $64 \div 8 = 8$
15. $18 \div 2 = 9$
16. $9 \div 9 = 1$
17. $36 \div 6 = 6$
18. $8 \div 4 = 2$
19. $56 \div 8 = 7$
20. $16 \div 4 = 4$
21. $12 \div 3 = 4$
22. $36 \div 4 = 9$
23. $25 \div 5 = 5$
24. $42 \div 6 = 7$
25. $63 \div 7 = 9$
26. $49 \div 7 = 7$
27. $7 \div 7 = 1$
28. $48 \div 8 = 6$
29. $54 \div 6 = 9$
30. $8 \div 2 = 4$

자기 점수에 ○표 하세요

맞힌 개수	20개 이하	21~25개	26~28개	29~30개
학습 방법	개념을 다시 공부하세요.	조금 더 노력하세요.	실수하면 안 돼요.	참 잘했어요.

74 계산의 신 5권

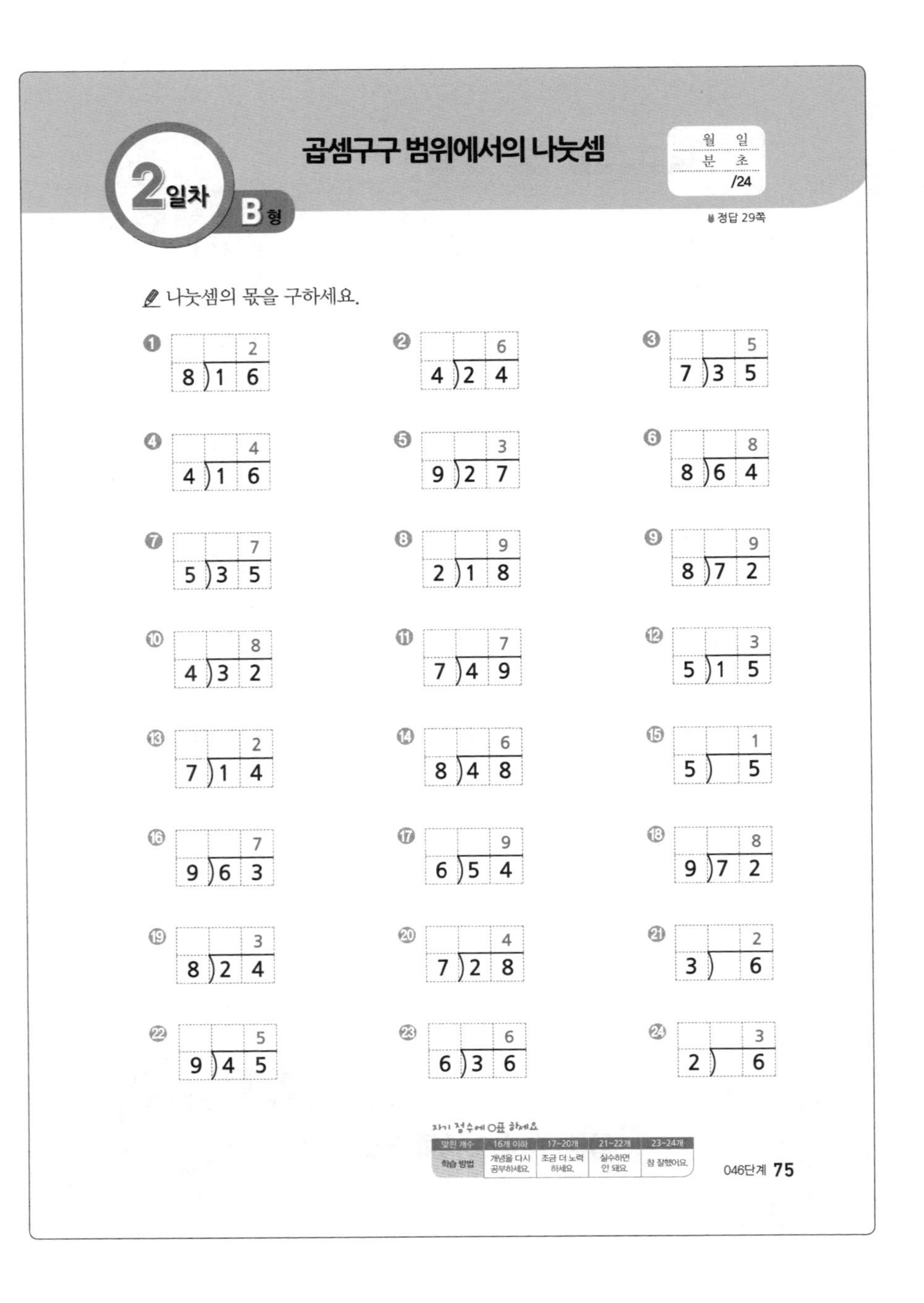

2일차 B형

곱셈구구 범위에서의 나눗셈

월 일 / 분 초 / /24

정답 29쪽

나눗셈의 몫을 구하세요.

1. $16 \div 8 = 2$
2. $24 \div 4 = 6$
3. $35 \div 7 = 5$
4. $16 \div 4 = 4$
5. $27 \div 9 = 3$
6. $64 \div 8 = 8$
7. $35 \div 5 = 7$
8. $18 \div 2 = 9$
9. $72 \div 8 = 9$
10. $32 \div 4 = 8$
11. $49 \div 7 = 7$
12. $15 \div 5 = 3$
13. $14 \div 7 = 2$
14. $48 \div 8 = 6$
15. $5 \div 5 = 1$
16. $63 \div 9 = 7$
17. $54 \div 6 = 9$
18. $72 \div 9 = 8$
19. $24 \div 8 = 3$
20. $28 \div 7 = 4$
21. $6 \div 3 = 2$
22. $45 \div 9 = 5$
23. $36 \div 6 = 6$
24. $6 \div 2 = 3$

자기 점수에 ○표 하세요

맞힌 개수	16개 이하	17~20개	21~22개	23~24개
학습 방법	개념을 다시 공부하세요.	조금 더 노력하세요.	실수하면 안 돼요.	참 잘했어요.

046단계 75

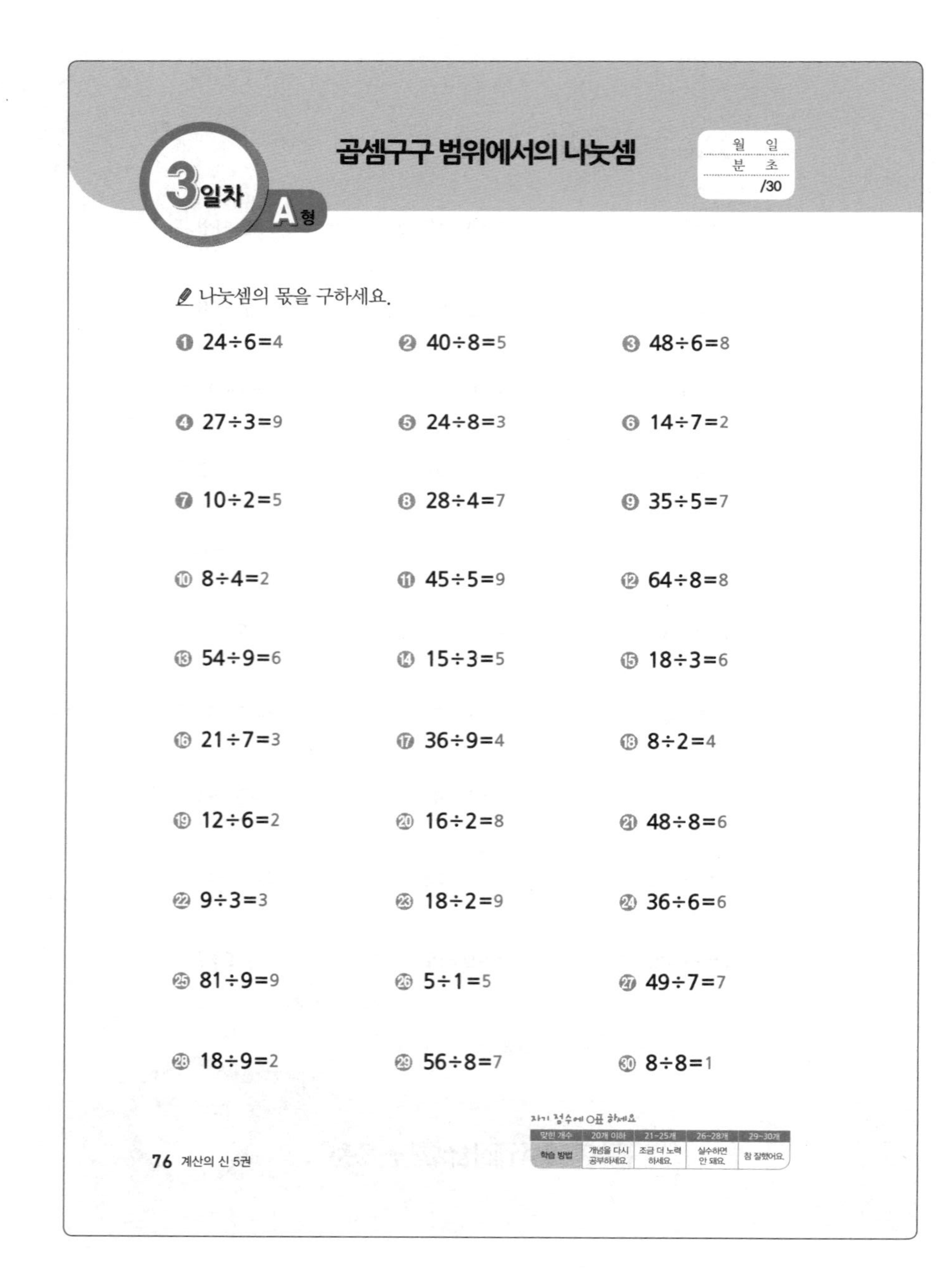

3일차 A형 곱셈구구 범위에서의 나눗셈

월 일 / 분 초 / /30

✎ 나눗셈의 몫을 구하세요.

① 24÷6=4	② 40÷8=5	③ 48÷6=8
④ 27÷3=9	⑤ 24÷8=3	⑥ 14÷7=2
⑦ 10÷2=5	⑧ 28÷4=7	⑨ 35÷5=7
⑩ 8÷4=2	⑪ 45÷5=9	⑫ 64÷8=8
⑬ 54÷9=6	⑭ 15÷3=5	⑮ 18÷3=6
⑯ 21÷7=3	⑰ 36÷9=4	⑱ 8÷2=4
⑲ 12÷6=2	⑳ 16÷2=8	㉑ 48÷8=6
㉒ 9÷3=3	㉓ 18÷2=9	㉔ 36÷6=6
㉕ 81÷9=9	㉖ 5÷1=5	㉗ 49÷7=7
㉘ 18÷9=2	㉙ 56÷8=7	㉚ 8÷8=1

자기 점수에 ○표 하세요

맞힌 개수	20개 이하	21~25개	26~28개	29~30개
학습 방법	개념을 다시 공부하세요.	조금 더 노력하세요.	실수하면 안 돼요.	참 잘했어요.

76 계산의 신 5권

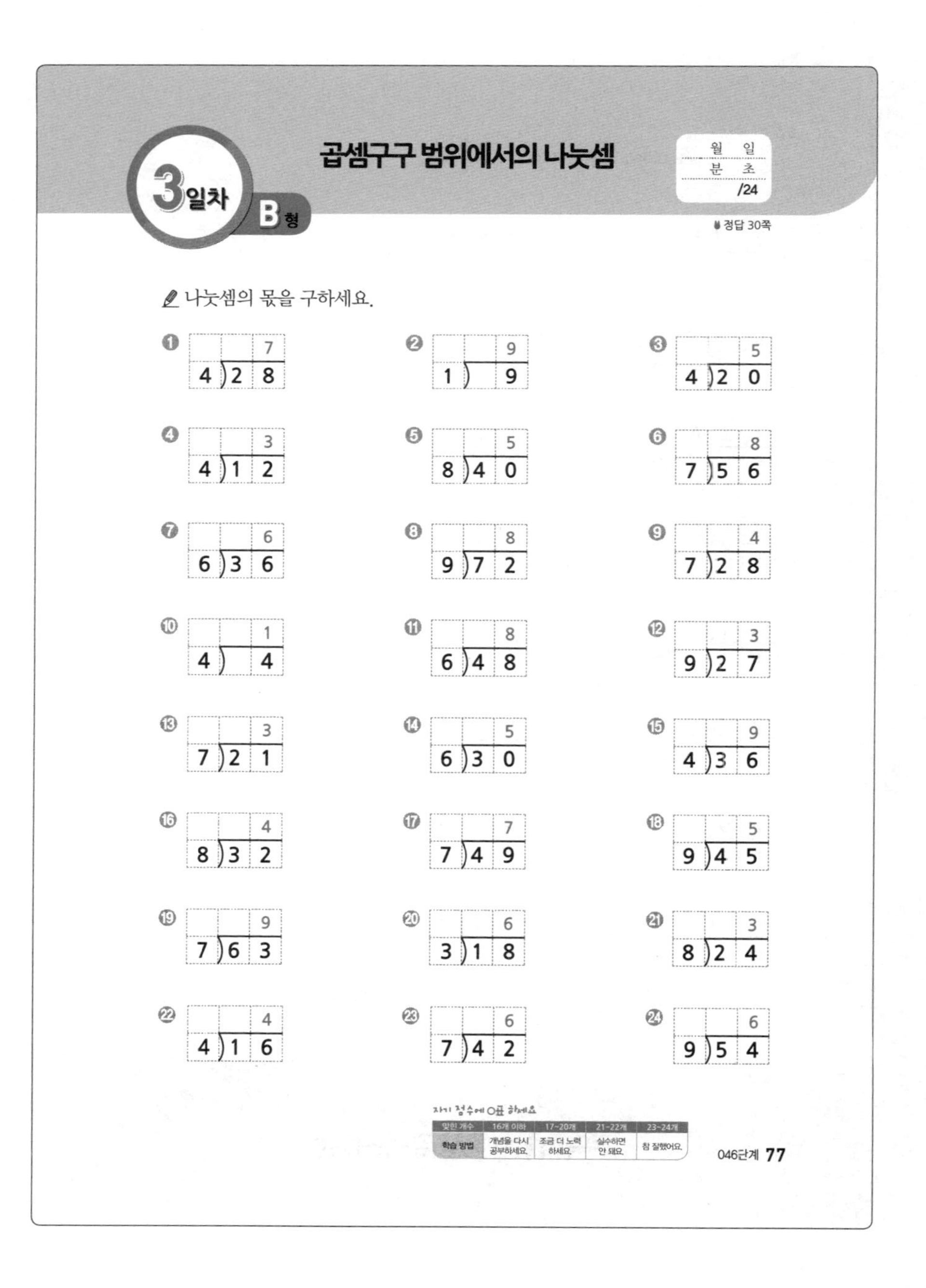

3일차 B형 곱셈구구 범위에서의 나눗셈

월 일 / 분 초 / /24

정답 30쪽

✎ 나눗셈의 몫을 구하세요.

① $\begin{array}{r} 7 \\ 4\overline{)28} \end{array}$	② $\begin{array}{r} 9 \\ 1\overline{)\ 9} \end{array}$	③ $\begin{array}{r} 5 \\ 4\overline{)20} \end{array}$
④ $\begin{array}{r} 3 \\ 4\overline{)12} \end{array}$	⑤ $\begin{array}{r} 5 \\ 8\overline{)40} \end{array}$	⑥ $\begin{array}{r} 8 \\ 7\overline{)56} \end{array}$
⑦ $\begin{array}{r} 6 \\ 6\overline{)36} \end{array}$	⑧ $\begin{array}{r} 8 \\ 9\overline{)72} \end{array}$	⑨ $\begin{array}{r} 4 \\ 7\overline{)28} \end{array}$
⑩ $\begin{array}{r} 1 \\ 4\overline{)\ 4} \end{array}$	⑪ $\begin{array}{r} 8 \\ 6\overline{)48} \end{array}$	⑫ $\begin{array}{r} 3 \\ 9\overline{)27} \end{array}$
⑬ $\begin{array}{r} 3 \\ 7\overline{)21} \end{array}$	⑭ $\begin{array}{r} 5 \\ 6\overline{)30} \end{array}$	⑮ $\begin{array}{r} 9 \\ 4\overline{)36} \end{array}$
⑯ $\begin{array}{r} 4 \\ 8\overline{)32} \end{array}$	⑰ $\begin{array}{r} 7 \\ 7\overline{)49} \end{array}$	⑱ $\begin{array}{r} 5 \\ 9\overline{)45} \end{array}$
⑲ $\begin{array}{r} 9 \\ 7\overline{)63} \end{array}$	⑳ $\begin{array}{r} 6 \\ 3\overline{)18} \end{array}$	㉑ $\begin{array}{r} 3 \\ 8\overline{)24} \end{array}$
㉒ $\begin{array}{r} 4 \\ 4\overline{)16} \end{array}$	㉓ $\begin{array}{r} 6 \\ 7\overline{)42} \end{array}$	㉔ $\begin{array}{r} 6 \\ 9\overline{)54} \end{array}$

자기 점수에 ○표 하세요

맞힌 개수	16개 이하	17~20개	21~22개	23~24개
학습 방법	개념을 다시 공부하세요.	조금 더 노력하세요.	실수하면 안 돼요.	참 잘했어요.

046단계 77

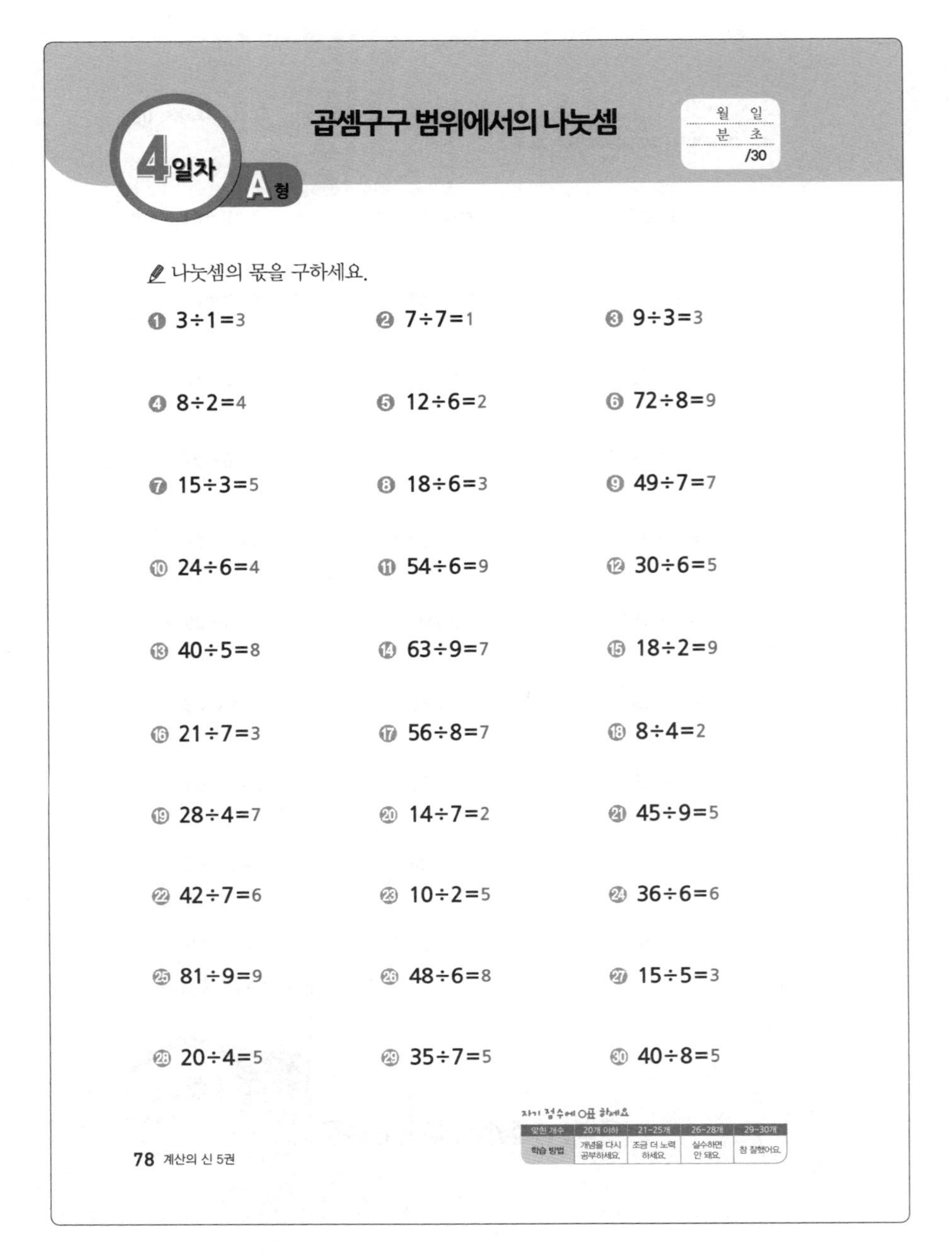

4일차 A형

곱셈구구 범위에서의 나눗셈

월 일 / 분 초 / /30

나눗셈의 몫을 구하세요.

① 3÷1=3	② 7÷7=1	③ 9÷3=3
④ 8÷2=4	⑤ 12÷6=2	⑥ 72÷8=9
⑦ 15÷3=5	⑧ 18÷6=3	⑨ 49÷7=7
⑩ 24÷6=4	⑪ 54÷6=9	⑫ 30÷6=5
⑬ 40÷5=8	⑭ 63÷9=7	⑮ 18÷2=9
⑯ 21÷7=3	⑰ 56÷8=7	⑱ 8÷4=2
⑲ 28÷4=7	⑳ 14÷7=2	㉑ 45÷9=5
㉒ 42÷7=6	㉓ 10÷2=5	㉔ 36÷6=6
㉕ 81÷9=9	㉖ 48÷6=8	㉗ 15÷5=3
㉘ 20÷4=5	㉙ 35÷7=5	㉚ 40÷8=5

자기 점수에 ○표 하세요

맞힌 개수	20개 이하	21~25개	26~28개	29~30개
학습 방법	개념을 다시 공부하세요.	조금 더 노력하세요.	실수하면 안 돼요.	참 잘했어요.

78 계산의 신 5권

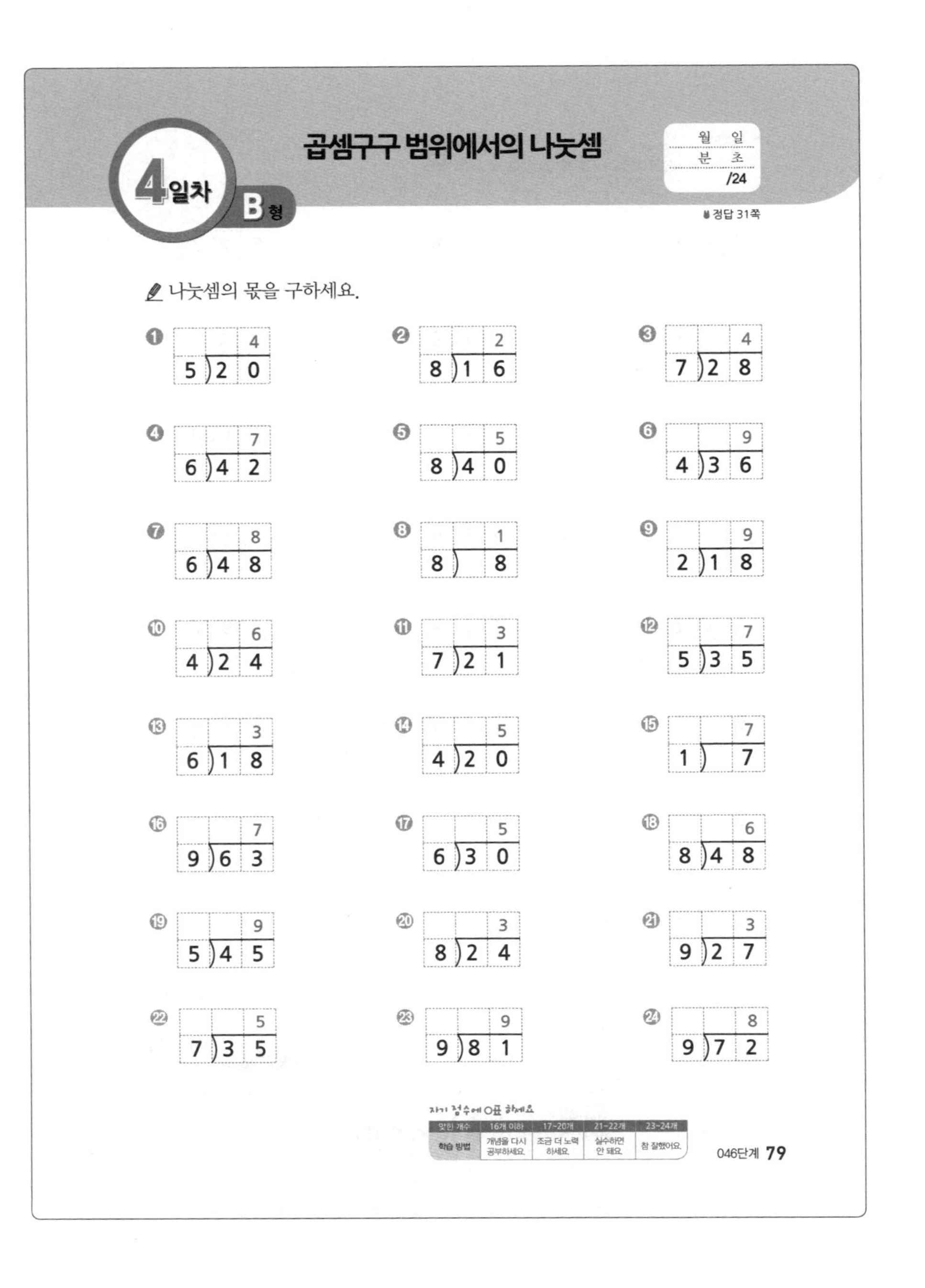

4일차 B형

곱셈구구 범위에서의 나눗셈

월 일 / 분 초 / /24

정답 31쪽

나눗셈의 몫을 구하세요.

① 5)20 → 4	② 8)16 → 2	③ 7)28 → 4
④ 6)42 → 7	⑤ 8)40 → 5	⑥ 4)36 → 9
⑦ 6)48 → 8	⑧ 8)8 → 1	⑨ 2)18 → 9
⑩ 4)24 → 6	⑪ 7)21 → 3	⑫ 5)35 → 7
⑬ 6)18 → 3	⑭ 4)20 → 5	⑮ 1)7 → 7
⑯ 9)63 → 7	⑰ 6)30 → 5	⑱ 8)48 → 6
⑲ 5)45 → 9	⑳ 8)24 → 3	㉑ 9)27 → 3
㉒ 7)35 → 5	㉓ 9)81 → 9	㉔ 9)72 → 8

자기 점수에 ○표 하세요

맞힌 개수	16개 이하	17~20개	21~22개	23~24개
학습 방법	개념을 다시 공부하세요.	조금 더 노력하세요.	실수하면 안 돼요.	참 잘했어요.

046단계 79

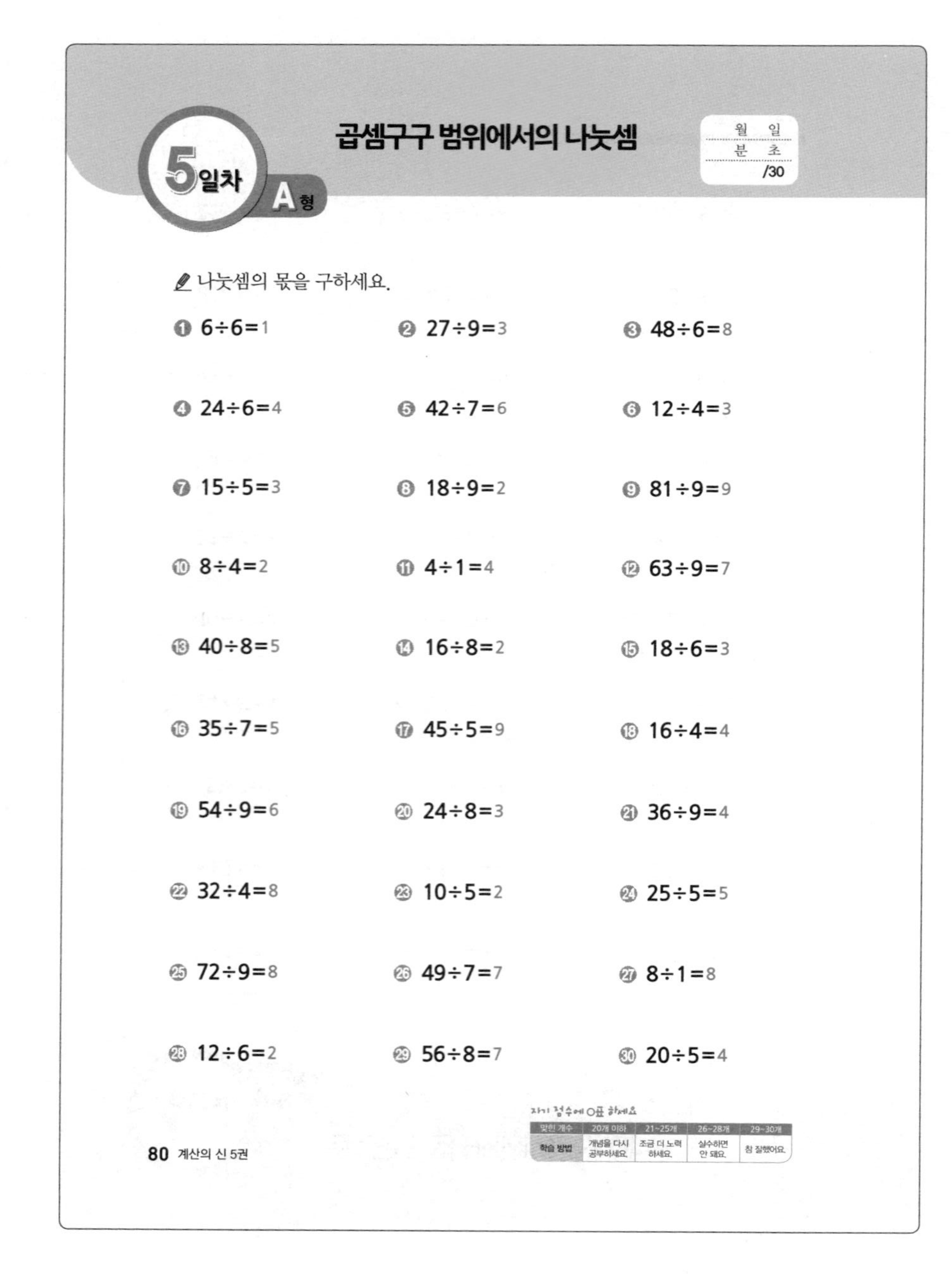

5일차 A형 곱셈구구 범위에서의 나눗셈

월 일 / 분 초 / /30

나눗셈의 몫을 구하세요.

❶ 6÷6=1	❷ 27÷9=3	❸ 48÷6=8
❹ 24÷6=4	❺ 42÷7=6	❻ 12÷4=3
❼ 15÷5=3	❽ 18÷9=2	❾ 81÷9=9
❿ 8÷4=2	⓫ 4÷1=4	⓬ 63÷9=7
⓭ 40÷8=5	⓮ 16÷8=2	⓯ 18÷6=3
⓰ 35÷7=5	⓱ 45÷5=9	⓲ 16÷4=4
⓳ 54÷9=6	⓴ 24÷8=3	㉑ 36÷9=4
㉒ 32÷4=8	㉓ 10÷5=2	㉔ 25÷5=5
㉕ 72÷9=8	㉖ 49÷7=7	㉗ 8÷1=8
㉘ 12÷6=2	㉙ 56÷8=7	㉚ 20÷5=4

자기 점수에 ○표 하세요

맞힌 개수	20개 이하	21~25개	26~28개	29~30개
학습 방법	개념을 다시 공부하세요.	조금 더 노력하세요.	실수하면 안 돼요.	참 잘했어요.

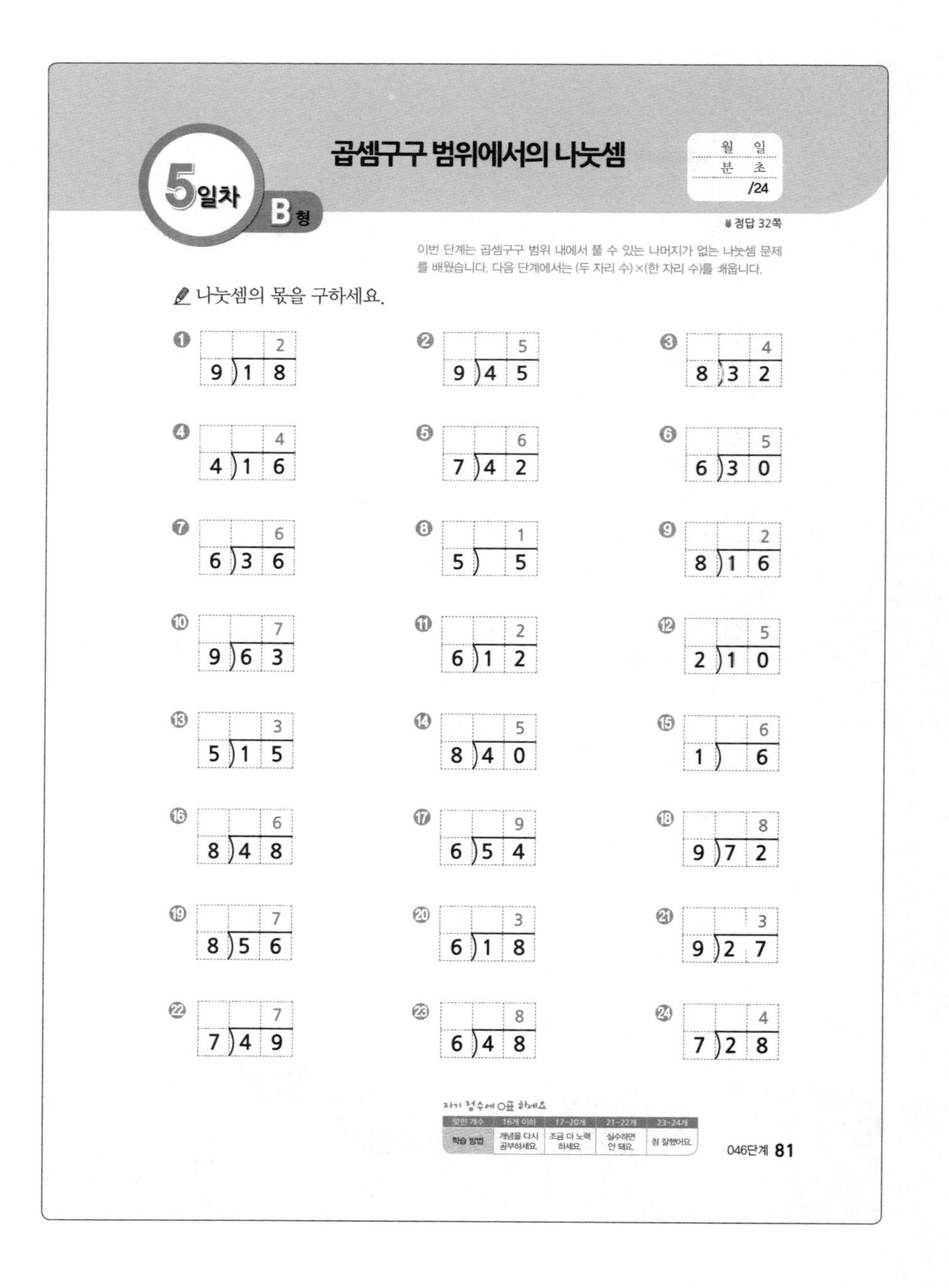

5일차 B형 곱셈구구 범위에서의 나눗셈

월 일 / 분 초 / /24

정답 32쪽

이번 단계는 곱셈구구 범위 내에서 풀 수 있는 나머지가 없는 나눗셈 문제를 배웠습니다. 다음 단계에서는 (두 자리 수)×(한 자리 수)를 배웁니다.

나눗셈의 몫을 구하세요.

❶ 18÷9=2	❷ 45÷9=5	❸ 32÷8=4
❹ 16÷4=4	❺ 42÷7=6	❻ 30÷6=5
❼ 36÷6=6	❽ 5÷5=1	❾ 16÷8=2
❿ 63÷9=7	⓫ 12÷6=2	⓬ 10÷2=5
⓭ 15÷5=3	⓮ 40÷8=5	⓯ 6÷1=6
⓰ 48÷8=6	⓱ 54÷6=9	⓲ 72÷9=8
⓳ 56÷8=7	⓴ 18÷6=3	㉑ 27÷9=3
㉒ 49÷7=7	㉓ 48÷6=8	㉔ 28÷7=4

자기 점수에 ○표 하세요

맞힌 개수	16개 이하	17~20개	21~22개	23~24개
학습 방법	개념을 다시 공부하세요.	조금 더 노력하세요.	실수하면 안 돼요.	참 잘했어요.

세 단계 묶어 풀기 O44 ~ O46단계
세 자리 수의 뺄셈/나눗셈 기초

월 일 / 분 초 / /15

정답 33쪽

빼셈을 하세요.

❶ $400 - 152 = 248$

❷ $600 - 371 = 229$

❸ $724 - 428 = 296$

❹ $524 - 189 = 335$

❺ $416 - 269 = 147$

❻ $331 - 148 = 183$

빈칸에 알맞은 수를 넣으세요.

❼ $8-2-2-2-2=0$ ⟶ $8 \div [2] = [4]$

❽ $18-6-6-6=0$ ⟶ $18 \div [6] = [3]$

❾ $6 \times [7] = 42$ ⇨ $42 \div 6 = [7]$

❿ $4 \times [8] = 32$ ⇨ $32 \div 4 = [8]$

⓫ $9 \times [4] = 36$ ⇨ $36 \div 9 = [4]$

⓬ $3 \times [7] = 21$ ⇨ $21 \div 3 = [7]$

나눗셈을 하세요.

⓭ $48 \div 8 = 6$

⓮ $27 \div 9 = 3$

⓯ $40 \div 8 = 5$

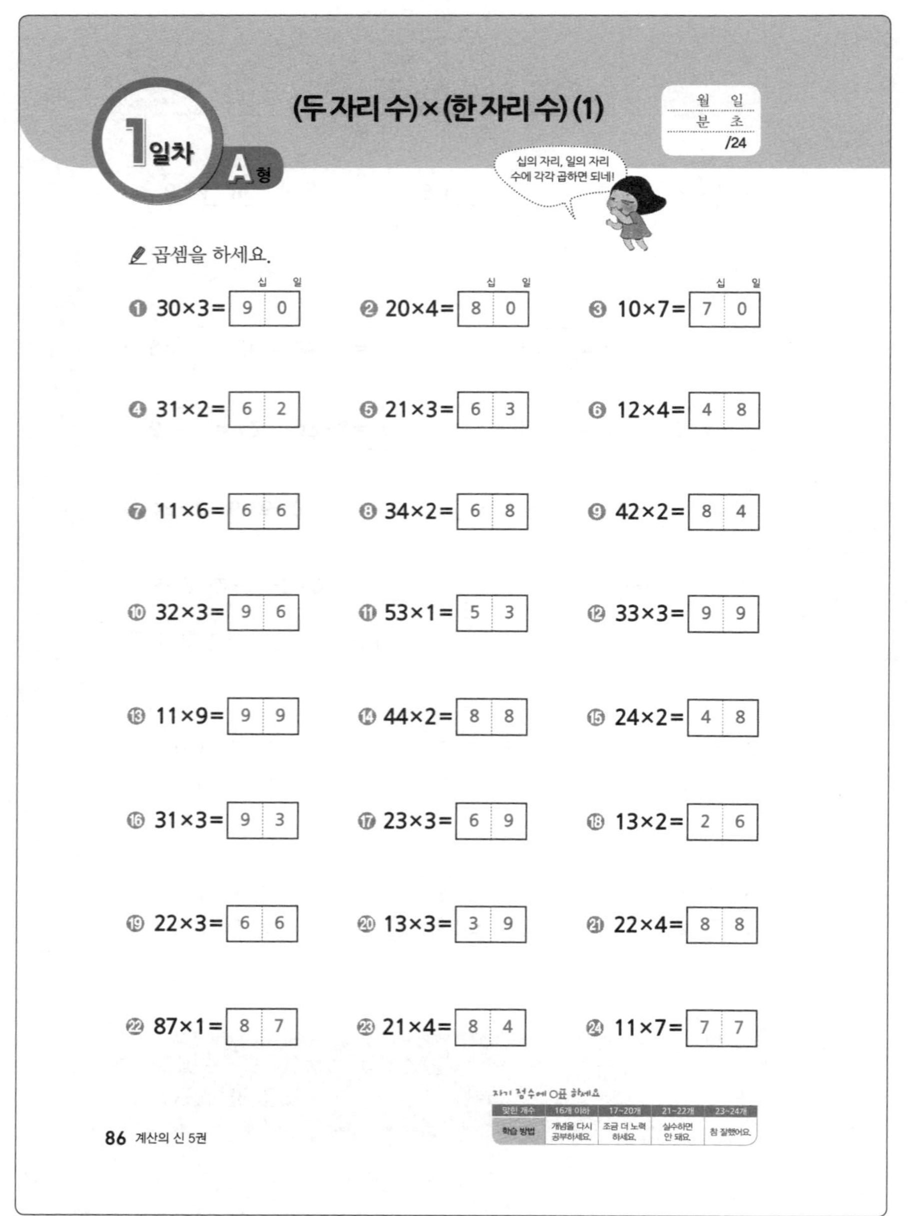

1일차 A형 (두 자리 수)×(한 자리 수) (1)

월 일 / 분 초 / /24

곱셈을 하세요.

① 30×3=90
② 20×4=80
③ 10×7=70
④ 31×2=62
⑤ 21×3=63
⑥ 12×4=48
⑦ 11×6=66
⑧ 34×2=68
⑨ 42×2=84
⑩ 32×3=96
⑪ 53×1=53
⑫ 33×3=99
⑬ 11×9=99
⑭ 44×2=88
⑮ 24×2=48
⑯ 31×3=93
⑰ 23×3=69
⑱ 13×2=26
⑲ 22×3=66
⑳ 13×3=39
㉑ 22×4=88
㉒ 87×1=87
㉓ 21×4=84
㉔ 11×7=77

자기 점수에 ○표 하세요

맞힌 개수	16개 이하	17~20개	21~22개	23~24개
학습 방법	개념을 다시 공부하세요.	조금 더 노력 하세요.	실수하면 안 돼요.	참 잘했어요.

86 계산의 신 5권

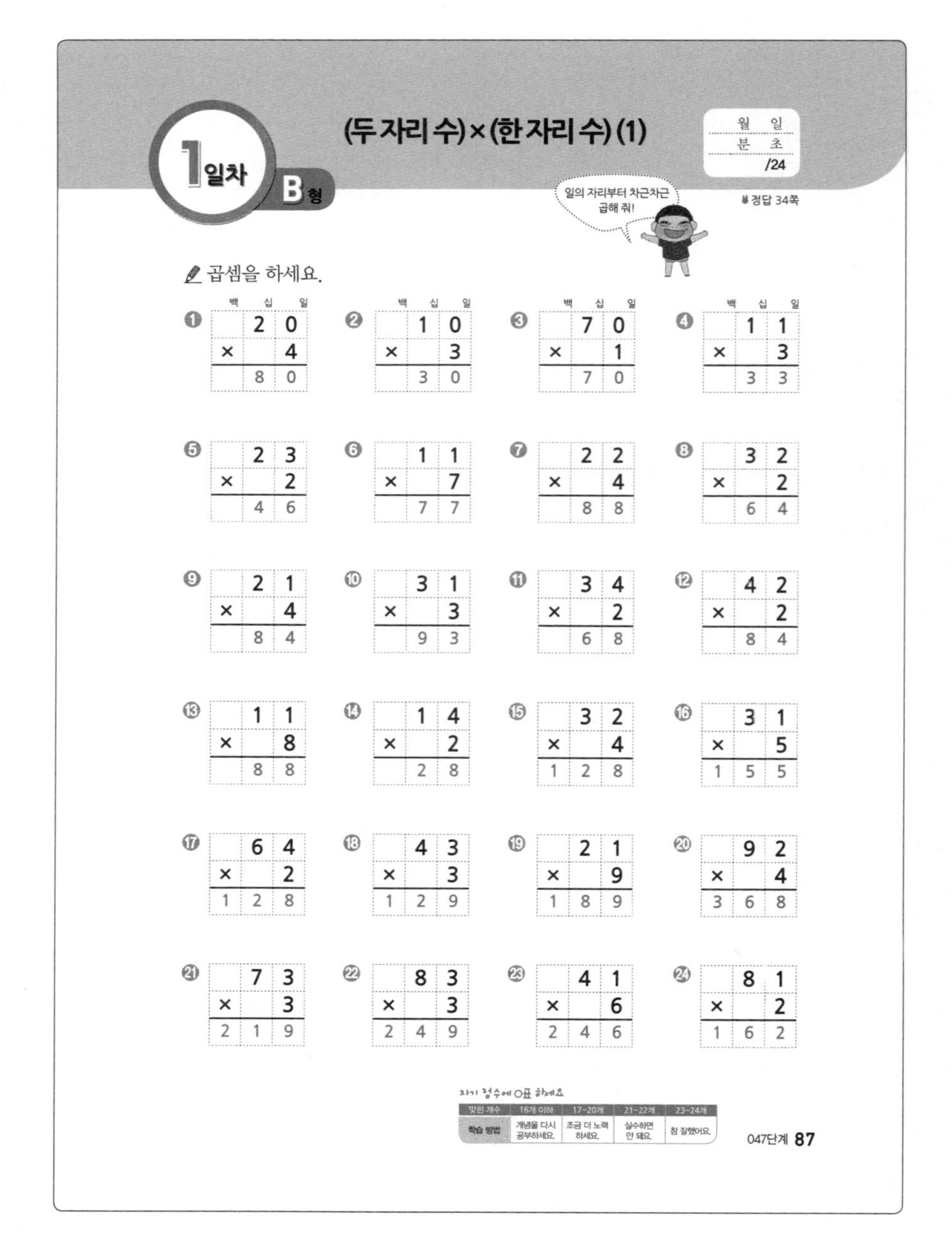

1일차 B형 (두 자리 수)×(한 자리 수) (1)

월 일 / 분 초 / /24

정답 34쪽

곱셈을 하세요.

① 20×4=80
② 10×3=30
③ 70×1=70
④ 11×3=33
⑤ 23×2=46
⑥ 11×7=77
⑦ 22×4=88
⑧ 32×2=64
⑨ 21×4=84
⑩ 31×3=93
⑪ 34×2=68
⑫ 42×2=84
⑬ 11×8=88
⑭ 14×2=28
⑮ 32×4=128
⑯ 31×5=155
⑰ 64×2=128
⑱ 43×3=129
⑲ 21×9=189
⑳ 92×4=368
㉑ 73×3=219
㉒ 83×3=249
㉓ 41×6=246
㉔ 81×2=162

자기 점수에 ○표 하세요

맞힌 개수	16개 이하	17~20개	21~22개	23~24개
학습 방법	개념을 다시 공부하세요.	조금 더 노력 하세요.	실수하면 안 돼요.	참 잘했어요.

047단계 87

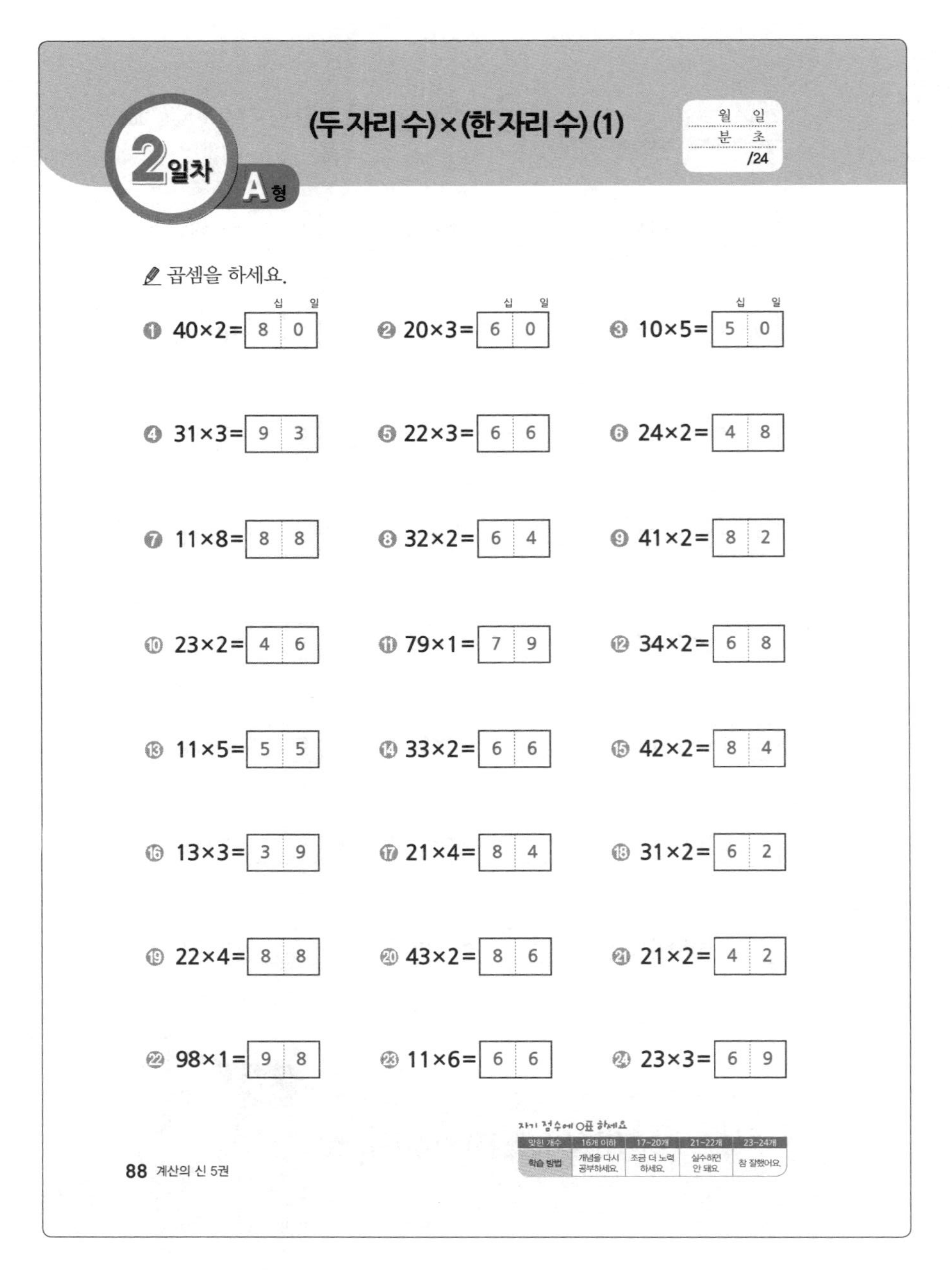

2일차 A형

(두 자리 수)×(한 자리 수)(1)

월 일
분 초
/24

곱셈을 하세요.

① 40×2=80 ② 20×3=60 ③ 10×5=50
④ 31×3=93 ⑤ 22×3=66 ⑥ 24×2=48
⑦ 11×8=88 ⑧ 32×2=64 ⑨ 41×2=82
⑩ 23×2=46 ⑪ 79×1=79 ⑫ 34×2=68
⑬ 11×5=55 ⑭ 33×2=66 ⑮ 42×2=84
⑯ 13×3=39 ⑰ 21×4=84 ⑱ 31×2=62
⑲ 22×4=88 ⑳ 43×2=86 ㉑ 21×2=42
㉒ 98×1=98 ㉓ 11×6=66 ㉔ 23×3=69

자기 점수에 ○표 하세요

맞힌 개수	16개 이하	17~20개	21~22개	23~24개
학습 방법	개념을 다시 공부하세요.	조금 더 노력하세요.	실수하면 안 돼요.	참 잘했어요.

88 계산의 신 5권

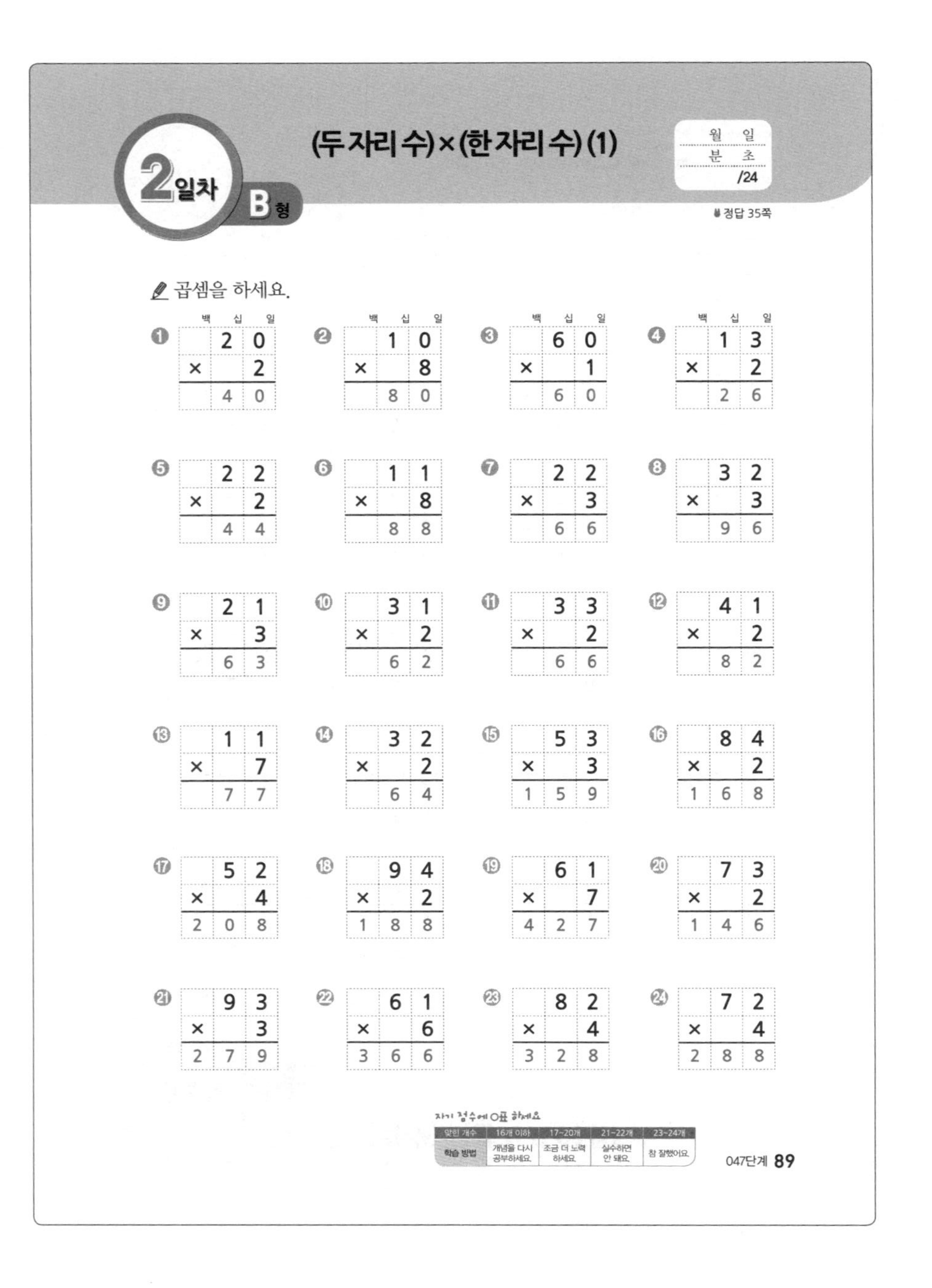

2일차 B형

(두 자리 수)×(한 자리 수)(1)

월 일
분 초
/24

정답 35쪽

곱셈을 하세요.

① 20×2=40 ② 10×8=80 ③ 60×1=60 ④ 13×2=26
⑤ 22×2=44 ⑥ 11×8=88 ⑦ 22×3=66 ⑧ 32×3=96
⑨ 21×3=63 ⑩ 31×2=62 ⑪ 33×2=66 ⑫ 41×2=82
⑬ 11×7=77 ⑭ 32×2=64 ⑮ 53×3=159 ⑯ 84×2=168
⑰ 52×4=208 ⑱ 94×2=188 ⑲ 61×7=427 ⑳ 73×2=146
㉑ 93×3=279 ㉒ 61×6=366 ㉓ 82×4=328 ㉔ 72×4=288

자기 점수에 ○표 하세요

맞힌 개수	16개 이하	17~20개	21~22개	23~24개
학습 방법	개념을 다시 공부하세요.	조금 더 노력하세요.	실수하면 안 돼요.	참 잘했어요.

047단계 89

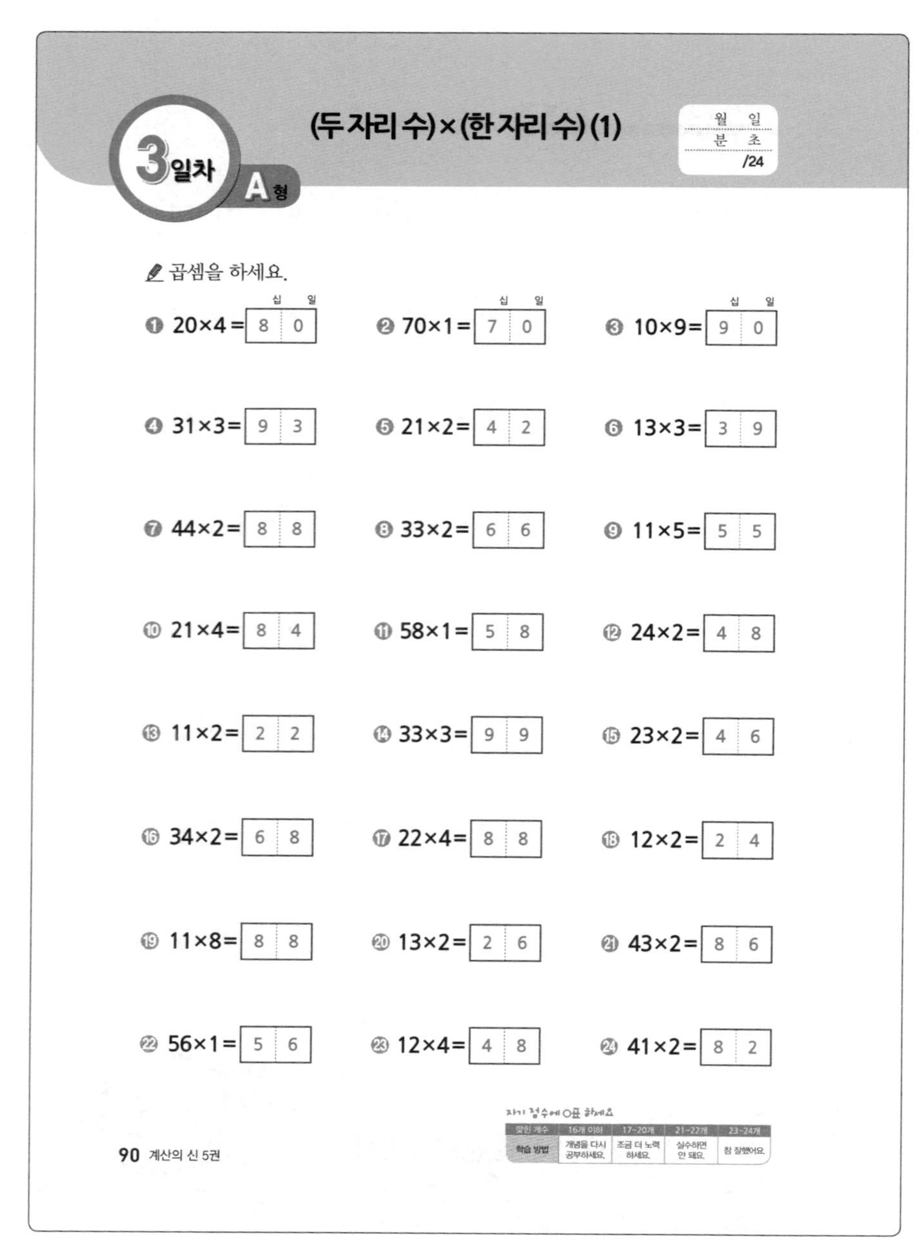

3일차 A형

(두 자리 수)×(한 자리 수)(1)

월 일 / 분 초 / /24

곱셈을 하세요.

1. 20×4=80
2. 70×1=70
3. 10×9=90
4. 31×3=93
5. 21×2=42
6. 13×3=39
7. 44×2=88
8. 33×2=66
9. 11×5=55
10. 21×4=84
11. 58×1=58
12. 24×2=48
13. 11×2=22
14. 33×3=99
15. 23×2=46
16. 34×2=68
17. 22×4=88
18. 12×2=24
19. 11×8=88
20. 13×2=26
21. 43×2=86
22. 56×1=56
23. 12×4=48
24. 41×2=82

자기 점수에 ○표 하세요.

맞힌 개수	16개 이하	17~20개	21~22개	23~24개
학습 방법	개념을 다시 공부하세요.	조금 더 노력 하세요.	실수하면 안 돼요.	참 잘했어요.

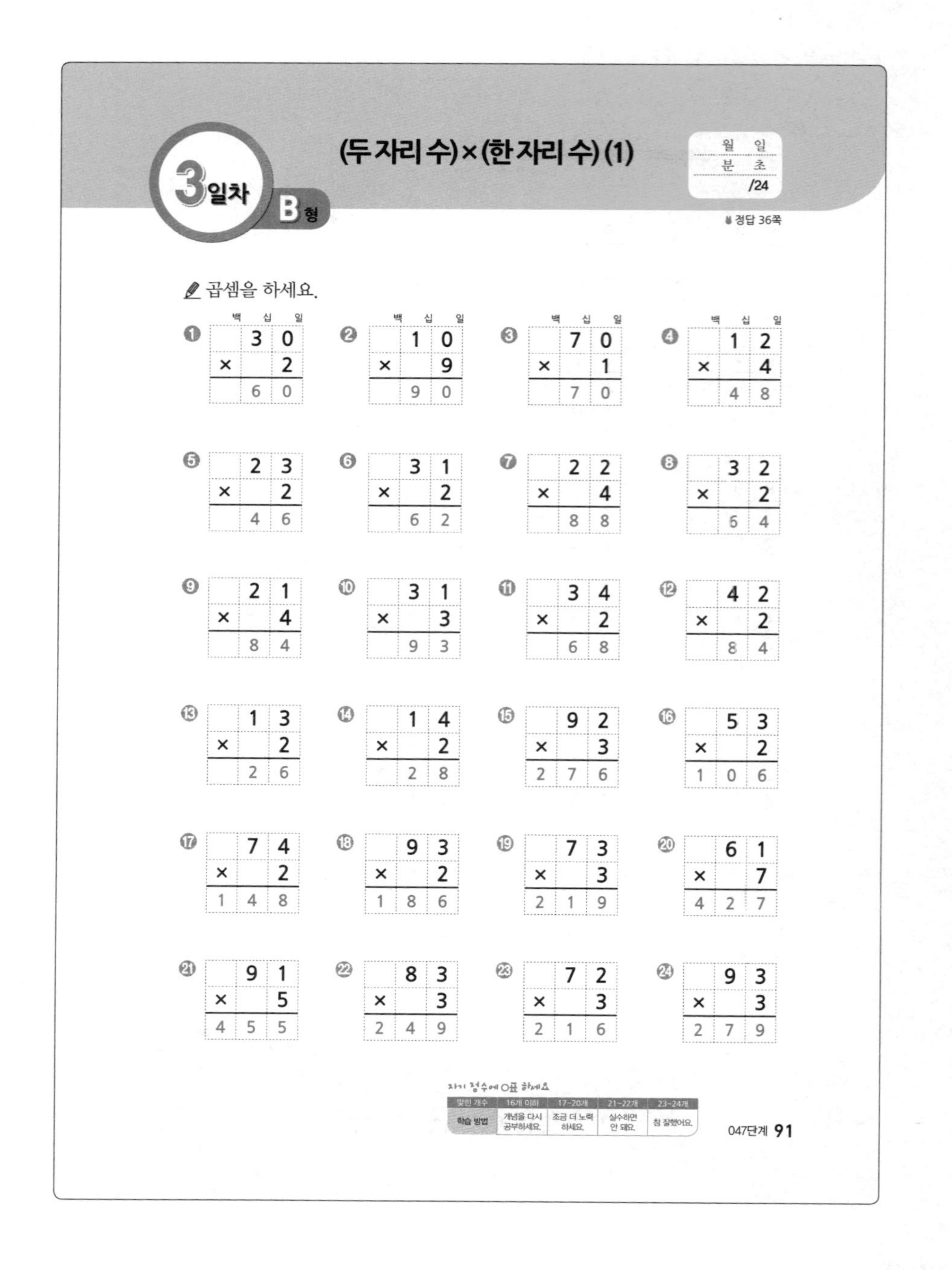

3일차 B형

(두 자리 수)×(한 자리 수)(1)

월 일 / 분 초 / /24

정답 36쪽

곱셈을 하세요.

1. 30×2=60
2. 10×9=90
3. 70×1=70
4. 12×4=48
5. 23×2=46
6. 31×2=62
7. 22×4=88
8. 32×2=64
9. 21×4=84
10. 31×3=93
11. 34×2=68
12. 42×2=84
13. 13×2=26
14. 14×2=28
15. 92×3=276
16. 53×2=106
17. 74×2=148
18. 93×2=186
19. 73×3=219
20. 61×7=427
21. 91×5=455
22. 83×3=249
23. 72×3=216
24. 93×3=279

자기 점수에 ○표 하세요.

맞힌 개수	16개 이하	17~20개	21~22개	23~24개
학습 방법	개념을 다시 공부하세요.	조금 더 노력 하세요.	실수하면 안 돼요.	참 잘했어요.

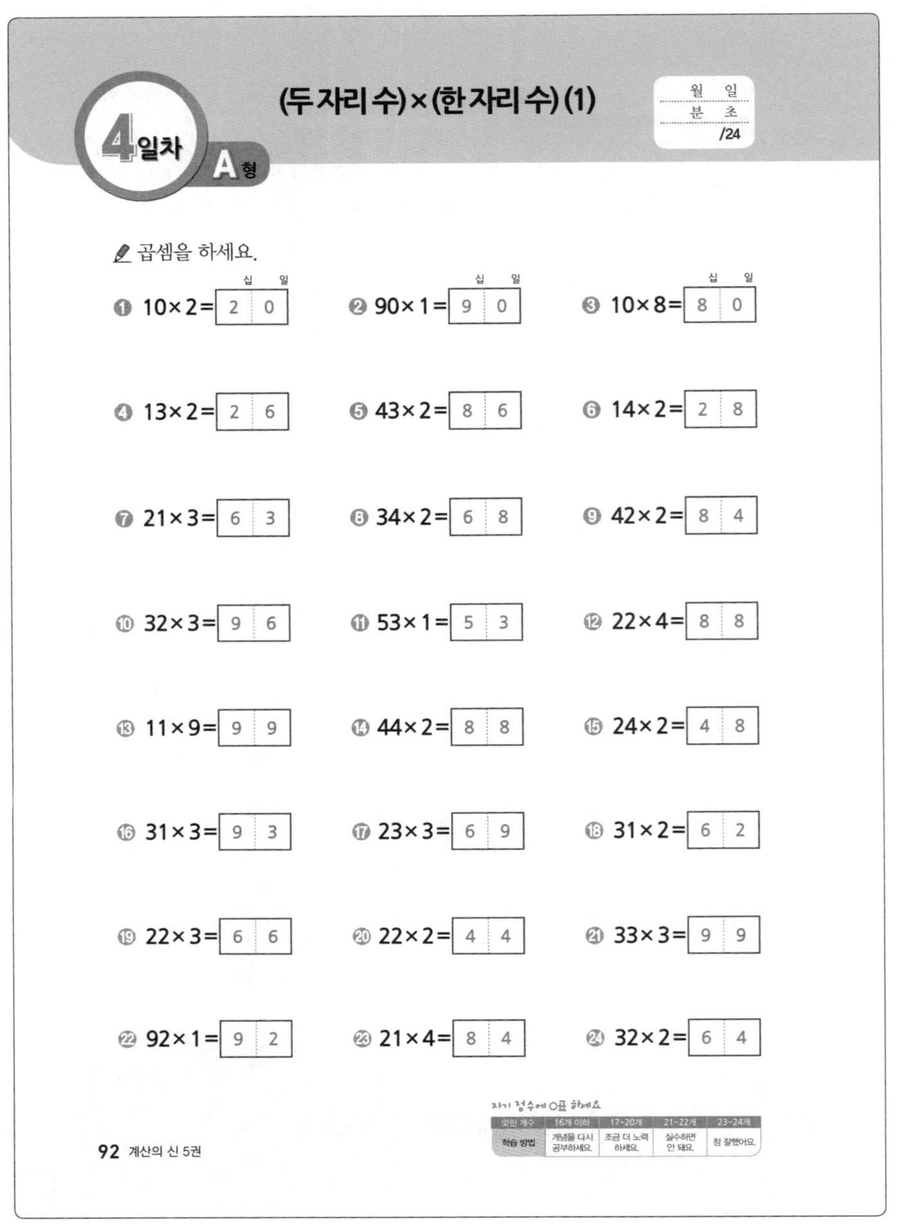

4일차 A형 (두 자리 수)×(한 자리 수)(1)

월 일 / 분 초 / /24

곱셈을 하세요.

❶ 10×2=20 ❷ 90×1=90 ❸ 10×8=80

❹ 13×2=26 ❺ 43×2=86 ❻ 14×2=28

❼ 21×3=63 ❽ 34×2=68 ❾ 42×2=84

❿ 32×3=96 ⓫ 53×1=53 ⓬ 22×4=88

⓭ 11×9=99 ⓮ 44×2=88 ⓯ 24×2=48

⓰ 31×3=93 ⓱ 23×3=69 ⓲ 31×2=62

⓳ 22×3=66 ⓴ 22×2=44 ㉑ 33×3=99

㉒ 92×1=92 ㉓ 21×4=84 ㉔ 32×2=64

자기 점수에 ○표 하세요

맞힌 개수	16개 이하	17~20개	21~22개	23~24개
학습 방법	개념을 다시 공부하세요.	조금 더 노력하세요.	실수하면 안 돼요.	참 잘했어요.

92 계산의 신 5권

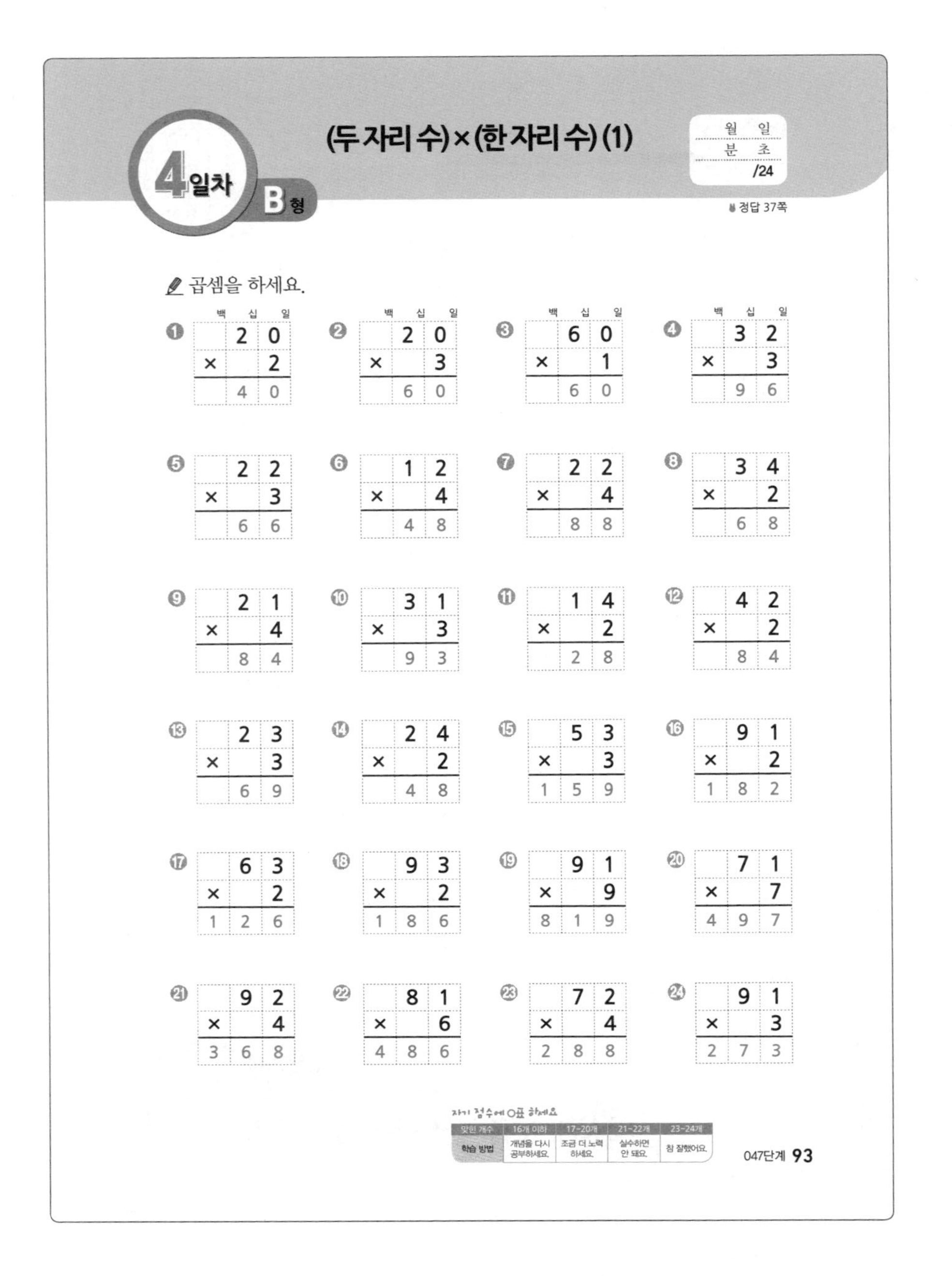

4일차 B형 (두 자리 수)×(한 자리 수)(1)

월 일 / 분 초 / /24

정답 37쪽

곱셈을 하세요.

❶ 20 × 2 = 40 ❷ 20 × 3 = 60 ❸ 60 × 1 = 60 ❹ 32 × 3 = 96

❺ 22 × 3 = 66 ❻ 12 × 4 = 48 ❼ 22 × 4 = 88 ❽ 34 × 2 = 68

❾ 21 × 4 = 84 ❿ 31 × 3 = 93 ⓫ 14 × 2 = 28 ⓬ 42 × 2 = 84

⓭ 23 × 3 = 69 ⓮ 24 × 2 = 48 ⓯ 53 × 3 = 159 ⓰ 91 × 2 = 182

⓱ 63 × 2 = 126 ⓲ 93 × 2 = 186 ⓳ 91 × 9 = 819 ⓴ 71 × 7 = 497

㉑ 92 × 4 = 368 ㉒ 81 × 6 = 486 ㉓ 72 × 4 = 288 ㉔ 91 × 3 = 273

자기 점수에 ○표 하세요

맞힌 개수	16개 이하	17~20개	21~22개	23~24개
학습 방법	개념을 다시 공부하세요.	조금 더 노력하세요.	실수하면 안 돼요.	참 잘했어요.

047단계 93

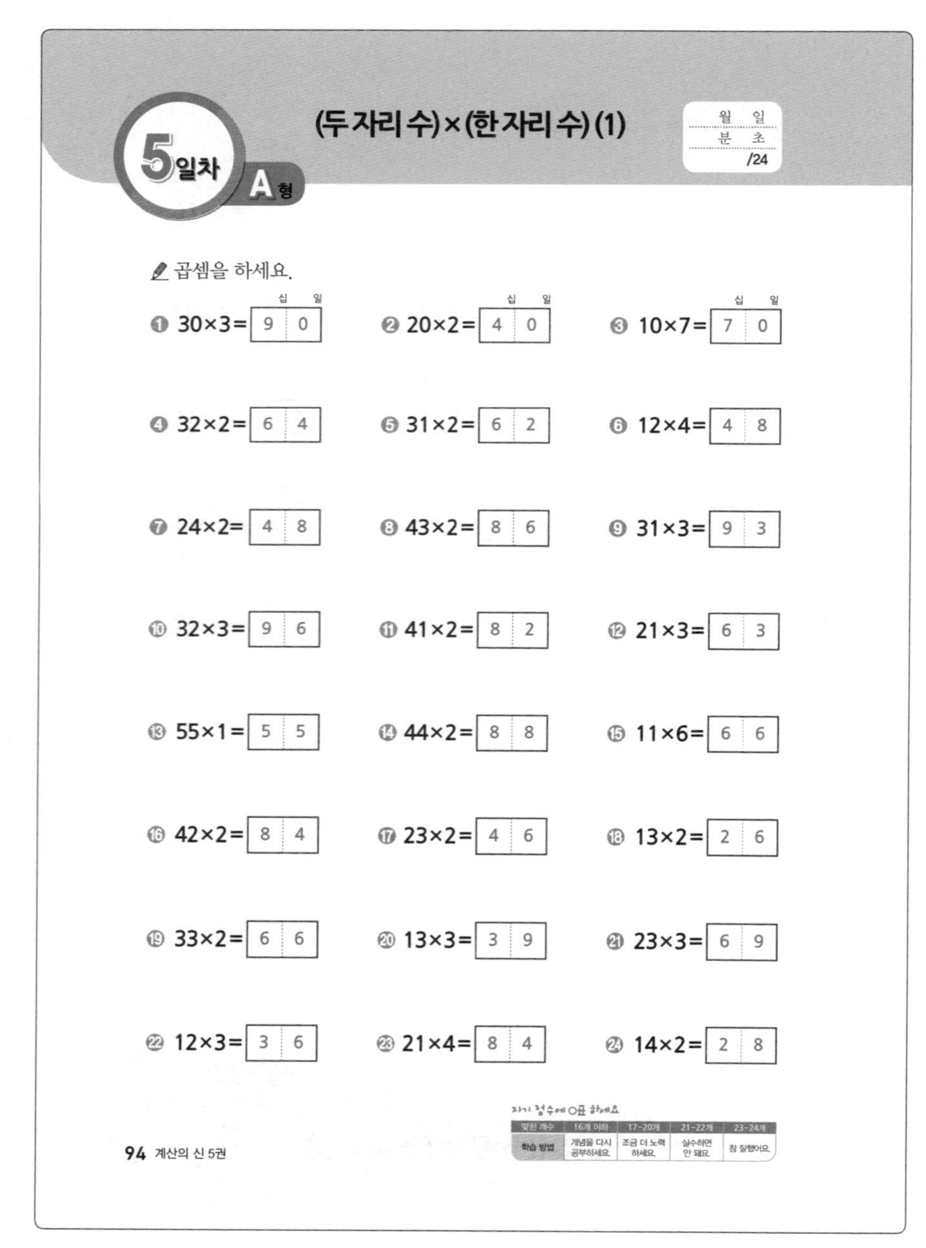

5일차 A형 (두 자리 수)×(한 자리 수)(1)

월 일 / 분 초 / /24

곱셈을 하세요.

① 30×3=90	② 20×2=40	③ 10×7=70
④ 32×2=64	⑤ 31×2=62	⑥ 12×4=48
⑦ 24×2=48	⑧ 43×2=86	⑨ 31×3=93
⑩ 32×3=96	⑪ 41×2=82	⑫ 21×3=63
⑬ 55×1=55	⑭ 44×2=88	⑮ 11×6=66
⑯ 42×2=84	⑰ 23×2=46	⑱ 13×2=26
⑲ 33×2=66	⑳ 13×3=39	㉑ 23×3=69
㉒ 12×3=36	㉓ 21×4=84	㉔ 14×2=28

자기 점수에 ○표 하세요

맞힌 개수	16개 이하	17~20개	21~22개	23~24개
학습 방법	개념을 다시 공부하세요.	조금 더 노력 하세요.	실수하면 안 돼요.	참 잘했어요.

94 계산의 신 5권

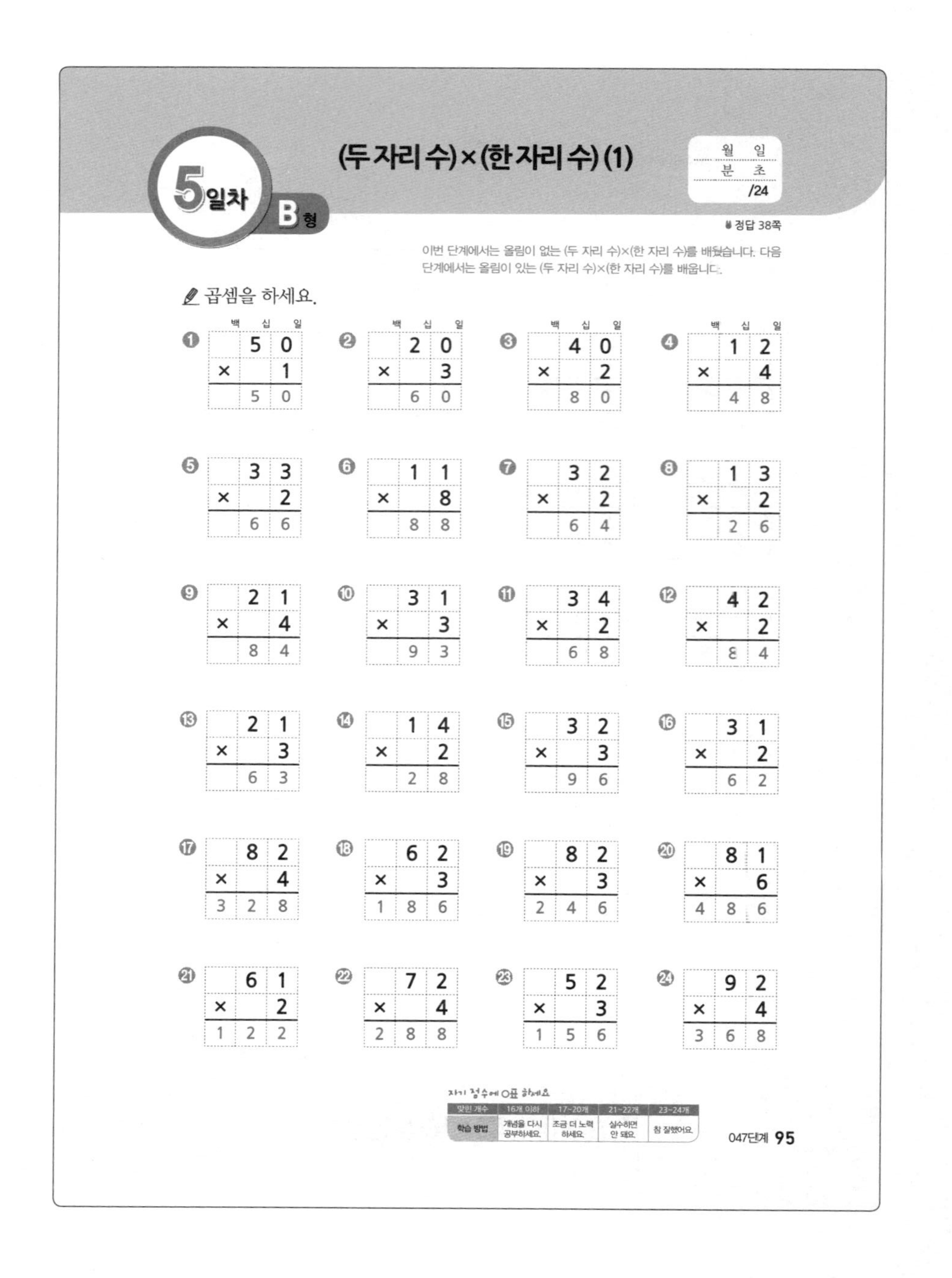

5일차 B형 (두 자리 수)×(한 자리 수)(1)

월 일 / 분 초 / /24

정답 38쪽

이번 단계에서는 올림이 없는 (두 자리 수)×(한 자리 수)를 배웠습니다. 다음 단계에서는 올림이 있는 (두 자리 수)×(한 자리 수)를 배웁니다.

곱셈을 하세요.

① 50×1=50	② 20×3=60	③ 40×2=80	④ 12×4=48
⑤ 33×2=66	⑥ 11×8=88	⑦ 32×2=64	⑧ 13×2=26
⑨ 21×4=84	⑩ 31×3=93	⑪ 34×2=68	⑫ 42×2=84
⑬ 21×3=63	⑭ 14×2=28	⑮ 32×3=96	⑯ 31×2=62
⑰ 82×4=328	⑱ 62×3=186	⑲ 82×3=246	⑳ 81×6=486
㉑ 61×2=122	㉒ 72×4=288	㉓ 52×3=156	㉔ 92×4=368

자기 점수에 ○표 하세요

맞힌 개수	16개 이하	17~20개	21~22개	23~24개
학습 방법	개념을 다시 공부하세요.	조금 더 노력 하세요.	실수하면 안 돼요.	참 잘했어요.

047단계 95

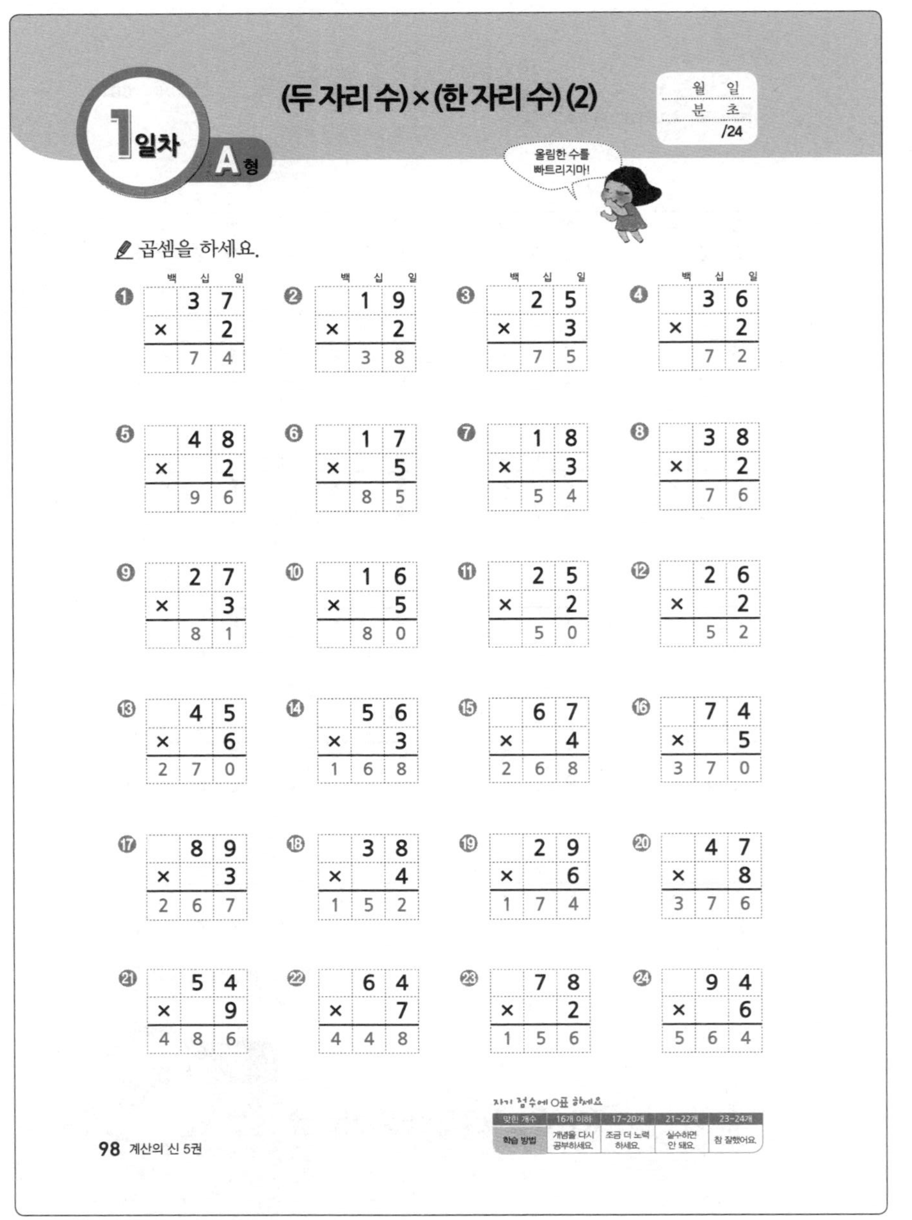

1일차 A형

(두 자리 수)×(한 자리 수)(2)

월 일
분 초
/24

올림한 수를 빠트리지마!

곱셈을 하세요.

1. 37×2 = 74
2. 19×2 = 38
3. 25×3 = 75
4. 36×2 = 72
5. 48×2 = 96
6. 17×5 = 85
7. 18×3 = 54
8. 38×2 = 76
9. 27×3 = 81
10. 16×5 = 80
11. 25×2 = 50
12. 26×2 = 52
13. 45×6 = 270
14. 56×3 = 168
15. 67×4 = 268
16. 74×5 = 370
17. 89×3 = 267
18. 38×4 = 152
19. 29×6 = 174
20. 47×8 = 376
21. 54×9 = 486
22. 64×7 = 448
23. 78×2 = 156
24. 94×6 = 564

자기 점수에 ○표 하세요.

맞힌 개수	16개 이하	17~20개	21~22개	23~24개
학습 방법	개념을 다시 공부하세요.	조금 더 노력하세요.	실수하면 안 돼요.	참 잘했어요.

98 계산의 신 5권

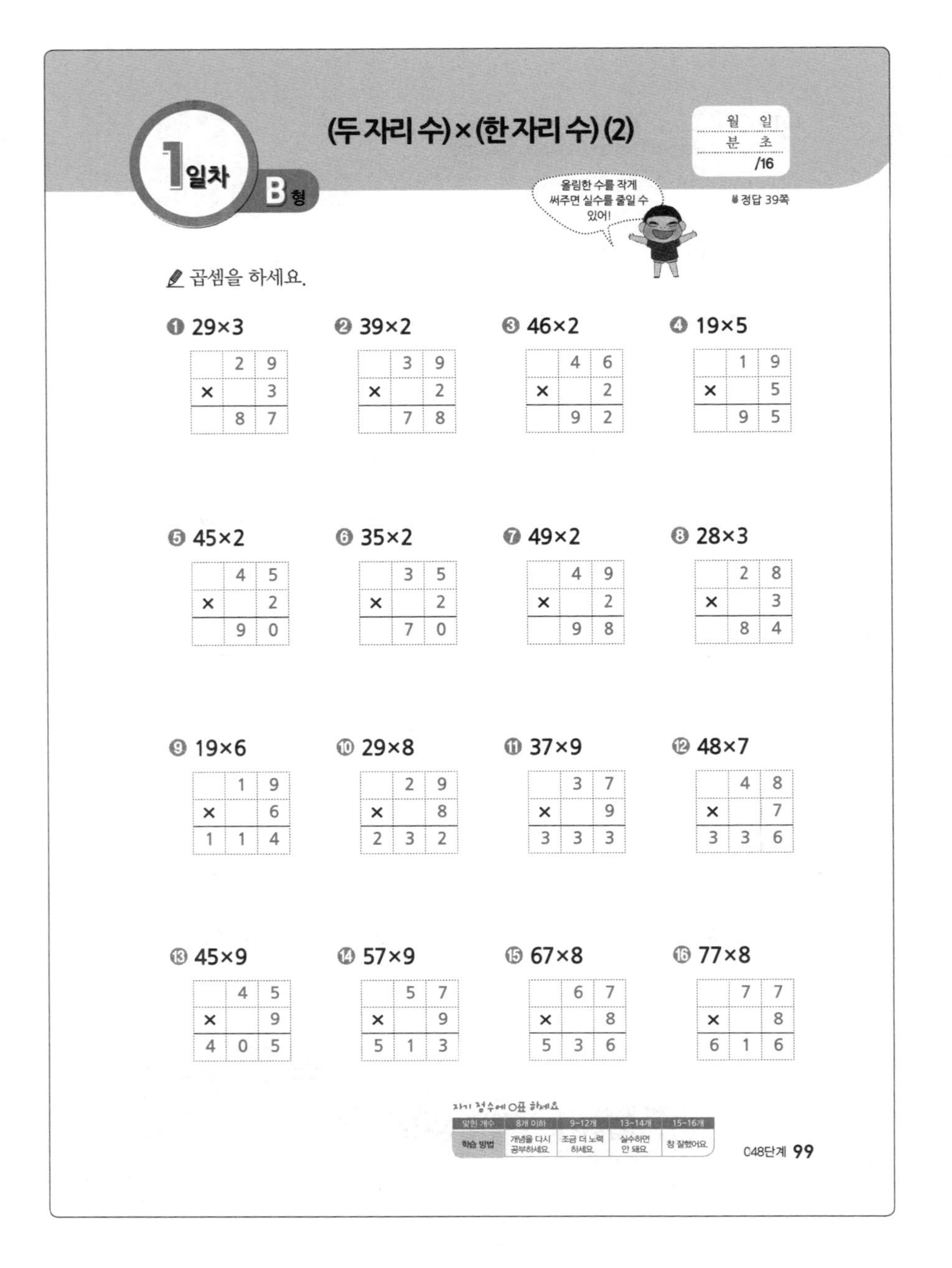

1일차 B형

(두 자리 수)×(한 자리 수)(2)

월 일
분 초
/16

정답 39쪽

올림한 수를 작게 써주면 실수를 줄일 수 있어!

곱셈을 하세요.

1. 29×3 = 87
2. 39×2 = 78
3. 46×2 = 92
4. 19×5 = 95
5. 45×2 = 90
6. 35×2 = 70
7. 49×2 = 98
8. 28×3 = 84
9. 19×6 = 114
10. 29×8 = 232
11. 37×9 = 333
12. 48×7 = 336
13. 45×9 = 405
14. 57×9 = 513
15. 67×8 = 536
16. 77×8 = 616

자기 점수에 ○표 하세요.

맞힌 개수	8개 이하	9~12개	13~14개	15~16개
학습 방법	개념을 다시 공부하세요.	조금 더 노력하세요.	실수하면 안 돼요.	참 잘했어요.

C48단계 99

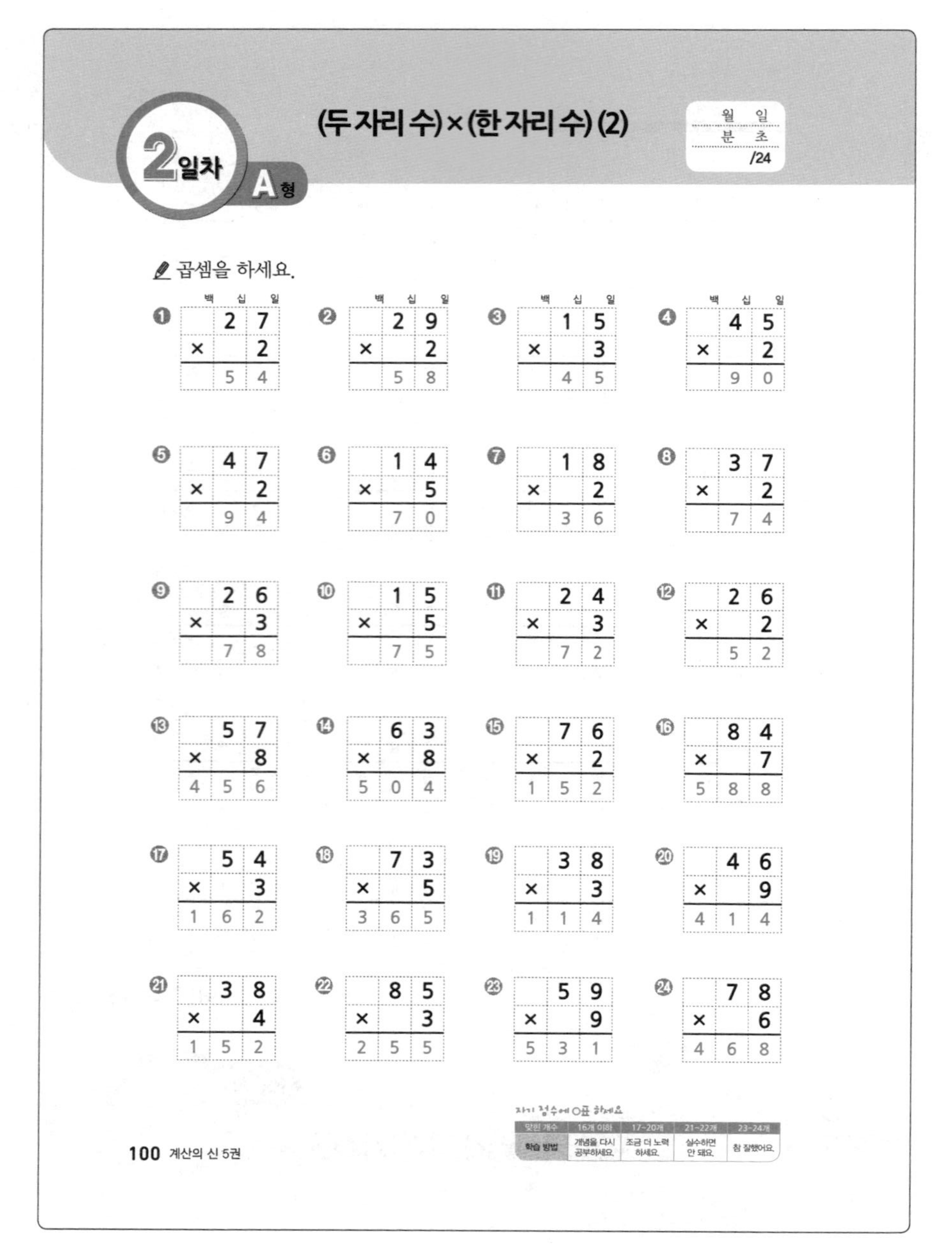

2일차 A형 (두 자리 수)×(한 자리 수)(2)

월 일 / 분 초 / /24

곱셈을 하세요.

1. 27×2=54
2. 29×2=58
3. 15×3=45
4. 45×2=90
5. 47×2=94
6. 14×5=70
7. 18×2=36
8. 37×2=74
9. 26×3=78
10. 15×5=75
11. 24×3=72
12. 26×2=52
13. 57×8=456
14. 63×8=504
15. 76×2=152
16. 84×7=588
17. 54×3=162
18. 73×5=365
19. 38×3=114
20. 46×9=414
21. 38×4=152
22. 85×3=255
23. 59×9=531
24. 78×6=468

자기 점수에 ○표 하세요

맞힌 개수	16개 이하	17~20개	21~22개	23~24개
학습 방법	개념을 다시 공부하세요.	조금 더 노력하세요.	실수하면 안 돼요.	참 잘했어요.

100 계산의 신 5권

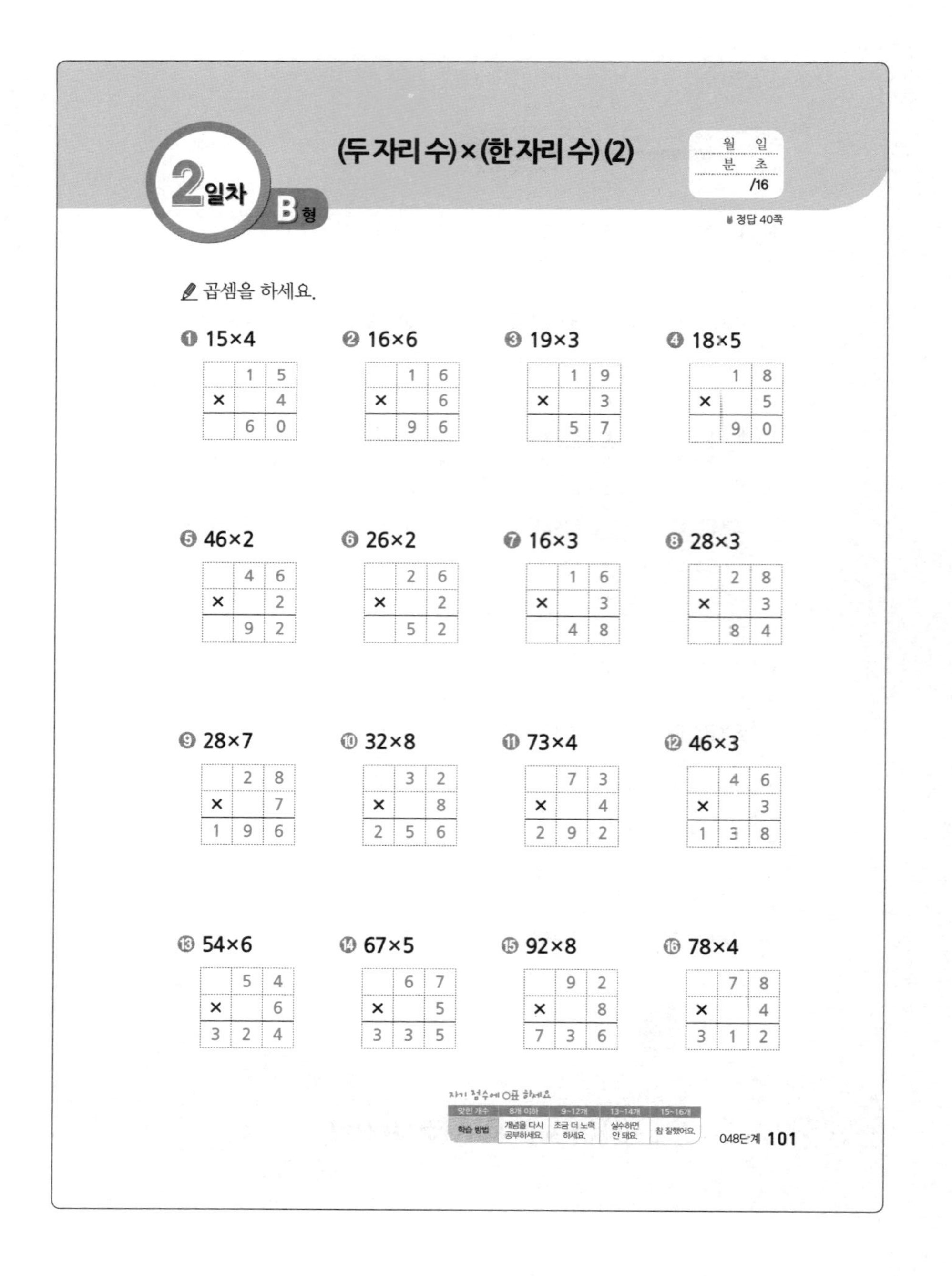

2일차 B형 (두 자리 수)×(한 자리 수)(2)

월 일 / 분 초 / /16

정답 40쪽

곱셈을 하세요.

1. 15×4=60
2. 16×6=96
3. 19×3=57
4. 18×5=90
5. 46×2=92
6. 26×2=52
7. 16×3=48
8. 28×3=84
9. 28×7=196
10. 32×8=256
11. 73×4=292
12. 46×3=138
13. 54×6=324
14. 67×5=335
15. 92×8=736
16. 78×4=312

자기 점수에 ○표 하세요

맞힌 개수	8개 이하	9~12개	13~14개	15~16개
학습 방법	개념을 다시 공부하세요.	조금 더 노력하세요.	실수하면 안 돼요.	참 잘했어요.

048단계 101

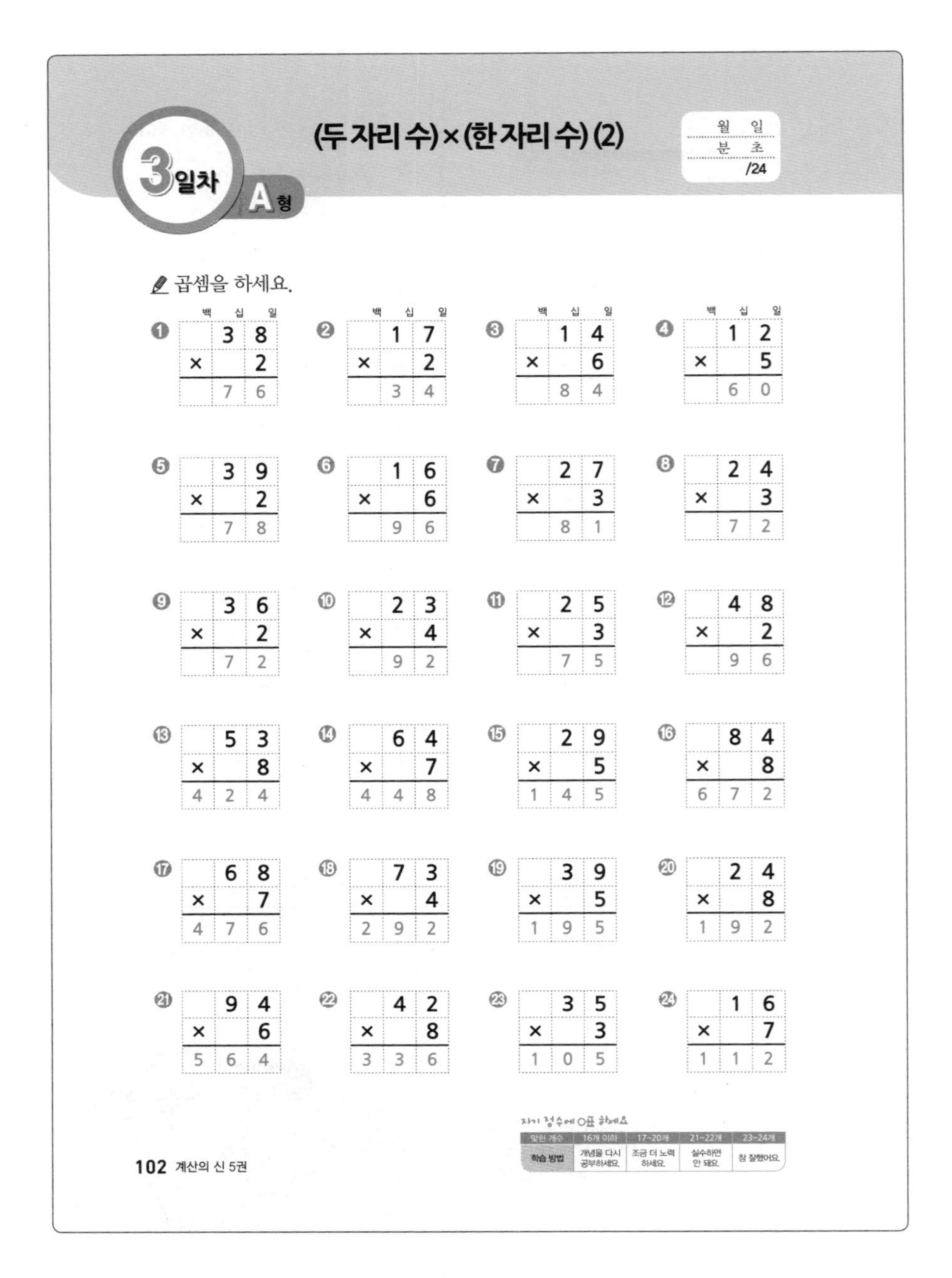

3일차 A형 (두 자리 수)×(한 자리 수)(2)

월 일 / 분 초 / /24

곱셈을 하세요.

번호	곱셈	답
1	38 × 2	76
2	17 × 2	34
3	14 × 6	84
4	12 × 5	60
5	39 × 2	78
6	16 × 6	96
7	27 × 3	81
8	24 × 3	72
9	36 × 2	72
10	23 × 4	92
11	25 × 3	75
12	48 × 2	96
13	53 × 8	424
14	64 × 7	448
15	29 × 5	145
16	84 × 8	672
17	68 × 7	476
18	73 × 4	292
19	39 × 5	195
20	24 × 8	192
21	94 × 6	564
22	42 × 8	336
23	35 × 3	105
24	16 × 7	112

자기 점수에 ○표 하세요

맞힌 개수	16개 이하	17~20개	21~22개	23~24개
학습 방법	개념을 다시 공부하세요.	조금 더 노력 하세요.	실수하면 안 돼요.	참 잘했어요.

102 계산의 신 5권

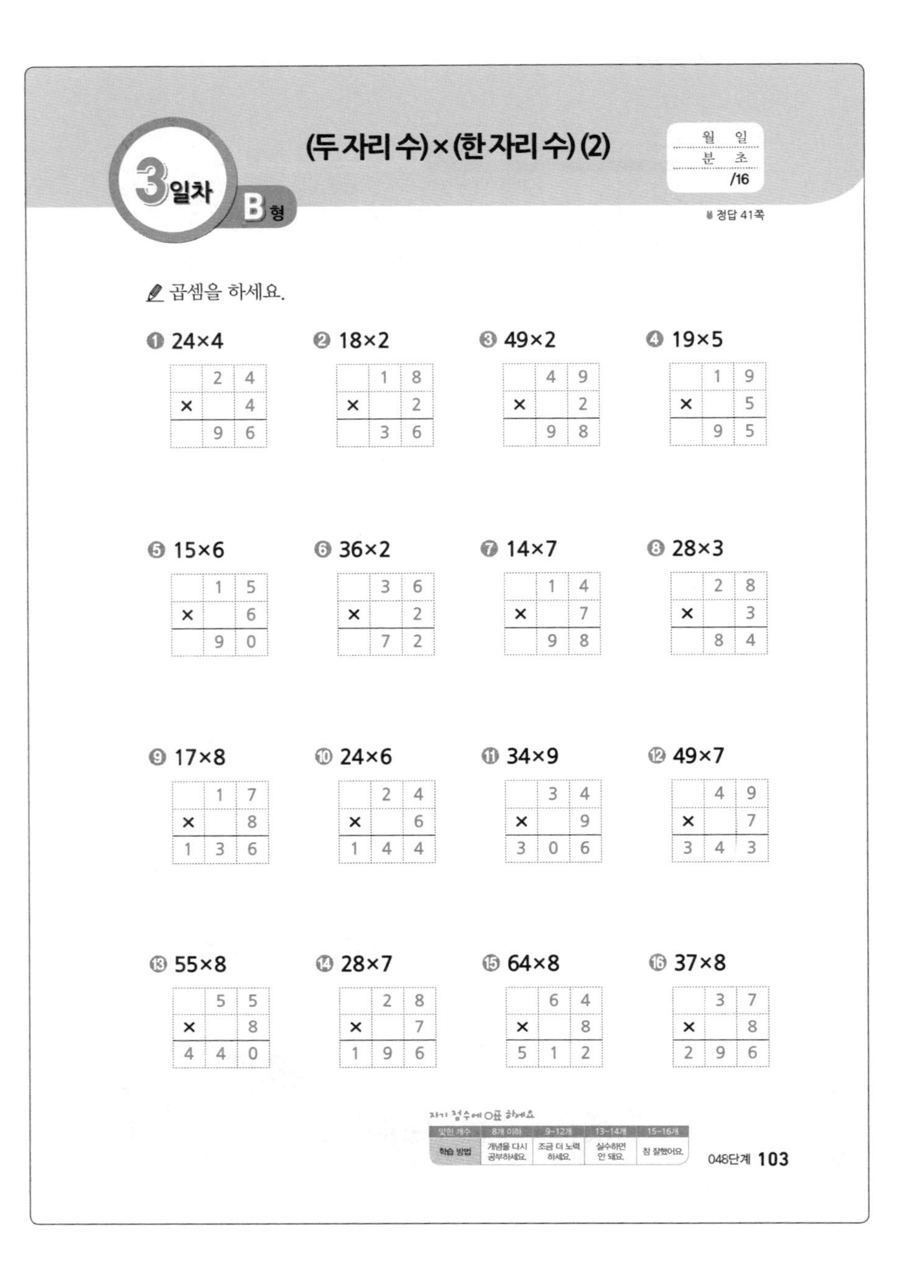

3일차 B형 (두 자리 수)×(한 자리 수)(2)

월 일 / 분 초 / /16

정답 41쪽

곱셈을 하세요.

번호	곱셈	답
1	24×4	96
2	18×2	36
3	49×2	98
4	19×5	95
5	15×6	90
6	36×2	72
7	14×7	98
8	28×3	84
9	17×8	136
10	24×6	144
11	34×9	306
12	49×7	343
13	55×8	440
14	28×7	196
15	64×8	512
16	37×8	296

자기 점수에 ○표 하세요

맞힌 개수	8개 이하	9~12개	13~14개	15~16개
학습 방법	개념을 다시 공부하세요.	조금 더 노력 하세요.	실수하면 안 돼요.	참 잘했어요.

048단계 103

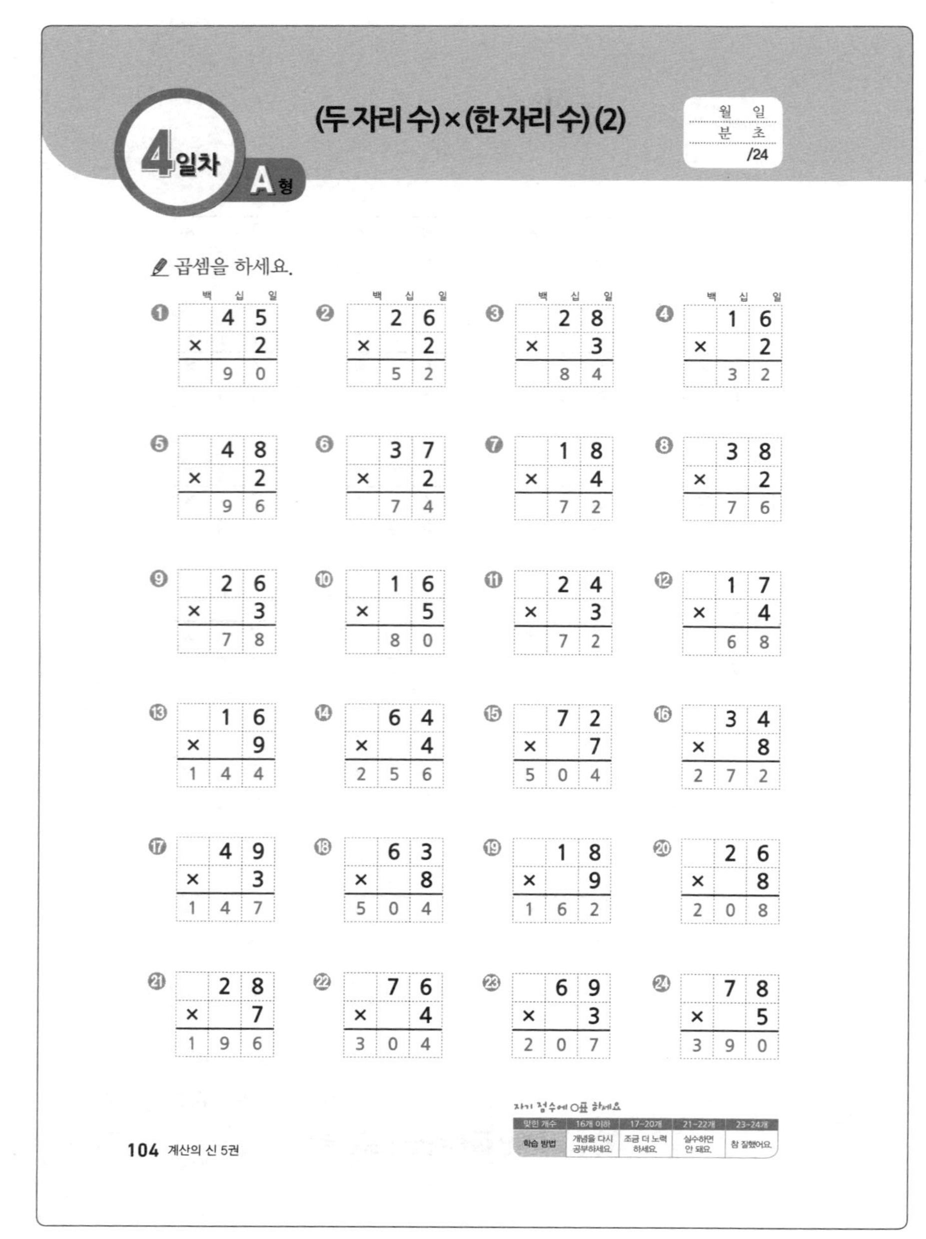

4일차 A형 (두 자리 수)×(한 자리 수) (2)

월 일 / 분 초 / /24

곱셈을 하세요.

① 45 × 2 = 90
② 26 × 2 = 52
③ 28 × 3 = 84
④ 16 × 2 = 32
⑤ 48 × 2 = 96
⑥ 37 × 2 = 74
⑦ 18 × 4 = 72
⑧ 38 × 2 = 76
⑨ 26 × 3 = 78
⑩ 16 × 5 = 80
⑪ 24 × 3 = 72
⑫ 17 × 4 = 68
⑬ 16 × 9 = 144
⑭ 64 × 4 = 256
⑮ 72 × 7 = 504
⑯ 34 × 8 = 272
⑰ 49 × 3 = 147
⑱ 63 × 8 = 504
⑲ 18 × 9 = 162
⑳ 26 × 8 = 208
㉑ 28 × 7 = 196
㉒ 76 × 4 = 304
㉓ 69 × 3 = 207
㉔ 78 × 5 = 390

자기 점수에 ○표 하세요.

맞힌 개수	16개 이하	17~20개	21~22개	23~24개
학습 방법	개념을 다시 공부하세요.	조금 더 노력하세요.	실수하면 안 돼요.	참 잘했어요.

104 계산의 신 5권

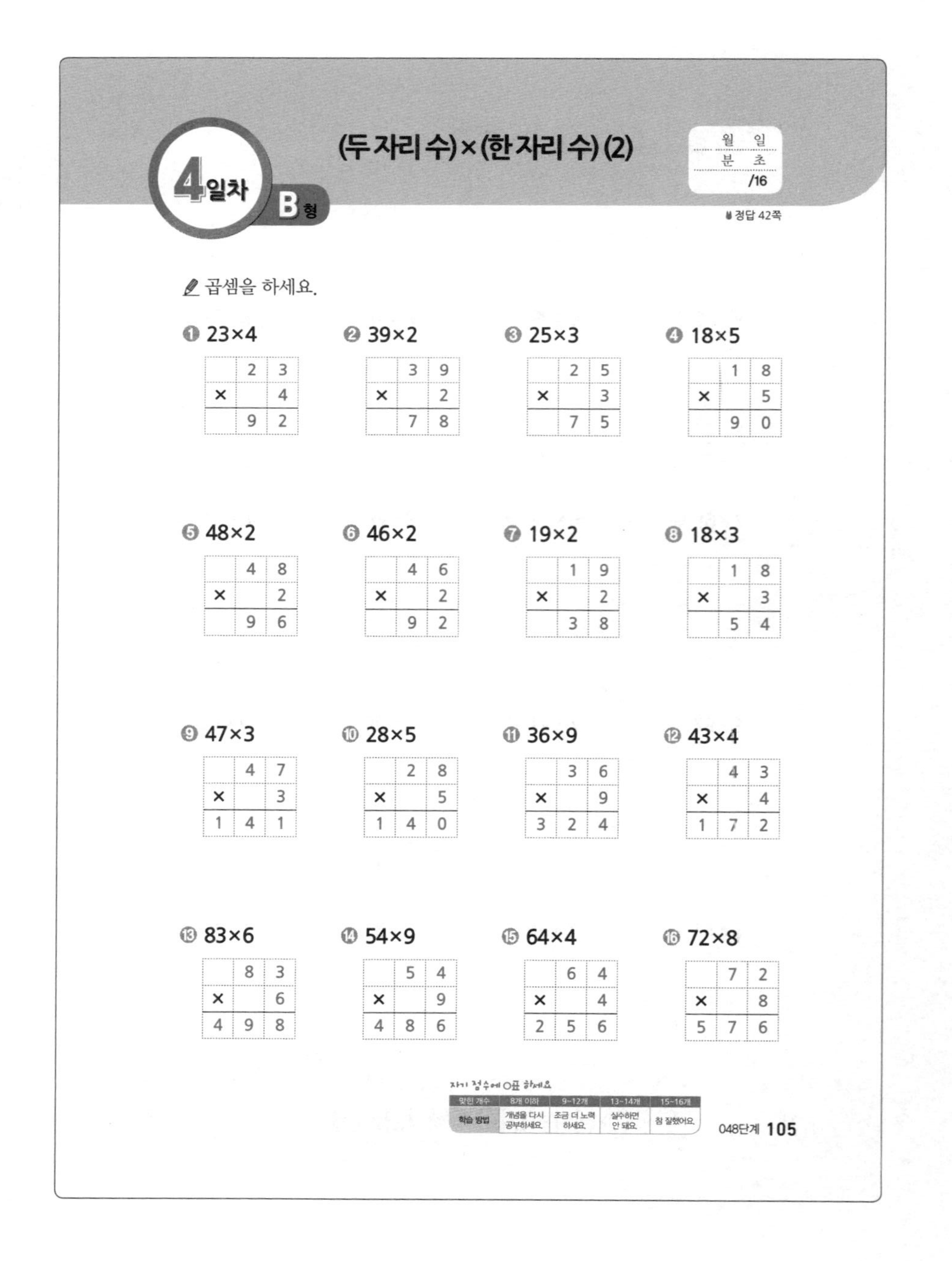

4일차 B형 (두 자리 수)×(한 자리 수) (2)

월 일 / 분 초 / /16

정답 42쪽

곱셈을 하세요.

① 23×4 = 92
② 39×2 = 78
③ 25×3 = 75
④ 18×5 = 90
⑤ 48×2 = 96
⑥ 46×2 = 92
⑦ 19×2 = 38
⑧ 18×3 = 54
⑨ 47×3 = 141
⑩ 28×5 = 140
⑪ 36×9 = 324
⑫ 43×4 = 172
⑬ 83×6 = 498
⑭ 54×9 = 486
⑮ 64×4 = 256
⑯ 72×8 = 576

자기 점수에 ○표 하세요.

맞힌 개수	8개 이하	9~12개	13~14개	15~16개
학습 방법	개념을 다시 공부하세요.	조금 더 노력하세요.	실수하면 안 돼요.	참 잘했어요.

048단계 105

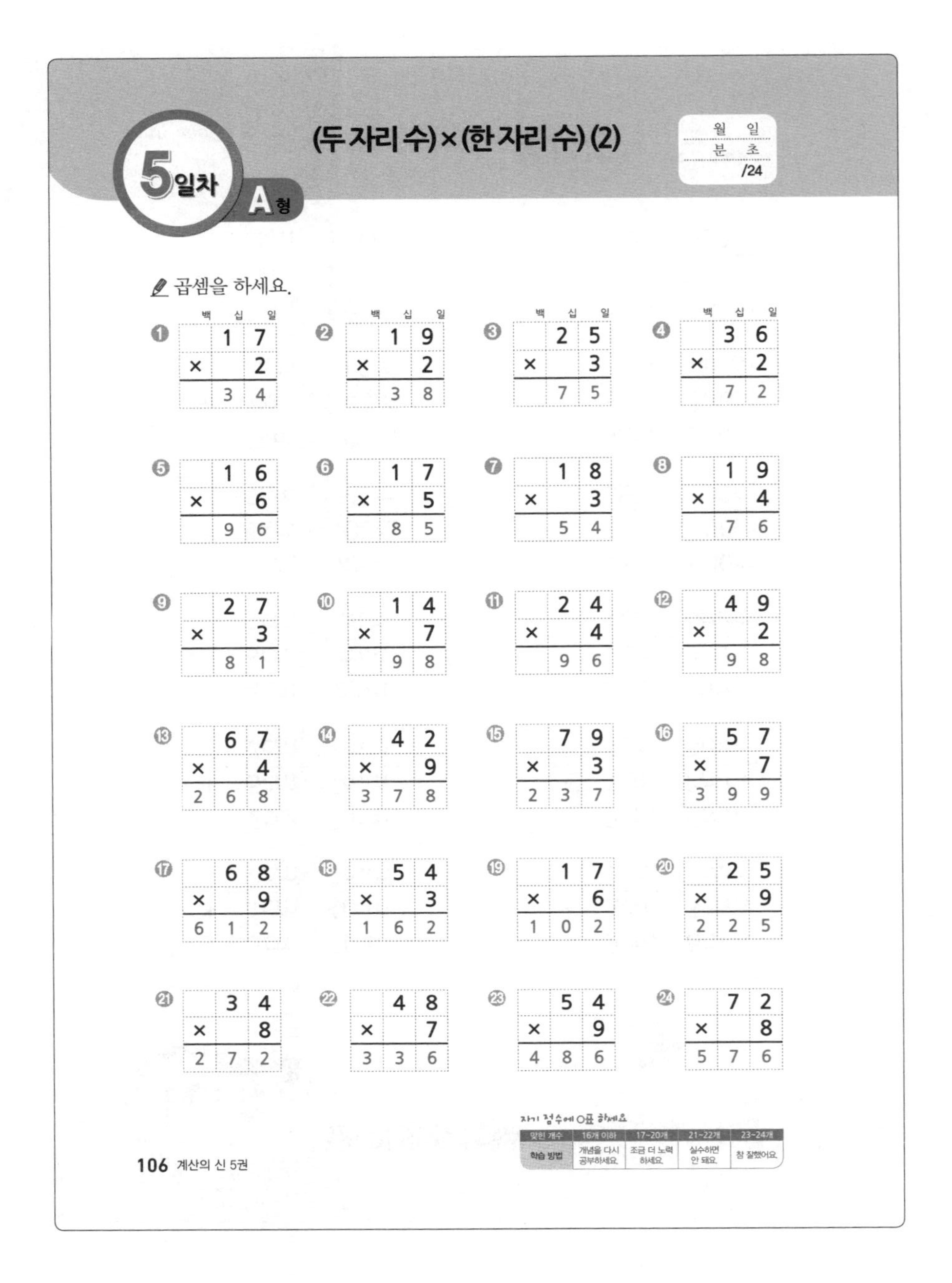

5일차 A형 (두 자리 수)×(한 자리 수)(2)

월 일 / 분 초 / /24

곱셈을 하세요.

(백 십 일)

① 17 × 2 = 34
② 19 × 2 = 38
③ 25 × 3 = 75
④ 36 × 2 = 72
⑤ 16 × 6 = 96
⑥ 17 × 5 = 85
⑦ 18 × 3 = 54
⑧ 19 × 4 = 76
⑨ 27 × 3 = 81
⑩ 14 × 7 = 98
⑪ 24 × 4 = 96
⑫ 49 × 2 = 98
⑬ 67 × 4 = 268
⑭ 42 × 9 = 378
⑮ 79 × 3 = 237
⑯ 57 × 7 = 399
⑰ 68 × 9 = 612
⑱ 54 × 3 = 162
⑲ 17 × 6 = 102
⑳ 25 × 9 = 225
㉑ 34 × 8 = 272
㉒ 48 × 7 = 336
㉓ 54 × 9 = 486
㉔ 72 × 8 = 576

자기 점수에 ○표 하세요

맞힌 개수	16개 이하	17~20개	21~22개	23~24개
학습 방법	개념을 다시 공부하세요.	조금 더 노력하세요.	실수하면 안 돼요.	참 잘했어요.

106 계산의 신 5권

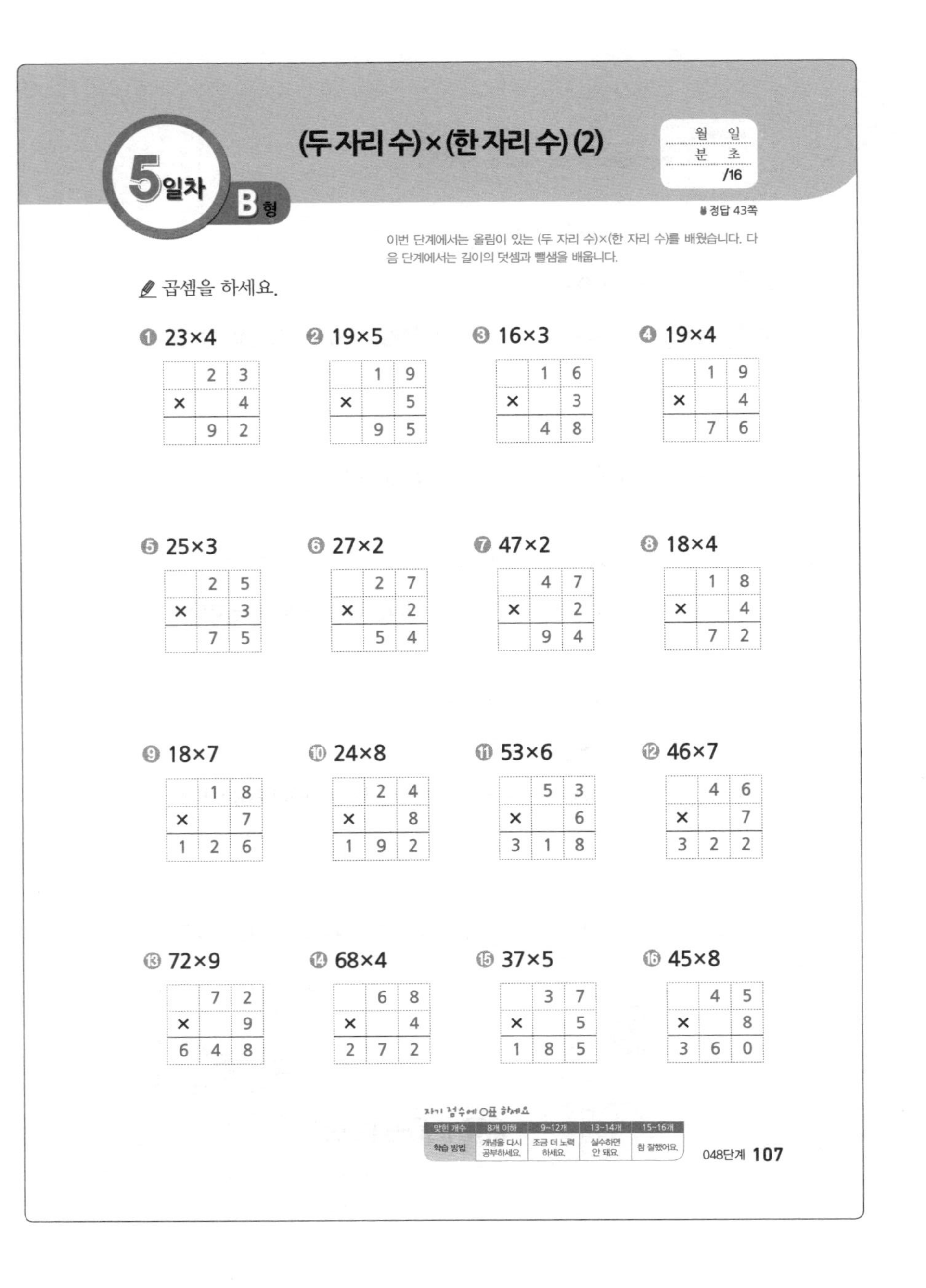

5일차 B형 (두 자리 수)×(한 자리 수)(2)

월 일 / 분 초 / /16

정답 43쪽

이번 단계에서는 올림이 있는 (두 자리 수)×(한 자리 수)를 배웠습니다. 다음 단계에서는 길이의 덧셈과 뺄셈을 배웁니다.

곱셈을 하세요.

① 23×4: 23 × 4 = 92
② 19×5: 19 × 5 = 95
③ 16×3: 16 × 3 = 48
④ 19×4: 19 × 4 = 76
⑤ 25×3: 25 × 3 = 75
⑥ 27×2: 27 × 2 = 54
⑦ 47×2: 47 × 2 = 94
⑧ 18×4: 18 × 4 = 72
⑨ 18×7: 18 × 7 = 126
⑩ 24×8: 24 × 8 = 192
⑪ 53×6: 53 × 6 = 318
⑫ 46×7: 46 × 7 = 322
⑬ 72×9: 72 × 9 = 648
⑭ 68×4: 68 × 4 = 272
⑮ 37×5: 37 × 5 = 185
⑯ 45×8: 45 × 8 = 360

자기 점수에 ○표 하세요

맞힌 개수	8개 이하	9~12개	13~14개	15~16개
학습 방법	개념을 다시 공부하세요.	조금 더 노력하세요.	실수하면 안 돼요.	참 잘했어요.

048단계 107

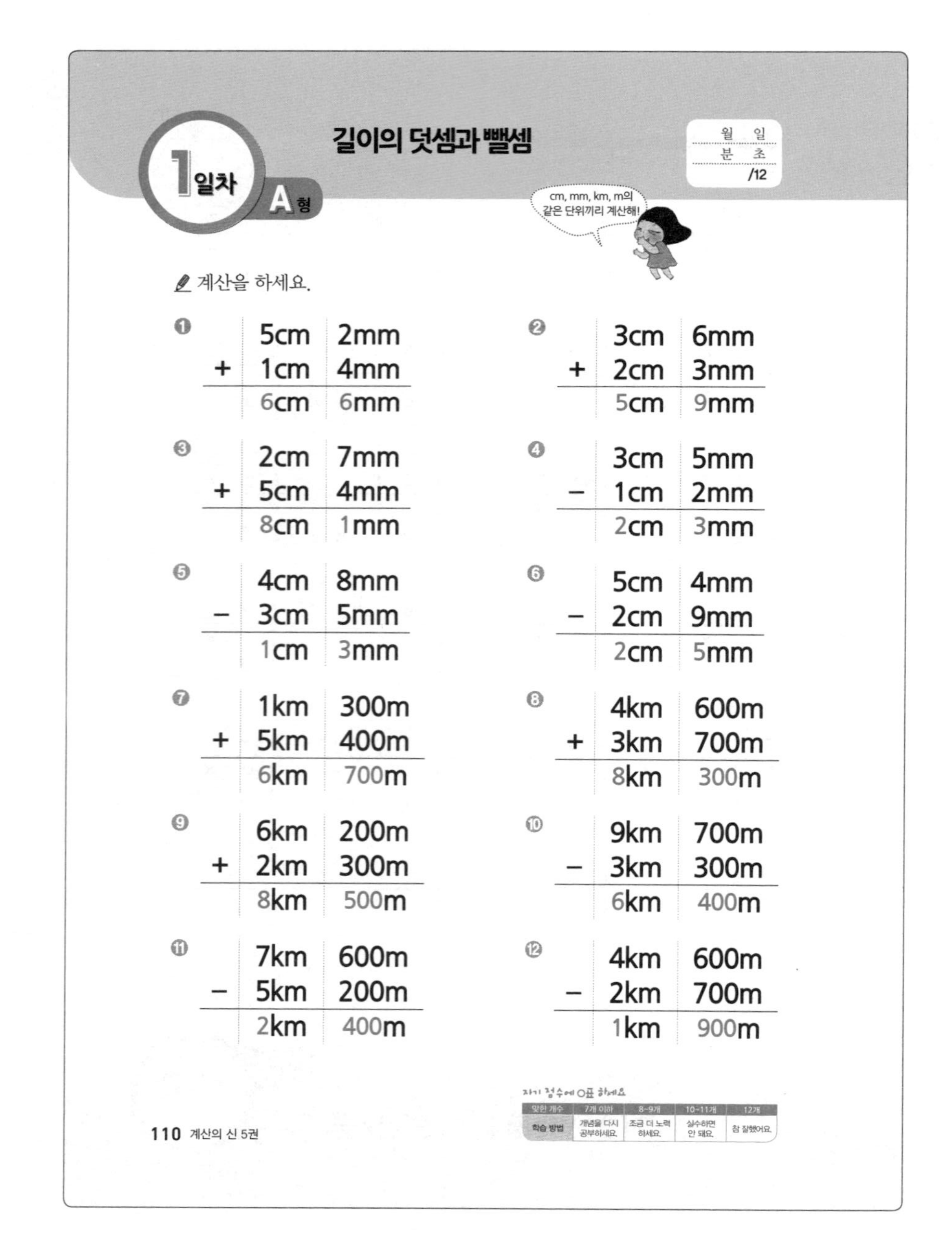

1일차 A형

길이의 덧셈과 뺄셈

월 일 / 분 초 / /12

계산을 하세요.

❶ 5cm 2mm + 1cm 4mm = 6cm 6mm

❷ 3cm 6mm + 2cm 3mm = 5cm 9mm

❸ 2cm 7mm + 5cm 4mm = 8cm 1mm

❹ 3cm 5mm − 1cm 2mm = 2cm 3mm

❺ 4cm 8mm − 3cm 5mm = 1cm 3mm

❻ 5cm 4mm − 2cm 9mm = 2cm 5mm

❼ 1km 300m + 5km 400m = 6km 700m

❽ 4km 600m + 3km 700m = 8km 300m

❾ 6km 200m + 2km 300m = 8km 500m

❿ 9km 700m − 3km 300m = 6km 400m

⓫ 7km 600m − 5km 200m = 2km 400m

⓬ 4km 600m − 2km 700m = 1km 900m

자기 점수에 ○표 하세요

맞힌 개수	7개 이하	8~9개	10~11개	12개
학습 방법	개념을 다시 공부하세요.	조금 더 노력하세요.	실수하면 안 돼요.	참 잘했어요.

110 계산의 신 5권

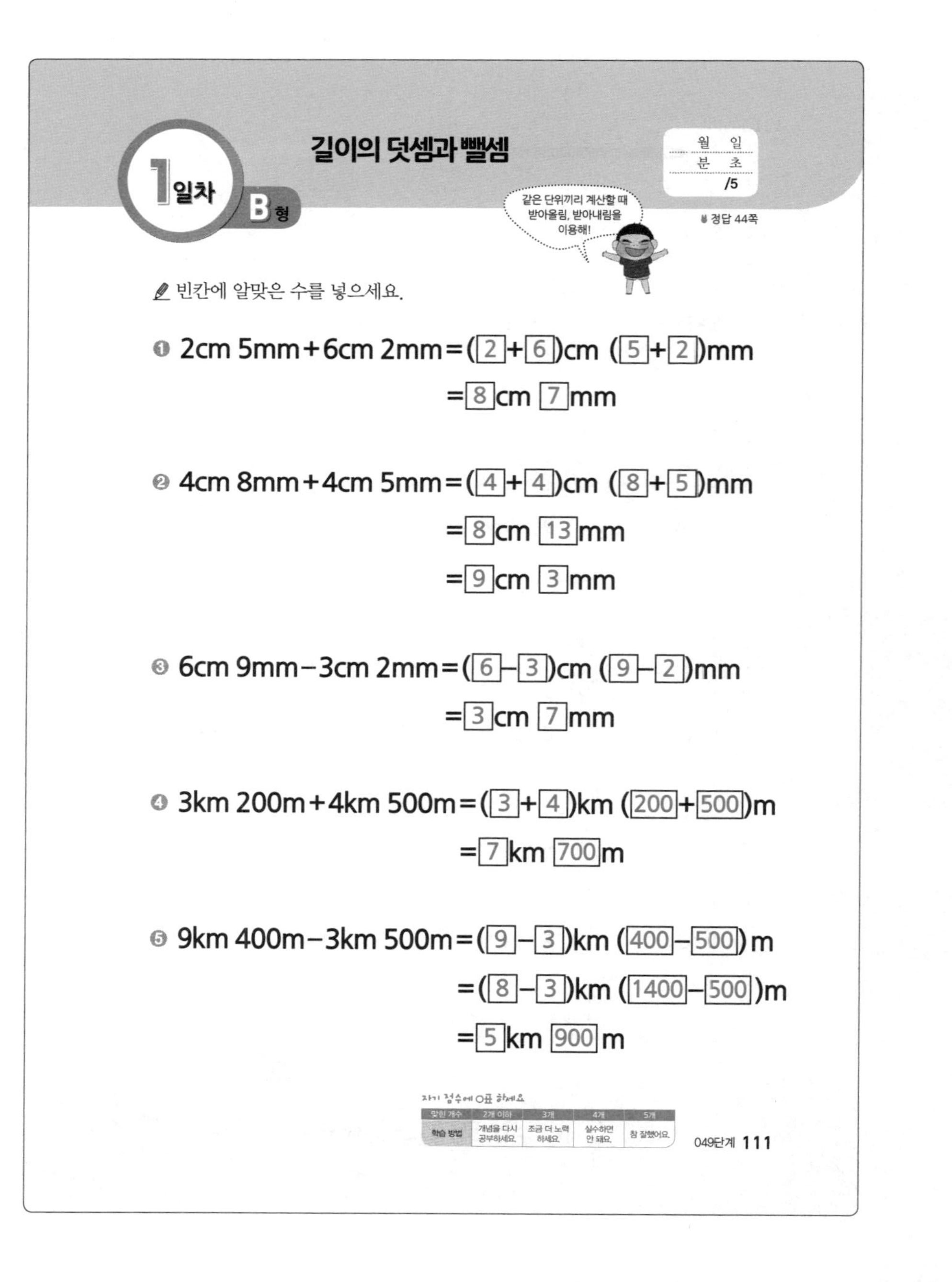

1일차 B형

길이의 덧셈과 뺄셈

월 일 / 분 초 / /5

※ 정답 44쪽

빈칸에 알맞은 수를 넣으세요.

❶ 2cm 5mm+6cm 2mm=(2+6)cm (5+2)mm
=8cm 7mm

❷ 4cm 8mm+4cm 5mm=(4+4)cm (8+5)mm
=8cm 13mm
=9cm 3mm

❸ 6cm 9mm−3cm 2mm=(6−3)cm (9−2)mm
=3cm 7mm

❹ 3km 200m+4km 500m=(3+4)km (200+500)m
=7km 700m

❺ 9km 400m−3km 500m=(9−3)km (400−500) m
=(8−3)km (1400−500)m
=5km 900m

자기 점수에 ○표 하세요

맞힌 개수	2개 이하	3개	4개	5개
학습 방법	개념을 다시 공부하세요.	조금 더 노력하세요.	실수하면 안 돼요.	참 잘했어요.

049단계 111

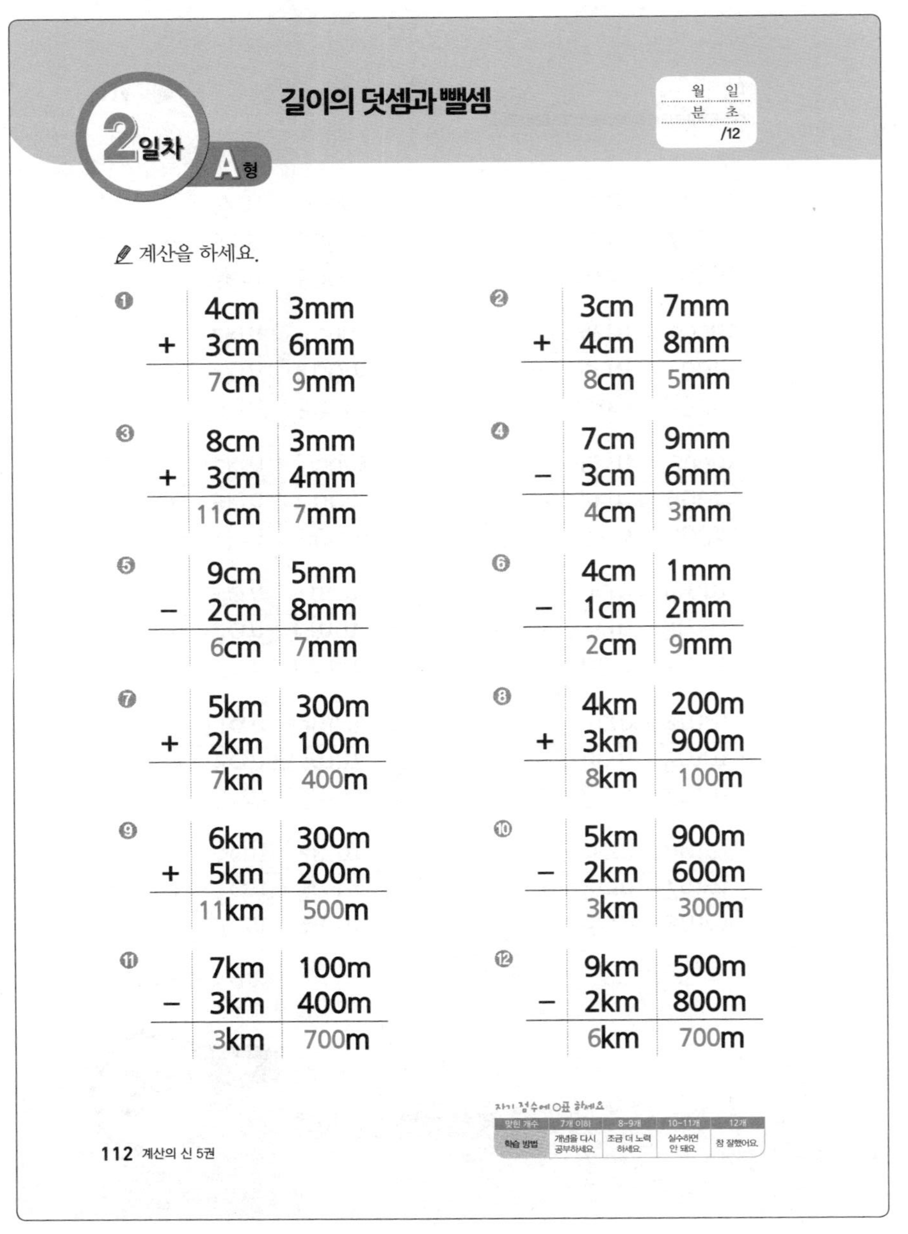

2일차 A형 길이의 덧셈과 뺄셈

월 일 / 분 초 / /12

계산을 하세요.

❶		4cm	3mm
	+	3cm	6mm
		7cm	9mm
❷		3cm	7mm
	+	4cm	8mm
		8cm	5mm
❸		8cm	3mm
	+	3cm	4mm
		11cm	7mm
❹		7cm	9mm
	−	3cm	6mm
		4cm	3mm
❺		9cm	5mm
	−	2cm	8mm
		6cm	7mm
❻		4cm	1mm
	−	1cm	2mm
		2cm	9mm
❼		5km	300m
	+	2km	100m
		7km	400m
❽		4km	200m
	+	3km	900m
		8km	100m
❾		6km	300m
	+	5km	200m
		11km	500m
❿		5km	900m
	−	2km	600m
		3km	300m
⓫		7km	100m
	−	3km	400m
		3km	700m
⓬		9km	500m
	−	2km	800m
		6km	700m

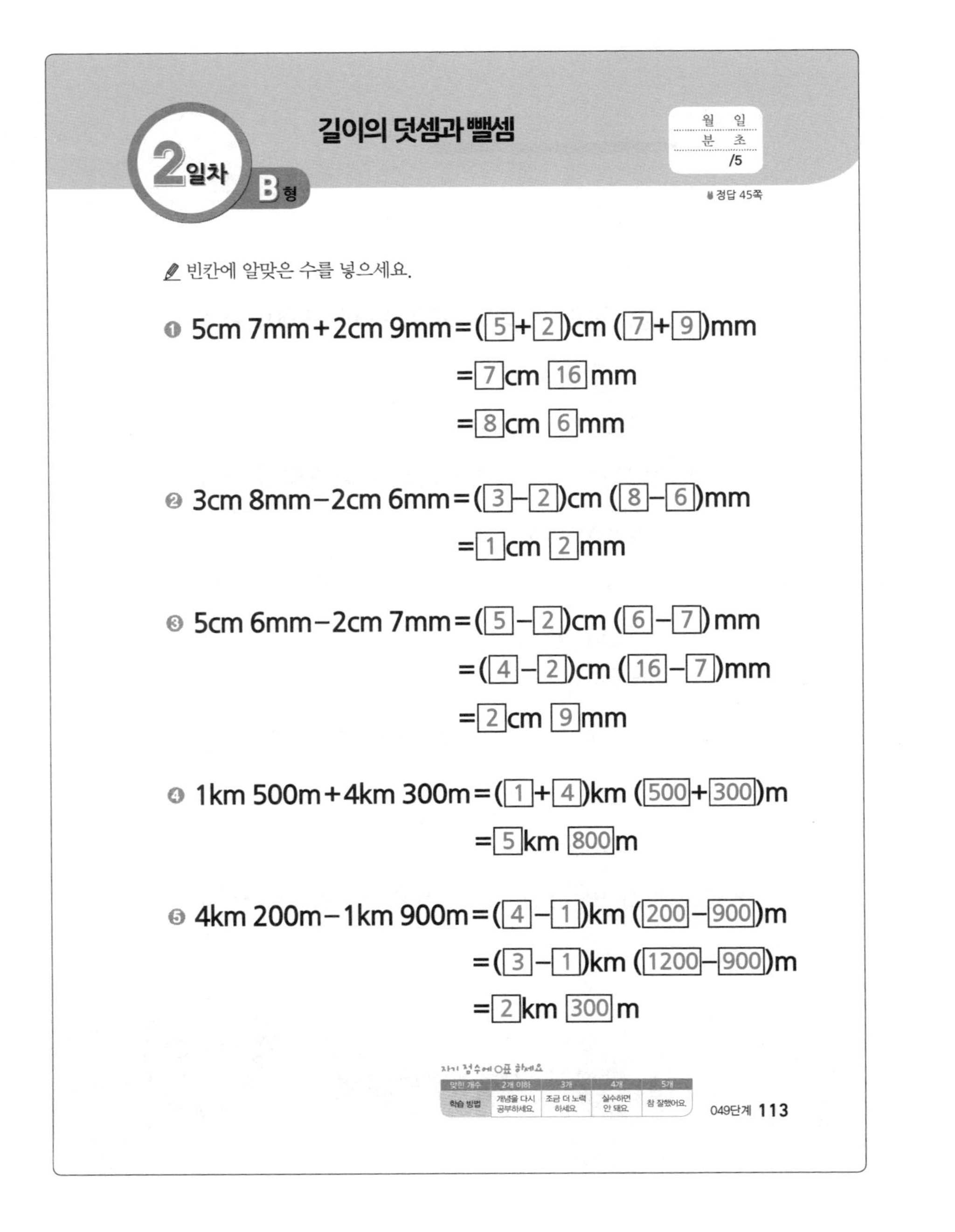

2일차 B형 길이의 덧셈과 뺄셈

월 일 / 분 초 / /5

정답 45쪽

빈칸에 알맞은 수를 넣으세요.

❶ 5cm 7mm+2cm 9mm=([5]+[2])cm ([7]+[9])mm
=[7]cm [16]mm
=[8]cm [6]mm

❷ 3cm 8mm−2cm 6mm=([3]−[2])cm ([8]−[6])mm
=[1]cm [2]mm

❸ 5cm 6mm−2cm 7mm=([5]−[2])cm ([6]−[7])mm
=([4]−[2])cm ([16]−[7])mm
=[2]cm [9]mm

❹ 1km 500m+4km 300m=([1]+[4])km ([500]+[300])m
=[5]km [800]m

❺ 4km 200m−1km 900m=([4]−[1])km ([200]−[900])m
=([3]−[1])km ([1200]−[900])m
=[2]km [300]m

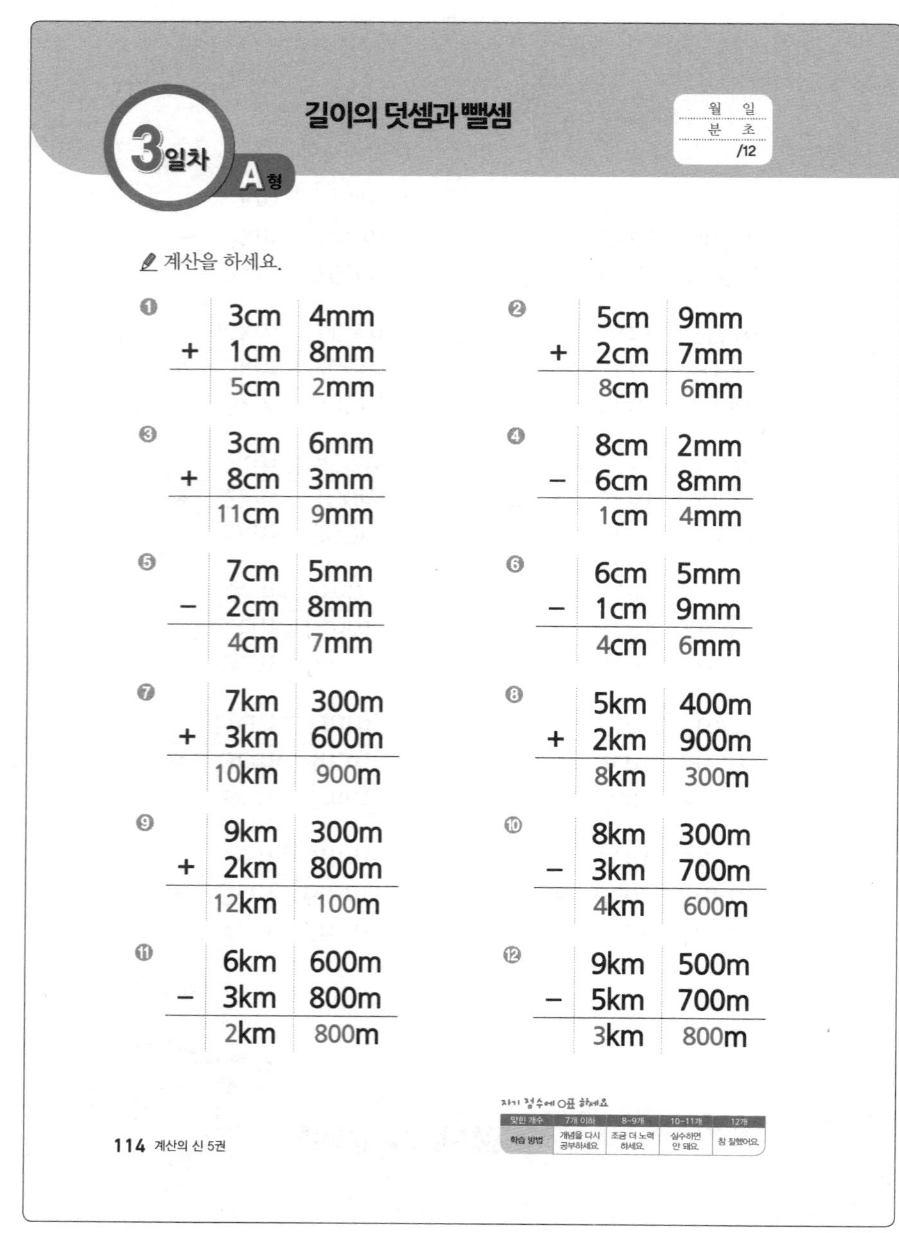

3일차 A형 길이의 덧셈과 뺄셈

월 일 / 분 초 / /12

계산을 하세요.

❶ 3cm 4mm + 1cm 8mm = 5cm 2mm

❷ 5cm 9mm + 2cm 7mm = 8cm 6mm

❸ 3cm 6mm + 8cm 3mm = 11cm 9mm

❹ 8cm 2mm − 6cm 8mm = 1cm 4mm

❺ 7cm 5mm − 2cm 8mm = 4cm 7mm

❻ 6cm 5mm − 1cm 9mm = 4cm 6mm

❼ 7km 300m + 3km 600m = 10km 900m

❽ 5km 400m + 2km 900m = 8km 300m

❾ 9km 300m + 2km 800m = 12km 100m

❿ 8km 300m − 3km 700m = 4km 600m

⓫ 6km 600m − 3km 800m = 2km 800m

⓬ 9km 500m − 5km 700m = 3km 800m

자기 점수에 ○표 하세요.

맞힌 개수	7개 이하	8~9개	10~11개	12개
학습 방법	개념을 다시 공부하세요.	조금 더 노력하세요.	실수하면 안 돼요.	참 잘했어요.

114 계산의 신 5권

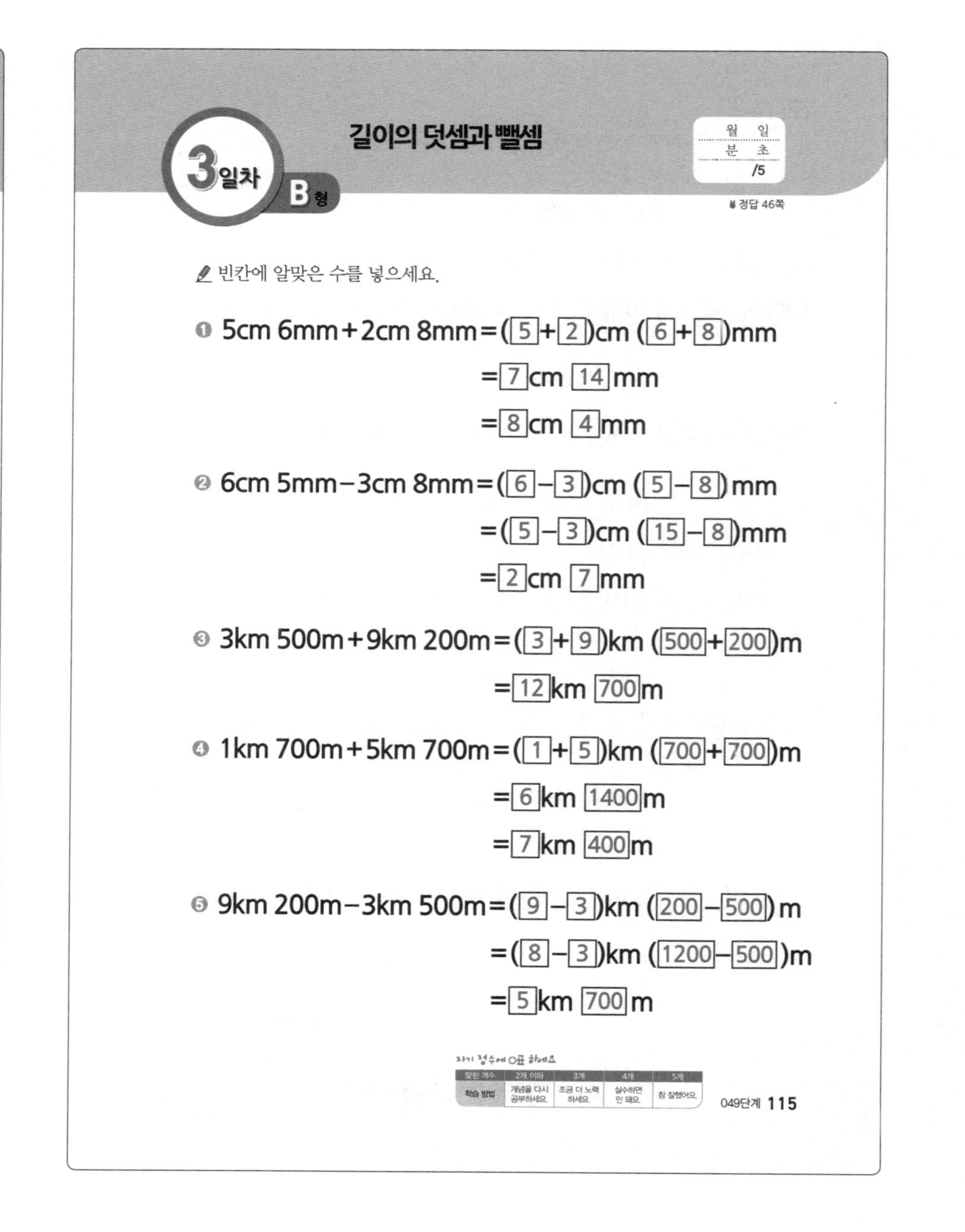

3일차 B형 길이의 덧셈과 뺄셈

월 일 / 분 초 / /5

정답 46쪽

빈칸에 알맞은 수를 넣으세요.

❶ 5cm 6mm+2cm 8mm=(5+2)cm (6+8)mm
=7cm 14mm
=8cm 4mm

❷ 6cm 5mm−3cm 8mm=(6−3)cm (5−8)mm
=(5−3)cm (15−8)mm
=2cm 7mm

❸ 3km 500m+9km 200m=(3+9)km (500+200)m
=12km 700m

❹ 1km 700m+5km 700m=(1+5)km (700+700)m
=6km 1400m
=7km 400m

❺ 9km 200m−3km 500m=(9−3)km (200−500)m
=(8−3)km (1200−500)m
=5km 700m

자기 점수에 ○표 하세요.

맞힌 개수	2개 이하	3개	4개	5개
학습 방법	개념을 다시 공부하세요.	조금 더 노력하세요.	실수하면 안 돼요.	참 잘했어요.

049단계 115

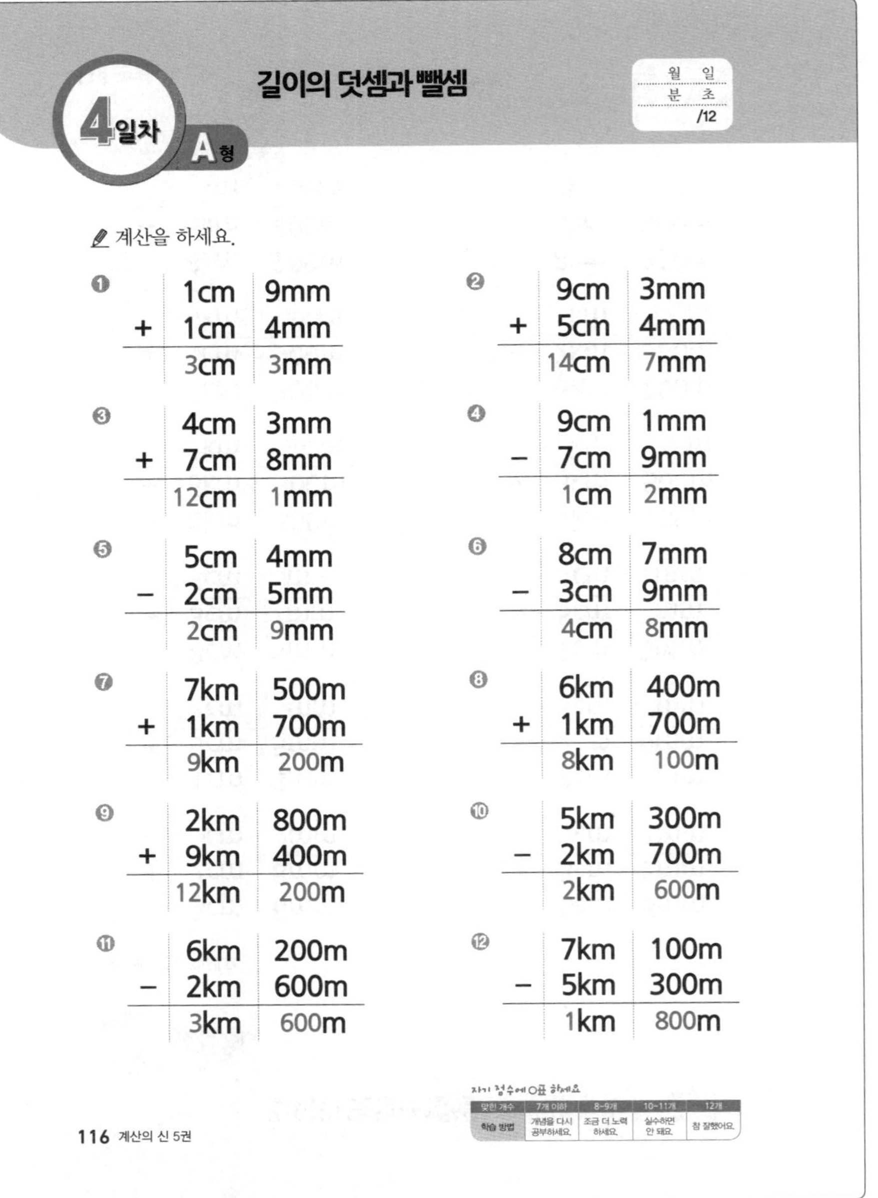

4일차 A형

길이의 덧셈과 뺄셈

월 일 분 초 /12

계산을 하세요.

❶ 1cm 9mm + 1cm 4mm = 3cm 3mm

❷ 9cm 3mm + 5cm 4mm = 14cm 7mm

❸ 4cm 3mm + 7cm 8mm = 12cm 1mm

❹ 9cm 1mm − 7cm 9mm = 1cm 2mm

❺ 5cm 4mm − 2cm 5mm = 2cm 9mm

❻ 8cm 7mm − 3cm 9mm = 4cm 8mm

❼ 7km 500m + 1km 700m = 9km 200m

❽ 6km 400m + 1km 700m = 8km 100m

❾ 2km 800m + 9km 400m = 12km 200m

❿ 5km 300m − 2km 700m = 2km 600m

⓫ 6km 200m − 2km 600m = 3km 600m

⓬ 7km 100m − 5km 300m = 1km 800m

자기 점수에 ○표 하세요

맞힌 개수	7개 이하	8~9개	10~11개	12개
학습 방법	개념을 다시 공부하세요.	조금 더 노력 하세요.	실수하면 안 돼요.	참 잘했어요.

116 계산의 신 5권

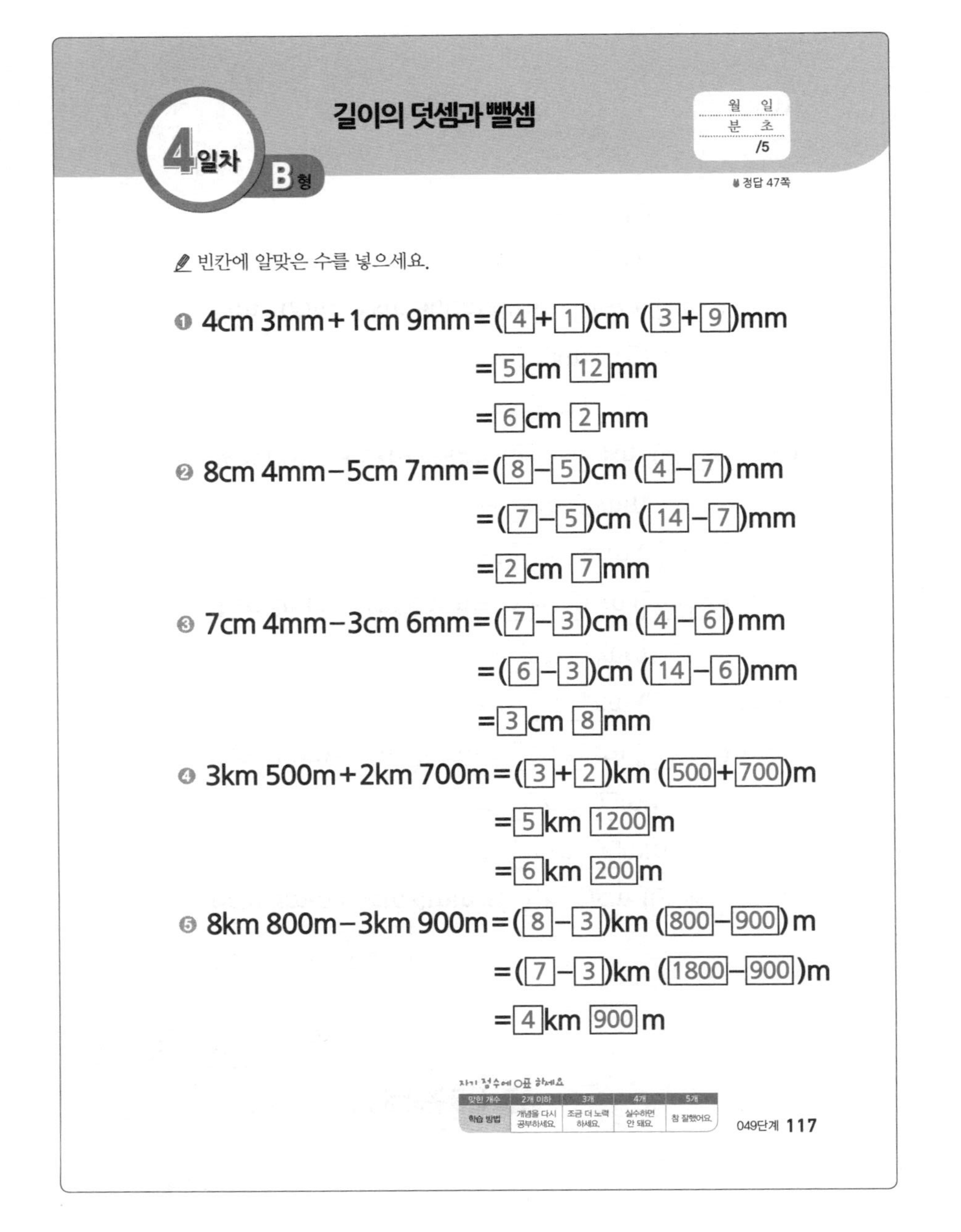

4일차 B형

길이의 덧셈과 뺄셈

월 일 분 초 /5

정답 47쪽

빈칸에 알맞은 수를 넣으세요.

❶ 4cm 3mm+1cm 9mm=(4+1)cm (3+9)mm
=5cm 12mm
=6cm 2mm

❷ 8cm 4mm−5cm 7mm=(8−5)cm (4−7)mm
=(7−5)cm (14−7)mm
=2cm 7mm

❸ 7cm 4mm−3cm 6mm=(7−3)cm (4−6)mm
=(6−3)cm (14−6)mm
=3cm 8mm

❹ 3km 500m+2km 700m=(3+2)km (500+700)m
=5km 1200m
=6km 200m

❺ 8km 800m−3km 900m=(8−3)km (800−900)m
=(7−3)km (1800−900)m
=4km 900m

자기 점수에 ○표 하세요

맞힌 개수	2개 이하	3개	4개	5개
학습 방법	개념을 다시 공부하세요.	조금 더 노력 하세요.	실수하면 안 돼요.	참 잘했어요.

049단계 117

5일차 A형 길이의 덧셈과 뺄셈

월 일 / 분 초 / /12

계산을 하세요.

❶ 3cm 6mm + 2cm 8mm = 6cm 4mm

❷ 5cm 6mm + 3cm 5mm = 9cm 1mm

❸ 1cm 8mm + 9cm 5mm = 11cm 3mm

❹ 4cm 1mm − 2cm 4mm = 1cm 7mm

❺ 8cm 5mm − 3cm 7mm = 4cm 8mm

❻ 7cm 5mm − 5cm 7mm = 1cm 8mm

❼ 6km 500m + 5km 300m = 11km 800m

❽ 4km 900m + 3km 500m = 8km 400m

❾ 7km 700m + 6km 900m = 14km 600m

❿ 6km 200m − 2km 300m = 3km 900m

⓫ 8km 200m − 6km 400m = 1km 800m

⓬ 8km 300m − 3km 900m = 4km 400m

자기 점수에 ○표 하세요

맞힌 개수	7개 이하	8~9개	10~11개	12개
학습 방법	개념을 다시 공부하세요.	조금 더 노력 하세요.	실수하면 안 돼요.	참 잘했어요.

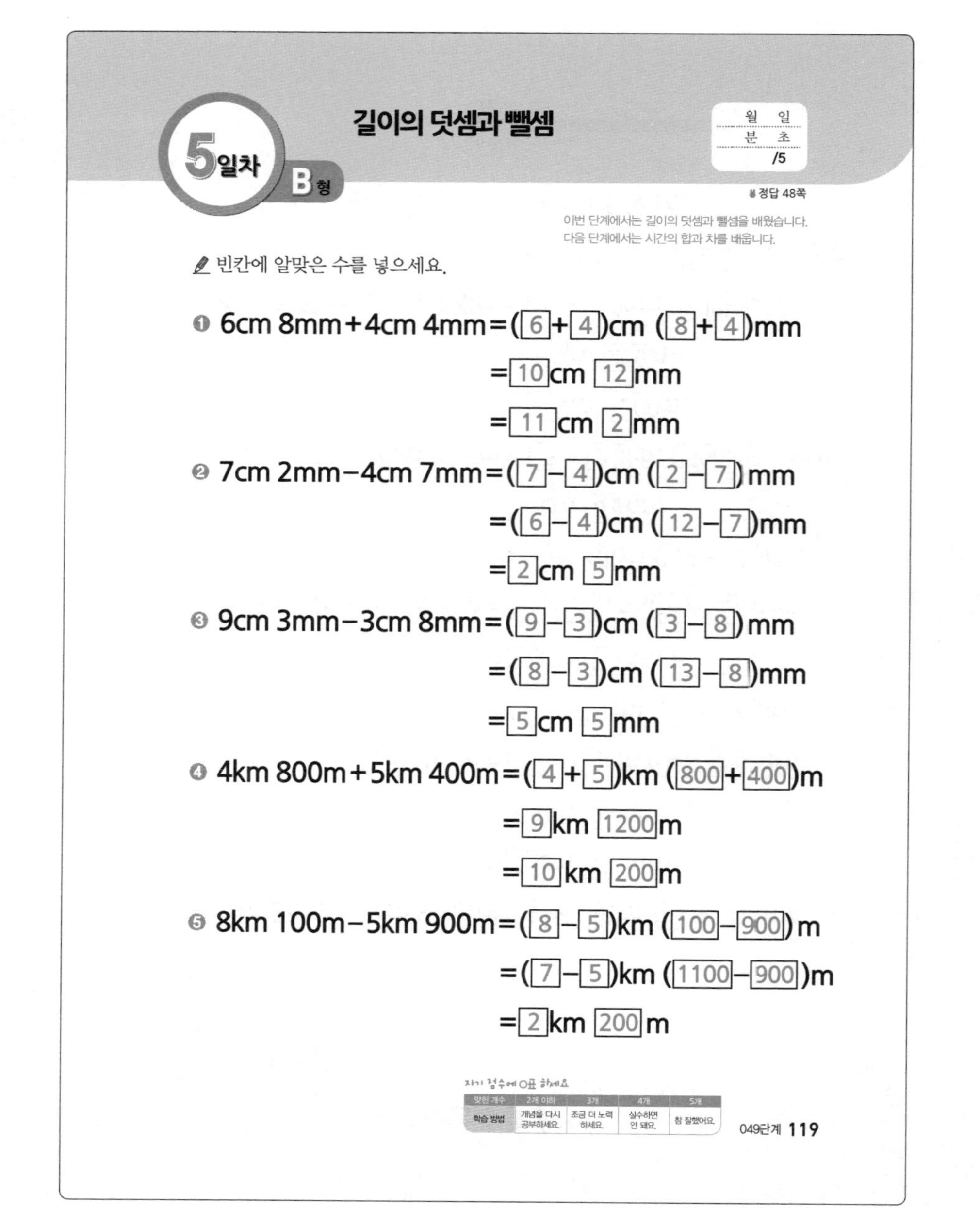

5일차 B형 길이의 덧셈과 뺄셈

월 일 / 분 초 / /5

※ 정답 48쪽

이번 단계에서는 길이의 덧셈과 뺄셈을 배웠습니다.
다음 단계에서는 시간의 합과 차를 배웁니다.

빈칸에 알맞은 수를 넣으세요.

❶ 6cm 8mm+4cm 4mm=(6+4)cm (8+4)mm
=10cm 12mm
=11cm 2mm

❷ 7cm 2mm−4cm 7mm=(7−4)cm (2−7)mm
=(6−4)cm (12−7)mm
=2cm 5mm

❸ 9cm 3mm−3cm 8mm=(9−3)cm (3−8)mm
=(8−3)cm (13−8)mm
=5cm 5mm

❹ 4km 800m+5km 400m=(4+5)km (800+400)m
=9km 1200m
=10km 200m

❺ 8km 100m−5km 900m=(8−5)km (100−900)m
=(7−5)km (1100−900)m
=2km 200m

자기 점수에 ○표 하세요

맞힌 개수	2개 이하	3개	4개	5개
학습 방법	개념을 다시 공부하세요.	조금 더 노력 하세요.	실수하면 안 돼요.	참 잘했어요.

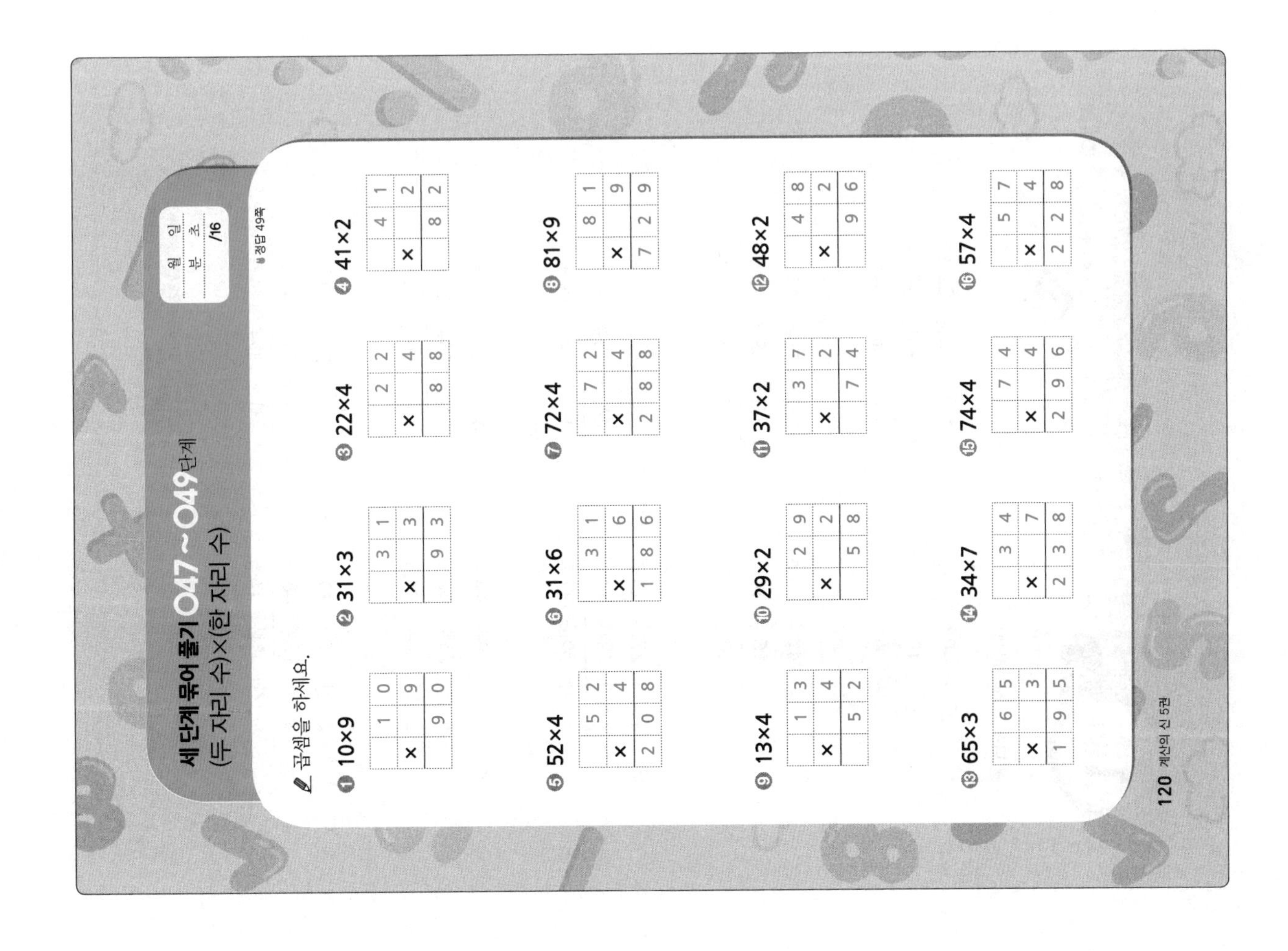

세 단계 묶어 풀기 O47 ~ O49단계
(두 자리 수)×(한 자리 수)

월 일
분 초
/16

정답 49쪽

곱셈을 하세요.

① 10×9 = 90
② 31×3 = 93
③ 22×4 = 88
④ 41×2 = 82
⑤ 52×4 = 208
⑥ 31×6 = 186
⑦ 72×4 = 288
⑧ 81×9 = 729
⑨ 13×4 = 52
⑩ 29×2 = 58
⑪ 37×2 = 74
⑫ 48×2 = 96
⑬ 65×3 = 195
⑭ 34×7 = 238
⑮ 74×4 = 296
⑯ 57×4 = 228

120 계산의 신 5권

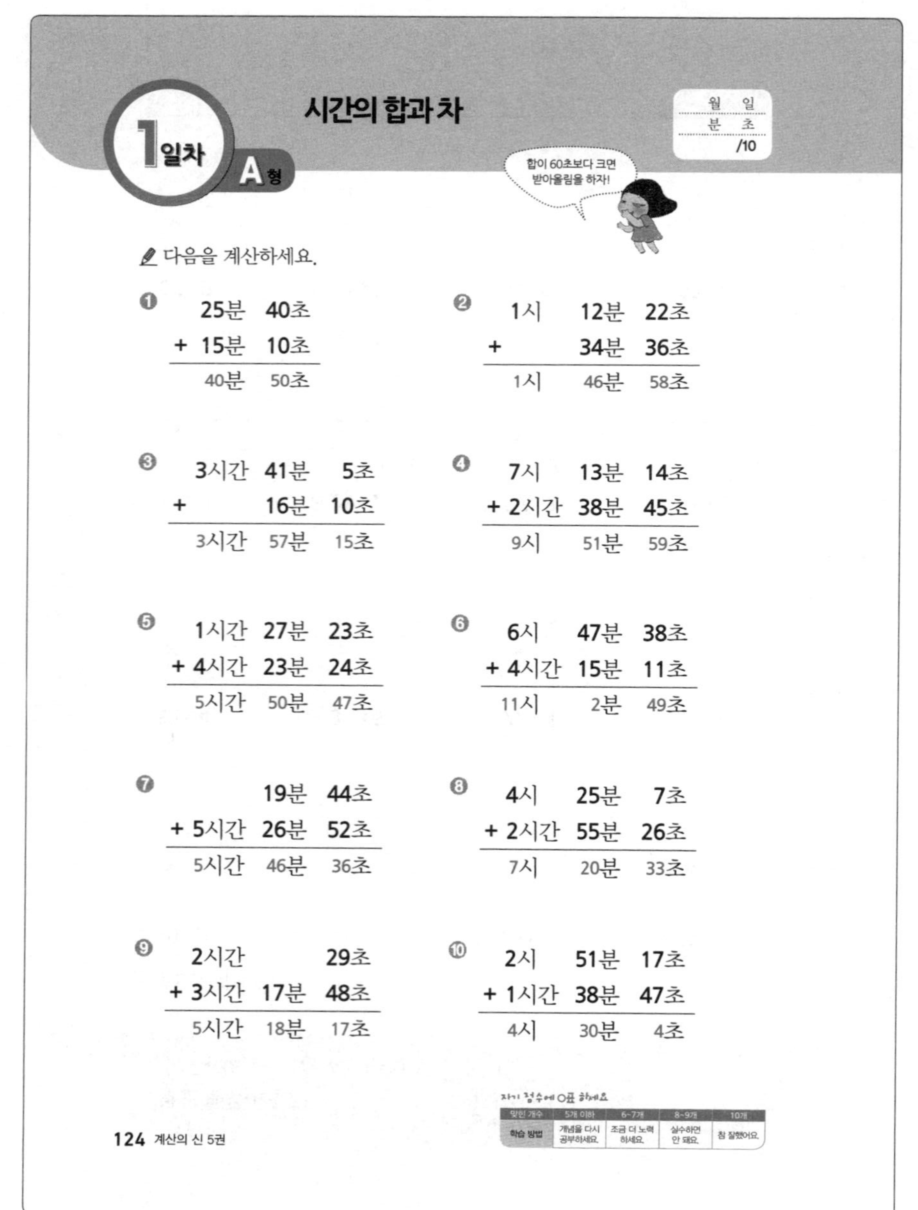

1일차 A형

시간의 합과 차

월 일 / 분 초 / /10

다음을 계산하세요.

❶ 25분 40초 + 15분 10초 = 40분 50초

❷ 1시 12분 22초 + 34분 36초 = 1시 46분 58초

❸ 3시간 41분 5초 + 16분 10초 = 3시간 57분 15초

❹ 7시 13분 14초 + 2시간 38분 45초 = 9시 51분 59초

❺ 1시간 27분 23초 + 4시간 23분 24초 = 5시간 50분 47초

❻ 6시 47분 38초 + 4시간 15분 11초 = 11시 2분 49초

❼ 19분 44초 + 5시간 26분 52초 = 5시간 46분 36초

❽ 4시 25분 7초 + 2시간 55분 26초 = 7시 20분 33초

❾ 2시간 29초 + 3시간 17분 48초 = 5시간 18분 17초

❿ 2시 51분 17초 + 1시간 38분 47초 = 4시 30분 4초

자기 점수에 ○표 하세요

맞힌 개수	5개 이하	6~7개	8~9개	10개
학습 방법	개념을 다시 공부하세요.	조금 더 노력하세요.	실수하면 안 돼요.	참 잘했어요.

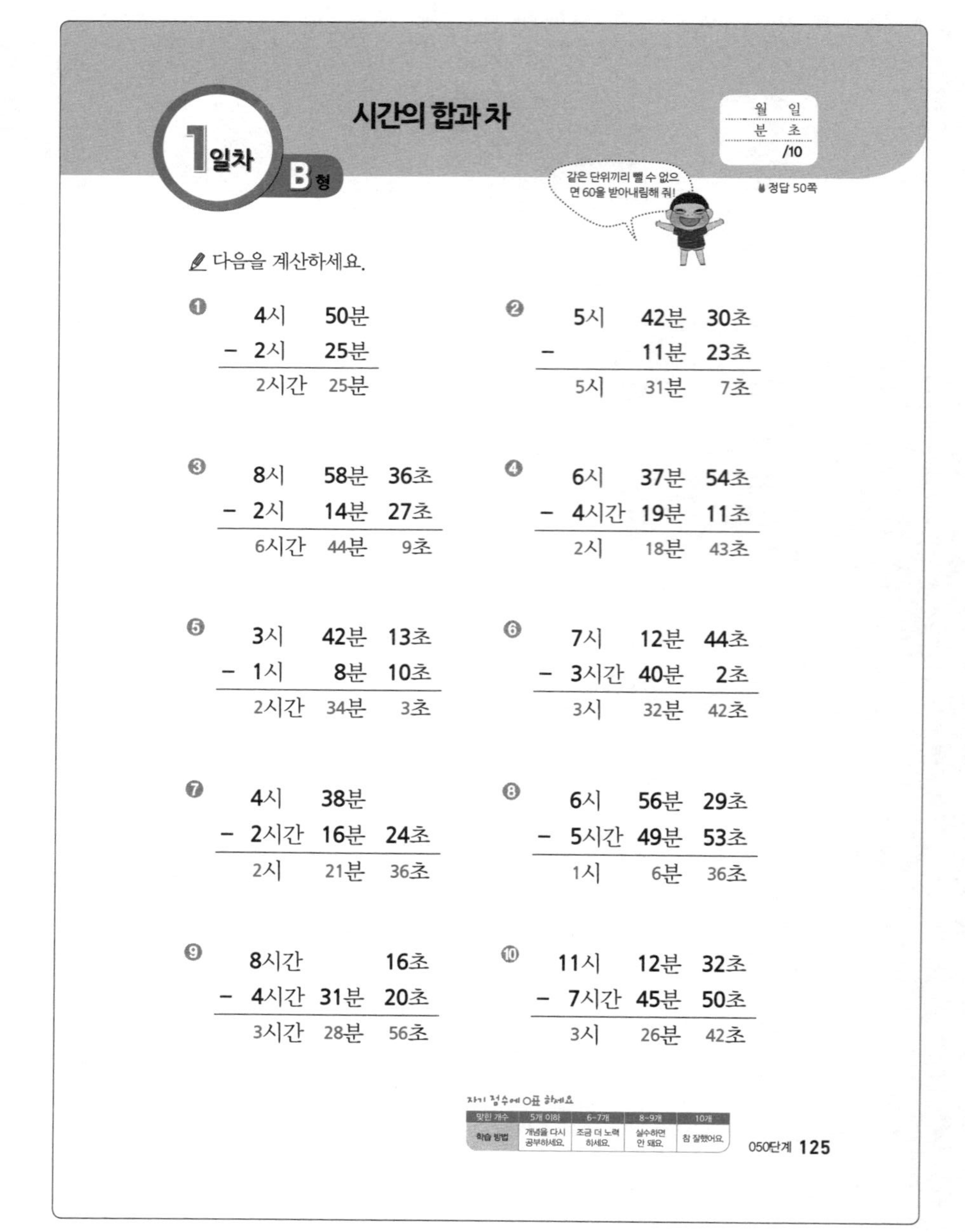

1일차 B형

시간의 합과 차

월 일 / 분 초 / /10

정답 50쪽

다음을 계산하세요.

❶ 4시 50분 − 2시 25분 = 2시간 25분

❷ 5시 42분 30초 − 11분 23초 = 5시 31분 7초

❸ 8시 58분 36초 − 2시 14분 27초 = 6시간 44분 9초

❹ 6시 37분 54초 − 4시간 19분 11초 = 2시 18분 43초

❺ 3시 42분 13초 − 1시 8분 10초 = 2시간 34분 3초

❻ 7시 12분 44초 − 3시간 40분 2초 = 3시 32분 42초

❼ 4시 38분 − 2시간 16분 24초 = 2시 21분 36초

❽ 6시 56분 29초 − 5시간 49분 53초 = 1시 6분 36초

❾ 8시간 16초 − 4시간 31분 20초 = 3시간 28분 56초

❿ 11시 12분 32초 − 7시간 45분 50초 = 3시 26분 42초

자기 점수에 ○표 하세요

맞힌 개수	5개 이하	6~7개	8~9개	10개
학습 방법	개념을 다시 공부하세요.	조금 더 노력하세요.	실수하면 안 돼요.	참 잘했어요.

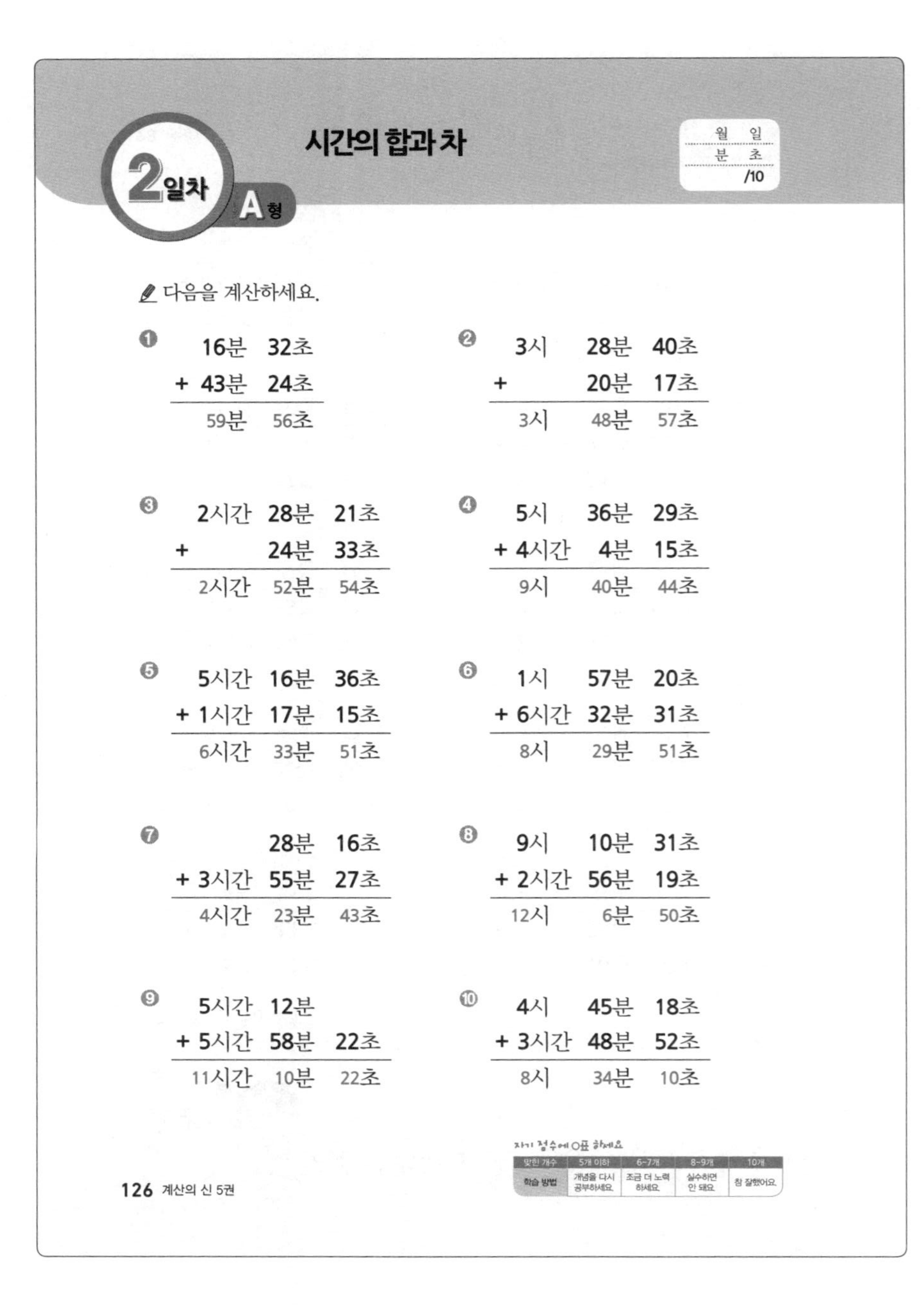

2일차 A형 시간의 합과 차

월 일 / 분 초 / /10

다음을 계산하세요.

❶ 16분 32초 + 43분 24초 = 59분 56초

❷ 3시 28분 40초 + 20분 17초 = 3시 48분 57초

❸ 2시간 28분 21초 + 24분 33초 = 2시간 52분 54초

❹ 5시 36분 29초 + 4시간 4분 15초 = 9시 40분 44초

❺ 5시간 16분 36초 + 1시간 17분 15초 = 6시간 33분 51초

❻ 1시 57분 20초 + 6시간 32분 31초 = 8시 29분 51초

❼ 28분 16초 + 3시간 55분 27초 = 4시간 23분 43초

❽ 9시 10분 31초 + 2시간 56분 19초 = 12시 6분 50초

❾ 5시간 12분 + 5시간 58분 22초 = 11시간 10분 22초

❿ 4시 45분 18초 + 3시간 48분 52초 = 8시 34분 10초

자기 점수에 ○표 하세요

맞힌 개수	5개 이하	6~7개	8~9개	10개
학습 방법	개념을 다시 공부하세요.	조금 더 노력 하세요.	실수하면 안 돼요.	참 잘했어요.

126 계산의 신 5권

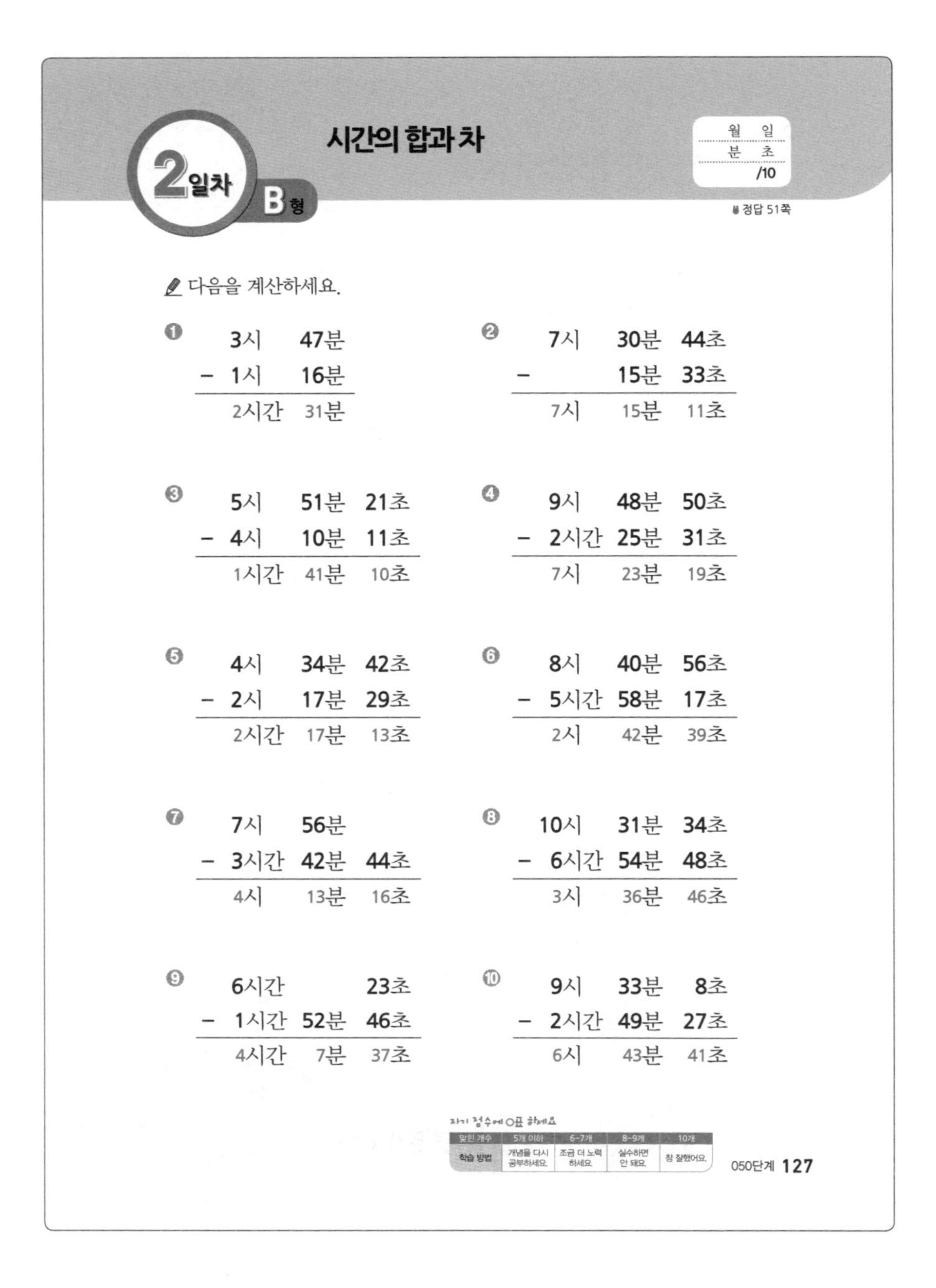

2일차 B형 시간의 합과 차

월 일 / 분 초 / /10

정답 51쪽

다음을 계산하세요.

❶ 3시 47분 − 1시 16분 = 2시간 31분

❷ 7시 30분 44초 − 15분 33초 = 7시 15분 11초

❸ 5시 51분 21초 − 4시 10분 11초 = 1시간 41분 10초

❹ 9시 48분 50초 − 2시간 25분 31초 = 7시 23분 19초

❺ 4시 34분 42초 − 2시 17분 29초 = 2시간 17분 13초

❻ 8시 40분 56초 − 5시간 58분 17초 = 2시 42분 39초

❼ 7시 56분 − 3시간 42분 44초 = 4시 13분 16초

❽ 10시 31분 34초 − 6시간 54분 48초 = 3시 36분 46초

❾ 6시간 23초 − 1시간 52분 46초 = 4시간 7분 37초

❿ 9시 33분 8초 − 2시간 49분 27초 = 6시 43분 41초

자기 점수에 ○표 하세요

맞힌 개수	5개 이하	6~7개	8~9개	10개
학습 방법	개념을 다시 공부하세요.	조금 더 노력 하세요.	실수하면 안 돼요.	참 잘했어요.

050단계 127

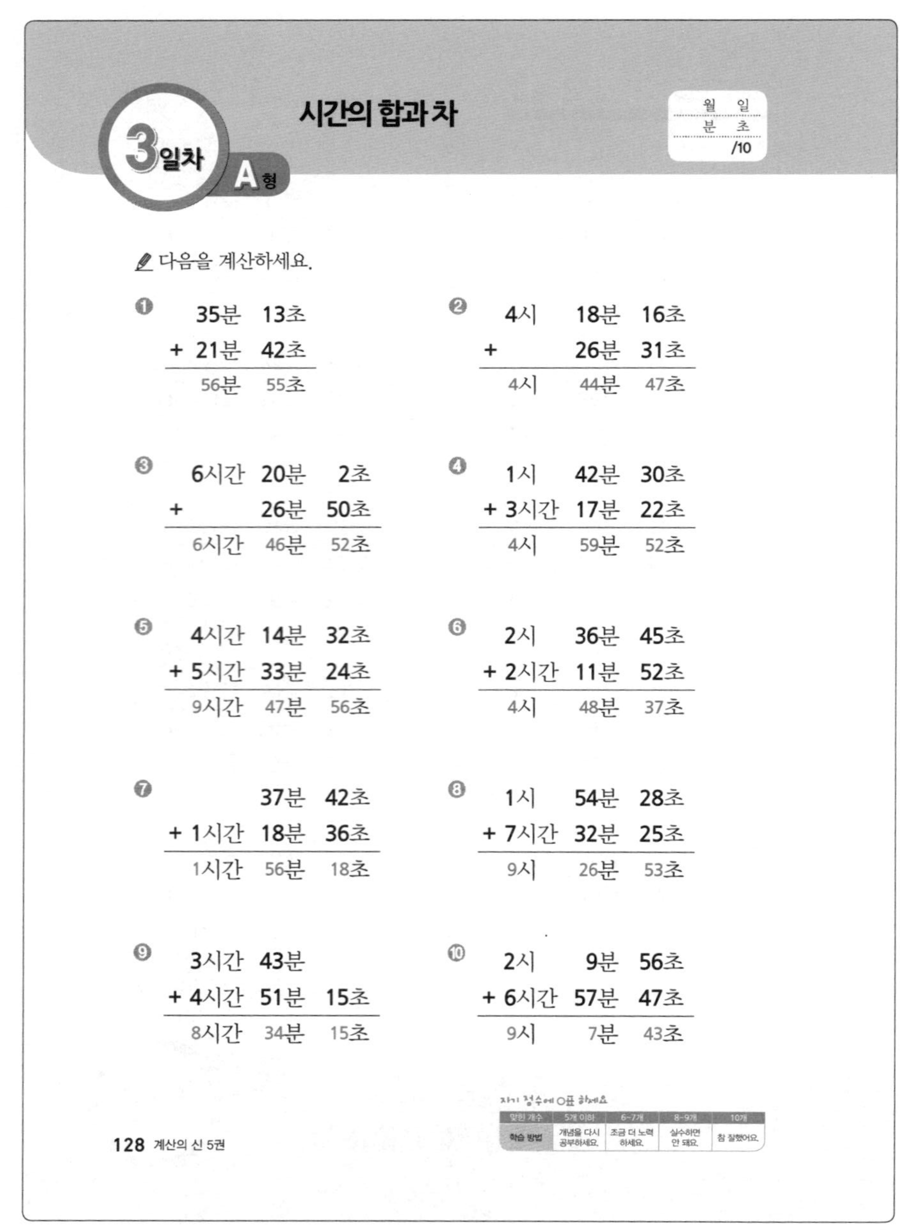

3일차 A형 시간의 합과 차

월 일 / 분 초 / /10

다음을 계산하세요.

① 35분 13초 + 21분 42초 = 56분 55초

② 4시 18분 16초 + 26분 31초 = 4시 44분 47초

③ 6시간 20분 2초 + 26분 50초 = 6시간 46분 52초

④ 1시 42분 30초 + 3시간 17분 22초 = 4시 59분 52초

⑤ 4시간 14분 32초 + 5시간 33분 24초 = 9시간 47분 56초

⑥ 2시 36분 45초 + 2시간 11분 52초 = 4시 48분 37초

⑦ 37분 42초 + 1시간 18분 36초 = 1시간 56분 18초

⑧ 1시 54분 28초 + 7시간 32분 25초 = 9시 26분 53초

⑨ 3시간 43분 + 4시간 51분 15초 = 8시간 34분 15초

⑩ 2시 9분 56초 + 6시간 57분 47초 = 9시 7분 43초

자기 점수에 ○표 하세요

맞힌 개수	5개 이하	6~7개	8~9개	10개
학습 방법	개념을 다시 공부하세요.	조금 더 노력하세요.	실수하면 안 돼요.	참 잘했어요.

128 계산의 신 5권

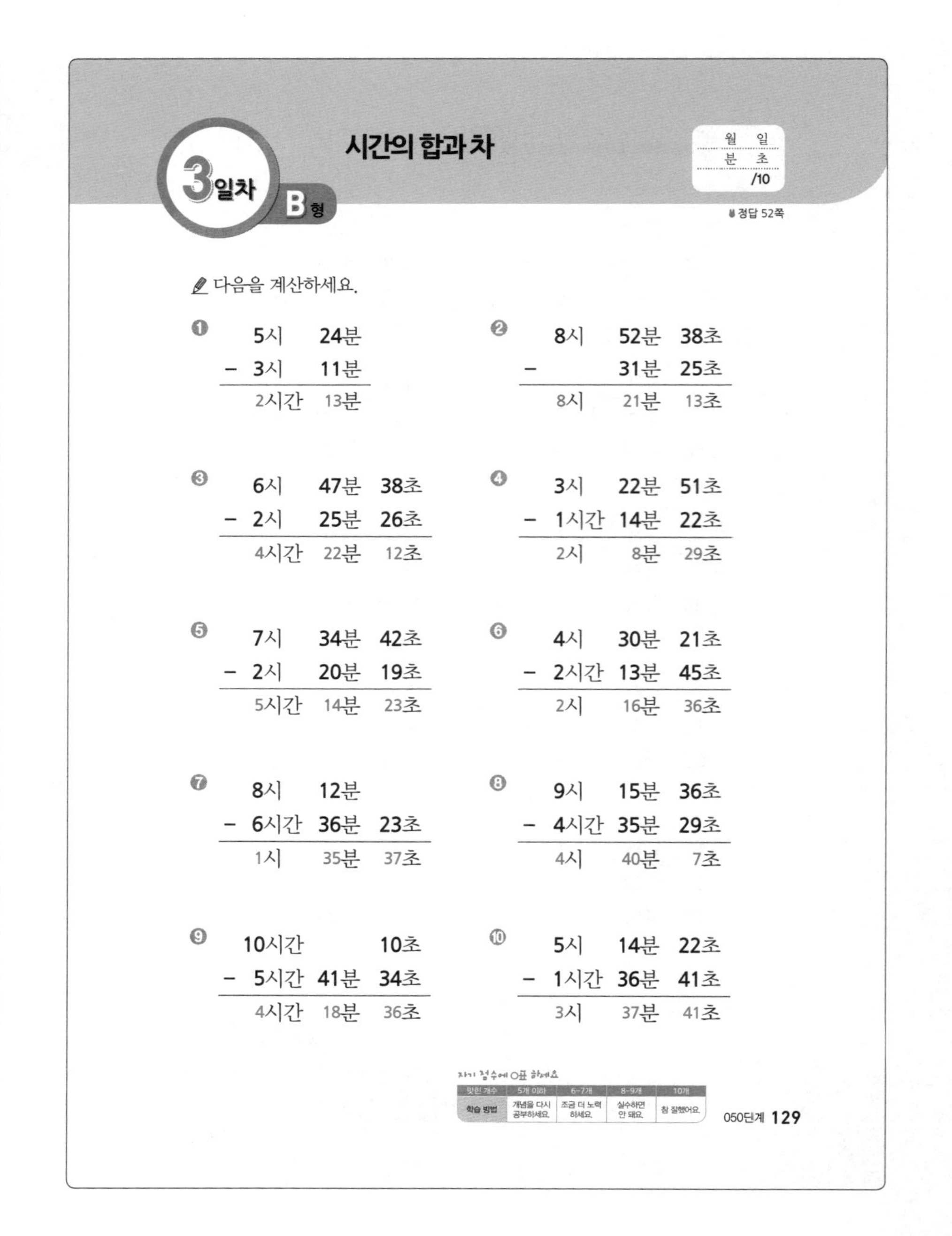

3일차 B형 시간의 합과 차

월 일 / 분 초 / /10

정답 52쪽

다음을 계산하세요.

① 5시 24분 − 3시 11분 = 2시간 13분

② 8시 52분 38초 − 31분 25초 = 8시 21분 13초

③ 6시 47분 38초 − 2시 25분 26초 = 4시간 22분 12초

④ 3시 22분 51초 − 1시간 14분 22초 = 2시 8분 29초

⑤ 7시 34분 42초 − 2시 20분 19초 = 5시간 14분 23초

⑥ 4시 30분 21초 − 2시간 13분 45초 = 2시 16분 36초

⑦ 8시 12분 − 6시간 36분 23초 = 1시 35분 37초

⑧ 9시 15분 36초 − 4시간 35분 29초 = 4시 40분 7초

⑨ 10시간 10초 − 5시간 41분 34초 = 4시간 18분 36초

⑩ 5시 14분 22초 − 1시간 36분 41초 = 3시 37분 41초

자기 점수에 ○표 하세요

맞힌 개수	5개 이하	6~7개	8~9개	10개
학습 방법	개념을 다시 공부하세요.	조금 더 노력하세요.	실수하면 안 돼요.	참 잘했어요.

050단계 129

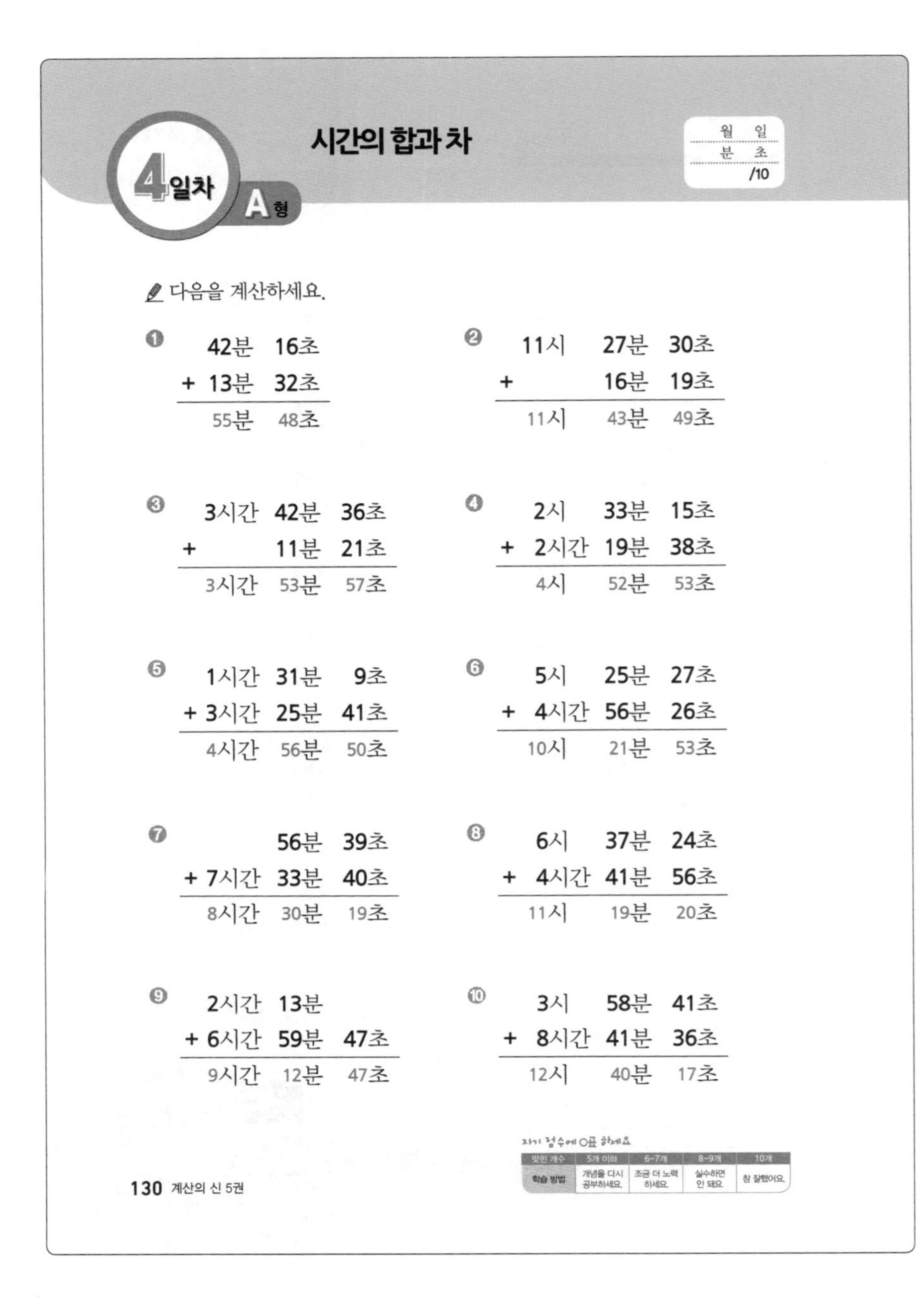

월 일 / 분 초 / /10

4일차 A형 시간의 합과 차

다음을 계산하세요.

1. 42분 16초 + 13분 32초 = 55분 48초
2. 11시 27분 30초 + 16분 19초 = 11시 43분 49초
3. 3시간 42분 36초 + 11분 21초 = 3시간 53분 57초
4. 2시 33분 15초 + 2시간 19분 38초 = 4시 52분 53초
5. 1시간 31분 9초 + 3시간 25분 41초 = 4시간 56분 50초
6. 5시 25분 27초 + 4시간 56분 26초 = 10시 21분 53초
7. 56분 39초 + 7시간 33분 40초 = 8시간 30분 19초
8. 6시 37분 24초 + 4시간 41분 56초 = 11시 19분 20초
9. 2시간 13분 + 6시간 59분 47초 = 9시간 12분 47초
10. 3시 58분 41초 + 8시간 41분 36초 = 12시 40분 17초

자기 점수에 ○표 하세요

맞힌 개수	5개 이하	6~7개	8~9개	10개
학습 방법	개념을 다시 공부하세요.	조금 더 노력하세요.	실수하면 안 돼요.	참 잘했어요.

130 계산의 신 5권

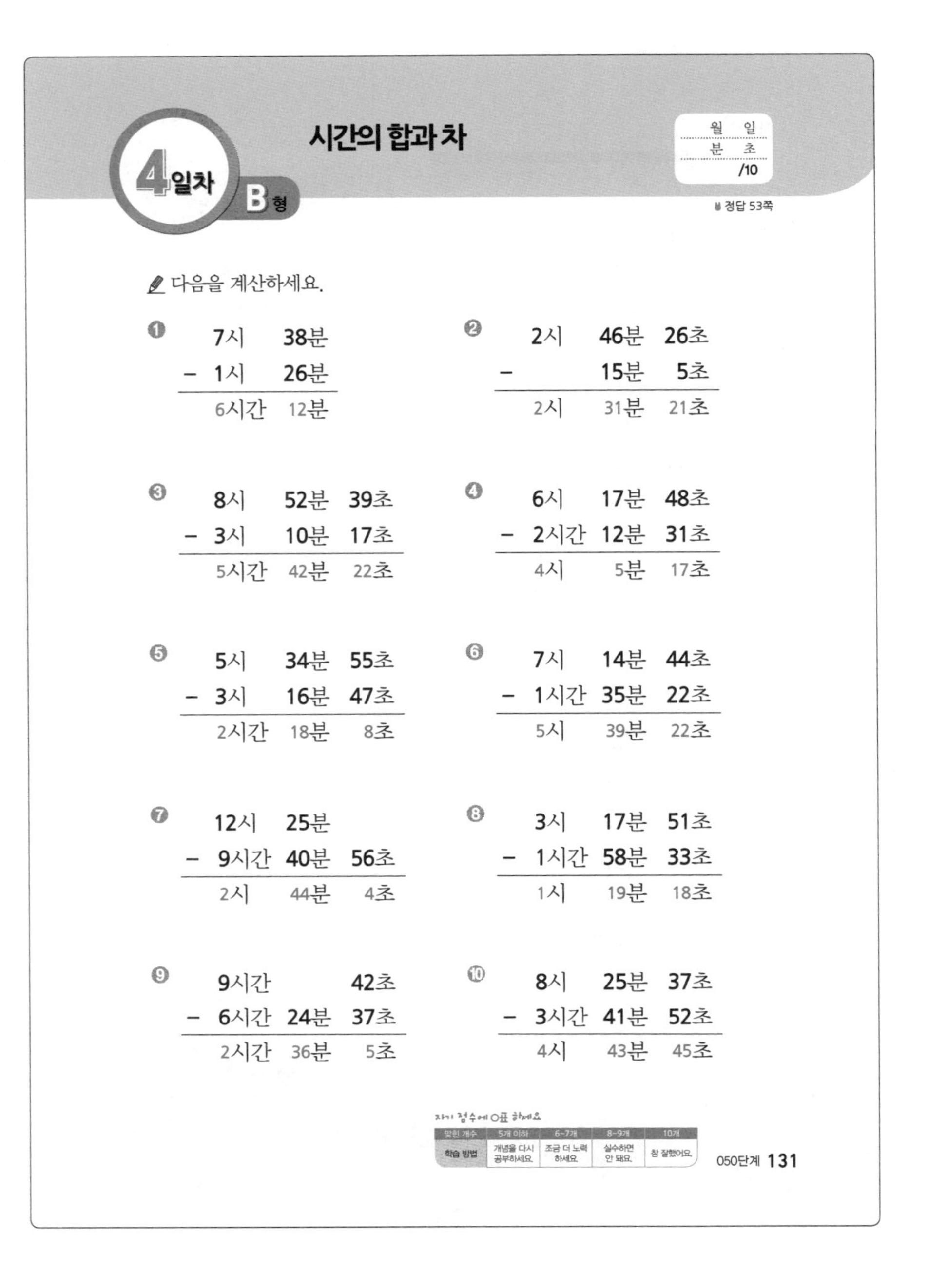

월 일 / 분 초 / /10

정답 53쪽

4일차 B형 시간의 합과 차

다음을 계산하세요.

1. 7시 38분 − 1시 26분 = 6시간 12분
2. 2시 46분 26초 − 15분 5초 = 2시 31분 21초
3. 8시 52분 39초 − 3시 10분 17초 = 5시간 42분 22초
4. 6시 17분 48초 − 2시간 12분 31초 = 4시 5분 17초
5. 5시 34분 55초 − 3시 16분 47초 = 2시간 18분 8초
6. 7시 14분 44초 − 1시간 35분 22초 = 5시 39분 22초
7. 12시 25분 − 9시간 40분 56초 = 2시 44분 4초
8. 3시 17분 51초 − 1시간 58분 33초 = 1시 19분 18초
9. 9시간 42초 − 6시간 24분 37초 = 2시간 36분 5초
10. 8시 25분 37초 − 3시간 41분 52초 = 4시 43분 45초

자기 점수에 ○표 하세요

맞힌 개수	5개 이하	6~7개	8~9개	10개
학습 방법	개념을 다시 공부하세요.	조금 더 노력하세요.	실수하면 안 돼요.	참 잘했어요.

050단계 131

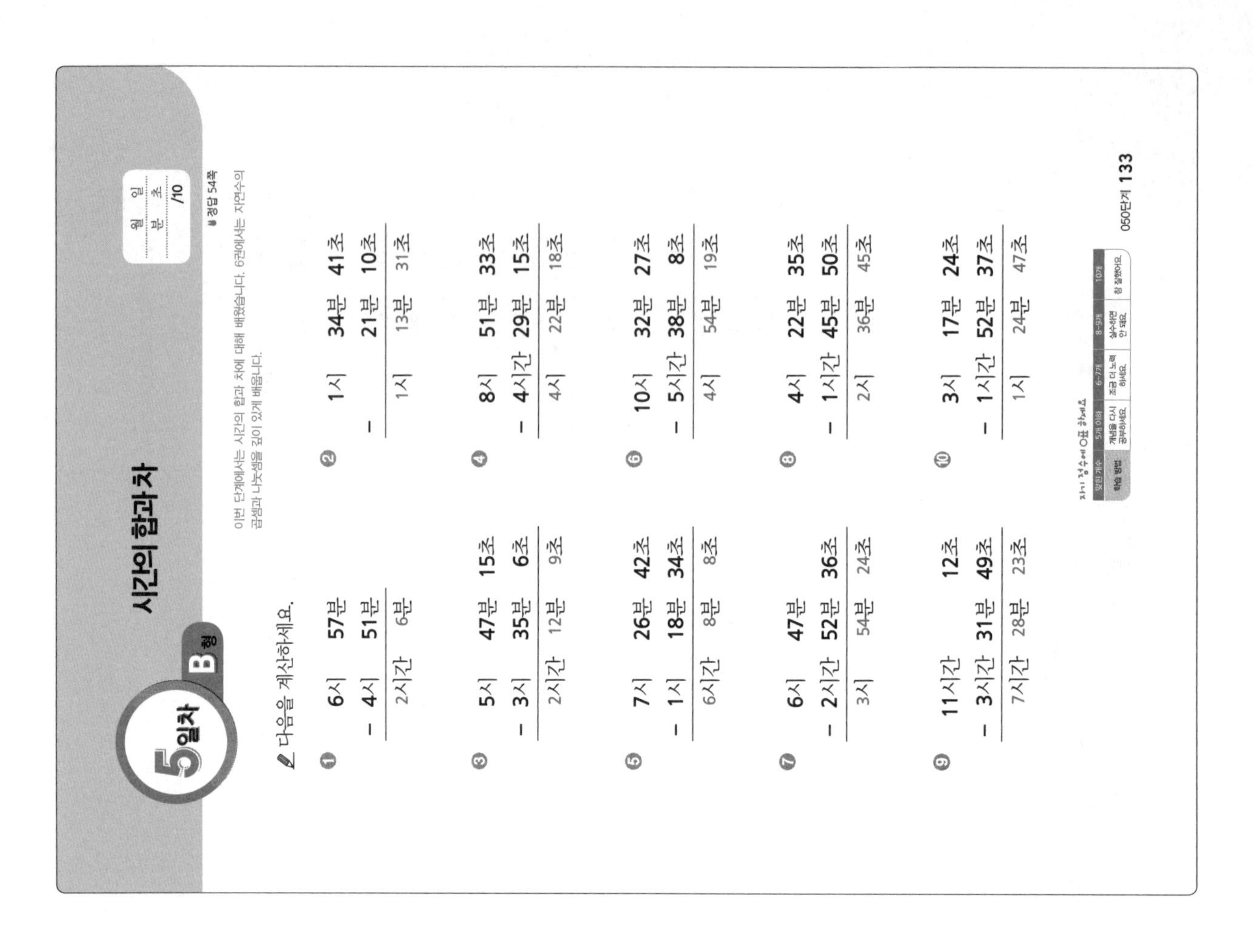

5일차 B형 시간의 합과 차

월 일 / 분 초 / /10

정답 54쪽

이번 단계에서는 시간의 합과 차에 대해 배웠습니다. 6권에서는 자연수의 곱셈과 나눗셈을 깊이 있게 배웁니다.

다음을 계산하세요.

❶ 6시 57분 − 4시 51분 = 2시간 6분

❷ 1시 34분 41초 − 21분 10초 = 1시 13분 31초

❸ 5시 47분 15초 − 3시 35분 6초 = 2시간 12분 9초

❹ 8시 51분 33초 − 4시간 29분 15초 = 4시 22분 18초

❺ 7시 26분 42초 − 1시 18분 34초 = 6시간 8분 8초

❻ 10시 32분 27초 − 5시간 38분 8초 = 4시 54분 19초

❼ 6시 47분 − 2시간 52분 36초 = 3시 54분 24초

❽ 4시 22분 35초 − 1시간 45분 50초 = 2시 36분 45초

❾ 11시간 12초 − 3시간 31분 49초 = 7시간 28분 23초

❿ 3시 17분 24초 − 1시간 52분 37초 = 1시 24분 47초

자기 점수에 ○표 하세요

맞힌 개수	5개 이하	6~7개	8~9개	10개
학습 방법	개념을 다시 공부하세요.	조금 더 노력하세요.	실수하면 안 돼요.	참 잘했어요.

050단계 133

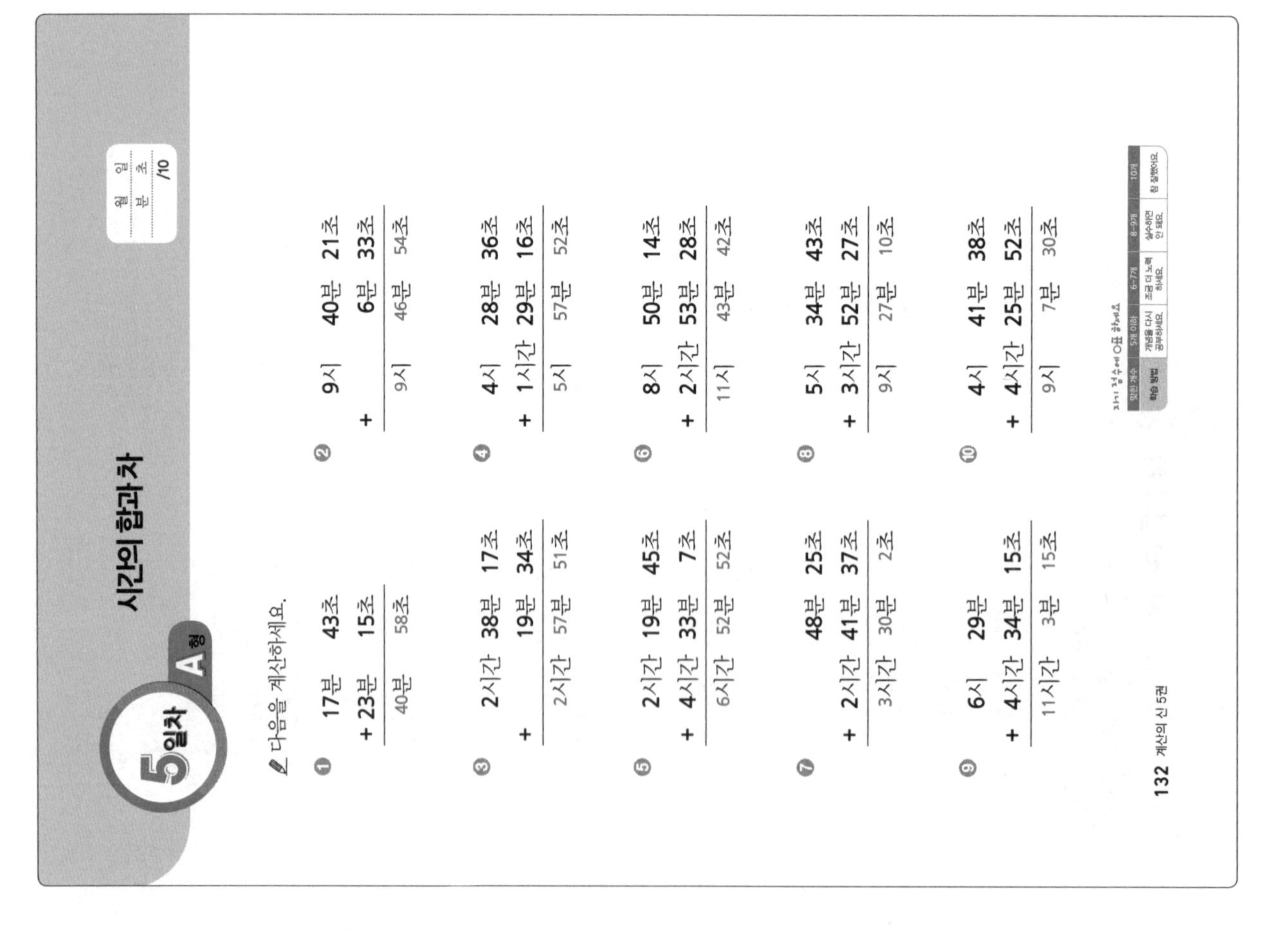

5일차 A형 시간의 합과 차

월 일 / 분 초 / /10

다음을 계산하세요.

❶ 17분 43초 + 23분 15초 = 40분 58초

❷ 9시 40분 21초 + 6분 33초 = 9시 46분 54초

❸ 2시간 38분 17초 + 19분 34초 = 2시간 57분 51초

❹ 4시 28분 36초 + 1시간 29분 16초 = 5시 57분 52초

❺ 2시간 19분 45초 + 4시간 33분 7초 = 6시간 52분 52초

❻ 8시 50분 14초 + 2시간 53분 28초 = 11시 43분 42초

❼ 48분 25초 + 2시간 41분 37초 = 3시간 30분 2초

❽ 5시 34분 43초 + 3시간 52분 27초 = 9시 27분 10초

❾ 6시 29분 + 4시간 34분 15초 = 11시간 3분 15초

❿ 4시 41분 38초 + 4시간 25분 52초 = 9시 7분 30초

자기 점수에 ○표 하세요

맞힌 개수	5개 이하	6~7개	8~9개	10개
학습 방법	개념을 다시 공부하세요.	조금 더 노력하세요.	실수하면 안 돼요.	참 잘했어요.

132 계산의 신 5권

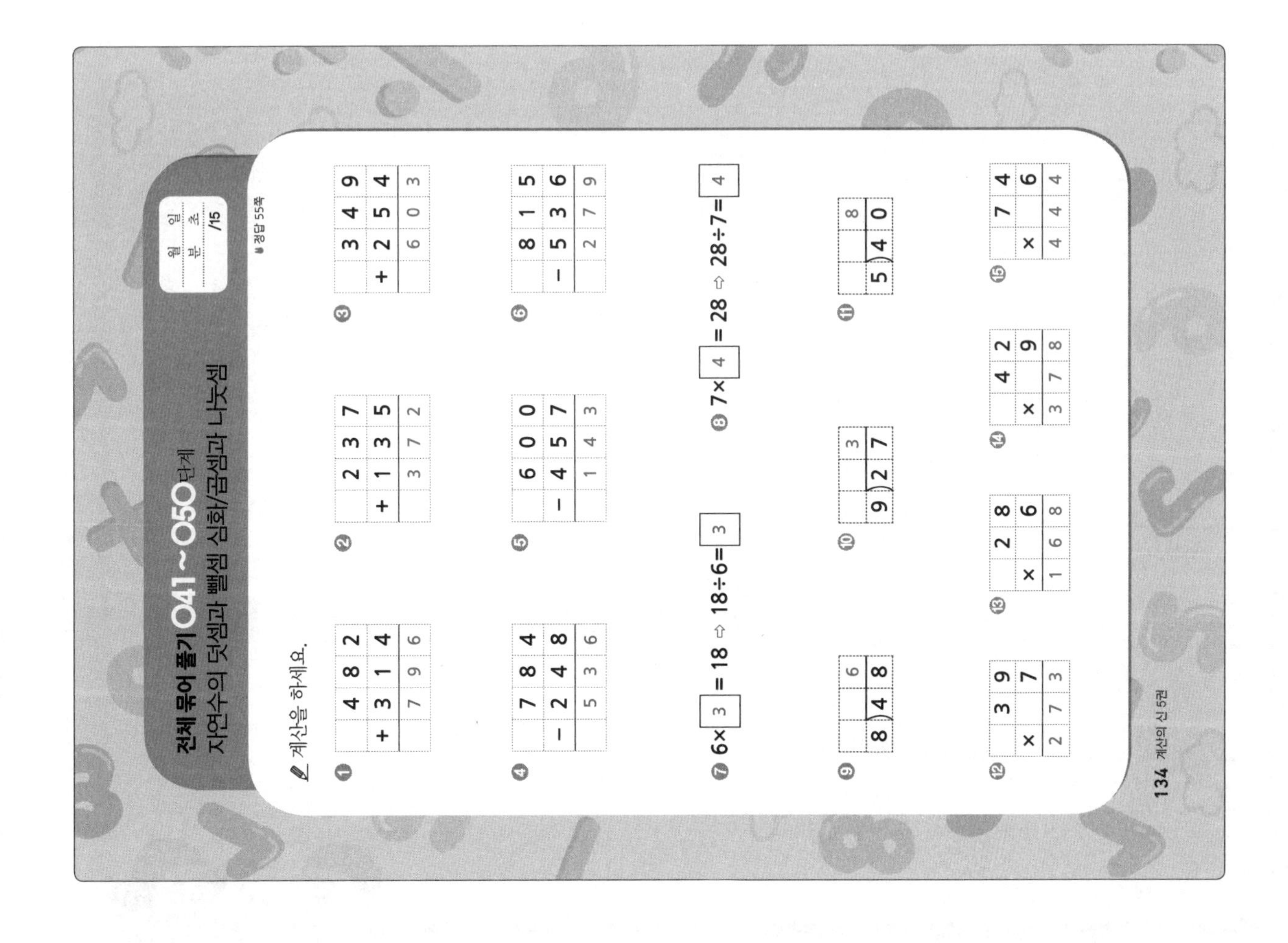

전체 묶어 풀기 041~050단계
자연수의 덧셈과 뺄셈 심화/곱셈과 나눗셈

월 일
분 초
/15

정답 55쪽

계산을 하세요.

① 482 + 314 = 796

② 237 + 135 = 372

③ 349 + 254 = 603

④ 784 − 248 = 536

⑤ 600 − 457 = 143

⑥ 815 − 536 = 279

⑦ 6×[3] = 18 ⇨ 18÷6=[3]

⑧ 7×[4] = 28 ⇨ 28÷7=[4]

⑨ 8)48 → 6

⑩ 9)27 → 3

⑪ 5)40 → 8

⑫ 39 × 7 = 273

⑬ 28 × 6 = 168

⑭ 42 × 9 = 378

⑮ 74 × 6 = 444

134 계산의 신 5권

신(神)의 Note

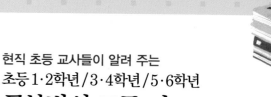